"十二五"职业教育国家规划教材
经全国职业教育教材审定委员会审定
高等职业教育农业农村部"十三五"规划教材

# 动物防疫与检疫技术

## 第二版

胡新岗　主编

中国农业出版社
北　京

内容简介

　　动物防疫与检疫技术课程是教育部《普通高等学校高等职业教育（专科）专业目录及专业简介（2015 年）》规定的动物医学专业核心课程之一，也是畜牧兽医、动物营养与饲料、动物药学等畜牧业类专业的必修职业技术课程，本教材系统介绍了动物防疫与检疫的基本知识和基本技术技能，主要阐明了法定疫病的防疫与检疫，同时介绍了动物在饲养、运输、交易、屠宰等生产流通各个环节的检疫方式和检疫要领及重大动物疫病的处理等。全书突出学生职业能力培养，既保证学术性又体现职业性，适合理实一体化教学。

　　本教材适用于高等职业教育动物医学、动物防疫与检疫、畜牧兽医、动物营养与饲料、动物药学等畜牧业类专业，亦可作为基层官方兽医、执业兽医、村级防疫员、养殖企业兽医技术人员等的参考用书。

## 第二版编审人员

主　　编　胡新岗

副主编　黄银云　孙　冰　程德元　许余良

编　　者　（以姓名笔画为序）

　　　　　王　静　王顺林　朱俊平　刘秀萍

　　　　　许余良　孙　冰　何丽华　陈桂先

　　　　　胡　梅　胡新岗　侯继勇　高　睿

　　　　　黄银云　程德元　魏　宁

行业、企业指导　孙军华　林发根　王　胜

审　稿　薛　峰　刘俊栋

## 第一版编审人员

主　编　杨廷桂　陈桂先

副主编　侯继勇　朱俊平　刘秀萍

编　者　（以姓名笔画为序）

　　　　王　静　朱俊平　刘秀萍　孙　冰

　　　　杨廷桂　陈桂先　胡　梅　侯继勇

　　　　高　睿　魏　宁

主　审　高　菘　王子轼

本教材第一版被评为"十二五"职业教育国家规划教材，经多年使用，深受师生好评。为紧跟行业发展动态，满足新时期动物防检工作要求，本教材在保留第一版教材精华内容的基础上，根据《国务院关于加快发展现代职业教育的决定》《教育部关于深化职业教育教学改革全面提高人才培养质量的若干意见》精神对教材进行了修订，第二版教材在编写时，坚持高等职业教育"以服务为宗旨、以就业为导向"的办学方针，突出学生职业技能和职业精神培养，对接我国动物防疫检疫最新职业标准、行业标准和岗位规范，紧贴岗位工作实际，调整课程结构，把职业岗位所需要的知识、技能和职业素养融入教材内容，增强学生对职业理念、职业责任和职业使命的认识与理解，形成了契合生产实际、体现教学规律、理实一体呈现的的动物防疫与检疫技术课程教学内容体系。

在现代养殖生产及动物和动物产品交易流通诸环节的动物疫病防控实践中，均需要依法防疫治疫、合规检疫出证，为了本教材使教学内容紧贴动物防疫检疫技术进步和动物疫病防控生产实际，第二版对第一版教材内容中涉及的法规、标准、规范、规程、技术等进行了全面的更新。为使宰后检疫内容体系更加完善，补充了牛、羊、禽、兔宰后检疫程序和操作要点。此外，对第一版中存在的用语不规范及疏漏之处进行了修正与完善。为了照顾有关院校选用第一版教材的延续性，第二版在体例上依然沿用项目＋模块编写架构，但在每个项目前将第一版的项目导入文字更换为表格，明确了每个项目的项目概述、建议学时及教学目标，使教学目的更加明晰；每个项目后安排适量紧扣教学内容的职业测试题，突出培养学生的职业素养和岗位能力；全书插入特色图片49幅，力求图文并茂，提高学生学习兴趣；增设附录，录入2018年中国技能大赛——全国农业行业职业技能大赛（动物疫病防治员、动物检疫检验员）评分细则，培养学生的职业意识和竞争精神。同时本教材还增加了数字资源，用二维码的形式附在相应文字旁边，方便师生更好地理解学习知识点和技能点，亦增加了全书的可读性。

全书共分为十个项目三十四个模块，其中绪论、职业测试题目解析由江苏农牧科技职业学院胡新岗编写，项目一、项目九及实训十五由山东畜牧兽医职业学院朱俊平编写，项目二及实训一、二由黑龙江职业学院侯继勇编写，项目三及实训十一、十二由江苏农牧科技职业学院魏宁编写，项目四及实训五、十四由河南农业职业学院胡梅编写，项目五及实训三、六、七由锦州医科大学畜牧兽医学院刘秀萍编写，项目六及实训九、十由江苏农牧科技职业学院孙冰编写，项目七、实训十六由黑龙江农业经济职业学院王静及上海农场海北畜牧场王顺林编写，项目八及实训四、十三由杨凌职业技术学院高睿编写，项目十及实训十七、十八、十九由广西农业职业技术学院陈桂先编写。全书由胡新岗负责统稿。黄银云和辽宁生态工程职业学院何丽华负责项目一至五、孙冰和贵州农业职业学院程德元负责项目六至十的内容更新、修订及项目概述与职业测试编写。王顺林及江苏省泰兴市畜牧兽医推广中心许余良编写无规定动物疫病区、疫情报告、染疫动物处理、诊断样品采集、保存与运输、动物宰后检疫程序和操作要点及实训八。

本教材数字教育资源主要由江苏农牧科技职业学院胡新岗、车业贵、魏宁、郭广富、黄银云、吴植、桂文龙、陈洪、徐婷婷、魏冬霞等完成。

全书由南京农业大学薛峰教授和江苏农牧科技职业学院刘俊栋教授审稿。江苏省泰州市动物疫病预防控制中心孙军华、江苏省海安市动物卫生监督所林发根、南京新九州农牧科技有限公司王胜在教材编写过程中提出很多宝贵建议，在些一并致谢！

由于编者水平有限，书中难免仍有疏漏和不妥之处，敬请读者及时予以指正，以便再版时改进。

编　者

2019 年 10 月

　　本教材是根据教育部《关于加强高职高专教育人才培养工作的意见》、《关于加强高职高专教育教材建设的若干意见》和《关于全面提高高等职业教育教学质量的若干意见》的精神，并依照全国农业职业院校教学指导委员会组织开发的《畜牧兽医专业教学指导方案及专业核心课程教学大纲》的要求而编写的。本教材紧紧围绕农业高职教育的要求，面向动物防疫检疫工作实际，结合教学改革的实践，注重科学性、实用性，内容简明扼要，文字精练易懂，理论联系实际，突出实践技能教学。本教材适用于农业类高等职业教育畜牧兽医、兽医卫生检验和动物防疫检疫专业，亦可供基层畜牧兽医工作人员阅读，对农业院校师生也有参考价值。

　　本教材主要介绍了动物防疫检疫基本知识、动物生产和流通各环节的防疫检疫技术及常见法定动物疫病的检疫和处理等，并适当介绍了动物防疫检疫的新技术、新成果，目的在于使学生掌握动物防疫与检疫的基础知识和必备技能，能较好地综合运用所学知识和技能于实际工作中，以适应社会对畜牧兽医人才的要求。考虑到本课程与其他专业课的交叉情况，本教材在内容编排上进行了一些调整，尽量避免与其他教材重复或脱节现象。书后附有实训指导，供实践教学时选用。全书共分为10个项目34个模块，其中绪论由江苏畜牧兽医职业技术学院杨廷桂编写，项目一、项目九及实训十五由山东畜牧兽医职业学院朱俊平编写，项目二及实训一、二由黑龙江科技职业学院侯继勇编写，项目三及实训十一、十二由江苏畜牧兽医职业技术学院魏宁编写，项目四及实训五、十四由河南农业职业学院胡梅编写，项目五及实训三、六、七由辽宁医学院畜牧兽医学院刘秀萍编写，项目六及实训九、十由江苏畜牧兽医职业技术学院孙冰编写，项目七及实训八、十六由黑龙江农业经济职业学院王静编写，项目八及实训四、十三由杨凌职业技术学院高睿编写，项目十及实训十七、十八、十九由广西农业职业技术学院陈桂先编写。

全书由扬州大学高崧博士和江苏畜牧兽医职业技术学院王子轼教授审稿。

由于编者水平有限，书中疏漏和不妥之处在所难免，恳请专家、同行和广大读者批评指正。

编　者

2011年2月

# 目　录

# 绪　　论

近年来，高度集约化、规模化的现代化饲养方式使病原体原有的种间传播障碍不断减少，病原体的交流更加容易，增加了各种病原体基因变异、重组、互补的机会，可能导致新的病原体的产生，使得疫病的发生、发展、传播和扩散更加复杂多变，给疫病的诊断和防控增加了新的难度。广谱性兽药的滥用，导致病原体极易发生基因突变，产生耐药性菌株。弱毒疫苗的不合理使用，更加便利了病原体的广泛扩散，给防控动物疫病带来了新的挑战。由于全球动物及动物产品贸易规模的不断扩大，动物疫病进出国境的风险在迅速增加，动物疫病在国家间的蔓延速度在加快。随着国民经济的不断增长和人民生活水平的不断提高，动物源性食品质量与安全成为当今社会人们关注的热点。因此，加强与世界动物卫生组织（OIE）以及国家间的交流与合作，构建完善的动物防疫检疫体系，实施动物防疫检疫法制化、规范化管理及标准化操作，成为抵御动物疫病威胁和降低养殖业风险的有力举措，对推动我国养殖业经济发展，提高动物源性食品安全水平，保障人体健康和促进国际贸易具有重大意义。

## 一、动物防疫与检疫概述

### （一）动物防疫概述

**1. 动物疫病的概念**　　动物疫病是指由某些特定病原体（如细菌、病毒和寄生虫）引起的疾病，包括传染病和寄生虫病。传染病指由细菌、病毒等病原微生物引起，具有一定的潜伏期和临床症状并具有传染性的动物疫病，如高致病性禽流感、高致病性猪蓝耳病、口蹄疫等。寄生虫病指由寄生虫引起的动物疫病，如猪囊尾蚴病、旋毛虫病、血吸虫病等。动物寄生虫寄生方式多种多样，生活史复杂，既能造成动物机体的机械性损伤，也能通过夺取营养或分泌毒素危害动物健康。动物疫病不仅是养殖业生产的大敌，也会严重危害人体健康、动物源性食品安全和公共卫生安全。

**2. 动物防疫的概念**　　《中华人民共和国动物防疫法》对"动物防疫"一词作了法律上的界定，即包括动物疫病的预防、控制、扑灭和动物、动物产品的检疫。预防、控制、扑灭疫病是对动物而言的，检疫则是对动物、动物产品两者而言的，两者之间有着密切的关系。这实际上是以法律的形式对动物防疫工作、动物防疫活动涉及的范围作了界定，所有从业人员应当在这个范围内行使权力、履行职责或开展相关活动。

**3. 动物防疫的方针**　　《中华人民共和国动物防疫法》规定：国家对动物疫病实行预防为主的方针。这个方针就是通过采取以保护易感动物为主导措施的计划免疫手段，辅以控制传染源、切断传播途径等综合性防疫措施，最大限度地减少动物疫病发生的基本指导思想。其法律的重要意义在于有效地建立动物疫病防控的制度、采取措施和实施规定，促进养殖业的稳定发展，保护人体健康。一方面，预防为主的方针符合动物疫病发生、发展的客观规律。动物传染病和人类的传染病一样，只要采取消灭传染源、切断传播途径和保护健康或易感动物群体的措施，就可以有效地预防和控制动物疫病的发生和流行。另一方面，确立预防为主的方针符合我国基本国情。这是根据我国动物饲养的实际情况和动物疫病流行的特点及多年防控工作的经验而提出的。

针对高致病性禽流感、高致病性猪蓝耳病、口蹄疫、猪瘟及非洲猪瘟等重大动物疫病的防控，我国《重大动物疫情应急条例》提出了"加强领导、密切配合，依靠科学、依法防治，群防群控、果断处置"的 24 字指导方针，指导各地坚持预防为主，落实免疫与扑杀相结合的综合防控策略，落实免疫、监测、流调、扑杀防控措施，有效控制重大动物疫情发生。

**4. 动物防疫的基本策略** 针对病毒、细菌、寄生虫进化史上的特点，可以明确动物疫病的基本防控策略：对病毒病关键是免疫密度，对细菌病主要是环境消毒，对寄生虫病则是打击病原体和消灭寄生环境并重。单纯从防疫角度来看，病毒病最好防，细菌病次之，而寄生虫病最难防。由于临床上病毒只有在动物体内才能增殖，所以病毒病防控的关键是控制传染源，而细菌病防控主要是控制住环境，但寄生虫病就要兼顾环境和动物体。而从危害角度讲，危害最大的是病毒病，由于患病动物的流动，疫情传播的范围最广也最快，甚至超越了国界的限制。

防控病毒病要以没有患病动物为目标，消灭病原和切断传播途径两者并重，这样就能控制住源头。主要措施是加强群体强制免疫，提高群体保护水平，控制患病动物流动，在免疫的基础上，再发现患病动物就坚决扑杀。对病毒病而言，扑杀患病动物非常重要，因为免疫后又发病的动物，可能被变异的毒株感染，这样也就必须提高监测、诊断水平。如果让患病动物流动，可能破坏全部的免疫计划，引发新的疫情流动。从生物进化的角度讲，变异是进化的基础，病毒变异是普遍存在的。如任何一次口蹄疫的流行，都是两个以上血清亚型毒株作用的结果。

防控细菌病的根本措施是通过环境消毒，消灭环境中蓄积的细菌，使之达不到使动物发病的阈值（即最小数量），辅以药物预防、适当的治疗，或者实施必要的免疫手段。饲养者应重视环境消毒，防止细菌病成为多发病，一旦发病应尽早确诊并及时治疗，避免更大损失。

防控寄生虫病的策略是驱除并杀灭动物体内外寄生虫，保护动物健康。基本的原则就是在寄生虫性成熟前和动物生长迅速的关键时期主动用药。如猪蛔虫，性成熟期为 2~2.5 个月，应该每 1.5 个月驱虫一次，再如肝片吸虫，性成熟期为 3~4 个月，应该每 2.5 个月驱虫一次，保证动物体内没有成熟的虫体，再辅以良好的饲养方式和饲养习惯，从环境措施上加大力度以阻断传播。

**5. 动物疫病防控的技术路线** 动物疫病防控的技术路线要点是：首先要进行免疫；其次要进行疫情监测，监测中未见异常的通过检疫后进入交易市场或屠宰加工，监测中发现动物疫情或疑似疫情的，进行疫情报告；第三，由各级动物疫病预防控制中心、国家参考实验室和区域性实验室进行诊断，根据诊断结果划定疫点、疫区和受威胁区；第四，对疫区进行强制封锁，并按有关规定实施强制扑杀、无害化处理和消毒，同时通过流行病学调查追溯疫源，并加强效果监测；第五，在一个潜伏期后经验收合格解除封锁，逐步恢复生产和交易。

### （二）动物检疫概述

**1. 动物检疫的概念**　通常所说的动物检疫包括动物检疫和动物产品检疫两个方面。所谓动物检疫是指为了预防、控制动物疫病，防止动物疫病的传播、扩散和流行，保护养殖业生产和人体健康，由法定的机构（动物卫生监督机构）、人员（官方兽医），依照法定的检疫项目、标准和方法，对动物、动物产品进行检查、定性和处理的一项带有强制性的技术行政措施。

**2. 动物检疫的性质**　动物检疫是一种以技术为依托的政府监督管理职能；检疫是由法律、行政法规规定的具有强制性的行政措施；检疫具有技术方法标准和处理方式的规范性及法律效力的时效性。管理相对人参与动物及动物产品的生产和经营行为，应主动报检并给予积极配合，否则动物卫生监督机构可依据有关法律、法规对其进行处罚。

**3. 动物检疫的原则**　检疫工作是一项以技术为基础的行政工作，必须以现行的有关规程、标准和方法为基础。检疫工作中必须尊重事实，做到有法可依、有法必依，否则就会受到法律制裁。检疫后的处理必须实事求是地按照检疫结果依法依规进行，否则就是违法，也会给国家和当事人带来损失。检疫是行政行为，必须与经营相分离。

检疫工作是为社会发展、为人民服务的，因此其手续要简便，方法要快捷，工作要严谨，布局要合理。即既要有利于把关，又要方便往来，有利于生产和流通。

**4. 动物检疫的特点**　动物检疫的性质决定了其不同于一般的诊断，并具有以下特点：强制性；需由法定的机构和人员实施；需按照法定的检疫项目和检疫对象进行检查；需按照法定的检疫标准和方法进行操作；需按照法定的处理方式处理检疫结果；需出具法定的检疫证、章及标志。

## 二、动物防疫与检疫的目的和任务

**1. 促进我国养殖业持续健康发展**　养殖业是我国农业和农村经济结构战略性调整中的优势产业，发展前景广阔。随着我国养殖业规模不断扩大，商品率不断提高，养殖密度和流通半径不断加大，境内外动物及其产品贸易活动日益频繁，非洲猪瘟等一些重大动物疫病呈大范围流行态势。重大动物疫情的发生，给养殖业生产造成巨大损失。据测算，我国每年仅动物发病死亡造成的直接损失近 400 亿元，相当于养殖业总产值增量的 60% 左右。加强动物防疫检疫，可以及时、准确地掌握动物疫病流行动态，为制定动物防疫计划和具体措施提供可靠的科学依据。加强动物防疫体系建设，预防和控制口蹄疫、高致病性禽流感等重大动物疫病的发生，降低养殖业的疫病风险，对于促进养殖业持续健康发展，繁荣畜牧业经济，增加养殖收入至关重要。

**2. 保障动物源性食品安全和公共卫生安全**　人畜共患病不仅给养殖业及相关产业造成巨大经济损失，影响国民经济的持续健康发展，而且直接威胁人类健康，打乱正常的社会生活秩序，引发严重的社会问题。我国作为养殖大国，人畜共患病时有发生。研究表明，70% 的动物疫病可以传染给人类，75% 的人类新发传染病来源于动物或动物源性食品，动物疫病如不加强防治，将会严重危害公共卫生安全。长期存在的动物炭疽、结核病、布鲁氏菌病、狂犬病、棘球蚴病等人畜共患病，直接或间接来源于动物。通过实施动物免疫、兽医卫生消毒、疫病监测净化、合理药物预防和动物及动物产品检疫，可以有效阻止人畜共患病的发生和传播，对确保动物源性食品安全和公共卫生安全具有重要意义。

3. 提高我国动物产品国际竞争力    我国畜禽水产品产量世界第一，但近年来整体上呈现进口多于出口的状态。主要原因在于，一方面发达国家出于保护本国产业利益，采取不断颁布新的技术标准和技术法规、规定苛刻的包装和标签要求、执行严格的动物性产品质量认证制度、采取出口企业注册备案制度及其他登记管理制度等技术性贸易措施，对进口中国动物产品进行严格限制；另一方面主要是动物疫病的影响，我国目前尚有高致病性禽流感、口蹄疫、新城疫、高致病性猪蓝耳病、猪瘟等一类动物疫病没有得到消灭或有效控制，直接影响到我国动物产品的出口；此外，因疫病用药导致的兽药残留超标，也是造成动物产品出口屡屡受阻的重要原因，并已影响到我国动物及其产品的国际声誉。因此，开展动物防疫检疫，有效控制、扑灭动物疫病及减少兽药使用与残留，是提高我国动物产品整体质量和国际竞争力的关键。

### 三、我国动物防疫与检疫工作概况

为了保障养殖业安全、动物产品质量安全和公共卫生安全，我国政府不断强化兽医管理体制和机制建设，加快推进官方兽医和执业兽医制度实施，基本形成了机构健全、制度完善、职责明确、运转高效的兽医管理体制，构成了较为完整的国家级动物疫病防控管理和技术支持体系，建立了覆盖全国的动物疫情报告网络及动物标识和动物疫病可追溯体系，动物防疫检疫工作的法制化、标准化建设日臻完善。

1. 建立了较为完善的动物防疫检疫机构和组织    农业农村部负责组织监督国内动物防疫检疫工作，发布疫情并组织扑灭。全国各省（自治区、直辖市）、市、县均设有兽医行政主管部门，负责辖区内动物防疫、检疫、兽药管理和残留控制等兽医行政管理工作；县级以上地方人民政府设立动物卫生监督机构，负责动物和动物产品的检疫工作和其他有关动物防疫的监督管理执法工作；农业农村部成立了中国动物疫病预防控制中心、中国兽医药品监察所、中国动物卫生与流行病学中心等 3 个国家级兽医技术支持机构，为提升动物疫病防治和动物源性食品安全监管技术支撑能力，还建立了国家兽医参考实验室、国家兽医诊断实验室、国家兽药残留基准实验室及国家级兽药安全评价实验室约 20 个，并在全国设立了 304 个国家动物疫情测报站、146 个边境动物疫情测报站，实施疫情预测、预报及疫情收集工作。

全国各省（自治区、直辖市）、市、县均设立了动物疫病预防控制机构和动物卫生监督机构，前者承担动物疫病的监测、检测、诊断、流行病学调查、疫情报告以及其他预防、控制等技术工作，后者负责动物及其产品检疫组织实施工作及畜产品质量追溯和畜牧兽医行业违法案件的调查处理等监管工作；县级地方人民政府兽医主管部门按乡镇或区域设立乡镇畜牧兽医站（有的地方加挂动物卫生监督分所牌子），承担动物防疫、检疫和公益性技术推广服务职能；海关总署负责出入境动物及动物产品检疫工作，并对出入境检验检疫机构实施垂直管理，在全国各省（自治区、直辖市）、市和主要口岸设有 42 个直属海关，在海陆空口岸和货物集散地另设有 562 个隶属海关机构，在主管直属海关的领导下开展检疫工作。

我国设立了多个兽医专业技术委员会、协会和学会等非政府组织，汇集各方力量共同促进全国动物卫生工作开展。如全国动物防疫标准化技术委员会主要从事全国动物防疫标准化工作；全国动物防疫专家委员会是为国家动物疫病防控提供决策咨询和技术支持的专家组织；全国动物卫生风险评估专家委员会是负责依法开展动物卫生风险评估，为动物卫生风险管理提供决策咨询和技术支持的专家组织等。

**2. 动物防疫检疫法制化、标准化不断加强** 制定、颁布和实施动物防疫检疫的法律法规，使动物防疫检疫工作走上法制轨道，做到依法治疫，是动物防疫检疫工作得以正常运行并发挥其应有作用的根本保证。目前我国已经制定了《中华人民共和国动物防疫法》《中华人民共和国进出境动植物检疫法》《兽药管理条例》《重大动物疫情应急条例》《动物检疫管理办法》等动物防疫检疫的法律法规，为依法防疫检疫提供了法制保障，也标志着我国的动物防疫检疫工作走上了法制化、国际化的轨道。

随着《无规定动物疫病区标准》《集约化猪场防疫基本要求》《中、小型集约化养猪场兽医防疫工作规程》等国家标准以及《畜禽场场区设计规范》《畜禽场环境质量及卫生控制规范》《畜禽场环境污染控制技术规范》《动物免疫接种技术规范》等农业标准的出台，促进了我国各地畜禽场的设施建设、卫生消毒、免疫接种、疫情监测与净化、预防用药等动物防疫工作的标准化和规范化建设。《口蹄疫诊断技术》《动物结核病诊断技术》《血吸虫病诊断技术》《高致病性禽流感疫情判定及扑灭技术规范》《动物布鲁氏菌病控制技术规范》等动物疫病诊断、防治标准规范的出台，为我国动物疫病的诊断、防治提供了技术支撑。《跨省调运乳用、种用动物产地检疫规程》《跨省调运种禽产地检疫规程》《生猪产地检疫规程》《生猪屠宰检疫规程》《反刍动物产地检疫规程》《进出境种牛检验检疫操作规程》《进出境禽鸟及其产品高致病性禽流感检疫规范》等技术标准的出台，对促进官方兽医依法检疫、提高检疫质量和检疫水平，奠定了坚实的工作基础。

**3. 动物防疫检疫的国际交流与合作日益加强** 当今的重大动物疫病已经超越了国界的限制，任何国家都不能"独善其身"，只有国际社会共同努力，才能更好地应对各种困难和挑战。作为维护动物生命健康安全的国际权威机构，世界动物卫生组织（OIE）在疫情的收集、疾病的诊断和防控等方面具有很大的优势。加强与OIE的交流与沟通，实现与OIE的信息共享与技术合作，可以最快地了解全球最新动物疫情，吸收和利用全球最先进的诊断方法和防控经验，提高我国的动物疫病防控水平。我国北、西、南面与十余个国家接壤，缺少阻隔动物疫病传入的天然屏障。此外，这些邻国处于不同的气候带，生态环境千差万别，动物传染病的流行和变化也更加复杂。因此，周边国家的动物疫情更容易直接对我国造成巨大威胁。因此，加强与周边国家的合作，通过建立疫情互通机制，定期交流动物疫情信息，我们能够迅速了解周边国家动物疫情的发生原因、传播途径和流行趋势等相关情报，尽早制定和实施各种应对防范措施，提高预防动物疫情传入我国的针对性和有效性。

**4. 我国动物防疫检疫工作进展和发展趋势** 多年来，我国充分借鉴国际经验，立足国情，不断加大兽医工作力度，并取得积极成效。一是深入研究OIE规则，逐步建立了既与国际规则接轨，又适应国内实际的兽医政策、法规、规范和标准体系。二是参照OIE兽医体系能力建设指导原则，积极推进兽医管理体制改革，完善全国兽医管理体系，加快官方兽医和执业兽医制度建设，初步构建了机构健全、分工明确、运转高效的兽医工作体系。三是借鉴国外先进经验，创新动物疫病区域化管理机制，提高重大动物疫病预防控制水平；创新重大动物疫病防控应急管理机制，提高重大动物疫情应急处置能力；创新动物标识及疫病可追溯管理机制，提高动物防疫和动物产品质量安全全程监管能力；创新动物卫生监督执法机制，提高动物卫生监督执法水平；创新兽医事务协调交流合作机制，调动各级各类兽医资源合力促进动物疫病防控工作。

动物疫病防控工作任重道远，我国将进一步提高动物疫病防治能力，加强动物产品质量安全风险管理，提高动物防疫检疫技术水平。一是有计划地控制净化重点病种。如在口蹄疫和高致病性禽流感防治中，继续实施强制免疫、监测净化等综合防治措施。在高致病性猪蓝耳病、猪瘟、新城疫、沙门氏菌病、禽白血病、猪伪狂犬病和猪繁殖与呼吸综合征防治中，强化种源监测净化等。二是通过创新跨境动物疫病防控模式，完善边境口岸动物防疫安全屏障、外来病监测网络，建立边境免疫带和风险控制区，健全监测巡查制度，协作开展野生动物传播外来动物疫病的风险监测，全面提高外来动物疫病风险预警和风险防范能力。三是通过实施种畜禽场疫病净化策略，严格养殖场所动物疫病风险管理，深化无规定动物疫病区建设，提升动物疫病监测预警处置能力等举措强化动物疫病综合防治能力。四是通过严格动物养殖、移动、屠宰等各环节兽医卫生风险管理，建立完善病死畜禽无害化处理机制等加强动物产品质量安全风险管理。五是通过构建从养殖到屠宰全链条兽医卫生风险追溯监管信息体系，完善动物标识和动物产品追溯系统及进境动物检疫管理系统，健全电子检疫证明网络体系，推广电子标识等物联网技术，实现防疫检疫监督工作信息化。

### 四、国际动物防疫与检疫概况

动物防疫检疫工作在国际社会受到广泛重视，许多发达国家建立了比较完善的动物防疫体系，在动物疫病防治中发挥了重要作用。

**1. 健全的兽医组织机构与科学的兽医管理模式** 发达国家普遍实行"垂直管理"的官方兽医管理制度。官方兽医制度是世界动物卫生组织对其成员兽医管理体制的根本要求，发达国家根据这一要求结合自己国家的实际情况，建立了不同形式的兽医管理模式。"垂直"兽医管理制度即上级兽医行政管理部门对下级兽医行政管理部门实行直接领导，下级兽医行政管理部门对上级兽医行政管理部门完全负责，且不受当地政府的领导。以德国为例，最高兽医行政长官为国家首席兽医官，该首席兽医官统领全国兽医工作；州和县市的兽医官都由国家首席兽医官领导，而不受地方行政当局即政府部门的领导，以保证其公正性。这种管理体制可以有效地防止地方保护主义，防止地方政府对该级兽医行政管理部门执法过程的干预，从而维护该级兽医行政管理部门的执法公正。这种管理模式无论对疾病监测和控制、屠宰场检疫以及市场检疫都是十分有效的。发达国家的官方兽医实验室建设体系性强，利用率很高，全国的兽医实验室直接参与疫病的扑灭和控制工作。国家兽医诊断实验室每年投入巨资以维持其运转。另外，在防疫用品上，发达国家也都有很大投入，建立系统的兽医药品冷链系统，建立充裕的兽医药品和生物制品储备物资，建立紧急动物疫病扑杀政府补偿制度等。

**2. 高素质的兽医队伍与严格的行业准入制度** 按照OIE《国际动物卫生法典》的规定，官方兽医是指由国家行政管理部门授权的兽医，美国称其为兽医官（VMO），澳大利亚称其为政府兽医，官方兽医官由国家兽医行政管理部门任命，并由国家提供经费支持和保障，代表国家行使动物卫生监督和检验职权，从而促使其公正执法。发达国家普遍制定了严格的兽医行业准入条件，所有兽医人员必须具有大学本科以上学历（美国要求具有兽医博士学位），接受过官方培训，具备一定年限的实际工作经验后，并经过人力资源机构评估，取得兽医资格才可以加入兽医队伍。无论官方兽医，还是私人兽医，必须定期接受审核和评估，这充分保证了兽医队伍的高素质，确保了动物防疫工作的效率和质量。同时重视培养建立一支经过认证的防疫骨干队伍。澳大利亚实施的"全国兽疫应急培训计划"，面向生产者、兽医、政府工作人员、急救行业人员等提供相关培训和认证考试，以此提高防疫人员的整体素质以及应急反应能力。

**3. 完善的动物防疫法律法规体系** 发达国家动物防疫立法起步很早，现已基本形成完善的动物防疫法律法规体系，并且由于其立法技术、立法模式、立法程序和执法体系的综合作用，使得其法律规范具有很强的体系性、可操作性、即时性和强制性，能够很好地为动物防疫和畜产品国际贸易服务。如美国联邦法典第9卷是关于动物卫生方面的法律，该卷收集了近100个方面的动物卫生法规，法律条文多达5 000多条，内容涵盖兽医卫生工作的方方面面，法规内容每年修订1次并及时通过各种媒体向公众公布。欧盟的兽医法律体系也毫不逊色，欧盟以指令和决议的形式制定兽医卫生方面的法律法规，仅其目录就达200多页。日本还根据不同时期动物防疫等重点编写相关的防疫手册，对防疫工作中应该做什么、怎么做，都有非常具体的、操作性很强的规定。

**4. 科学的动物疫病防控策略** 制定和采取科学的疫病防控策略是发达国家建立和维持良好动物卫生状况的重要手段。对于常发病、突发病和外来病，发达国家普遍采取不同的扑灭、防控和应对措施。对于常发且严重危害畜牧业发展的疫病以及人畜共患病，发达国家普遍根据其国内的实际情况，制订科学的重大动物疫病扑灭计划，集中人力财力，有条不紊地进行消灭，并且根据世界贸易组织（WTO）、世界动物卫生组织（OIE）和联合国粮农组织（FAO）推荐的区域区划理论进行非疫区的管理和认证。而针对突发疫情，欧美等畜牧业发达国家均建立了突发动物疫病应急反应机制，力求在发现疫情后的第一时间内迅速扑灭动物疫情。在外来病防范方面，发达国家严格动物及动物产品出入境管理，采取进口前评估风险、进口时检疫产品、进口后追踪的机制，最大限度降低外来病入侵的风险。

同时，发达国家对动物及动物产品生产实施全过程监控。即兽医管理涉及动物饲养、屠宰加工、市场流通和出入境检疫的全过程监控，以维护动物防疫执法过程中的系统性和科学性，降低疫病发生风险。如澳大利亚实施这种监控策略扑灭了60余种重大动物疾病，甚至消灭了布鲁氏菌病和结核病这两种长期威胁人类及动物健康的顽固性人畜共患病。为了应对突发的动物疫情，能迅速控制或扑灭动物疫病，各国都分别制订了应急计划，包括疫情应急培训、紧急疫情报告热线、物资储备、患病及可疑病畜扑杀等。一旦发现疫情，按照统一的动物防疫工作标准，立即行动，以保证疫情造成的损失降低到最低程度。发达国家非常重视可追溯性体系建设，重视畜禽登记追踪制度，各国目前已经对所有大家畜建立了登记系统，欧盟有些国家还对猪、禽甚至水生动物建立了登记系统。免疫耳标、尾标是最为常用的登记工具，有些国家还使用了电子标记技术。

# 动物防疫基本知识

| 项目描述 | 动物防疫基本知识是动物疫病防治员国家职业资格、执业兽医师及助理兽医师资格考试的必考理论知识，也是官方兽医、执业兽医开展动物防疫检疫工作必备的基础知识。因此本项目的学习重点是掌握这些基础知识，夯实开展动物防疫检疫工作的知识基础。 | | |
|---|---|---|---|
| 建议学校学时 | 4 学时 | 建议企业学时 | 4 学时 |
| 本项目教学目标 | | | |
| 应知知识 | 掌握动物防疫有关基本概念；熟悉动物疫病发生和流行过程；了解我国动物防疫工作基本原则和内容；熟悉动物疫病监测的专业方法；了解动物疫病应急预案的概念、意义和基本内容；了解我国无规定动物疫病区的有关概念及建设目的、意义和要求。 | | |
| 应会能力 | 能结合临床病例分析动物疫病感染类型；会判断临床病例疫病发展阶段和流行过程；会制订畜禽养殖场疫情调查方案；会开展动物疫情调查与分析；会撰写动物疫情调研报告。 | | |
| 应备素质 | 养成运用应知知识和应会能力指导动物防疫实践的意识；养成对动物疫情进行有关信息检索甄别分析的学习习惯；懂得在动物疫情调查中如何与受访者沟通交流。 | | |

## 模块一 动物疫病

### 一、动物疫病的发生概述

**1. 感染的概念**　病原体侵入动物机体，并在一定的部位定居、生长繁殖，引起动物机体产生一系列病理反应的过程，称为感染，亦可称传染。病原体对动物的感染不仅取决于病原体本身的特性，而且与动物的易感性、免疫状态以及环境因素有关。

当病原体具有相当的毒力和数量，并且动物机体的抵抗力又相对较弱时，动物机体就会表现出一定的临床症状；如果病原体毒力较弱或数量较少，而动物机体的抵抗力较强时，病原体可能在动物体内存活，但不能大量繁殖，动物机体也不表现明显症状。动物机体抵抗力较强时，机体内并不适合病原体的生长，一旦病原体进入动物体内，机体能迅速动员自身的防御力量将病原体杀死，从而保持机体的正常稳定。

**2. 感染的类型** 病原体与动物机体抵抗力之间的关系错综复杂，影响因素较多，造成了感染过程的表现形式多样化，从不同角度可分为不同的类型：

（1）外源性感染和内源性感染。病原体从外界侵入动物机体引起的感染过程，称为外源性感染，大多数动物疫病都是此类。如果病原体是寄生在动物体内的条件性病原体，由于动物机体抵抗力的降低而引起的感染，称为内源性感染。

（2）单纯感染、混合感染、原发感染和继发感染。由单一病原体引起的感染，称为单纯感染；由两种以上的病原体同时参与的感染称为混合感染。动物感染了一种病原体后，随着动物抵抗力下降，又有新的病原体侵入或原先寄居在动物体内的条件性病原体引起的感染，称为继发感染；最先侵入动物体内引起的感染，称为原发感染。如鸡感染了支原体后，再感染大肠杆菌，那么感染支原体是原发感染，感染大肠杆菌是继发感染。

（3）显性感染和隐性感染。一般按患病动物症状是否明显可分为显性感染和隐性感染。动物感染病原体后表现出明显的临床症状称显性感染；症状不明显或不表现任何症状称为隐性感染。隐性感染的动物一般难以发现，多是通过病原体检查或血清学方法查出，因此在临床上这类动物更具危险性。

（4）良性感染和恶性感染。一般以患病动物的致死率作为标准，致死率高者称为恶性感染，致死率低的则为良性感染。如狂犬病为恶性感染，猪支原体肺炎多为良性感染。

（5）最急性、急性、亚急性和慢性感染。病程较短，一般在24h内，常没有典型症状和病变的感染称为最急性感染，常见于传染病流行的初期。急性感染的病程一般在几天到两三周不等，常伴有明显的症状，这有利于临床诊断。亚急性感染的动物临床症状一般相对缓和，也可由急性发展而来，病程一般在两三周到一个月不等。慢性感染病程长，在一个月以上，如布鲁氏菌病、结核病等。

（6）典型感染和非典型感染。在感染过程中表现出该病的特征性临床症状，称为典型感染。而非典型感染则表现或轻或重，与特征性临床症状不同。

（7）局部感染和全身感染。病原体侵入动物机体后，能向全身多部位扩散或其代谢产物被吸收，从而引起全身性症状，称为全身感染，其表现形式有：菌（病毒）血症、毒血症、败血症和脓毒败血症等。如果侵入动物体内的病原体毒力较弱或数量不多，病原体常被限制在一定的部位生长繁殖，并引起局部病变的感染，称为局部感染，如葡萄球菌、链球菌引起的化脓创等。

（8）病毒的持续性感染和慢病毒感染。有些病毒可以长期存活于动物机体内，感染的动物有的持续有症状，有的间断出现症状，有的不出现症状，这称为病毒的持续性感染。疱疹病毒、副黏病毒和反转录病毒科病毒，常诱发持续性感染。慢病毒感染是指某些病毒或类病毒感染后呈慢性经过，潜伏期长达几年至数十年，临床上早期多没有症状，后期出现症状后多以死亡结束，如牛海绵状脑病等。

以上感染的各种类型都是人为划分的，因此都是相对的，它们之间往往会出现交叉、重叠和相互转化。

### 二、动物疫病发生的条件

动物疫病的发生需要一定的条件，其中病原体是引起传染过程发生的首要条件，动物的易感性和环境因素也是疫病发生的必要条件。

**1. 病原体的毒力、数量与侵入门户**　毒力是病原体致病能力强弱的反映，人们常把病原体分为强毒株、中等毒力株、弱毒株、无毒株等。病原体的毒力不同，与机体相互作用的结果也不同。病原体需有较强的毒力才能突破机体的防御屏障引起传染，导致疫病的发生。

病原体引起感染，除必须有一定毒力外，还必须有足够的数量。一般来说病原体毒力越强，引起感染所需数量就越少；反之需要量就较高。

具有较强的毒力和足够数量的病原体，还需经适宜的途径侵入易感动物体内，才可引发传染。有些病原体只有经过特定的侵入门户，并在特定部位定居繁殖，才能造成感染。例如，伤寒沙门氏菌需经口进入机体，破伤风梭菌侵入深部创伤才有可能引起破伤风，日本脑炎病毒由蚊子为媒介叮咬皮肤后经血流传染。但也有些病原体的侵入途径是多种的，例如炭疽杆菌、布鲁氏菌可以通过皮肤和消化道、生殖道黏膜等多种途径侵入宿主。

**2. 易感动物**　对病原体具有感受性的动物称为易感动物。动物对病原体的感受性是动物"种"的特性，因此动物的种属特性决定了它对某种病原体的传染具有天然的免疫力或感受性。动物的种类不同对病原体的感受性也不同，如猪是猪瘟病毒的易感动物，而牛、羊则是非易感动物；炭疽杆菌对人、草食动物易感，而鸡不易感。同种动物对病原体的感受性也有差异，如肉鸡对马立克氏病病毒的易感性大于蛋鸡。

另外，动物的易感性还受年龄、性别、营养状况等因素的影响，其中以年龄因素影响较大。例如，雏鹅易感染鹅细小病毒、成鹅感染但不发病，猪沙门氏菌容易感染1～4月龄的猪。

**3. 外界环境因素**　外界环境因素包括气候、温度、湿度、地理环境、生物因素（如传播媒介、贮存宿主）、饲养管理及使役情况等，它们对于传染的发生是不可忽视的条件，是传染发生相当重要的诱因。环境因素改变时，一方面可以影响病原体的生长、繁殖和传播；另一方面可使动物机体抵抗力、易感性发生变化。如寒冷的冬季能降低易感动物呼吸道黏膜抵抗力，易发生呼吸道传染病。另外，在某些特定环境条件下，存在着一些疫病的传播媒介，影响疫病的发生和传播。如有些疫病以昆虫为媒介，故在昆虫繁殖的夏季和秋季容易发生和传播。

### 三、动物疫病的特征与发展阶段

#### （一）动物疫病的特征

动物疫病虽然因病原体的不同以及动物的差异，在临床上表现各异，但同时也具有一些共性，主要有以下特点：

**1. 由病原体作用于机体引起**　动物疫病都是由病原体引起的，如狂犬病由狂犬病病毒引起、猪瘟由猪瘟病毒引起、鸡球虫病由艾美耳球虫引起等。

**2. 具有传染性和流行性**　从患病动物体内排出的病原体，侵入其他动物体内，引起其他动物感染，这就是传染性。个别动物的发病造成了群体性的发病，这就是流行性。

**3. 感染的动物机体发生特异性免疫反应**　几乎所有的病原体都具有抗原性，病原体侵入动物体内一般会激发动物体的特异性免疫应答。

**4. 耐过动物能获得特异性免疫**　当患疫病的动物耐过后，动物体内产生了一定量的特异性免疫效应物质（如抗体、细胞因子等），并能在动物体内存留一定的时间。在这段时间内，这些效应物质可以保护动物机体不受同种病原体的侵害。每种疫病耐过保护的时间长短不一，有的几个月，有的几年，也有终身免疫的。

**5. 具有特征性的症状和病变**　由于一种病原体侵入易感动物体内，侵害的部位相对来说是一致的，所以出现的临床症状也基本相同，显现的病理变化也基本相似。

#### （二）动物疫病的发展阶段

为了更好地理解疫病的发生、发展规律，人们将疫病的发展分为四个阶段，虽然各阶段有一定的划分依据，但有的界限不是非常严格。

**1. 潜伏期**　从病原体侵入机体并进行繁殖，到动物出现最初症状为止的一段时间称为潜伏期。不同的疫病潜伏期不同，就是同一种疫病也不一定相同。潜伏期一般与病原体的毒力、数量、侵入途径和动物机体的易感性有关，但一般来说，还是相对稳定的，如猪瘟的潜伏期为 $2\sim20d$，多数为 $5\sim8d$。总的说来，急性疫病的潜伏期比较一致，慢性疫病的潜伏期差异较大，较难把握。同一种动物疫病的潜伏期短时，疫病经过往往比较严重；潜伏期长时，则表现较为缓和。动物处于潜伏期时没有临床表现，难以被发现，对健康动物威胁大。因此，了解动物疫病的潜伏期对于预防和控制动物疫病也有极重要的意义。

**2. 前驱期**　是指动物从出现最初症状到出现特征性症状的一段时间。这段时间一般较短，仅表现疾病的一般症状，如食欲下降、发热等，此时进行诊断是非常困难的。

**3. 明显期**　是动物疫病特征性症状的表现时期，是动物疫病诊断最容易的时期。这一阶段患病动物排出体外的病原体最多、传染性最强。

**4. 转归期**　是指明显期进一步发展到动物死亡或恢复健康的一段时间。如果动物机体不能控制或杀灭病原体，则以动物死亡为转归；如果动物机体的抵抗力得到加强，病原体得到有效控制或杀灭，症状就会逐步缓解，病理变化慢慢恢复，生理机能逐步正常。在病愈后一段时间内，动物体内的病原体不一定马上消失，会出现带毒（菌、虫）现象，其持续时间也不尽相同。

## 模块二　动物疫病的流行过程

### 一、流行过程的概念

动物疫病的流行过程（简称流行）是指疫病在动物群体中发生、发展和终止的过程，也就是从动物个体发病到群体发病的过程。

动物疫病的流行必须同时具备三个基本环节，即传染源、传播途径和易感动物群。这三个环节同时存在并互相联系时，就会导致疫病的流行，如果其中任何环节受到控制，疫病的流行就会终止。所以在预防和扑灭动物疫病时，都要紧紧围绕三个基本环节来开展工作。

### 二、流行过程的三个基本环节

#### （一）传染源

传染源是指某种动物疫病的病原体能够在其中定居、生长、繁殖，并能够将病原体排出体外的动物机体。包括患病动物和病原携带者。

被病原体污染的各种外界环境因素，不适于病原体长期的寄居、生长繁殖，也不能排出。因此不能认为是传染源，而应称为传播媒介。

**1. 患病动物**　患病动物是最重要的传染源。动物在明显期和前驱期能排出大量毒力强的病原体，传染的可能也就很大。

**2. 病原携带者**　是指外表无症状但携带并排出病原体的动物体。平时常和健康动物生活在一起，由于很难发现，所以对其他动物影响较大，是更危险的传染源。主要有以下几类：

（1）潜伏期病原携带者。大多数传染病在潜伏期不排出病原体，少数疫病（狂犬病、口蹄疫、猪瘟等）在潜伏期的后期能排出病原体，传播疫病。

（2）恢复期病原携带者。是指病症消失后仍然排出病原体的动物。部分疫病（布鲁氏菌病、急性猪瘟、鸡白痢、猪弓形虫病等）康复后仍能长期排出病原体。对于这类病原携带者，应进行反复的实验室检查才能查明。

（3）健康病原携带者。是指动物本身没有患过某种疫病，但体内存在且能排出病原体。一般认为这是隐性感染的结果，如巴氏杆菌病、沙门氏菌病、猪丹毒等病的健康病原携带者是重要的传染源。

病原携带者存在间歇排毒现象，只有反复多次检查均为阴性时，才能排除病原携带状态。

#### （二）传播途径

病原体从传染源排出后，侵入其他动物体内所经历的途径称为传播途径。掌握动物疫病传播途径的重要性在于生产中能有效地切断传播途径，保护易感动物的安全。传播途径可分为水平传播和垂直传播两大类。

**1. 水平传播**　是指动物疫病在动物群体之间或同群个体之间传播，可分为直接接触传播和间接接触传播。

（1）直接接触传播。在没有任何外界因素的参与下，病原体通过传染源与易感动物直接接触（交配、舐、咬等）而引起的传播方式。最具代表性的是狂犬病，大多数患者是被狂犬病患病动物咬伤而感染的。其流行特点是一个接一个地发生，形成明显的链锁状，不会造成大面积流行，以直接接触传播为主要传播方式的疫病较少。

（2）间接接触传播。在外界因素的参与下，病原体通过传播媒介使易感动物发生传染的方式。一般通过以下几种途径传播：

①经污染的饲料和水传播。这是主要的一种传播方式。传染源的分泌物、排泄物等污染了饲料、饮水而传给易感动物，如以消化道为主要侵入门户的猪瘟、口蹄疫、结核病、炭疽、犬细小病毒病、球虫病等疫病，其传播媒介主要是污染的饲料和饮水。

②经污染的空气（飞沫、尘埃）传播。空气并不适合于病原体的生存，但病原体可以短时间内存留在空气中。空气中的飞沫和尘埃是病原体的主要依附物，病原体主要通过飞沫和尘埃进行传播。几乎所有的呼吸道传染病都主要通过飞沫进行传播，如流行性感冒、结核病、鸡传染性支气管炎、猪支原体肺炎等。一般冬春季节、动物密度大、通风不良的环境，有利于通过空气进行传播。

③经污染的土壤传播。炭疽、破伤风、猪丹毒等的病原体对外界抵抗力强，随传染源的分泌物、排泄物和尸体一起落入土壤而能生存很久，导致感染其他易感动物。

④经活的媒介物传播。主要是非本种动物和人类。

节肢动物：主要有蚊、蝇、蠓、虻类和蜱等。传播主要是机械性的，通过在患病动物和健康动物之间的刺螫吸血而传播病原体。可以传播马传染性贫血、流行性乙型脑炎、炭疽、鸡住白细胞虫病、梨形虫病等疾病。

野生动物：野生动物的传播可分为两类。一类是本身对病原体具有易感性，在感染后再传给其他易感动物，如飞鸟传播禽流感，狼、狐传播狂犬病等；另一类是本身对病原体并不具有感受性，但能机械性传播病原微生物，如鼠类传播猪瘟和口蹄疫等。

人：部分饲养员和兽医工作人员缺乏防疫意识，也可以成为疫病的传播者。

⑤经体温计、注射针头等用具传播。体温计、注射针头、手术器械等，使用前后消毒不严，可能成为马传染性贫血、炭疽、猪瘟、猪附红细胞体病、口蹄疫和新城疫等的传播媒介。

**2. 垂直传播**　一般是指动物疫病从母体到子代两代之间的传播，包括以下几种方式。

（1）经胎盘传播。受感染的动物能通过胎盘血液循环将病原体传给胎儿，如猪瘟、伪狂犬病、猪圆环病毒病、布鲁氏菌病等。

（2）经卵传播。由带有病原体的卵细胞发育而使胚胎感染，如鸡沙门氏菌病、鸡传染性贫血、禽淋巴白血病等。

（3）经产道传播。病原体通过子宫口到达绒毛膜或胎盘引起的传播，如大肠杆菌病、葡萄球菌病、链球菌病、疱疹病毒感染等。

**（三）易感动物群**

易感动物群是指一定数量的有易感性的动物群体。动物易感性的高低虽与病原体的种类和毒力强弱有关，但主要还是由动物的遗传性状和特异性免疫状态决定的。

另外外界环境也能影响动物机体的感受性。易感动物群体数量与疫病发生的可能性成正比，群体数量越大，疫病造成的影响越大。影响动物易感性的因素主要有以下几类。

**1. 动物群体的内在因素** 不同种动物对一种病原体的感受性有较大差异，这是动物的遗传性决定的。动物的年龄也与抵抗力有一定的关系，一般初生动物和老年动物抵抗力较弱，而年轻的动物抵抗力较强，这和动物机体的免疫应答能力高低有关。

**2. 动物群体的外界因素** 动物生活过程中的一切因素都会影响动物机体的抵抗力。如环境温度、湿度、光线、有害气体浓度、日粮成分、喂养方式、运动量等。

**3. 特异性免疫状态** 在动物疫病流行时，一般易感性高的动物个体发病严重，感受性较低的动物症状较缓和。通过获取母源抗体和接触抗原获得特异性免疫，就可提高特异性免疫的能力，如果动物群体中 70％～80％ 的动物具有较高免疫水平，就不会引发大规模的流行。

动物疫病的流行有赖于传染源、传播途径和易感动物群三个基本环节同时存在。因此，动物疫病的防控措施必须紧紧围绕这三个基本环节进行，施行消灭和控制传染源、切断传播途径及增强易感动物的特异性抵抗力的措施，是疫病防控的根本。

### 三、疫源地和自然疫源地

#### (一) 疫源地

具有传染源及排出的病原体存在的地区称为疫源地。疫源地比传染源含义广泛，它除包括传染源之外，还包括被污染的物体、房舍、牧地、活动场所，以及这个范围内的可疑动物群。防疫方面，对于传染源采取隔离、扑杀或治疗，对疫源地还包括环境消毒等措施。

疫源地的范围大小一般根据传染源的分布和病原体的污染范围的具体情况确定。它可能是个别动物的生活场所，也可能是一个小区或村庄。人们通常将范围较小的疫源地或单个传染源构成的疫源地称为疫点，而将较大范围的疫源地称为疫区，疫区划分时应注意考虑当地的饲养环境、天然屏障（如河流、山脉）和交通等因素。通常疫点和疫区并没有严格的界限，而应从防疫工作的实际出发，合理划定疫点或疫区。

疫源地的存在具有一定的时间性，时间的长短由多方面因素决定。一般而言，只有当所有的传染源死亡或离开疫区、康复动物体内不带有病原体，经一个最长潜伏期没有出现新的病例，并对疫源地进行彻底消毒，才能认为该疫源地被消灭。

#### (二) 自然疫源地

有些动物疫病的病原体在自然情况下，即使没有人类或动物的参与，也可以通过传播媒介感染动物造成流行，并长期在自然界循环延续后代，这些疫病称为自然疫源性疾病。存在自然疫源性疾病的地区，称为自然疫源地。自然疫源性疾病具有明显的地区性和季节性，并受人类活动改变生态系统的影响。自然疫源性疾病很多，有狂犬病、伪狂犬病、口蹄疫、流行性乙型脑炎、鹦鹉热、土拉杆菌病、布鲁氏菌病等。

在日常的动物疫病防控工作中，一定要切实做好疫源地的管理工作，防止其范围内的传染源或其排出的病原体扩散，引发疫病的蔓延。

## 四、动物疫病流行过程的特征

### （一）疫病流行过程的表现形式

在动物疫病的流行过程中，根据在一定时间内发病动物的多少和波及范围的大小，大致分为以下 4 种表现形式。

**1. 散发**　是指在一段较长的时间内，一个区域的动物群体中仅出现零星的病例。形成散发的主要原因有：动物群对某病的免疫水平较高，仅极少数没有免疫或免疫水平不高的动物发病，如猪瘟；某病的隐性感染比例较大，如流行性乙型脑炎；有些疫病的传播条件非常苛刻，如破伤风。

**2. 地方流行性**　在一定的地区和动物群体中，发病动物较多，但常局限于一个较小的范围。它一方面表明了本地区内某病的发生频率，另一方面说明此类疫病带有局限性传播特征，如炭疽、猪丹毒。

**3. 流行性**　是指在一定时间内一定动物群发病率超过了正常水平，发病数量较多，波及的范围也较广。流行性疫病往往传播速度快，如果采取的防控措施不力，可很快波及很大的范围。

"暴发"是指在一定的地区和动物群中，短时间内（该病的最长潜伏期内）突然出现很多病例。

**4. 大流行**　是指传播范围广，常波及整个国家或几个国家，发病率高的流行过程。如流感和口蹄疫都曾出现过大流行。

### （二）动物疫病流行的季节性和周期性

**1. 季节性**　某些动物疫病常发生于一定的季节，或在一定的季节出现发病率显著上升，这称为动物疫病的季节性。造成季节性发病的原因较多，主要有以下几点：

（1）季节对病原体的影响。病原体在外界环境中存在时，受季节因素的影响。如口蹄疫病毒在夏天阳光曝晒下很快失活，因而在夏季较少流行。

（2）季节对活的媒介物（如节肢动物）的影响。如鸡住白细胞原虫病、流行性乙型脑炎主要通过蚊子传播，所以这些病主要发生在蚊虫活跃季节。

（3）季节对动物抵抗力的影响。季节的变化，主要是气温和饲料的变化，对动物的抵抗力也会发生一定的影响。冬季动物呼吸道抵抗力差，呼吸系统疫病较易发生；夏季由于饲料的原因消化系统疫病较多。

了解传染病的季节性，对防控动物疫病具有十分重要的意义，它可以帮助人们提前做好此类动物疫病的预防。

**2. 周期性**　某些动物疫病在一次流行以后，常常间隔一段时间（常以数年计）后再次发生流行，这种现象称为动物疫病的周期性。这种动物疫病一般具有以下特点：易感动物饲养周期长；不进行免疫接种或免疫密度很低；动物耐过免疫保护时间较长；发病率高等。如口蹄疫和牛流行热等易周期性流行。

## 五、影响流行过程的因素

动物疫病的发生和流行主要取决于传染源、传播途径和易感动物群三个基本环节，而这三个环节往往受到很多因素的影响，归纳起来主要是自然因素和社会因素两大方面。如果我们能够利用这些因素，就能防止疫病的发生。

**1. 自然因素**　对动物疫病的流行起影响作用的自然因素主要有气候、气温、湿度、光照、雨量、地形、地理环境等。江、河、湖等水域是天然的隔离带，对传染源的移动进行限制，形成了一道坚固的屏障。对于生物传播媒介而言，自然因素的影响更加重要，因为媒介者本身也受到环境的影响。同时自然因素也会影响动物的抗病能力，动物抗病力的降低或者易感性的增加，都会增加疫病流行的机会。所以在动物养殖过程中，一定要根据天气、季节等各种因素的变化，切实做好动物的饲养和管理工作，以防动物疫病的发生和流行。

**2. 社会因素**　影响动物疫病流行的社会因素包括社会制度、生产力、经济、文化、科学技术水平等多种因素，其中重要的是兽医卫生法规是否健全和是否得到充分执行。各地有关动物饲养的规定日趋完善，动物疫病的防控工作正得到不断加强，这与国家的政策保障，各地政府及职能部门的重视是分不开的。同时动物疫病的有效防控需要充足的经济保障和完善的防疫体制，我国的兽医体制起到了非常重要的作用。

## 模块三　动物疫病监测

动物疫病监测是通过系统、完整、连续和规则地观察一种动物疫病在一地或多地的分布动态，调查分析其影响因素，以便及时采取正确的防控措施。通过监测，全面掌握和分析动物疫病病原分布和流行规律，对评估重大动物疫病免疫效果、及时掌握疫情动态、消除疫情隐患、发布预警预报、科学开展防控工作等具有重要意义。

### （一）动物疫病监测应遵循的原则

**1. 国家监测和地方监测相结合的原则**　《国家动物疫病监测计划》分国家计划和辖区计划。国家计划由农业农村部制定下发；各省、自治区、直辖市要结合本地区实际情况，制定并实施本辖区监测计划。中国动物疫病预防控制中心、中国动物卫生与流行病学中心和相关动物疫病国家参考实验室或专业实验室，要按农业农村部部署对重点动物疫病开展直接采样监测和分析；地方动物疫病监测机构应当根据国家和本地区动物疫病监测计划，定期对本地区的易感动物进行疫病监测。

**2. 常规监测与应急监测相结合的原则**　各地动物疫病监测机构要按照国家动物疫病监测计划，完成常规监测任务；对突发重大动物疫病和新发生的动物疫病，要及时开展应急监测。

**3. 定点监测与全面监测相结合的原则**　各地方动物疫病监测机构根据本辖区疫病流行特点，在辖区内设立固定监测点，实行定时定点持续监测。在春、秋两季集中免疫后，要分别开展一次全面集中监测工作。

**4. 抗体监测与病原监测相结合的原则**　要通过免疫抗体水平监测，及时评估重大动物疫病免疫效果；通过开展病原学监测，及时掌握动物疫情动态和病原分布情况。

动物疫情监测资料经统计处理后，应结合监测地区历年疫情发生和流行的状况、外界动物疫情的影响、环境影响、防疫情况等风险因子分析，探讨激发疫病的因素，疫情流行的规律，以及消除风险因子的措施，对重大动物疫情发生的可能性做出预测分析。

### （二）动物疫情监测方法

包括流行病学调查、临诊症状检查、血清学检测、病原学检测等。

**1. 流行病学调查**　流行病学调查可在临诊检查过程中进行，可向畜禽主人询问疫情，并对现场进行仔细检查，然后对调查材料进行统计分析，为诊断、拟订防控措施提供依据。流行病学调查的内容如下：

（1）本次疫病流行的情况。包括：最初发病的时间、地点、随后蔓延的情况，目前的疫情分布；疫区内各种动物的数量和分布情况；发病动物的种类、数量、性别、年龄；查清感染率、发病率、死亡率和病死率。

（2）疫情来源的调查。包括：本地过去是否发生过类似的疫病？何时何地发生？流行情况如何？是否确诊？何时采取过防控措施？效果如何？附近地区是否发生过类似的疫病？本次发病前是否从外地引进过动物、动物饲料和动物用具？输出地有无类似的疫病存在等。

（3）传播途径和方式的调查。包括：本地各类有关动物的饲养管理方法；畜禽流动、收购和防疫卫生情况；运输和市场检疫监督情况；死亡动物尸体处理情况；助长疫病传播蔓延的因素和控制疫病的经验；疫区的地理环境状况；疫区的植被和野生动物、节肢动物的分布活动情况，与动物疫病的传播蔓延有无关系；若是寄生虫病还需调查中间宿主的存在与分布等。

**2. 临诊症状检查**　临诊症状检查就是利用人的感觉器官或借助最简单的器械（体温计、听诊器等）直接对发病动物进行检查。包括问诊、视诊、触诊、听诊、叩诊，有时也包括血、粪、尿的常规检查和X射线透视及摄影、超声波检查和心电图描记等。

有些动物疫病具有特征性症状，如狂犬病、破伤风等，经过仔细的临诊检查，即可得出诊断。但是临诊检查具有一定的局限性，对于发病初期未表现出特征性症状、非典型感染和临诊症状有许多相似之处的动物疫病，就难以诊断。因此多数情况下，临诊检查只能提出可疑疫病的范围，必须结合其他诊断方法才能确诊。

**3. 血清学检测**　定期、系统地从动物群体中取样，通过血清学试验检查动物群体的免疫状态、研究疫病的分布和流行的方法，称为血清学检测。血清学检测是利用抗原和抗体特异性结合的免疫学反应进行诊断，具有特异性强、检出率高、方法简易快速的特点，可以用已知抗原来测定被检动物血清中的特异性抗体，也可以用已知抗体来测定被检材料中的抗原。血清学试验有中和试验、凝集试验、沉淀试验、溶细胞试验、补体结合试验、免疫标记技术等。

**4. 病原学检测**　病原学检测就是通过病原学检查，找出导致动物感染的病原体，或查明存在于动物生活环境及饲料、饮水中的病原体。

（1）病料的采集、保存与运送。病料的采集要求进行无菌操作，所用器械、容器等需事先灭菌。一般选择濒死或刚死亡的动物。病料必须采自含病原菌最多的病变组织或脏器，采集的病料不宜过少。

取得病料后，应存放于有冰的保温瓶或4~10℃冰箱内，由专人及时送检，并附临床病例说明，如：动物品种、年龄、送检的病料种类和数量、检验目的、发病时间和地点、病死率、临床症状、免疫和用药情况等。

（2）细菌学检查。常用方法有：细菌的形态检查，将病料或细菌培养物涂片染色镜检，观察细菌的形态、排列及染色特性；细菌的分离培养，观察细菌菌落的形状、大小、色泽、气味、透明度、黏稠度、边缘结构和有无溶血现象等；还有细菌的生化试验等。

（3）病毒学检查。常用方法有电子显微镜检查；包含体检查，有些病毒能在易感细胞中形成包含体，将被检材料直接制成涂片、组织切片或冰冻切片，经特殊染色后，用普通光学显微镜检查；病毒的分离培养，将病料接种动物、禽胚或组织细胞，检查病毒是否生长。

（4）动物接种试验。最常用的有本种动物接种和实验动物接种，可证实所分离的病原体是否有致病性。

（5）寄生虫学检查。从动物的血液、组织液、排泄物、分泌物或活体组织中检查寄生虫的某一发育虫期，如虫体、虫卵、幼虫、卵囊、包囊等。方法有粪便检查（虫体检查法、虫卵检查法、毛蚴孵化法、幼虫检查法等）、皮肤及其刮下物检查、血液检查、尿液检查、生殖器分泌物检查、肛门周围刮取物检查、痰及鼻液检查和淋巴穿刺物检查等。

（6）分子生物学诊断。又称基因诊断，主要是针对不同病原微生物所具有的特异性核酸序列和结构进行测定。其特点是反应的灵敏度高，特异性强，检出率高，主要方法有核酸探针、聚合酶链式反应（PCR）技术和DNA芯片技术等。

## 模块四　动物防疫工作基本原则和内容

### （一）防疫工作的基本原则

为了有效地预防和扑灭动物疫病，促进畜牧业的发展和保护人类的健康，防疫工作应遵循如下基本原则：

**1. 建立和健全各级防疫机构**　特别是基层兽医防疫机构，以保证动物疫病防疫措施的贯彻。动物防疫工作是一项与农业、商业、外贸、卫生、交通等部门都有密切关系的重要工作。只有各有关部门密切配合，紧密合作，从全局出发，统一部署，全面安排，才能把动物疫病防控工作做好。

**2. 贯彻"预防为主"的方针**　搞好防疫卫生、饲养驯化、预防接种、检疫、隔离、封锁、消毒等综合性防疫措施，以达到提高动物健康水平和抗病能力，控制和杜绝疫病的传播蔓延，降低发病率和病死率。实践证明，只要做好平时的预防工作，可以防止很多动物疫病的发生，就是一旦发生动物疫病，也能很快得到控制。随着畜禽饲养量的急剧增加，"预防为主"的方针更显重要，如果防疫重点不放在预防方面，而注重个别治疗，势必会造成发病率不断增加，越治病例越多，防疫工作陷入被动局面。

**3. 贯彻执行兽医法律法规**　2008年1月1日起施行的《中华人民共和国防疫法》（修订版）对动物防疫工作的方针政策和基本原则做了明确而具体的规定，1992年施行的《中华人民共和国进出境动植物检疫法》（2009年修正）对我国动物检疫的主要原则和办法作了详尽的规定。

### （二）防疫工作的基本内容

传染源、传播途径、易感动物群三个基本环节的相互联系，导致了动物疫病的流行。因此，采取适当的防疫措施来消除或切断三个基本环节的相互联系，就可以使疫病不再流行。只采取一项防疫措施往往是不够的，必须采取"养、防、检、治"的综合防疫措施。综合防疫措施可分为平时的预防措施和发生疫病时的扑灭措施。

**1. 平时的预防措施**

（1）加强饲养管理，增强动物机体的抵抗力。

（2）贯彻自繁自养的原则，实行"全进全出"的生产管理制度。

（3）搞好免疫接种，提高机体特异性免疫水平。

（4）搞好卫生消毒工作，定期杀虫、灭鼠，尸体、粪便进行无害化处理。

（5）认真贯彻执行防疫、检疫工作制度。

（6）各地动物卫生监督机构调查研究本地疫情分布，协同邻近地区进行疫病防控，逐步建立无规定动物疫病区。

**2. 发生疫病时的扑灭措施**

（1）及时发现、诊断和上报疫情，并通知毗邻单位做好预防工作。

（2）迅速隔离发病动物，污染场地进行消毒。发生危害大的疫病时，采取封锁措施。

（3）实行紧急免疫接种，对发病动物进行及时的扑杀或合理的治疗。

（4）合理处理死亡动物和淘汰患病动物。

以上预防措施和扑灭措施不是截然分开的，而是互相联系、互相配合、互相补充的。

## 模块五　动物疫病应急预案

**（一）动物疫病应急预案的概念、意义**

为了及时、有效地预防、控制和扑灭突发重大动物疫病，最大限度地减轻突发重大动物疫病对畜牧业及公众健康造成的危害，保持经济持续、稳定、健康发展，保障人民生命安全，为此依据《中华人民共和国动物防疫法》《中华人民共和国进出境动植物检疫法》和《国家突发公共事件总体应急预案》预先制定的疫病综合性处理方案，称为动物疫病应急预案。

重大动物疫病可能突然发生，往往会造成畜牧业生产严重损失和社会公众健康严重损害。制定动物疫病应急预案，做好人员、技术、物资和设备的应急储备工作，一旦发生重大动物疫情，可以按照既定的方案，迅速进行全民防疫：动员一切资源，依照有关法律、法规，统一领导、分工协作，及时控制和扑灭疫情，最大限度地保障人民身体健康、减少经济损失。因此，制定动物疫病应急预案，做到有备无患，对控制和扑灭动物疫病，具有重大意义。

**（二）动物疫病应急预案的内容**

由于动物疫病的多样性、复杂性，在制订应急预案时，应充分考虑到各种可能发生的情况，研究并制定相应的规定和措施。动物疫病应急预案一般包括以下内容：

**1. 应急组织体系及职责**　负责指挥、组织和协调应急工作，包括应急指挥机构、日常管理机构、专家委员会、应急处理机构。

**2. 动物疫情分级及防控原则**　根据动物疫情的性质、危害程度、涉及范围，将突发重大动物疫情划分为特别重大（Ⅰ级）、重大（Ⅱ级）、较大（Ⅲ级）和一般（Ⅳ级）四级，不同级别动物疫情采取不同的防控措施。

**3. 重大动物疫情的监测、预警、报告、应急响应和终止**　主要内容包括疫情报告，疫情调查和确认，疫点、疫区和受威胁区的划定，隔离封锁，消毒，免疫接种，发病及死亡动物的无害化处理，易感动物的处理，隔离封锁的解除，疫情信息的管理与发布等。

**4. 重大动物疫情应急处置的保障系统**　主要包括通信与信息保障、应急资源与装备保障、技术储备与保障、培训和演习、社会公众的宣传教育等。

**5. 其他**　指在疫情防控中需要规定的其他事项。

# 模块六　无规定动物疫病区

## 一、无规定动物疫病区的有关概念

无规定动物疫病区是指在某一确定区域，在规定期限内没有发生过规定的某一种或某几种动物疫病，且在该区域及其边界，对动物和动物产品的流通实施官方有效控制，并经国家验收合格的区域。无规定动物疫病区根据是否在区域内采取免疫措施，分为免疫无规定动物疫病区和非免疫无规定动物疫病区两种。

**1. 区（区域）**　是指动物卫生状况、地理或行政界限清楚的地理区域。区域范围和界限应当由兽医主管部门依据地理、法律或人工屏障划定，并通过官方渠道公布。无规定动物疫病区的范围可以是省、自治区、直辖市的部分或全部地理区域，也可以是毗邻省份连片的地理区域。

**2. 规定动物疫病**　根据国家或某一区域动物疫病防控的需要，列为国家或该区域重点控制或消灭的动物疫病。

**3. 非免疫无规定动物疫病区**　在规定期限内，某一划定的区域没有发生过某种或某几种动物疫病，且未实施免疫接种，并在其边界及周围一定范围规定期限内未实施免疫接种，对动物和动物产品及其流通实施官方有效控制。

**4. 免疫无规定动物疫病区**　在规定期限内，某一划定的区域没有发生过某种或某几种动物疫病，对该区域及其周围一定范围采取免疫措施，对动物和动物产品及其流通实施官方有效控制。

**5. 动物亚群**　指动物群体中可通过地理、人工屏障或生物安全措施实施流行病学隔离的部分动物群体，该部分动物群体可以有效识别，且规定动物疫病状况清楚。

**6. 地理屏障**　亦称自然屏障，是指自然存在的足以阻断某种动物疫病传播、人和动物自然流动的地貌或地理阻隔，如山峦、河流、沙漠、海洋、沼泽地等。

**7. 人工屏障**　指为防止规定动物疫病侵入，在无规定动物疫病区周边建立的动物防疫监督检查站，隔离或封锁设施等。

**8. 保护区**　为了保护无规定动物疫病区的动物卫生状态，防止规定动物疫病传入和传播，基于规定动物疫病的流行病学特征，根据地理或行政区域等条件，沿无规定动物疫病区边界设立的保护区域，在区域内采取包括但不限于免疫接种、强化监测和易感动物的移动控制等措施。

**9. 感染控制区** 指根据动物疫病的流行病学因素及调查结果，在可以或已确认感染的养殖屠宰加工场所及其周边划定并实施控制措施以防止感染蔓延的区域。

**10. 有限疫情** 指在无规定动物疫病区的局部范围内发生的规定动物疫病，该规定动物疫病的疫情扩散风险可控或风险可忽略，可以通过采取建立感染控制区等措施控制和扑灭规定动物疫病。

## 二、无规定动物疫病区的建立

### （一）建立无规定动物疫病区的基本条件

**1. 具备一定的区域区划和社会经济基础** 无规定动物疫病区的区域应集中连片，具有一定规模和范围，与相邻地区间具备地理屏障、人工屏障或保护区等防疫屏障，原则上至少以地级行政区域为单位。无规定动物疫病区所在地应当具有一定畜牧业经济基础或经济贸易需求，且当地的经济发展水平、行政管理和社会管理能保障和支持无规定动物疫病区建设、管理和维护。

**2. 健全的动物防疫检疫机构和队伍** 无规定动物疫病区内有健全的省、市、县三级兽医主管部门，有统一、稳定的省、市、县三级动物卫生监督机构和动物疫病预防控制机构，有依法开展动物卫生监督执法和防疫技术支撑的工作队伍，有健全的动物疫病实验室体系。县级以上地方人民政府成立无规定动物疫病区建设与管理指挥协调机构和专家组织。

**3. 具有完善的配套支持体系** 制定完善的法规、规章、规范、标准和制度；建立稳定的财政投入保障机制，保证基础设施设备建设和日常运转维护经费以及防疫检疫人员工作经费；制定疫病扑灭、净化计划及无规定动物疫病区建设实施方案；动物及动物产品进入无规定动物疫病区有指定通道，并在进入无规定动物疫病区的主要交通道口及口岸设立动物卫生监督检查站；建立动物隔离场、隔离设施，设立警示标志；健全疫情报告制度，规范疫情确认程序，完善疫情测报预警体系；制定科学的监测计划和监测方案，有针对性地开展区域内流行病学调查与监测；完善动物及动物产品流通监管制度；强化检疫监管及无规定动物疫病区建设管理的宣传教育。

**4. 建立动物防疫档案管理制度** 动物防疫档案至少应当包括防疫物资管理、免疫消毒、疫病监测、产地检疫记录、屠宰检疫记录、动物疫病监测及流行病学调查、疫情报告及处置、动物卫生监督、动物隔离检疫、动物卫生监督执法、动物及动物产品无害化处理、官方兽医培训考核和村级防疫员培训考核等档案。

### （二）无规定动物疫病区的评估申请与验收评估

**1. 无规定动物疫病区评估申请内容** 申请无规定动物疫病区评估应当提交申请书和自我评估报告。申请书包括以下主要内容：无规定动物疫病区概况；兽医体系建设情况；动物疫情报告体系情况；动物疫病流行情况；控制、消灭策略和措施情况；免疫措施情况；规定动物疫病的监测情况；实验室建设情况；屏障及边界控制措施情况；应急体系建设及应急反应情况；其他需要说明的事项。

自我评估报告包括以下主要内容：评估计划和评估专家组成情况；评估程序及主要

内容，评估的组织和实施情况；评估结论。

**2. 国家验收评估** 由农业农村部设立的全国动物卫生风险评估专家委员会评估专家组按《无规定动物疫病区评估管理办法》的规定，对符合免疫无疫或非免疫无疫规定的无规定疫病区进行评估。农业农村部将审核合格的无规定动物疫病区列入国家无规定动物疫病区名录，并对外公布。不合格的，书面通知申请单位并说明理由。农业农村部根据需要向有关国际组织、国家和地区通报评估情况，并根据无规定动物疫病区所在地省级人民政府兽医主管部门的意见，申请国际评估认可。

## 实训一 动物疫情调查与分析

**【目的要求】**

1. 通过实训，明确动物疫情调查的内容，了解动物传染病的流行规律。

2. 掌握动物疫情调查方法，会设计疫情调查表，并能进行疫情调查资料分析。

**【实训材料】** 动物疫情调查表；当地某养殖场、养殖专业户动物疫情资料；笔、计算器等。

**【方法步骤】**

**1. 确定调查内容与项目** 在进行动物疫情调查时，应尽量将可能影响动物发病的各种因素考虑进来。在进行疫情一般性调查时，调查内容常包括以下几个方面：

（1）被调查区或养殖场的基本情况。包括该场的名称，地址，地理地形特点，气象资料，饲养动物的种类、数量、用途，饲养方式。

（2）养殖场卫生特征。包括养殖场及其邻近地区的卫生状况，饲料来源、品质、调配及保藏情况，饲喂方法，放牧场地和水源卫生状况，周围及栏舍内昆虫、啮齿类动物活动情况，粪便、污水处理方法，预防消毒及免疫接种执行情况，动物流通情况，病死动物的处理方法等。

（3）动物疫病发生与流行情况。包括首例病例发生时间，发病及死亡动物的种类、数量、性别、年龄，临诊主要表现，疫病经过的特征，采用的诊断方法及结果，动物疫病的流行强度，所采取的措施及效果等。

（4）疫区既往发病情况。包括曾发生过何种疫病及发生时间，流行概况，所采取的措施，疫病间隔期限，是否呈周期性等。

**2. 设计调查表** 根据所调查地区或养殖场具体情况，确定调查项目，并依据所要调查的内容自行设计疫情调查表。

**3. 开展调查** 可采取直接询问和查阅资料等方法。

**4. 资料分析** 将调查资料进行统计分析，以明确该调查区域（养殖场）疫病流行的类型、特点、发生原因、疫病传播来源和途径等。并提出预防控制动物疫病的具体措施和建议。

**【实训报告】** 根据调查结果，写一份疫情调查分析报告。

## 职业测试

1. 生活中偶尔可见因拔牙、挤"青春痘"引发脓毒血症导致病人严重发病甚至死亡的案例，请你结合所学感染的有关知识，查阅资料，解释这种情况出现的原因。

2. 假如你是某养猪场兽医技术人员，请结合动物疫病发生的条件谈一谈如何避免猪场发生猪瘟疫情。

3. 请你结合动物疫病流行过程的三个基本环节，谈一谈我们在日常生活中如何避免发生狂犬病。为何不能随意接触流浪犬、流浪猫？

4. 假设你是某乡镇畜牧兽医站的负责人，请你结合动物疫病"预防为主"的方针，谈一谈如何做好你所在乡镇养猪业的疫病预防。

5. 假设你是某县动物卫生监督所的官方兽医，请查阅资料，结合所学知识，为你县制定一份完整可行的动物疫病应急预案。

6. 请你查阅我国《无规定动物疫病区管理技术规范》等资料，谈一谈我国已经建成的四川盆地、松辽平原、海南岛、胶东半岛、辽东半岛等五片无规定动物疫病示范区建设成功的因素是什么。

★　参考答案见附录三。

# 项目二

## 动物防疫技术

| 项目描述 | 本项目讲述的消毒、杀虫、灭鼠、免疫接种、药物预防知识是动物疫病防治员国家职业资格、执业兽医师及助理兽医师资格考试的必考理论知识，也是动物防疫员开展动物防疫工作必备的基础知识。消毒、免疫接种、药物预防有关技术技能既是职业技能鉴定实操考核内容，也是动物生产实践中的实施动物防疫的常用、适用基础技术技能，因此本项目的学习重点是通过训练掌握相关技术技能。 | | |
|---|---|---|---|
| 建议学校学时 | 4 学时 | 建议企业学时 | 4 学时 |
| 本项目教学目标 | | | |
| 应知知识 | 掌握消毒的概念及消毒的分类；熟悉消毒对象和消毒方法；了解常用消毒剂种类及典型产品；了解杀虫、灭鼠方法；了解免疫的概念和原理；熟悉免疫接种的分类；了解疫苗分类及其特性；掌握免疫方法；掌握免疫程序制定原则、方法及程序；了解选择预防药物的原则及预防给药方法；熟悉微生态制剂种类、作用及应用注意事项。 | | |
| 应会能力 | 会根据消毒对象选择消毒药品；能针对不同消毒对象实施消毒；会进行消毒效果检查并会分析消毒失败原因；会在养殖场开展杀虫、灭鼠；会为养殖场制定适用免疫程序；会选用合格疫苗及实施动物接种；会开展免疫抗体检测与效果评价；会选用预防及驱虫药物并科学给药；会根据动物选用微生态制剂。 | | |
| 应备素质 | 在消毒工作中强化环保意识；在消毒、免疫工作中养成分析问题、解决问题的习惯；在药品使用中形成良好的职业道德；在消毒液配置、疫苗稀释、动物驱虫工作中养成耐心、细心的好品格。 | | |

# 模块一 消毒、杀虫、灭鼠

## 一、消毒

消毒是指运用各种方法清除或杀灭环境中的各类病原体，减少病原体对环境的污染，切断动物疫病的传播途径，阻止动物疫病的发生、蔓延，进而控制和消灭传染病的措施。

### （一）消毒的种类

根据消毒时机和消毒目的的不同分为预防性消毒、临时消毒和终末消毒三类。

**1. 预防性消毒** 为预防疫病的发生，结合平时的饲养管理对栏舍、场地、用具和饮水等进行定期或不定期的各种消毒措施。

**2. 临时消毒** 是指在发生疫病期间，为及时清除、杀灭患病动物排出的病原体而采取的消毒措施。如在隔离封锁期间，对患病动物的排泄物、分泌物污染的环境及一切用具、物品、设施等进行反复、多次的消毒。

**3. 终末消毒** 在疫病控制、平息之后，解除疫区封锁前，为了消灭疫区内可能残留的病原体而采取的全面、彻底的大消毒。

### （二）消毒对象

**1. 消毒对象** 患病动物及动物尸体所污染的圈舍、场地、土壤、水、饲养用具、运输用具、仓库、人体防护装备、病畜产品、粪便等。

**2. 动物检疫消毒的主要对象**

（1）动物产品。除规定应"销毁"的动物疫病以外其他疫病的染疫动物的生皮、原毛以及未经加工的蹄、骨、角、绒等。

（2）运载动物及动物产品的工具。运输工具及其附带物如栏杆、篷布、绳索、饲饮槽、笼箱、用具、动物产品的外包装等。

（3）检疫相关场所。检疫地点、动物和动物产品交易销售场所、隔离检疫场所等；存放畜禽产品的仓库；被病/死动物、动物产品及其排泄物污染的一切场所。

（4）检疫工具及器械。检疫刀、检疫钩、锉棒等。

### （三）消毒的方法及其选择

**1. 消毒的方法**

（1）物理消毒法。物理消毒法是指通过机械清除、冲洗、通风换气、热力、光线等物理方法对环境、物品中的病原体的清除或杀灭方法。

①机械性清除。清扫和洗刷圈舍地面，清除粪尿、垫草和残余饲料，洗刷动物体被毛，除去表面污物，保持圈舍通风换气等。机械性清除在实践中最常用，并且简便易行，该方法虽然不能彻底杀灭病原体，但可以有效地减少动物圈舍及体表的病原体，需配合其他消毒方法。

②日光消毒。阳光照射具有加热和干燥作用，自然光谱中的紫外线（其波长范围为210～328nm）具有较强的杀菌消毒作用。一般病毒和非芽孢病原菌在强烈阳光下反复曝晒，可使其致病力大大降低甚至死亡。利用阳光曝晒，对牧场、草地、畜栏、用具和

物品等进行消毒是一种简单、经济、易行的消毒方法。阳光的强弱直接关系到消毒效果，因为日光中的紫外线在通过大气层时，经散射和被吸收后损失很多，到达地面的紫外线波长在 300nm 以上，其杀菌消毒作用相对较弱，所以，要在阳光下照射较长时间才能达到消毒作用。因此，利用阳光消毒应根据实际情况灵活掌握，并配合其他消毒方法。实际工作中，人工紫外线常被用来进行空气消毒，其波长范围是 200～275nm，杀菌作用最强的波长是 250～270nm。

③干热消毒。用于染疫的动物尸体、患病动物垫料、病料以及污染的垃圾、废弃物等物品的消毒，可直接点燃或在焚烧炉内焚烧。地面、墙壁等耐火处可以用火焰喷灯进行消毒。

④湿热消毒。

a. 煮沸消毒法。煮沸消毒法是最常用的消毒方法之一，此法操作简便、经济实用，效果比较可靠。大多数非芽孢病原微生物在 100℃沸水中迅速死亡。大多数芽孢在煮沸后 15～30min，可被杀死。若配合化学消毒可提高煮沸消毒效果。如在煮沸金属器械时加入 2%碳酸钠，可提高沸点，并使溶液偏碱性，增强杀菌作用，同时还可减缓金属氧化，具有一定的防锈作用；若在水中加入 2%～5%苯酚，煮沸 5min 可杀死炭疽杆菌的芽孢。

煮沸消毒时，消毒时间应从水煮沸后开始计算，各种器械煮沸时间参考表 2-1。

表 2-1　各类器械煮沸消毒时间

| 消毒对象 | 时间（min） |
| --- | --- |
| 玻璃类器械 | 20～30 |
| 橡胶及电木类器材 | 5～10 |
| 金属类及搪瓷类器材 | 5～15 |
| 接触过疫病动物的器材 | ≥30 |

b. 蒸汽消毒。主要用在实验室、病害动物及其产品化制站。其消毒原理是当相对湿度为 80%～100%的蒸汽遇到温度较低的物品后，凝结成水、释放大量热量，从而达到消毒的目的。例如，对各种耐热玻璃器皿、金属器械、普通培养基、敷料等的消毒。在一些运输检疫监督机构，用蒸汽锅炉对运输的车皮、船舱等进行消毒。若配合化学消毒，蒸汽消毒能力将得到加强。

（2）化学消毒法。指用化学药物（消毒剂）杀灭病原体的方法。在疫病防控过程中，经常利用各种化学消毒剂对病原微生物污染的场所、物品等进行清洗、浸泡、熏蒸、喷洒等，以杀灭其中的病原体。消毒剂除对病原微生物具有广泛的杀伤作用外，对动物、人的组织细胞也有损伤作用，使用过程中应加以注意。

（3）生物消毒法。指用生物热杀灭、清除病原体的方法。该法主要用于污染粪便的无害化处理。粪便在堆积过程中，其中的微生物发酵产热而使内部温度达到 70℃以上，经过一段时间便可杀死病毒、细菌（芽孢除外）、寄生虫卵等病原体。芽孢菌污染的粪便应予以焚毁。

**2. 消毒方法的选择**

（1）染有一般病原体的物品，可选择煮沸消毒法。

（2）不耐热、湿的染疫物和圈舍、仓库等，可选择熏蒸消毒法。

（3）怕热而不怕湿的物品可采用消毒液浸泡。

（4）染有一般病原体的粪便、垃圾、垫草等污物应选择生物消毒法等。

（5）染有细菌芽孢等的物品，可选择火焰或焚烧消毒法。

**（四）消毒药品的选择、配制和使用**

**1. 消毒药品的选择原则**　在选择消毒药品时应考虑以下几个方面：

（1）对病原体杀灭力强且广谱，易溶于水，性质比较稳定。

（2）对人、畜及动物产品无毒，无残留，不产生异味，不损坏被消毒物品。

（3）价格低廉，使用简便。

**2. 消毒药品的配制**　大多数消毒药从市场购回后，必须进行稀释配制或经其他形式处理，才能正常使用。

（1）配制消毒剂的注意事项。

①根据需要配制消毒液浓度及用量，正确计算所需溶质、溶剂的用量。

②对固态消毒剂，要用比较精确的天平称量；对液态消毒剂，要用刻度精细的量筒或吸管量取。准确称量后，先将消毒剂原粉或原液溶解在少量水中，使其充分溶解后再与足量的水混匀。

③配制药品的容器必须干净。

④尽量现用现配。配制好的消毒剂存放时间过长，浓度会降低或完全失效。有剩余时，应在尽可能短的时间内用完。个别需储存待用的，要按规定用适宜的容器盛装，注明药品名称、浓度和配制日期等，并做好记录。

（2）常用消毒剂的配制方法。配制消毒液时，常需根据不同浓度计算用量。可按下式计算：

$$N_1V_1 = N_2V_2$$

式中，$N_1$ 为原药液浓度，$V_1$ 为原药液容量，$N_2$ 为需配制药液的浓度，$V_2$ 为需配制药液的容量。

消毒剂浓度表示法有百分浓度、百万分浓度、摩尔浓度。消毒实际工作中常用百分浓度，即每百克或每百毫升药液中含某药品的克数或毫升数。

**3. 常用的消毒剂及其应用**　根据化学消毒剂的不同结构，将消毒剂分为以下九类。

（1）碱类。强碱化合物包括钠、钾、钙和铵的氢氧化物，弱碱化合物包括碳酸盐、碳酸氢盐和碱性磷酸盐。动物养殖场常用的碱类消毒剂为氢氧化钠、生石灰。

①氢氧化钠（苛性钠、火碱、烧碱）。氢氧化钠的杀菌作用很强，常用于病毒性、细菌性污染的消毒，对细菌芽孢和寄生虫卵也有杀灭作用。主要用于养殖场环境及用具的消毒。其中，2%的溶液用于病毒性或细菌性污染的消毒；5%的溶液用于杀灭细菌芽孢。氢氧化钠对金属有腐蚀性，对纺织品、漆面等有损害作用，亦能灼伤皮肤和黏膜。喷洒6～12h后用清水冲洗干净，防止引起动物肢蹄、趾足和皮肤等损伤以及对被消毒物品的腐蚀，并注意对人员自身的防护。

②石灰乳。用于消毒的石灰乳是生石灰（氧化钙）1份加水制成熟石灰（氢氧化

钙），然后用水配成 10%～20% 的混悬液。本品对大多数细菌繁殖体有较强的杀灭作用，但对炭疽芽孢和分枝杆菌无效。10%～20% 的石灰乳混悬液，用于粉刷动物的圈舍墙壁、地面、粪渠及污水沟等处进行消毒。生石灰 1kg 加水 350mL 制成的粉末，也可撒布在阴湿地面、粪池周围及污水沟等处进行消毒。如直接将生石灰撒于干燥地面，不但不起消毒作用，反而会使动物蹄部干燥开裂。生石灰可吸收空气中二氧化碳生成碳酸钙，故需现用现配，不宜久储。

（2）酸类。乳酸对多种病原体具有杀灭和抑制作用，能杀灭流感病毒和某些革兰氏阳性菌。常用于蒸汽消毒。20% 的乳酸溶液在密闭室内加热蒸发 30～90min，适用于空气消毒。2.5% 盐酸溶液和 15% 食盐水溶液等量混合，保持液温 30℃左右，浸泡 40h，可用于炭疽芽孢污染的皮张消毒。有时也用草酸和甲酸溶液以气溶胶形式消毒口蹄疫或其他传染病病原体污染的房舍。

（3）醇类。能够去除细菌细胞膜中的脂质并使菌体蛋白凝固和变性。常使用的醇类消毒剂为 75% 的乙醇。乙醇可杀灭一般的病原体，但不能杀死细菌芽孢，对病毒也无显著效果。多用 75% 的乙醇进行皮肤和器械消毒。

（4）酚类。包括苯酚、煤酚、复合酚等，低浓度时能破坏菌体细胞膜，使胞质漏出；高浓度时可使病原体的蛋白质变性而起杀菌作用。

①苯酚。又称苯酚，为无色针状结晶，可杀灭细菌繁殖体，但对芽孢无效、对病毒效果差。2%～5% 的水溶液用于污物、用具、车辆、墙壁、运动场及动物圈舍的消毒。本品因有特殊臭味而不适于肉、蛋运输车辆及贮藏库的消毒。苯酚忌与碘、溴、高锰酸钾、过氧化氢等配伍使用，也不宜用于创伤、皮肤的消毒。

②煤酚（甲酚）。为无色或淡黄色澄明液体，有类似苯酚的臭味。毒性较小、杀菌作用比苯酚强 3 倍，能杀灭细菌的繁殖体，但对芽孢的作用较差。来苏儿则是其 50% 的肥皂溶液，2% 用于手术前洗手及皮肤消毒；3%～5% 用于器械、物品消毒；5%～10% 用于动物圈舍及排泄物等消毒。

③复合酚（菌毒敌、农福、农富）。复合酚是质量分数为 41%～49% 酚和质量分数为 22%～26% 醋酸的混合物。抗菌谱广，能杀灭细菌、真菌和病毒，对多种寄生虫卵亦有杀灭作用，稳定性好、安全性高。其 0.5%～1% 的水溶液可用于动物圈舍、笼具、排泄物等的消毒；熏蒸用量为 $2g/m^3$。但不得与碱性药物或其他消毒液混用。

（5）卤素类。

①漂白粉（氯化石灰）。是一种广泛应用的消毒剂。本品是次氯酸钙、氯化钙和氢氧化钙的混合物，有效氯含量一般为 25%～32%，但有效氯易散失。在妥善保存的条件下，有效氯每月损失 1%～3%。当有效氯低于 16% 时失去消毒作用。本品应密闭保存，置于干燥、通风处。漂白粉加水后生成次氯酸，杀菌作用快而强，能杀灭细菌及其芽孢、病毒及真菌等。5% 澄清液可用于动物圈舍、笼架、饲槽、水槽及车辆等的消毒；10%～20% 乳剂可用于被污染的动物圈舍、车辆和排泄物的消毒；将干粉剂与粪便以 1∶5 的比例均匀混合，可进行粪便消毒。由于次氯酸杀菌迅速且无残留物和气味，因此常用于食品厂、肉联厂设备和工作台面等物品的消毒。

②氯胺-T。是一种含氯化合物，含有效氯 24%～25%，性质较稳定，易溶于水且刺激性小。氯胺-T 杀菌谱广，对细菌繁殖体、芽孢、病毒、真菌孢子都有杀灭作用，

可用于养殖场、无菌室及医疗器械的消毒；且适用于饮水食具、食品、各种器具等消毒。0.000 4%溶液用于饮水消毒；0.3%溶液可用于黏膜消毒；10%溶液在2h内可杀死炭疽芽孢；0.5%～1%的溶液用于食具、器皿和设备消毒；3%溶液用于排泄物和分泌物消毒。日常使用中，以1：500的比例配制的消毒液，性能稳定、无毒、无刺激反应、无酸味、无腐蚀、使用保存安全，可用于室内空气、环境消毒和器械、用具、玩具的擦拭、浸泡消毒等。本品水溶液稳定性较差，故宜现用现配，时间过久，杀菌作用降低。

③二氯异氰尿酸钠（优氯净）。本品为广谱高效安全消毒剂。对细菌、病毒均有显著杀灭作用。可用于饮水、器具、环境和粪便的消毒。0.5%～1%水溶液采用喷洒、浸泡、擦拭等方法可杀灭病原体；5%～10%水溶液能杀灭细菌芽孢。本品干粉与粪便按1：5混合，可消毒粪便；场地消毒时，用量为10～20mg/m²，作用2～4h；冬季0℃以下时，50mg/m²，作用16～24h。本品稳定性差，需现用现配。

④复合型稳定性二氧化氯。独特的杀菌机理，能够快速、持久地杀灭所有病原微生物。使用本品安全、高效、杀菌谱广，不产生抗药性，不造成环境污染。使用量低，性质稳定，使用方便，价格低廉，是新一代环保型消毒剂。适用于畜禽养殖环境、空气、器具和畜禽饮水饲料消毒，可有效预防控制畜禽养殖各个环节的疾病。畜禽进舍前，要充分通风、晾晒后，对内、外环境进行喷洒；对器具清洗、喷洒或擦拭。也用于饲料外包装的喷洒消毒。

⑤碘酊。2%～5%的碘酊可用于手术部位、注射部位的消毒，也用于皮肤霉菌病的治疗。在1L水中加入2%碘酊5～6滴，用于饮水消毒，能杀死致病菌及原虫，15min后可供饮用。

⑥碘伏。是碘与表面活性剂的不定型络合物，能杀灭多种病原体、芽孢。在酸性（pH2～4）环境中杀菌效果最好，有机物存在时可降低其杀菌力。常用于饮水、饲槽、水槽和环境的消毒。12～25mg/L水溶液用作清洁和饮水消毒、50mg/L水溶液用作环境消毒、75mg/L水溶液用作饲槽和水槽消毒，作用时间为5～10min。

（6）氧化剂类。该类消毒剂含有不稳定的结合态氧，当与病原体接触后可通过氧化反应破坏其活性基团而呈现杀灭作用。常用的制剂有以下几种：

①过氧乙酸。过氧乙酸又称过醋酸，杀菌作用快而强，对多种病原体和芽孢均有效，除金属和橡胶外，可用于多种物品的消毒。0.2%溶液用于耐酸塑料、玻璃、搪瓷制品；0.5%溶液用于圈舍、仓库、地面、墙壁、食槽的喷雾消毒及室内空气消毒；5%溶液按2.5mL/m³喷雾消毒密闭的实验室、无菌室、仓库、屠宰车间等；0.2%～0.3%溶液可作10日龄以上鸡只的带鸡消毒。由于分解产物无毒，故能消毒水果蔬菜和食品表面。本品对组织有刺激性，对金属有腐蚀作用。本品高浓度遇热（70℃以上）易爆炸，浓度在10%以下无此危险。低浓度水溶液易分解，应现用现配。

②高锰酸钾。为强氧化剂，遇有机物、加热、加酸或碱均能放出新生态氧，呈现杀菌、杀病毒、除臭和解毒作用，但高浓度时有刺激和腐蚀作用。0.1%水溶液能杀死多数细菌的繁殖体，用于皮肤、黏膜、创面冲洗消毒；2%～5%溶液能在24h内杀死芽孢，多用于器具消毒。也可与福尔马林混合用于空气的熏蒸消毒。

③过氧化氢（双氧水）对厌氧菌感染很有效，主要用于伤口消毒，常用浓度

为1%～3%。

（7）表面活性剂类。该类制剂可通过吸附于细菌表面，改变菌体胞膜的通透性，使胞内酶、辅酶和中间代谢产物逸出，造成病原体代谢过程受阻而呈现杀菌作用。

①新洁尔灭。新洁尔灭是一种季铵盐类阳离子表面活性剂。本品对化脓性病原菌、肠道菌及部分病毒有较好的杀灭能力，对分枝杆菌及真菌的效果较弱，对细菌芽孢一般只能起抑制作用，对革兰氏阳性菌的杀灭能力也比革兰氏阴性菌强。0.05%～0.1%溶液用于手的消毒；0.1%水溶液用于蛋壳的喷雾消毒和种蛋的浸洗消毒；0.1%水溶液还可用于皮肤、黏膜及器械浸泡消毒。本品对皮肤、黏膜有一定的刺激和脱脂作用，不适用于饮水消毒。不能与阴离子表面活性剂（肥皂、合成洗涤剂）配合应用。

②消毒净。消毒净是一种季铵盐类阳离子表面活性剂。用于黏膜、皮肤、器械及环境的消毒作用比新洁尔灭强。易溶于水和乙醇，水溶液易起泡沫。0.05%溶液可用于黏膜冲洗、金属器械浸泡消毒；0.1%溶液可用于手和皮肤消毒。若水质硬度过高，应加大药物浓度0.5～1倍。

③百毒杀。百毒杀为双链季铵盐类表面活性剂。本品具有速效和长效等双重效果，能杀灭多种病原体和芽孢。0.002 5%～0.005%溶液用于预防水塔、水管、饮水器污染，以及杀霉、除藻、除臭和改善水质；0.015%溶液可用于舍内、环境喷洒或设备器具洗涤、浸泡等预防性消毒；疫病发生时的临时消毒，使用浓度为0.05%；饮水消毒使用浓度为0.005%。

（8）挥发性烷化剂。该类消毒剂主要是通过其烷基取代病原体活性的氨基、巯基、羧基等基团的不稳定氢原子，使之变性或功能改变而达到杀菌的目的。本品能杀死细菌及其芽孢、病毒和真菌。

①福尔马林。含40%甲醛的水溶液，具有很强的消毒作用。2%～4%水溶液用于圈舍和水泥地面的消毒；1%水溶液可用于动物体表消毒；本品常和高锰酸钾混合用作熏蒸消毒，比例是14mL/m³福尔马林加入7g/m³高锰酸钾，如果污染严重则将上述两种药品的用量加倍。熏蒸时，室温不应低于15℃，相对湿度为60%～80%，密闭门窗7h以上便可达到消毒目的，然后敞开门窗通风换气，消除残余的气味。本品对皮肤、黏膜刺激强烈，使用时要注意人畜安全。

②环氧乙烷。环氧乙烷有较强的杀菌能力，对细菌芽孢也有很好的杀灭作用。气体和液体均有较强杀菌作用，以气体作用更强，故多用其气体。通常不造成消毒物品的损坏，可用于精密仪器、医疗器械、生物制品、皮革、裘皮、羊毛、橡胶、塑料制品、图书、谷物、饲料等忌热、忌湿物品的消毒，也可用于仓库、实验室、无菌室等空间的消毒。消毒必须在密闭容器中进行。对大多数对热不稳定的物品常用温度为55℃。干燥微生物必须给予水分湿润才能杀灭，常用的消毒剂相对浓度为40%～60%，消毒时间6～24h。环氧乙烷蒸气遇明火极易爆炸，故使用时应注意安全。

（9）染料类。

①利凡诺。利凡诺为外用杀菌防腐剂，外用浓度为0.1%～0.2%。对革兰氏阳性菌及少数革兰氏阴性菌有较强的杀灭作用，对球菌尤其是链球菌的杀菌作用较强。用于各种创伤、渗出、糜烂的感染性皮肤病及伤口冲洗。本品刺激性小，一般治疗浓度对组织无损害。

②甲紫。甲紫为外用杀菌药物，1%水溶液治疗黏膜感染。主要对革兰氏阳性菌有效；对革兰氏阴性菌和抗酸杆菌几乎无作用。且能与坏死组织凝结成保护膜，起收敛作用。

### （五）不同消毒对象的消毒方法

**1. 空场舍消毒**　任何规模和类型的养殖企业，其场舍在再次启用之前，必须空出一定时间（15～30d 或更长时间）。经多种方法全面彻底消毒后，方可正常启用。

（1）机械清除。首先对空舍顶棚、墙壁、地面彻底打扫，将垃圾、粪便、垫草和其他各种污物全部清除，焚烧或生物热消毒处理。饲槽、饮水器、围栏、笼具、网床等设施用常水洗刷；最后冲洗地面、粪槽、过道等，待干后用化学法消毒。

（2）药物喷洒。常用 3%～5%来苏儿、0.2%～0.5%过氧乙酸、20%石灰乳或 5%～20%漂白粉等喷洒消毒。地面用药量 800～1 000mL/m²，舍内其他设施 200～400mL/m²。为了提高消毒效果，应使用 2 种或以上不同类型的消毒药进行 2～3 次消毒。每次消毒要等地面和物品干燥后进行下次消毒。必要时，对耐燃物品还可使用酒精或煤油喷灯进行火焰消毒。

（3）熏蒸消毒。常用福尔马林和高锰酸钾熏蒸。福尔马林与高锰酸钾的比例为 2∶1。一倍消毒浓度为（14mL＋7g）/m³；二倍消毒浓度为（28mL＋14g）/m³；三倍消毒浓度为（42mL＋21g）/m³。通常空场舍选用二倍或三倍消毒浓度，时间为 12～24h。但墙壁及顶棚易被熏黄，用等量生石灰代替高锰酸钾可消除此缺点。熏蒸消毒完成后，应通风换气。待对动物无刺激后，方可启用。

**2. 场舍门口消毒**　场舍门口设消毒池，消毒剂常用 2%～4%氢氧化钠或 1%农福，每周定时更换或添加消毒液，冬天可加 8%～10%的食盐防止结冰。

**3. 带畜禽圈舍消毒**　每天要清除圈舍内排泄物和其他污物，保持饲槽、水槽、用具清洁卫生，做到勤洗、勤换、勤消毒。尤其幼小动物的水槽、饲槽每天要清洗消毒一次。做好通风，保持舍内空气新鲜。每周至少用 0.1%～0.2%过氧乙酸或 0.1%次氯酸钠对墙壁、地面和设施喷雾消毒一次。

**4. 地面、土壤消毒**　患病动物停留过的圈舍、运动场地面等被一般病原体污染的，将表土铲除并按粪便消毒处理，地面用消毒液喷洒。若为炭疽等芽孢杆菌污染时，铲除的表土与漂白粉按 1∶1 混合后深埋，地面以 5kg/m² 漂白粉撒布。若为水泥地面被一般病原体污染，用常用消毒药喷洒；若为芽孢菌污染，则用 10%氢氧化钠喷洒。土壤、运动场地面大面积污染时，可将地深翻，并同时撒上漂白粉，一般病原体污染时用量为 0.5kg/m²，炭疽芽孢杆菌等污染时的用量为 5kg/m²，加水湿润压平。牧场被污染后，一般利用阳光或种植某些对病原体有杀灭力的植物（如大蒜、大葱、小麦、黑麦等），连种数年，土壤可发生自洁作用。

**5. 动物体表消毒**　动物体表消毒也称带畜禽消毒。正常动物体表可携带多种病原体，尤其动物在换羽、脱毛期间，毛发可成为一些疫病的传播媒介。做好动物体表的消毒，对预防一般疫病的发生有一定作用，在疫病流行期间采取此项措施意义更大。消毒时常选用对皮肤、黏膜无刺激性或刺激性较小的药品用喷雾法消毒，可杀灭动物体表多种病原体。主要药物有 0.015%百毒杀、0.1%新洁尔灭、0.2%～0.3%次氯酸钠、0.2～0.3%过氧乙酸等。

**6. 动物产品外包装消毒**　目前动物产品外包装物品和用具反复使用的越来越多，可携带、传播各种病原体。因此必须对外包装严格消毒。

（1）塑料包装制品消毒。常用 0.04%～0.2% 过氧乙酸或 1%～2% 氢氧化钠溶液浸泡消毒。操作时先用自来水洗刷，除去表面污物，干燥后再放入消毒液中浸泡 10～15min，取出用自来水冲洗，干燥后备用。也可在专用消毒房间用 0.05%～0.5% 的过氧乙酸喷雾消毒，喷雾后密闭 1～2h。

（2）金属制品消毒。先用自来水刷洗干净，干燥后可用火焰消毒，或用 4%～5% 的碳酸钠喷洒或洗刷，对染疫制品要反复消毒 2～3 次。

（3）其他制品（木箱、竹筐等）消毒。因其耐腐蚀性差，通常采用熏蒸消毒。用福尔马林 42mL/m³ 熏蒸 2～4h 或时间更长些。必要时可焚毁处理。

车辆消毒
通道

**7. 运载工具消毒**　各种运载工具在卸货后，都要先将污物清除，洗刷干净。清除的污物在指定地点进行生物热消毒或焚毁处理。然后可用 2%～5% 的漂白粉澄清液、2%～4% 氢氧化钠溶液、0.5% 的过氧乙酸溶液等喷洒消毒。消毒后用清水洗刷一次，用清洁抹布擦干。对有密封舱的车辆包括集装箱，还可用福尔马林熏蒸消毒，其方法和要求同畜舍消毒。对染疫运载工具要反复消毒 2～3 次。

**8. 粪便消毒**　粪便中含有多种病原体，染疫动物粪便中病原体的含量更高，是外界环境的主要污染源。及时、正确地做好粪便的消毒，对切断疫病传播途径具有重要意义。主要有以下几种方法：

（1）生物热消毒法。常用的有堆粪法和发酵池法两种。

①堆粪法：选择远离人、动物居住地并避开水源处，在地面挖一深 20～25cm 的长形沟或一浅圆形坑，沟的长短宽窄、坑的大小视粪便量而定。先在底层铺上 25cm 厚的非传染性粪便或杂草等，在其上面堆放欲消毒的粪便，高 1～1.5m，若粪便过稀可混合一些干粪土，若过干时应泼洒适量的水。含水量应保持在 50%～70%，在粪堆表面覆盖 10～20cm 厚的非传染性粪便，最外层抹上 10cm 厚草泥封闭。冬季不短于 3 个月，夏季不短于 3 周，即可完成消毒（图 2-1）。

②发酵池法：地点选择与堆粪法相同。先在粪池底层放一些干粪，再将欲消毒的动物粪便、垃圾、垫草倒入池内，快满的时候，在粪堆表面再盖一层泥土封好。经 1～3 个月，即可出粪清池。此法适合于饲养数量较多、规模较大的猪、鸡场（图 2-2）。

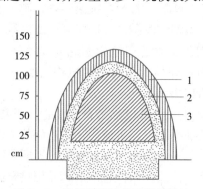

图 2-1　粪便生物热消毒的堆粪法
1. 土壤　2. 非传染性粪便或杂草　3. 传染性粪便

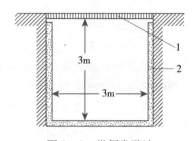

图 2-2　粪便发酵池
1. 板盖　2. 池壁（水泥或用砖砌水泥抹缝）

（2）掩埋法。漂白粉或生石灰与粪便按 1：5 混合，然后深埋地下 2m 左右。本法适合于烈性疫病病原体污染的少量粪便的处理。

（3）焚烧法。少量的带芽孢粪便可直接与垃圾、垫草和柴草混合焚烧。必要时地上挖一个坑，宽 75～100cm，深 75cm，以粪便多少而定，在距坑底 40～50cm 处加一层铁梁（相当于炉箅子，以不漏粪土为宜），铁梁下放燃料，梁上放欲消毒的粪便。如粪便太湿，可混一些干草，以便烧毁。

**9. 人员、衣物等消毒**　饲管管理人员进出场舍应洗澡更衣。工作服、靴、帽等，用前先洗干净，然后放入消毒室，用福尔马林 28～42mL/m³ 熏蒸 30min 后备用。

### （六）影响消毒效果的因素和消毒效果的检查

**1. 影响消毒效果的因素**

（1）消毒的时间、剂量和浓度。如紫外线照射的强度和时间达不到规定要求、消毒剂量过小、浓度过高或过低、作用时间短等都会影响消毒效果。

（2）温、湿度。大部分消毒剂在较高温度和湿度环境中可提高消毒效果，如福尔马林熏蒸时，舍内温度在 18℃以上，相对湿度在 60%～80%消毒效果最好。

（3）酸碱度。如新洁尔灭、度米芬、氯已定等阳离子消毒剂，在碱性环境中消毒作用强；苯酚、来苏儿等阴离子消毒剂在酸性环境中消毒作用强。

（4）有机物的存在。如粪便、饲料残渣、分泌物等大量污染时，可降低消毒效果。因此，消毒前先清除干净，再进行化学消毒可提高效果。

**2. 消毒效果的检查和评价**

（1）消毒对象清扫、洗刷的清洁程度。

（2）消毒药物的正确选择及适宜浓度。

（3）消毒方法的选用和实施。

（4）消毒作用的时间。

（5）环境的温度和湿度。

（6）实验室检查。

**3. 评价消毒剂消毒效果的检测方法**

（1）中和试验。

（2）消毒剂定性消毒试验。

（3）消毒剂定量消毒试验。

（4）消毒剂杀菌能力试验。

（5）乙型肝炎病毒表面抗原抗原性破坏试验。

**（七）兽用消毒药在实际应用中存在的问题**

（1）忽略清除动物舍内的粪便、饲料残渣、体表脱落物等有机物。

（2）认为饮水消毒剂对动物无害而随意加大浓度，造成损失。

（3）认为使用温开水做溶剂能增加所有消毒剂的消毒效果。

（4）不能做到交叉应用多种类型消毒剂，造成耐药性的产生。

（5）认为消毒剂气味越浓越好，造成畜禽黏膜损伤，影响效益。

## 二、杀虫

蚊、蝇、虻、蜱等节肢动物是动物疫病的重要传播媒介，杀灭这些媒介昆虫和防止它们的出现，在消灭传染源、切断传播途径、阻止疫病流行、保障人和动物健康等方面具有十分重要的意义。

**1. 物理杀虫法** 需根据具体情况选择适当的杀虫方法。在规模化养殖场中对昆虫聚居的墙壁缝隙、用具和垃圾等可用火焰喷灯喷烧杀虫；用沸水或蒸汽烧烫车船、动物圈舍和工作人员衣物上的昆虫或虫卵；机械拍打、捕捉等方法，亦能杀灭部分昆虫。当有害昆虫聚集数量较多时，也可选用电子灭蚊、灭蝇灯具杀虫。

**2. 生物杀虫法** 是以昆虫的天敌或病菌及雄虫绝育技术杀灭昆虫的方法。由于具有不造成公害、不产生抗药性等优点，在生产中受到重视。例如，养柳条鱼或草鱼等灭蚊，一天能食孑孓100～200条；利用雄虫绝育控制昆虫繁殖，或使用过量激素，抑制昆虫的变态或脱皮，影响昆虫的生殖，可使一定地区内的昆虫繁殖减少。此外，通过消灭昆虫滋生繁殖的环境，如排除积水、污水，清理粪便垃圾，间歇灌溉农田等措施，也可有效杀虫。

**3. 化学杀虫法** 是指在养殖场舍内外的有害昆虫栖息地、滋生地大面积喷洒化学杀虫剂，杀灭昆虫成虫、幼虫和虫卵的措施。

（1）杀虫剂的种类。杀虫剂按作用不同可分为若干种类。如经昆虫摄食，使虫体中毒死亡的，称胃毒剂；药物直接和虫体接触，由体表进入体内使之中毒死亡，或将其气门闭塞使之窒息而死的，称接触毒剂；通过吸入药物而死亡的，称熏蒸毒剂；有些药物喷于土壤或植物上，能被植物根、茎、叶吸收，并分布于整个植物体，昆虫在摄取含有药物的植物组织或汁液后，发生中毒死亡，这类杀虫药为内吸毒剂。

（2）常用的杀虫剂及其使用。

①敌百虫。对多种昆虫有很高的毒性，具有胃毒（为主）、接触毒和熏蒸毒的作用。常用剂型有水溶液（为主）、毒饵和烟剂。水溶液常用浓度为0.1%；毒饵可用1%溶液浸泡米饭、面饼等，灭蝇效果较好；烟剂用 $0.1\sim0.3g/m^3$。

②马拉硫磷。具有触杀、胃毒和熏蒸毒作用。商品为50%乳剂，能杀灭成蚊、孑孓及蝇蛆等。室内喷洒量 $2g/m^2$，持效1～3个月。0.1%和1%溶液可杀灭蝇蛆和臭虫。

③拟除虫菊酯类杀虫剂。具有广谱、高效、击倒快、残留短、毒性低、用量小等特点，对抗药性昆虫有效。如胺菊酯对蚊、蝇、蟑螂、虱、螨等均有强大的击倒和杀灭作用。室内使用0.3%浓度胺菊酯油剂喷雾，$0.1\sim0.2mL/m^3$，15～20min 蚊、蝇全部击

倒，12h 全部死亡。0.5g/m² 剂量可用于触杀蟑螂。

④昆虫生长调节剂。可阻碍或干扰昆虫正常生长发育而致其死亡，不污染环境，对人畜无害。如保幼激素和发育抑制剂。前者主要具有抑制幼虫化蛹和蛹羽化的作用，后者抑制表皮基丁化，阻碍表皮形成，导致虫体死亡。

⑤驱避剂。主要用于动物体表。包括邻苯二甲酸甲酯（DMP）、避蚊胺等。制成液体、膏剂或冷霜：直接涂布皮肤；制成浸染剂：浸染衣服、纺织品、家畜耳标、项圈或防护网等；制成乳剂：喷涂门窗表面。

### 三、灭鼠

鼠类对人畜健康具有极大的危害。作为人和动物多种共患疫病的传播媒介和传染源，鼠类可以传播的传染病有炭疽、鼠疫、布鲁氏菌病、结核病、野兔热、李斯特菌病、钩端螺旋体病、伪狂犬病、口蹄疫、猪瘟、猪丹毒、巴氏杆菌病、衣原体病和立克次氏体病等，因此，灭鼠对动物防疫和公共卫生都具有重要的现实意义。

灭鼠工作应从两方面进行：一方面从畜禽舍建筑和卫生措施着手，预防鼠类的滋生和活动，断绝鼠类生存所需的食物和藏身的条件；另一方面，采取各种方法直接杀灭鼠类。灭鼠的方法大体上可分两类，即器械灭鼠法和药物灭鼠法。

**1. 器械灭鼠**　即利用各种工具以不同方式扑杀鼠类，如关、夹、压扣、套、翻（草堆）、堵（洞）、挖（洞）、灌（洞）等。此类方法可就地取材，简便易行。使用鼠笼、鼠夹之类工具捕鼠，应注意诱饵的选择，布放的方法和时间。诱饵以鼠类喜吃的为佳。捕鼠工具应放在鼠类经常活动的地方，如墙脚、鼠的走道及洞口附近。放鼠夹应离墙 10～20cm，与鼠道成"丁"字形，鼠夹后端可垫高 3～8cm。晚上放，早晨收，并应断绝鼠粮。

**2. 药物灭鼠**　按毒物进入鼠体途径可分为经口灭鼠药和熏蒸灭鼠药两类。经口灭鼠药主要有杀鼠灵、氯敌鼠、敌鼠钠盐和杀鼠迷；熏蒸灭鼠药包括三氯硝基甲烷、磷化铝和灭鼠烟剂等。使用时以器械将药物直接喷入洞内，或吸附在棉花球中投入洞中，并以土封洞口。使用药物灭鼠时应注意安全，防止人和动物误食而发生中毒。

## 模块二　免疫接种

免疫接种是根据特异性免疫的原理，采用人工的方法给动物接种疫苗、类毒素或免疫血清等，可激发动物机体产生特异性免疫力，使易感动物转化为非易感动物的重要手段，是预防和控制动物疫病的重要措施之一。在预防疫病的诸多措施中，免疫预防是最经济、最方便、最有效的手段，对动物以及人类健康均起着积极的作用。免疫接种也是贯彻"预防为主，养防结合，防重于治"方针的重要措施。

### 一、免疫接种的分类

**1. 预防免疫接种**　为预防疫病的发生，平时使用疫苗、类毒素等生物制剂有计划地给健康动物群进行的免疫接种，称预防免疫接种。预防接种要有科学性和针对性。具体表现在：拟订每年的预防接种计划；因地制宜制订科学合理的免疫程序；免疫接种前

羊场参考
免疫程序

猪场参考
免疫程序

要做好准备，如查清被接种动物的种别数量和健康情况；准备好接种用疫苗、器械；协调领导，组织人员，分工负责，做好宣传，确定时间地点；明确接种方法，掌握接种技术。

**2. 紧急免疫接种** 动物发生疫病时，为迅速控制和扑灭其流行，对疫区和受威胁区内尚未发病动物进行的免疫接种称紧急免疫接种。其目的是建立"免疫带"以包围疫区，阻止疫病向外传播扩散。紧急接种常使用高免血清（或卵黄抗体），具有安全、产生免疫快的特点，但免疫期短，用量大，价格高，往往不能满足实际使用需求。有些疫病（如口蹄疫、猪瘟、鸡新城疫、鸭瘟、猪繁殖与呼吸综合征等）使用疫苗紧急接种，也可取得较好的效果。紧急接种必须与疫区的隔离、封锁、消毒等综合措施密切配合。

**3. 临时免疫接种** 临时为避免某些动物疫病发生而进行的免疫接种，称临时免疫接种。如引进、外调、运输动物时，为避免途中或到达目的地后暴发某些疫病而进行的免疫接种。又如动物去势、手术时，为防止发生某些疫病（如破伤风等），而进行的免疫接种。

**4. 免疫隔离屏障** 为防止某些疫病从有疫情国家向无疫情国家扩散，而对国境线周围动物进行的免疫接种。

## 二、疫苗类型、保存和运送

### （一）疫苗的类型及其特性

疫苗是指由病原微生物或其组分、代谢产物经过特殊处理所制成的、用于人工主动免疫的生物制品。包括由细菌、支原体、螺旋体或其组分等制成的菌苗，由病毒、立克次氏体或其组分制成的疫苗和由某些细菌外毒素脱毒后制成的类毒素。习惯上人们将菌苗、疫苗和类毒素统称为疫苗。按构成成分及其特性，可将其分为活疫苗、灭活疫苗、代谢产物和亚单位疫苗以及生物技术疫苗。

**1. 活疫苗** 活疫苗又分为弱毒苗和异源苗两种。

（1）弱毒苗是指通过人工诱变获得的弱毒株、筛选的天然弱毒株或失去毒力但仍保持抗原性的无毒株所制成的疫苗，是目前使用的最广泛的疫苗。

弱毒苗的优点：①一次接种即可成功，接种途径多样化，可采取注射、饮水、滴鼻、点眼等免疫途径；②可通过母畜禽免疫接种而使幼畜禽获得被动免疫；③可引起局部和全身性免疫应答，免疫力持久，有利于清除野毒；④生产成本低。

弱毒苗的缺点：①散毒问题，如口蹄疫病毒常规疫苗散毒；②残余毒力，弱毒苗残余毒力较强者其保护力也强，但副作用也较明显；③某些弱毒苗或疫苗佐剂可引发接种动物免疫抑制，如犬细小病毒疫苗可诱导犬的免疫抑制；④有返祖危险。

（2）异源苗是指用具有共同保护性抗原的不同种病毒制成的疫苗。如预防马立克氏病的火鸡疱疹病毒疫苗和预防鸡痘的鸽痘病毒疫苗等。

**2. 灭活苗** 灭活苗是指选用免疫原性强的病原体或其弱毒株经人工培养后，用物理或化学方法致死（灭活），使其传染因子被破坏而保留免疫原性所制成的疫苗，又称死苗。灭活苗保留的免疫原性物质在细菌主要为细胞壁，在病毒主要为结构蛋白。

灭活苗的优点：①比较安全，无全身毒副作用，无返祖现象；②容易制成联苗、多价苗；③制品稳定，受外界影响小，便于储存和运输；④激发机体产生的抗体持续时间短，利于确定某种传染病是否被消灭。

灭活苗的缺点：①使用剂量大且只能注射免疫，工作量大，不能在体内增殖，免疫期短，常需多次免疫；②不产生局部免疫，引起细胞介导免疫的能力较弱；③免疫力产生较迟，通常2~3周后才能获得良好免疫力，故不适于作紧急免疫使用；④需要佐剂增强免疫效应。

生产实践中还常常使用自家灭活苗和组织灭活苗。自家灭活苗是指用本场分离的病原体制成的灭活苗；组织灭活苗是指将含有病原体的患病或死亡动物脏器制成乳剂经过灭活后制成的疫苗。主要用于本场传染病的控制。

**3. 代谢产物和亚单位疫苗**　细菌的代谢产物如毒素、酶等都可制成疫苗，如破伤风毒素、白喉毒素、肉毒毒素经甲醛灭活后制成的类毒素有良好的免疫原性，可作为主动免疫制剂。另外，致病性大肠杆菌肠毒素，也可用作代谢产物疫苗，如大肠杆菌K88、K99二联疫苗用于口服，可阻止致病性大肠杆菌在肠黏膜表面的黏附，对大肠杆菌病的防治有一定作用。亚单位疫苗是将病毒的衣壳蛋白与核酸分开、除去核酸，用提纯的蛋白质衣壳制成的疫苗。此类疫苗含有病毒的抗原成分，无核酸，因而无不良反应，使用安全，效果较好。

**4. 生物技术疫苗**　生物技术疫苗是利用生物技术制备的分子水平的疫苗。生物技术疫苗通常包括以下几种：

（1）基因工程亚单位苗。基因工程亚单位苗是用DNA重组技术，将编码病原微生物保护性抗原的基因导入受体菌（如大肠杆菌）或细胞，使其在受体细胞中高效表达，分泌保护性抗原肽链。提取保护性抗原肽链，加入佐剂制成。预防仔猪和犊牛腹泻的大肠杆菌菌毛基因工程疫苗是一个成功的例子。此类疫苗安全性好，稳定性好，便于保存和运输，产生的免疫应答可以与感染产生的免疫应答相区别。但因该类疫苗的免疫原性较弱，往往达不到常规疫苗的免疫水平，且生产工艺复杂，尚未被广泛使用。

（2）合成肽苗。合成肽苗是用化学合成法人工合成病原微生物的保护性多肽，并将其连接到大分子载体上，再加入佐剂制成的疫苗。该疫苗的优点是可在同一载体上连接多种保护性肽链或多个血清型的保护性抗原肽链，这样只要一次免疫就可预防几种传染病或几个血清型。缺点是免疫原性一般较弱、合成成本昂贵。

（3）抗独特型疫苗。抗独特型疫苗是根据免疫调节网络学说设计的疫苗。抗独特型抗体可以模拟抗原物质，刺激机体产生与抗原特异性抗体具有同等免疫效应的抗体，由此制成的疫苗称为抗独特型疫苗。该类疫苗不仅能诱导体液免疫，亦能诱导细胞免疫，具有广谱性，对易发生抗原性变异的病原能提供良好的保护力。如抗猪带绦虫六钩蚴独特型抗体疫苗、兔源抗禽传染性法氏囊病病毒独特型抗体疫苗等。

（4）基因工程活载体苗。基因工程活载体苗是指将病原微生物的保护性抗原基因，插入到病毒疫苗株等活载体的基因组或细菌质粒中，利用这种能表达该抗原但不影响载体抗原性和复制能力的重组病毒或质粒制成的疫苗。该类活载体疫苗具有容量大、可以插入多个外源基因、应用剂量小而安全、能同时激发体液免疫和细胞免疫、生产和使用方便、成本低等优点。如生长抑素基因工程活载体苗。

（5）基因缺失苗。基因缺失苗是指通过基因工程技术将强毒株毒力相关的基因切除构建的活疫苗。基因缺失苗安全性好，不易返祖；其免疫接种与强毒株感染相似，机体对多种病毒产生免疫应答；免疫力坚实，免疫期长。生产中使用的有伪狂犬病基因缺失苗等。

（6）DNA疫苗。这是一种分子水平的生物技术疫苗，将编码保护性抗原的基因与能在真核细胞中表达的载体DNA重组，重组的DNA可直接注射（接种）到动物（如小鼠）体内，目的基因可在动物体内表达，刺激机体产生体液免疫和细胞免疫。DNA疫苗在预防细菌性、病毒性及寄生虫性疾病方面均有作用，如禽流感H7亚型DNA疫苗、鸡传染性支气管炎DNA疫苗、猪瘟病毒E2基因DNA疫苗等。

（7）多价苗与联苗。多价苗是指将同一种细菌或病毒的不同血清型混合制成的疫苗。如巴氏杆菌多价苗、大肠杆菌K88、K99、987P三价苗等。联苗是指由两种以上的细菌或病毒联合制成的疫苗，一次免疫可达到预防几种疾病的目的。如猪瘟-猪丹毒-猪肺疫三联苗、新城疫-产蛋下降综合征-传染性法氏囊病三联苗等。应用联苗或多价苗，可减少接种次数，节约人力和物力，减少应激。但联苗如想达到单苗完全相同甚至更好的免疫效果，必须解决抗原含量及免疫时的相互干扰问题。

### （二）疫苗的运输、保存和使用注意事项

**1. 疫苗的运输**　运输前，药品要逐瓶包装，衬以厚纸或软草然后装箱，防止碰坏瓶子和散播活的弱毒病原体。运送途中避免高温、曝晒和冻融。若是活苗需要低温保存，可将药品装入盛有冰块的保温瓶或保温箱内运送；北方寒冷地区要避免液体制剂冻结，尤其要避免由于温度高低不定而引起的反复冻融。切忌把疫苗放在衣袋内，以免由于体温较高而降低疫苗的效力。大批量运输的生物制品应放在冷藏箱内，用冷藏车运输则更好，要以最快速度运送生物制品。

**2. 疫苗的保存**　各种疫苗应保存在低温、阴暗及干燥的场所。灭活苗和类毒素等应保存在2～8℃的环境中，防止冻结；大多数弱毒苗应放在-15℃以下冻结保存。不同温度条件下，不得超过所规定的期限。如猪瘟兔化弱毒冻干苗，在-15℃可保存1年以上，0～8℃只能保存6个月，若放在25℃左右，最多10d即失去效力。多数活湿苗只能现制现用，在2～8℃仅短期保存。

**3. 疫苗使用的注意事项**

（1）使用前，应对疫苗进行认真检查，有下列情形者，不得使用：无标签或标签内容模糊不清，无产地、批号、有效期等说明；疫苗质量与说明书不符，色泽、性状有变化，疫苗内有异物、发霉和有异味的；瓶塞松动或瓶壁破裂的；未按规定方法和要求保存的，过期失效的。

（2）疫苗使用前，湿苗要充分摇匀；冻干苗按瓶签规定进行稀释，充分溶解后使用。

（3）吸取疫苗时，先除去封口上的火漆、石蜡或铝箔，用酒精棉球消毒瓶塞表面，然后用灭菌注射器吸取。如一次不能吸完，则不要把针头拔出，以便继续吸取。

（4）接种时要注意动物的营养和健康状况。凡疑似患病动物和发热动物不进行免疫接种，待病愈后补种。妊娠后期的动物应谨慎使用，以免流产和对胎儿产生毒害作用。

（5）同时接种两种以上的不同疫苗时，应分别选择不同的途径、不同部位进行免疫。注射器、针头、疫苗不得混合使用。

（6）使用活疫苗时，严防泄漏，凡污染之处，均要消毒。用过的空瓶及废弃的疫苗

应高压消毒后深埋。

（7）免疫接种后要有详细登记，如疫苗的种类、接种日期、头数、接种方法、使用剂量以及接种后的反应等。还应注明对漏免者补种的时间。

### 三、免疫方法

科学合理的免疫接种途径可以充分发挥体液免疫和细胞免疫的作用，大大提高动物机体的免疫应答能力。常用的免疫接种方法有以下几种：

**1. 注射免疫法** 适用于灭活苗和弱毒苗的免疫接种。可分为皮下接种、皮内接种、肌内接种和静脉接种。注射接种剂量准确、免疫密度高、效果确实可靠，在实践中应用广泛。但费时费力，消毒不严格时容易造成病原体人为传播和局部感染，而且捕捉动物时易出现应激反应。

鸡的注射
免疫

（1）皮下接种。多用于灭活苗的接种。选择皮薄、被毛少、皮肤松弛、皮下血管少的部位。马、牛等大家畜宜在颈侧中 1/3 部位，猪在耳根后或股内侧，犬、羊宜在股内侧，家禽在颈侧、胸部、大腿内侧。注射部位消毒后，注射者右手持注射器，左手食指与拇指将皮肤提起呈三角形，沿三角形基部刺入皮下约注射针头的 2/3，将左手放开，再推动注射器活塞将疫苗徐徐注入。然后用酒精棉球按住注射部位，将针头拔出（图 2-3、图 2-4）。

2mL 连续
注射器
的使用

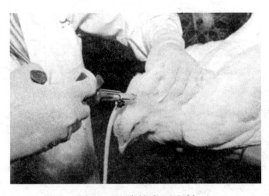

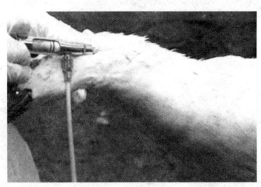

图 2-3 鸡的皮下注射 　　　　　图 2-4 鸭的皮下注射

5mL 连续
注射器
的使用

优点：操作简单，吸收较皮内接种为快。缺点：使用剂量多，且同一疫苗接种反应较皮内接种大。大部分常用的疫苗和免疫血清，一般均采用皮下接种。

（2）皮内接种。选择皮肤致密、被毛少的部位。牛、羊在颈侧，也可在尾根或肩胛中央部位；马在颈侧、眼睑部位；猪大多在耳根后；鸡在肉髯部位。左手将皮肤捏起形成皱褶或以左手绷紧固定皮肤，右手持注射器，将针斜面朝上，针头几乎与皮面平行轻轻刺入皮内 0.5cm 左右，放松左手，左手在针头和针筒交接处固定针头，右手持注射器，徐徐注入药液。如针头确在皮内，则注射时感觉阻力较大，且注射处形成一个圆丘，突起于皮肤表面（图 2-5）。皮内接种疫苗的使用剂量和局部不良反应小，相同剂量疫苗产生的免疫力比皮下接种高。生产中仅有羊痘弱毒苗、猪瘟结晶紫疫苗等少数制品进行皮内接种，其他均属于诊断、检疫注射（图 2-6）。

羊痘疫苗
的接种

优点：使用药液少，同样的疫苗皮内注射较皮下注射反应小。同时，真皮层的组织比较致密，神经末梢分布广泛，对免疫有较好的调节作用，特别是猪的耳根皮内接种比其他部位容易保持清洁，可有效避免注射部位感染。同时药液皮内接种时所产生的免疫力较皮下接种高。缺点：操作比较麻烦。

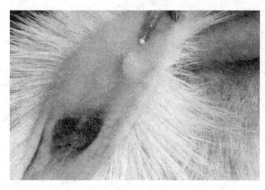

图 2-5 羊尾根处皮内注射羊痘疫苗

图 2-6 奶牛结核病检疫皮内注射

（3）肌内接种。肌内接种操作简单、应用广泛、不良反应较小、药液吸收快、免疫效果较好。应选择肌肉丰满、血管少、远离神经干的部位（图 2-7、图 2-8）。猪、马、牛、羊一律采用臀部和颈部两个部位；鸡胸肌部接种。多用于一些弱毒疫苗的免疫接种，如猪瘟兔化弱毒疫苗。

优点：药液吸收快，操作简便。缺点：在一个部位不能大量注射，同时臀部接种如部位不当易引起跛行。

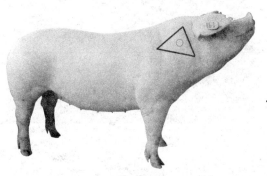

图 2-7 猪肌内注射部位标示（圆圈处）

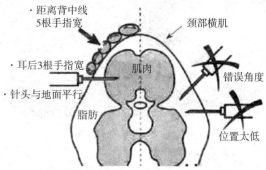

图 2-8 猪肌内注射部位图解

（4）静脉接种。主要用于抗血清进行紧急免疫预防或治疗。马、牛、羊在颈静脉；猪在耳静脉；鸡在翼下静脉。疫苗、菌苗、诊断液一般不作静脉注射。

优点：可使用大剂量，奏效快，可以及时抢救病畜。缺点：操作比较麻烦，如设备与技术不完备时，难以进行。此外，如所用的血清为异种动物者，可能引起过敏反应（血清病）。

**2. 口服免疫法** 口服免疫法效率高、操作方便、省时省力，全群动物能在同一时间内共同被接种，且对群体的应激反应小，但动物群中产生的抗体滴度不均匀，免疫持续期短，免疫效果易受到其他多种因素的影响。分饮水免疫和喂食免疫两种。接种疫苗时必须用活苗，灭活苗免疫力差，不适于口服。加入的水量要适中，保证在最短的时间内饮用完毕，并在饮水中加入适当浓度的疫苗保护剂。选用的水质要清洁，禁用含漂白粉的自来水，且水温不宜过高，以免影响抗原的活性。免疫前应根据季节和天气情况停饮或停喂 2~4h，以保证免疫时动物摄入足够剂量的疫苗，饮完后经 1~2h 再正常供水。饮水与喂食相比，饮水免疫效果好些，因为饮水并非只进入消化道，还与口腔黏膜、扁桃体等淋巴样组织接触。

优点：省时、省力，能产生局部免疫，适于对规模化养殖动物的免疫。缺点：由于动物的饮水量或采食量多少不一，因此进入不同动物体内的疫苗量也不同，免疫后动物的抗体水平不够均匀。

**3. 气雾免疫法**  气雾免疫法是利用气泵产生的压缩空气通过气雾发生器，将稀释的疫苗喷出去，使疫苗形成直径 0.01~10μm 的雾化粒子，均匀地浮游在空气之中，动物通过呼吸道吸入肺内，达到免疫目的（图 2-9、图 2-10）。气雾免疫时，如雾化粒子过大或过小、温度过高、湿度过高或过低，均可影响免疫效果。

优点：省时省力，全群动物可在同一短暂时间内获得同步免疫，尤其适于大群动物的免疫。缺点：需要的疫苗数量较多，容易激发潜在的呼吸道病。

图 2-9  羊群气雾免疫

图 2-10  鸡群气雾免疫

**4. 滴鼻、点眼免疫法**  鼻腔黏膜下有丰富的淋巴样组织，禽类眼部有哈德氏腺，对抗原的刺激都能产生很强的免疫应答反应，操作时用乳头滴管吸取疫苗滴于鼻孔内或眼内（图2-11）。点眼时，要等待疫苗扩散后才能放开雏鸡。滴鼻时，可用固定雏鸡的左手食指堵着非滴鼻侧的鼻孔，加速疫苗的吸入。

　　生产中也可以用能安装滴头的塑料滴瓶盛装稀释好的疫苗，装上专用滴头后，挤出滴瓶内部分空气，迅速将滴瓶倒置，使滴头向下，拿在手中呈垂直方向轻捏滴瓶，进行点眼或滴鼻，疫苗瓶在手中应一直倒置，滴头保持向下（图2-12）。为减少应激，最好在晚上或光线稍暗的环境下接种。

鸡的个体
免疫

图2-11　鸽滴鼻免疫

图2-12　雏鸡点眼免疫

　　**5. 刺种免疫法**　常用于禽痘、禽脑脊髓炎等疫病的弱毒疫苗接种。将疫苗稀释后，用刺种针（图2-13）或沾水笔尖蘸取疫苗液并刺入禽类翅膀内侧翼膜下的无血管处即可（图2-14）。刺种后，应及时对禽群的接种部位进行接种反应观察，一般接种4～6d后在接种部位会出现皮肤红肿、增厚、结痂等接种反应，如接种部位无反应或禽群的反应率低，则必须及时重新接种。因此，要在刺种后2周左右检查免疫的效果。如无局部反应，则应检查鸡群是否处于免疫阶段，疫苗质量有无问题或接种方法是否有差错，及时进行补充免疫。

图2-13　刺种针

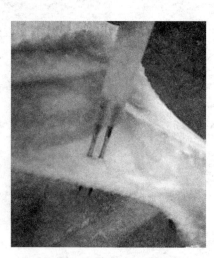

图2-14　鸡翼膜刺种

**6. 擦肛免疫法** 用消毒的棉签、毛笔或小刷蘸取疫苗，直接涂擦在家禽泄殖腔的黏膜上。擦肛后 4～5d，可见泄殖腔黏膜潮红，否则应重新接种。常用于鸡传染性喉气管炎强毒苗的接种。

**7. 穴位注射法** 穴位免疫注射是将具有免疫作用的生物制剂（抗原、抗体等）注入一定的穴位中，从而借助疫苗对穴位的刺激，放大疫苗的免疫作用，增强机体的免疫功能。研究表明后海穴（交巢穴）、风池穴、足三里穴能显著地提高抗体的效价，放大疫苗的免疫作用，后海穴是临床上进行穴位免疫常用的穴位（图 2-15）。应用于穴位免疫的疫苗有新城疫疫苗、传染性法氏囊病疫苗、猪旋毛虫疫苗、口蹄疫疫苗、大肠杆菌基因工程疫苗、破伤风杆菌液、羊衣原体灭活苗等。

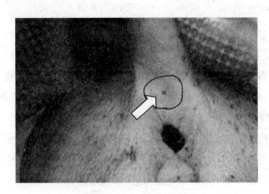

图 2-15 猪后海穴注射部位

### 四、疫苗接种的反应及疫苗的联合使用

**1. 疫苗接种的反应** 疫苗对动物机体来说是外源性物质，接种后会出现一些不良反应，按反应强度和性质可将其分为以下类型：

（1）正常反应。是指由于疫苗本身的特性而引起的反应。动物接种疫苗后，可能出现一过性的精神沉郁、食欲下降、注射部位的短时轻度炎症等局部性或全身性异常表现。如果这种反应的动物数量少、反应程度轻、维持时间短暂，属于正常反应。

（2）严重反应。是指与正常反应在性质上相似，但反应程度重或出现反应的动物数量较多。其原因通常是由于疫苗质量低劣或毒（菌）株的毒力偏强、使用剂量过大、操作不正确、接种途径错误或使用对象不正确等因素引起。通过严格控制疫苗的质量，并按照疫苗使用说明书操作，通常可避免或减少严重反应发生的频率。

（3）过敏反应。是指由于疫苗本身或其培养液中某些过敏原的存在，导致疫苗接种后动物迅速出现过敏性反应的现象。发生过敏反应的动物表现为黏膜发绀、缺氧、严重的呼吸困难、呕吐、腹泻、虚脱或惊厥等全身性反应和过敏性休克症状。过敏反应在以异源细胞或血清制备的疫苗接种时经常出现，在实践中应密切关注接种后的反应。

**2. 疫苗的联合使用** 有时因防疫需要，往往需在同一时间给动物接种两种或两种以上的疫苗。选择疫苗联合接种免疫时，应根据研究结果和试验数据确定哪些疫苗可以联合使用，哪些疫苗在使用时应有一定的时间间隔以及接种的先后顺序等。对主要动物疫病的免疫预防，应尽量使用单苗或联合较少的疫苗进行免疫接种，以达到预期效果。

## 五、强制免疫和免疫计划

### (一)强制免疫

《中华人民共和国动物防疫法》(以下简称《动物防疫法》)第十三条规定,"国家对严重危害养殖业生产和人体健康的动物疫病实施强制免疫"。实施强制免疫可保证动物的健康生长,促进畜牧业稳定健康发展;减少人畜共患病的发生,保证人类不感染或少感染动物传播的疫病;保证人们食用安全的动物产品;保证社会的稳定,创建和谐社会;为我国动物产品的出口创汇奠定基础;是做好"三农"工作,是农民养殖效益、农民致富、建设小康社会的有力保证。

**1. 强制免疫制度** 强制免疫制度是指国家对严重危害养殖业生产和人体健康的动物疫病,采取制订强制免疫计划,确定免疫用生物制品和免疫程序,以及对免疫效果进行监测等一系列预防控制动物疫病的强制性措施,以达到有计划按步骤地预防、控制、扑灭动物疫病的目标的制度。这项制度是动物防疫法制化管理的重要标志,充分体现了《动物防疫法》第五条"国家对动物疫病实行预防为主的方针"的法律规定。

**2. 强制免疫的病种名录** 实施强制免疫的病种是严重危害养殖业生产和人体健康的动物疫病。《动物防疫法》第十三条规定,由国务院兽医主管部门确定强制免疫的动物疫病病种和区域。国务院兽医主管部门应当根据动物疫病对养殖业生产发展和人体健康的危害程度和疫苗研制水平,抓住重点来具体确定全国范围内强制免疫病种,如高致病性禽流感、口蹄疫(O型、亚洲Ⅰ型)。省、自治区、直辖市人民政府兽医主管部门也可根据本行政区域内动物疫病流行情况增加实施强制免疫的动物疫病病种和区域。目前各地强制免疫的对象不尽相同,有高致病性禽流感、口蹄疫、小反刍兽疫、高致病性猪蓝耳病、布鲁氏菌病、棘球蚴病等。兽医主管部门应定期公布国家、省确定的动物强制免疫病种名录,加强有关动物强制免疫权利和义务的宣传工作,提高动物饲养者、经营者和公众的动物强制免疫意识。

强制免疫对象主要是重大动物疫病,包括猪、牛、羊、禽、宠物、饲养的相关野生动物等,并且对流浪动物和农村散养犬也将逐步实施强制免疫政策。

### (二)强制免疫计划

国务院兽医主管部门根据国内外动物疫情和保护养殖业生产及人体健康的需要,会同国务院有关部门(主要是财政部门)依法制订国家动物疫病强制免疫计划。

省、自治区、直辖市人民政府兽医主管部门根据国家动物疫病强制免疫计划,制订本行政区域的强制免疫计划;并可以根据本行政区域内动物疫病流行情况增加实施强制免疫的动物疫病病种名录,报本级人民政府批准后执行,并报国务院兽医主管部门备案。

县级以上地方人民政府兽医主管部门组织实施动物疫病强制免疫计划。乡级人民政府、城市街道办事处应当组织本管辖区域内饲养动物的单位和个人做好强制免疫工作。

饲养动物的单位和个人应当依法履行动物疫病强制免疫义务,按照兽医主管部门的要求做好强制免疫工作。

### (三)强制免疫动物的可追溯管理

《动物防疫法》第十四条规定,"经强制免疫的动物,应当按照国务院兽医主管部门的规定建立免疫档案，加施畜禽标识，实施可追溯管理"。

**1. 建立动物疫病可追溯管理制度的意义**　建立免疫档案和畜禽标识为基础的动物疫病可追溯管理制度，对于动物疫病的风险评估和疫情控制，准确掌握动物群体和个体的免疫、监测和移动状况，有重要的流行病学意义，必将对我国动物防疫和动物源性食品安全管理工作带来重大而深远的影响。

**2. 免疫档案是动物疫病可追溯管理的基础**　建立免疫档案是实行强制免疫动物及动物产品全过程监管、建立强制免疫动物可追溯管理的基础。在动物养殖过程中，免疫情况是养殖档案的一项重要内容。《中华人民共和国畜牧法》（2015 年修正）第四十一条规定，畜禽养殖场应当建立养殖档案，载明以下内容：畜禽的品种、数量、繁殖记录、标识情况、来源和进出场日期；饲料、饲料添加剂、兽药等投入品的来源、名称、使用对象、时间和用量；检疫、免疫、消毒情况；畜禽发病、死亡和无害化处理情况等内容；国务院畜牧兽医主管部门规定的其他内容。《畜禽标识和养殖档案管理办法》规定，畜禽养殖场应当建立养殖档案，载明畜禽的品种、数量、繁殖记录、标识情况、来源和进出场日期，以及检疫、免疫、监测、消毒情况和畜禽发病、诊疗、死亡和无害化处理情况等内容。有关单位及个人对经强制免疫的动物，都应当按照上述规定建立免疫档案，以便对动物及动物产品实施可追溯管理。同时，按照《畜禽标识和养殖档案管理办法》的规定，县级动物疫病预防控制机构应当建立畜禽防疫档案，载明以下内容：一是畜禽养殖场的名称、地址、畜禽种类、数量、免疫日期、疫苗名称、畜禽养殖代码、畜禽标识顺序号、免疫人员以及用药记录等；二是畜禽散养户的姓名、地址、畜禽种类、数量、免疫日期、疫苗名称、畜禽标识顺序号、免疫人员以及用药记录等。

**3. 畜禽标识是动物疫病可追溯管理的基础**　畜禽标识既是实行对强制免疫动物及动物产品全过程监管，建立强制免疫动物疫病可追溯管理的基础，也是畜禽档案记载的重要内容。免疫信息是畜禽标识的重要内容。根据我国畜牧法第四十五条的规定，畜禽养殖者应当按照国家关于畜禽标识管理的规定，在应当加施标识的畜禽的指定部位加施标识。这里的畜禽标识是指经农业农村部批准使用的耳标（图 2-16～图 2-18）、电子标签、脚环以及其他承载畜禽信息的标识物。其特点是带有唯一的识别号码，易于识读。作为建立畜禽档案的基础，畜禽标识制度的建立，有利于动物疫病的检测、控制和消灭，为建立全国性有效的动物疫病应急反应机制提供了技术上的保障。《畜禽标识和养殖档案管理办法》规定，畜禽标识制度应当坚持统一规划、分类指导、分步实施、稳步推进的原则。畜禽标识实行一畜一标，编码应当具有唯一性。畜禽标识编码由畜禽种类代码、县级行政区域代码、标识顺序号共 15 位数字及专用条码组成。畜禽养殖者应当向当地县级动物疫病预防控制机构申领畜禽标识，并按照规定对畜禽加施畜禽标识。同时，《动物防疫法》第七十四条的规定，对经强制免疫的动物未按国务院兽医主管部门规定建立免疫档案、加施畜禽标识的，依照畜牧法的有关规定处罚。畜牧法第六十六条、第六十八条规定，畜禽养殖场未建立养殖档案的，或者未按规定保存养殖档案的，由县级以上人民政府兽医主管部门责令限期改正，可以处一万元以下罚款；重复使用畜禽标识的，由县级以上人民政府兽医主管部门或者工商行政管理部门责令改正，可以处二千元以下罚款；使用伪造、变造的畜禽标识的，由县级以上人民政府兽医主管部门没收伪造、变造的畜禽标识和违法所得，并处三千元以上三万元以下罚款。

1位畜禽种类代码 ——— 1510132 ——— 6位县级区域编码

——— 8位标识序号

图 2-16　畜禽标识样例

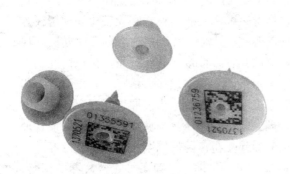

图 2-17　猪耳标

图 2-18　扫描羊耳标的免疫信息

## 六、免疫程序

根据一定地区或养殖场内不同传染病的流行情况及疫苗特性为特定动物制定的免疫接种方案，称免疫程序。主要包括疫苗名称、类型，接种次序、次数、途径及间隔时间。

### （一）免疫程序制定的原则

目前并没有一个能够适合所有地区或养殖场的标准免疫程序。书本上或其他养殖场的免疫程序只能起参考作用，而且同一养殖场的免疫程序也不是固定不变的。免疫程序的制定，应根据不同动物或不同传染病流行特点和生产实际情况，充分考虑本地区常见多发或威胁大的传染病分布特点、疫苗类型及其免疫效能和母源抗体水平等因素，选择适当的免疫时间，有效地发挥疫苗的保护作用。

**1. 根据传染病的三间分布特征制定**　由于动物传染病在地区、时间和动物群中的分布特点和流行规律不同，它们对动物造成的危害程度也会随之发生变化，一定时期内兽医防疫工作的重点就有明显的差异，因此需要根据具体情况随时进行调整。有些传染病流行持续时间长、危害程度大，应制定长期的免疫防控对策。

**2. 根据疫苗的免疫学特性制定**　疫苗的种类、接种途径、产生免疫力需要的时间、免疫力的持续期等差异是影响免疫效果的重要因素，在制定免疫程序时要进行充分的调查、分析和研究。

**3. 具有相对的稳定性**　如果没有其他因素的参与，某地区或养殖场在一定时期内动物疫病的分布情况具有相对的稳定性。因此，若实践证明某一免疫程序的应用效果良好，则应尽量避免改变这一免疫程序。如果发现该免疫程序执行过程中仍有某些疫病流行，则应及时查明原因（疫苗、接种时机或病原体变异等），并适时调整。

### （二）免疫程序制定的方法和程序

**1. 掌握威胁本地区或养殖场的主要疫病种类及其分布特点**　要根据疫病监测和流行病学调查结果，分析该地区或养殖场内常见多发传染病的危害程度及周围地区威胁较大的传染病流行和分布特征，并根据动物的类别确定哪些传染病需要免疫或终生免疫，哪些传染病需要根据季节或动物年龄进行免疫防控。对本场或本地区从未发生过的疫病，一般不进行免疫接种，有威胁时需要接种最好使用灭活苗，以免引起人为散毒；对某些季节性较强的传染病（如流行性乙型脑炎），可在流行季节到来前1~2个月进行免疫接种；对主要侵害新生动物的疫病（如仔猪黄痢），可在母畜产仔前接种。接种的次数由疫苗的特性和该病的危害程度决定。

**2. 了解疫苗的免疫学特性**　疫苗特性是制定免疫程序的重要依据。由于疫苗的种类、适用对象、保存、接种方法、使用剂量、接种后免疫力产生的时间、免疫保护效力及其持续期、最佳接种时机及间隔等疫苗特性是制定免疫程序的重要内容，因此只有在对这些特性进行充分的研究和分析后，才能制定出科学、合理的免疫程序。

**3. 充分利用血清学抗体监测结果**　由于易感年龄跨度大的传染病需要终生免疫，因此应根据定期测定的抗体消长规律确定首免日龄和加强免疫的时间。初次使用的免疫程序应定期测定免疫动物群的免疫水平，发现问题要及时调整并采取补救措施。新生动物的首免日龄应根据其母源抗体的消长规律来确定，以防止母源抗体的干扰。

## 七、影响免疫效果的因素和免疫效果的评价

### （一）影响免疫效果的因素

影响免疫效果的因素是多方面的，概括来说主要有以下几方面。

**1. 免疫动物群的机体状况**　动物的品种、年龄、体质、营养状况、接种密度等对免疫效果影响较大。幼龄、体弱、生长发育差以及患慢性病的动物，用苗后疫苗接种反应明显，抗体上升缓慢。若动物群的免疫密度较高时，那些免疫动物在群体中能够形成屏障，从而保护动物群不被感染；相反，若动物群的免疫密度低，由于易感动物集中，病原体一旦传入即可在群体中造成流行。但免疫接种疫苗过多，接种过于频繁，会引起动物群出现免疫麻痹，导致免疫失败。

**2. 疫苗株与病原体血清型不一致及病原变异**　某些病原体的血清型较多且相互之间无交叉保护力，在免疫接种时若使用的疫苗血清型与当地流行毒（菌）株不符，则严重影响免疫效果，如大肠杆菌、传染性支气管炎病毒等。某些病原体又容易发生变异，或毒力增强、或出现新毒株，常造成免疫接种失败，如禽流感、传染性法氏囊病、马立克氏病等。

**3. 外界环境因素**　若免疫动物群动物福利程度不高，环境条件恶劣，卫生消毒制度不健全，饲料营养不全面，动物圈舍寒冷、潮湿、闷热、空气污浊，饲养密度大，嘈杂等应激因素存在时，会降低机体的免疫应答反应。

**4. 免疫程序不合理**　免疫程序不合理包括疫苗的种类、生产厂家、接种时机、接

种途径和剂量、接种次数及间隔时间等不适当，容易出现免疫效果差或免疫失败的现象。此外，疫病的分布发生变化时，疫苗的接种时机、接种次数及间隔时间等应做适当调整。

**5. 免疫抑制因素的影响** 某些传染病如猪繁殖与呼吸综合征、猪圆环病毒病、传染性法氏囊病、马立克氏病、禽白血病、鸡传染性贫血、网状内皮增殖症等感染，或其他如霉菌毒素、营养不全面、摄入某些药物等，会破坏机体的免疫系统，导致动物免疫功能受到抑制或免疫应答能力下降，在生产中应予以重视。

**6. 母源抗体的干扰** 由于动物胎盘的特殊结构，胎儿在母体内不能获得免疫抗体，出生后需经吃初乳才能获得被动免疫。一般来说，新生动物未吃初乳前，血清中免疫球蛋白的含量极低，吮吸初乳后血清免疫球蛋白的水平能够迅速上升并接近母体的水平，生后 24~35h 即可达到高峰，随后逐渐下降。降解速度随动物种类、免疫球蛋白的类别、原始浓度等不同有明显差异。由于初生动物免疫系统发育尚未成熟，此时接种弱毒疫苗时很容易被母源抗体中和而出现免疫干扰现象。

但在生产实践中，可采用有针对性的措施来减轻母源抗体的干扰。如对雏鸡进行新城疫接种，可采用弱毒苗和灭活苗同时接种，或增大疫苗用量，可取得较好的效果。在猪瘟多发地区或养猪场，采取超前免疫可取得较好的防控效果，即在仔猪出生后未吃初乳前接种猪瘟疫苗，间隔 2~3h 再吃初乳，以期产生主动免疫。其机理是胎猪在 70 日龄时的免疫系统已能够对抗原的刺激产生免疫应答，新生仔猪吮吸初乳后血清中抗体需要 6~12h 才能达到高峰，因此在仔猪吃初乳前接种猪瘟疫苗，有足够时间让病毒在仔猪体内扩散、定居和增殖，从而不会被母源抗体所中和。

**7. 疫苗质量存在问题** 疫苗分为两类，即冻干苗和液体苗。液体苗又分为油乳佐剂苗和水剂苗。其保存和运输方法不同。运输和贮存应严格执行冷链系统，即从生产单位到使用单位的一系列运输、储存直到使用过程中的每个环节，始终使其处于适当的冷藏条件下，并严禁反复冻融。疫苗使用前应认真检查，若发现冻干苗失真空，油乳剂苗沉淀、变质或发霉、有异物，过期，无批准文号、生产日期、有效期的"三无"产品等情况，应予废弃。使用时应严格按照要求稀释，在规定时间内接种完毕。对于活疫苗在用苗前后 1 周内禁止使用抗病毒药（病毒性疫苗）和抗生素药物（细菌性疫苗）。

**（二）疫苗免疫效果的评价**

疫苗免疫接种的目的是降低动物对某些疫病的易感性，减少疫病带来的经济损失。因此，某一免疫程序对特定动物群是否达到了预期的效果，需要定期对接种对象的实际发病率和抗体水平进行监测和分析，以评价其是否合理。免疫评价的方法主要有流行病学方法、血清学方法和人工攻毒试验。

**1. 流行病学评价方法** 通过免疫动物群和非免疫动物群的发病率、死亡率等流行病学指标，来比较和评价不同疫苗或免疫程序的保护效果。保护率越高，免疫效果越好。常用的指标有：

$$效果指数 = \frac{对照组患病率}{免疫组患病率}$$

$$保护率 = \frac{对照组患病率 - 免疫组患病率}{对照组患病率} \times 100\%$$

当效果指数＜2 或保护率＜50％时，可判定该疫苗或免疫程序无效。

**2. 血清学评价**　血清学评价是以测定抗体的转化率和几何滴度为依据的，但多用血清抗体的几何滴度来进行评价，通过比较接种前后滴度升高的幅度及其持续时间来评价疫苗的免疫效果。如果接种后的平均抗体滴度比接种前升高 4 倍以上，即认为免疫效果良好；如果小于 4 倍，则认为免疫效果不佳或需要重新进行免疫接种。

**3. 人工攻毒试验**　通过对免疫动物的人工攻毒试验，可确定疫苗的免疫保护率、安全性、开始产生免疫力的时间、免疫持续期和保护性抗体临界值等指标。

# 实训二　疫苗的保存、运送和免疫接种

## 【目的要求】

1. 掌握免疫接种的方法与步骤。

2. 熟悉动物用生物制剂的保存、运送和用前检查方法。

3. 会规范稀释疫苗并按要求实施动物免疫接种。

## 【实训材料】

**1. 器材**　金属注射器（5mL、10mL、20mL 等规格）、玻璃注射器（1mL、2mL、5mL 等规格）、金属皮内注射器、针头（兽用 12～20 号、人用 6～9 号）、煮沸消毒锅、剪毛剪子、镊子、体温计、气雾免疫器、脸盆、毛巾、纱布、脱脂棉、搪瓷盘、出诊箱、工作服、免疫记录表、动物保定用具等。

**2. 药品**　5％碘酊、75％酒精、来苏儿或新洁尔灭等消毒剂、疫苗、免疫血清。

## 【方法步骤】

### （一）预防接种前的准备

（1）根据免疫接种计划，统计接种对象及数目，确定接种日期，准备足够的生物制剂、器材和药品，编订免疫记录表，安排及组织接种和动物保定人员。

（2）仔细检查所用的生物制剂，发现不符合要求者，一律不能使用。

（3）为保证免疫接种的安全与效果，接种前应对拟接种的动物进行了解及临诊观察，必要时进行体温检查。凡体质过于瘦弱的畜禽、妊娠后期的母畜、未断奶的幼畜、体温升高者或疑似患病动物均不应接种疫苗，留待以后补种。

### （二）免疫接种用生物制剂的保存、运送和用前检查

**1. 生物制品的保存**　各种疫苗应保存在低温、阴暗及干燥的场所。灭活苗、类毒素、免疫血清等应保存在 2～8℃的环境中，防止冻结；大多数弱毒苗应放在－15℃以下冻结保存。在不同温度下保存，不得超过所规定的期限，超过有效期的制剂不能使用。

**2. 生物制品的运送**　要求包装完善，防止碰坏瓶子和散播活的弱毒病原微生物。运送途中避免日光直射和高温，并尽快送到保存地点或预防接种场所。弱毒苗应在低温条件下运送，大量运送应用冷藏车，少量运送可装在有冰块的广口瓶内。

**3. 生物制品的用前检查**　各种生物制品用前均需仔细检查，有下列情况之一者不得使用：无瓶签或瓶签模糊不清；过期失效；性状与说明书不符，如变色、沉淀、有异物、发霉和有臭味；瓶盖不紧或瓶体破裂；未按规定方法保存等。

**4. 疫苗的稀释** 按照疫苗的使用说明书，选用规定的稀释液，按标明的头份充分稀释、摇匀，注意注射器、针头及瓶塞表面的消毒。稀释后的疫苗，如一次不能吸完，吸液后针头不必拔出，用酒精棉球包裹，以便再次吸取。稀释疫苗用的器械必须无菌。用于注射的活苗一般配备专用稀释液，若无稀释液，可以用蒸馏水稀释。稀释前先用酒精棉球消毒疫苗的瓶盖，然后用灭菌注射器吸取少量的蒸馏水注入疫苗瓶中，充分振荡溶解后，抽取溶解的疫苗放入干净的容器中，再用蒸馏水把疫苗瓶冲洗2～3次，使全部疫苗所含病毒（细菌）都被冲洗下来，然后按一定剂量加入蒸馏水。

### （三）免疫接种的方法

**1. 注射免疫法**

（1）皮下接种。马、牛等大家畜宜在颈侧中1/3部位，猪在耳根后或股内侧，犬、羊宜在股内侧，兔在耳后，家禽在胸部、大腿内侧。根据药液浓度及畜禽大小，一般用16～20号针头。

（2）皮内接种。牛、羊在颈侧，也可在尾根或肩胛中央部位；马在颈侧、眼睑部位；猪大多在耳根后；鸡在肉髯部位。

（3）肌内接种。猪、马、牛、羊一律采用臀部和颈部两个部位；鸡胸肌部接种。一般用14～20号针头。

**2. 口服免疫法** 分饮水免疫和喂食免疫两种。接种疫苗时必须用活苗，灭活苗免疫力差，不适于口服。加入的水量要适中，保证在最短的时间内饮用完毕，为保护疫苗效价，可在饮水中加入2%～3%鲜牛乳或0.2%～0.3%的脱脂奶粉。选用的水质要清洁，禁用含漂白粉的自来水，且水温不宜过高，以免影响抗原的活性。免疫前应根据季节和天气情况停饮或停喂2～4h，以保证免疫时动物摄入足够剂量的疫苗，饮完后经1～2h再正常供水。

**3. 气雾免疫法** 气雾免疫法是利用气泵产生的压缩空气通过气雾发生器，将稀释的疫苗喷出去，使疫苗形成直径0.01～10μm的雾化粒子，均匀地浮游在空气之中，动物通过呼吸道吸入肺内，以达到免疫。适用于大群免疫。

气雾免疫应用的器械包括动力装置（压缩泵）及气化发生器（喷头）两部分。动力压缩泵压力要保持在$19.61 \times 10^4$Pa以上，雾化粒子直径一般在5～10μm。

（1）室内气雾免疫。以羊免疫为例，疫苗用量计算公式如下：

$$疫苗用量 = \frac{DA \times 1\,000}{VBT}$$

式中，$D$为免疫剂量；$A$为免疫室容积；$V$为呼吸常数；$B$为疫苗浓度；$T$为免疫时间。

羊的呼吸常数为3～6（羊每分钟吸入空气量为3 100～6 000mL，故以3～6作为羊气雾免疫的常数）。

疫苗用量计算好后，将动物赶入室内，关闭门窗。操作者站在门外，将喷头由门窗缝伸入室内，使喷头保持与动物头部同高，向室内四面均匀喷射。疫苗喷完后，动物在室内停留20～30min。

（2）野外气雾免疫。疫苗用量按动物的种类和数量计算。免疫时操作人员手持喷头，站在动物群中，喷头与动物头部同高，朝动物头部方向喷出，操作者应站在上风。

喷完后，让动物停留数分钟放出。野外气雾免疫时，应注意个人防护。

**4. 滴鼻、点眼免疫法**  用细滴管吸取疫苗滴于禽只鼻孔内或眼内一滴。

**5. 刺种法**  将疫苗稀释后，用接种针或沾水笔尖蘸取疫苗液并刺穿禽类翅膀内侧无血管处的翼膜即可。

### （四）免疫接种注意事项

（1）在对动物进行免疫接种前，必须先进行一般性检查。对不宜接种者暂缓接种。工作人员需穿工作服及胶鞋，必要时戴口罩。做好动物的保定等工作，接种前后均应洗手消毒，工作中不应吸烟和吃食物。

（2）接种时应严格执行无菌操作。注射器、针头、镊子应高压或煮沸消毒。接种时应一头家畜一个针头。注射部位皮肤用5%碘酊消毒，皮内注射及皮肤刺种用75%酒精消毒，被毛较长的应剪毛消毒。

（3）吸取疫苗时，先除去封口上的火漆或石蜡，用酒精棉球消毒瓶盖。瓶上固定一个消毒的针头专供吸取药液，吸液后不拔出，用酒精棉球包好，以便再次吸取。给动物注射用过的针头不能吸液。

（4）疫苗使用前，必须充分振荡，使其均匀混合后才能应用。免疫血清则不应振荡，沉淀不应吸取，并随吸随注射。需经稀释后才能使用的疫苗，应按说明书的要求进行稀释。已经开瓶或稀释过的疫苗，必须尽快（一定不过夜）用完，未用完的处理后弃去。

（5）针筒排气溢出的药液，应吸积于酒精棉球上，并将其收集于专用瓶内。用过的酒精棉球和吸入注射器内未用完的药液都放入专用瓶内，集中销毁。

（6）动物免疫接种后，应注意观察和加强护理，如有不良反应，可根据情况及时处理。

【实训报告】

1. 根据实训情况，书写一份免疫接种实训报告。

2. 参照当地的实际情况，制订一份动物免疫接种计划。

## 模块三  药物预防

动物疫病种类繁多，防控措施多种多样，其中有些疫病已研制出有效的疫苗，也有一些疫病尚无疫苗可用，有些虽有疫苗但实际应用效果还有待提高，而药物预防是细菌性疾病的一项重要防控措施。

### 一、药物预防的概念

动物在正常的饲养管理状态下，适当以抗生素、中药制剂、微生态制剂等加入饲料或饮水，以调节机体代谢、增强机体抵抗力和预防多种疾病的发生，称为药物预防。药物预防时应注意使用安全而廉价的化学药物，即所谓的保健添加剂；也可以使用非化学药物，如中药制剂、微生态制剂等。使用药物预防应以不影响动物产品的品质和消费者的健康为前提。具体使用时应符合我国《饲料添加剂安全使用规范》《药物添加剂品种目录及使用规范》规定。

## 二、选择药物的原则

**1. 药物敏感性**  应考虑病原体对药物的敏感性和耐药性，选用预防效果最好的药物。长期使用化学药物预防，容易产生耐药性菌株，影响防控效果。因此，使用前或使用药物过程中，最好进行药敏试验，选择高度敏感性的药物用于预防。要适时更换药物，以防止耐药性的产生。

纸片法药物
敏感试验

**2. 动物敏感性**  不同种属的动物对药物的敏感性不同，应区别对待。例如，用3mg/kg 速丹拌料对鸡来说是较好的抗球虫药，但对鸭、鹅均有毒性，甚至引起死亡。待出售的畜禽应有一定的休药期，以免药物残留。例如，伊维菌素，休药期牛 28d、羊8d、猪 5d。在宰前休药的同时，有些药物在动物的某一生长阶段禁止使用，如莫能菌素钠，休药期 5d，蛋鸡产蛋期及奶牛泌乳期禁用；马杜毒素，休药期 5d，蛋鸡产蛋期禁用等。

**3. 有效剂量**  药物必须达到最低有效剂量，才能收到应有的预防效果。因此，要按药物使用说明书规定的剂量，均匀地拌入饲料或完全溶解于饮水中。

**4. 注意配伍禁忌**  两种或两种以上药物配合使用时，有的会产生理化性质改变，使药物产生沉淀或分解、失效甚至产生毒性。如硫酸新霉素、庆大霉素与替米考星、罗红霉素、盐酸多西环素、氟苯尼考配伍时疗效会降低；维生素 C 与磺胺类配伍时会沉淀，分解失效。在进行药物预防时，一定要注意配伍禁忌。

**5. 药物成本**  在集约化养殖场中，畜禽数量多，预防药物用量大，若药物价格较高，则增加了药物成本。因此，应尽可能地使用价廉易得而又确有预防作用的药物。

**6. 安全性**  要合理使用药物添加剂，以保证动物本身的安全，并确保动物产品品质，最终保障消费者的健康和生命安全。

## 三、预防性药物的给药方法

不同的给药方法可以影响药物的吸收速度、利用程度、药效出现时间及维持时间。药物预防一般采用群体给药法，将药物添加在饲料中，或溶解到饮水中，让动物服用，有时也采用气雾给药法。

**1. 拌料给药**  拌料给药即将药物均匀地拌入饲料中，让动物在采食时摄入药物而发挥药理效应的给药方法。主要适用于预防性用药，尤其是长期给药。该法简便易行，节省人力，应激小。但对患病动物，当其食欲下降时，不宜应用。拌料给药时应注意以下几点：

（1）准确掌握药量。应严格按照动物群体重，计算并准确称量药物，以免造成药量过小不起作用或药量过大引起中毒。

（2）确保搅拌均匀。通常采用分级混合法，即将全部用量的药物加到少量饲料中，充分混合后，再加到一定量饲料中，充分混匀，然后再拌入计算所需的全部饲料中。大批量饲料拌药更需多次分级扩充，以达到充分混匀的目的。切忌把全部药量一次性加入所需饲料中简单混合，以避免部分动物药物中毒及大部分动物吃不到药物，影响预防效果。

（3）注意不良反应。某些药物混入饲料后，可与饲料中的某些成分发生拮抗作用。

比如饲料中长期混合磺胺类药物，就容易引起鸡 B 族维生素或维生素 K 缺乏。应密切注意并及时纠正不良反应。

**2. 饮水给药**　饮水给药是指将药物溶解到饮水中，让动物在饮水时饮入药物而发挥药理效应的给药方法。常用于预防和治疗动物疫病。饮水给药所用的药物应是水溶性的。为了保证全群内绝大部分个体在一定时间内喝到一定量的药水，应考虑动物的品种、畜禽舍温度、湿度、饲料性质、饲养方法等因素，严格掌握动物一次饮水量，然后按照药物浓度，准确计算用药剂量，以保证药饮效果。

在水中不易被破坏的药物，可让动物长时间自由饮用；而对于一些容易被破坏或失效的药物，应要求动物在一定时间内全部饮尽。为此，在饮水给药前常停水一段时间，气温较高的季节停水 1～2h，以提高动物饮欲。然后给予加有药物的饮水，让动物在一定时间内充分喝到药水。

**3. 气雾给药**　气雾给药是指用药物气雾器械，将药物弥散到空气中，让畜禽通过呼吸作用吸入体内或作用于畜禽皮肤及黏膜的给药方法。气雾给药时，药物吸收快，作用迅速，节省人力，尤其适用于现代化大型养殖场，但需要一定的气雾设备，且畜禽舍门窗能满足密闭条件。

应用于气雾途径的药物应无刺激性，易溶于水。若欲使药物作用于上呼吸道，应选用吸湿性较强的药物，而欲使药物作用于肺部，就应选用吸湿性较差的药物。

在应用气雾给药时，不要随意套用拌料或饮水给药浓度。应按照畜禽舍空间和气雾设备，准确计算用药剂量。

**4. 外用给药**　外用给药主要是指为杀死动物体外寄生虫或体外致病微生物所采用的给药方法。包括喷洒、喷雾、熏蒸和药浴等不同的方法。应注意掌握药物浓度和使用时间。

### 四、微生态制剂

微生态制剂又称活菌制剂、益生菌制剂，是利用正常微生物或促进微生物生长的物质制成的活的微生物制剂。也就是说，一切能促进正常微生物群生长繁殖的及抑制致病菌生长繁殖的制剂都称为微生态制剂。具有补充、调整或维持动物肠道内微生态平衡，达到防病、治病、促进健康和提高生产性能的目的。

#### （一）微生态制剂的分类

**1. 益生菌**　益生菌又称益生素、促生素、生菌素、益菌素等。是指有益于宿主健康和生理功能的含有足够数量非致病性活菌的细菌制剂，可通过改善宿主黏膜表面的微生物群落保持微生态平衡。常用的益生菌是双歧杆菌、乳杆菌、酵母菌、粪肠球菌和芽孢杆菌等。在制剂中有的为单一菌种，有的为几种菌联合使用，后者的效果更好一些。原农业部第 2045 号公告中公布的《饲料添加剂品种目录（2013）》列出了益生菌通用名称及适用范围，生产中应按规定使用。

**2. 益生元**　益生元是一种对宿主有益的非消化性食物成分，可选择性地刺激肠道有益菌的生长繁殖，而不被病原微生物利用。包括低聚糖类生物促进剂，其中以水苏糖的作用效果最为显著，可以有效促进益生菌繁殖，益生菌在繁殖过程中产生有机酸，使肠道 pH 下降，调节肠道正常蠕动并可使肠管渗透压增高，水分分泌增加，从而提高粪便中的水分,有缓解便秘的功效。水苏糖本身也是一种可溶性纤维素,能有效调理肠胃。

**3. 合生素**　合生素是指益生素和益生元同时并存的制剂,被动物摄入体内后益生素在益生元作用下繁殖增多,抗病保健作用加强。合生素结构合理,效果更加优越,成为微生态制剂开发的主要方向。如在双歧杆菌活菌制剂中加入双歧因子,效果会提高10～100倍。

### (二)微生态制剂的作用

微生态制剂属于营养保健类饲料添加剂,其营养保健作用的发挥主要体现在以下几方面:

**1. 调节和维持动物肠道菌群平衡**　微生态制剂常用于恢复肠道优势菌群,调节微生态平衡。胃肠道内厌氧菌占大多数,微生态制剂中有益的需氧微生物在体内定植,可降低局部氧分子的浓度,以扶植厌氧微生物的生长,提高其定植能力,从而调节微生态平衡,达到预防和治疗疾病的目的。

**2. 抑制病原菌的繁殖**　在微生态系统内少数优势微生物种群对整个种群起控制作用,一旦失去优势种群就可导致微生态失调。微生态制剂中的活菌大多为体内正常菌群中的一员,具有定植性、排他性和繁殖性,进入机体后能植入自然的生态系统中,对非正常菌群中的微生物产生拮抗作用;另一些微生物还可产生药理活性作用,直接调节微生物区系,抑制病原菌,控制病害发生;还有一些微生物在发酵或代谢过程中通过提高或降低某些酶的活性,改变有害微生物的代谢,而抑制其生长。

**3. 提高饲料转化率,促进动物生长**　正常微生物群与营养之间有着密切的关系,一些微生物在发酵或代谢过程中会产生生长素等生理活性物质,有助于食物消化和营养吸收、促进代谢。而且许多微生物本身就富含营养物质,添加到饲料中可作为营养物质被动物摄取、吸收,从而促进动物的生长。微生态制剂在肠内定位繁殖,还能产生多种有利于动物机体的物质,如B族维生素、氨基酸、多种淀粉酶、脂肪酶、蛋白酶类和生长刺激因子等,提高饲料转化率,促进动物生长。

**4. 增强机体免疫功能,提高群体抗病力**　微生态制剂可以成为非特异性免疫调节因子,增强吞噬细胞的吞噬功能和促进机体产生抗体,激发免疫系统防御能力,减少肠内有毒物质的产生,促进肠蠕动,维持黏膜结构完整。

**5. 减少排泄总量,改善圈舍空气质量,净化养殖环境**　动物圈舍内由氨、硫化氢、吲哚、尸胺、腐胺、组胺等有害物质产生的臭味,多是大肠杆菌等肠道菌使蛋白质发酵分解所致。有益菌可提高蛋白质的消化吸收率,并将肠道内非蛋白氮合成氨基酸、蛋白质供动物利用。同时,还可抑制大肠杆菌等有害菌的发酵作用,使产生臭味的有害物质减少;芽孢杆菌等有益菌可产生分解硫化氢的酶类,降低粪便中的氨、硫化氢等有害气体的浓度,产生除臭作用,使氨浓度降低70%以上,从而起到保护养殖环境、减少呼吸道和眼病发生的作用。同时对饲料内某些毒素和抗营养因子还有一定的降解和去毒作用。

### (三)微生态制剂的应用及注意事项

**1. 选用适宜的菌种**　应根据使用目的、饲养对象、控制目标的不同选择适宜的菌种。动物消化道内的微生物具有多样性和特异性,不同动物种类对菌种的要求也各不相同。同一菌株用于不同的动物，产生的效果往往差异很大。使用时一定要了解菌种的性能和作用，充分考虑不同种类动物消化系统的解剖结构和生理特点。不同产品有不同的功效，如选择使用不当，不但达不到应有的效果，可能还会破坏原有的菌群甚至会引发疾病。例如，同样是反刍动物，幼龄动物常用乳酸菌制剂，而成年动物则应使用米曲霉、黑曲霉和啤酒酵母制剂。预防动物疾病时主要选用乳酸菌、双歧杆菌等产乳酸类细菌制剂；促进动物生长、提高饲料利用率，可选用以芽孢杆菌、乳酸杆菌和酵母菌等制剂；改善养殖环境，应选用光合细菌、硝化细菌以及芽孢杆菌等制剂。

**2. 掌握使用剂量及浓度** 微生态制剂必须含有规定数量的活菌才能取得应有的使用效果。目前我国正式批准生产的制剂中，对含菌数量及畜禽用量均有明确规定，如芽孢杆菌含量应不少于 $5 \times 10^8$ 个/g。使用时必须按产品中的说明要求应用。

**3. 注意使用时间** 微生态制剂在动物的整个生长过程都可以使用，能产生与使用抗生素相近似的防治效果。微生态制剂作为一种生态调节剂，在动物饲养过程中适当时间内使用，如病后康复期、各种应激因素作用前后，用来纠正菌群失调、治疗消化不良等，效果会更好、更实际。

**4. 避免与抗生素合用** 微生态制剂是活菌制剂，而抗生素具有杀菌作用，一般情况下不可同时使用。但是当肠道内病原体较多，而微生态制剂又不能取代肠道微生物时，可先用抗生素清理肠道，为益生菌的定植和繁殖清除障碍，然后再使用微生态制剂，这样才能事半功倍。

**5. 注意制剂的保存期** 由于是活菌制剂，在应用中应注意其保存期限。随着保存时间的延长，活菌数量也逐渐下降，其下降速度因菌种和保存条件不同而异，因而应注意保存方法及期限，过期容易失效。

### （四）影响微生态制剂作用效果的因素

影响微生态制剂作用效果的因素很多，包括制剂的制备方法、贮藏条件、污染、不当的产品菌种组合方式、肠内菌群的状态、使用剂量和使用次数、动物的年龄、菌群在肠道中的存活率、饲料成分的变化等，可归纳为四大类因素：

**1. 动物因素**

（1）动物年龄和生理状态。对于幼龄动物及处于调运、转群、饲料改变或患病等应激条件下使用微生态制剂，比对成年动物及清洁、正常饲养条件下使用效果明显。

（2）动物种类。动物种类不同，益生素的作用不尽相同。

**2. 菌种因素**

（1）制剂类型。微生态制剂有很多类型，对某种特定动物，某一种类型可能比其他类型更适宜。研究表明：适用于单胃动物的菌株多为乳酸菌、芽孢杆菌、酵母菌等；适用于反刍动物的则多为真菌类，以曲霉菌效果为好，它使瘤胃内的总细菌数和纤维分解酶成倍增加，加速纤维分解。

（2）菌株含量和定植能力。复合制剂所含菌株有主次之分，不同菌株协同作用的效果不同。同时菌株在消化道能否定植形成优势菌群也影响使用效果。

（3）制剂质量。微生态制剂只有保证有益菌的活性才能发挥稳定的作用，因此，产品应保证有足够菌数，以使其在规定储存期内能够正常发挥作用。

### 3. 饲料因素

（1）饲料成分。某些抗生素、磺胺类药物、不饱和脂肪酸、矿物质预混剂、浓缩料等都属于抑菌物质，可使活菌活性降低。

（2）饲用方式与剂量。饮水方式投喂，可使菌株少受饲料中不良因素的破坏，在使用同一剂量的前提下效果较好。应根据活菌数确定添加量，以确保其相对于其他微生物群落处于适宜的比例。

### 4. 环境因素

（1）温度。微生态制剂随着存放时间的延长，活菌数减少，活力下降，使用效果逐渐变差，因此，产品一般要求冷藏。贮藏以不高于25℃为宜。芽孢杆菌能耐受较高温度，52~102℃范围内损失很小。乳酸菌类在66℃或更高温度时几乎完全失去活性。链球菌在71℃条件下，活菌损失96%以上；酵母菌在82~86℃条件下完全失去活性。

（2）pH。大多数微生物在pH 4~4.5时均会自动死亡。因此，最好保存在pH6~7的条件下，且不宜与酸化剂混合使用。

（3）水分。为了保证微生态制剂中菌群活力，配合饲料中含水量越低越好，含水量低于10%比较理想。

## 实训三　消　毒

### 【目的要求】
1. 学会常用消毒器械的使用和常用消毒剂的配制。
2. 掌握畜禽舍、土壤、粪便等的消毒方法。

### 【实训材料】
**1. 器材**　喷雾消毒器、天平或台秤、盆、桶、缸、清扫及洗刷用具、高筒胶靴、工作服、橡胶手套等。

**2. 药品**　新鲜生石灰、粗制氢氧化钠、漂白粉、来苏儿、高锰酸钾、福尔马林等。

### 【方法步骤】
#### （一）器械的使用

**1. 喷雾器**　喷雾器有两种，一种是手动喷雾器，一种是机动（或电动）喷雾器。前者有背携式和手压式两种，常用于小量消毒；后者有背携式和担架式两种，常用于大面积消毒。

欲装入喷雾器的消毒液，应先在一个木制或铁制的桶内充分溶解，过滤，以免有些固体消毒剂不清洁，或存有残渣以致堵塞喷雾器的喷嘴，而影响消毒工作的进行。喷雾器应经常注意保养，以延长使用期限。

**2. 火焰喷灯**　是利用汽油或煤油做燃料的一种工业用喷灯，因喷出的火焰具有很高的温度，所以在兽医实践中常用以消毒各种被病原体污染的金属制品，如饲养管理动物的金属用具、笼具等。但在消毒时不要喷烧过久，以免将被消毒物品烧坏，在消毒时还应有一定的次序，以免发生遗漏。

### （二）常用消毒剂的配制方法

配制消毒液时，常需根据不同的浓度计算用量。可按下式计算：$N_1V_1=N_2V_2$（式中，$N_1$ 为原药液的浓度，$V_1$ 为原药液容量，$N_2$ 为需配制药液的浓度，$V_2$ 为需配制药液的容量）。

配制消毒液时应注意药品的有效浓度，并让药液充分溶解；药量、水量和药与水的比例应准确；配制消毒液的容器需干净；注意检查消毒液的有效浓度；配制好的消毒液不能久放。

### （三）消毒液的配制（实际操作时可任选两种）

**1. 5%来苏儿溶液**　取来苏儿 5 份加清水 95 份（最好用 50～60℃温水配制），混合均匀即成。

**2. 20%石灰乳**　1kg 生石灰加 5kg 水即为 20%石灰乳。配制时最好用陶缸或木桶、木盆。首先把少量水缓慢加入石灰内，稍停，石灰变为粉状时，再加入余下的水，搅匀即成。

**3. 漂白粉乳剂及澄清液的配制**　首先在漂白粉中加入少量的水，充分搅拌成稀糊状，然后按所需浓度加入全部水（最好为 25℃左右的温水）。

20%漂白粉乳剂：1 000mL 水加漂白粉 200g（含有效氯 25%），混匀即可。

20%漂白粉澄清液：把 20%漂白粉乳剂静置一段时间，上液即为 20%澄清液，使用时可稀释成所需浓度。

**4. 10%福尔马林溶液**　取 10mL 40%甲醛溶液加 90mL 水即成 10%福尔马林溶液。

**5. 4%氢氧化钠溶液**　取 40g 氢氧化钠加 1 000mL 水（最好用 60～70℃热水）搅拌后即得 4%氢氧化钠溶液。

### （四）畜禽舍消毒

本任务分两次完成。一次机械清除，一次化学消毒（喷洒法或熏蒸法消毒可任选一种）。

**1. 机械清除法**　清扫前用清水或消毒液喷洒，以免灰尘及微生物飞扬。然后对地面、饲槽等，扫除粪便、垫草及残余的饲料等污物，扫除的污物按粪便消毒法处理。水泥地面的畜禽舍，在扫除污物后，再用清水冲洗，效果更好。

**2. 药物喷洒消毒**　畜禽舍的消毒一般以"先里后外，先上后下"的顺序喷洒为宜，用药量视畜禽舍结构和性质适量控制。水泥地面、顶棚、砖混结构的建筑，控制在 800～1 000mL/m²；土地面、土墙或砖木结构建筑，用量控制在 1 000～1 200mL/m²。畜禽舍内设备控制在 200～400mL/m²。启用前用清水刷洗料槽、水槽，开门通风，消除药味。

**3. 熏蒸消毒**　常用甲醛气体，用量按照畜禽舍空间计算，按每立方米用福尔马林 25mL，水 12.5mL，两者混合后，再放高锰酸钾（或生石灰）25g。消毒前将畜禽赶出畜禽舍，舍内的管理用具、物品等适当摆开，门窗密闭，室温不得低于正常室温（15～18℃）。药物反应可在金属桶中进行，用木棒搅拌，经几秒钟即见有浅蓝色刺激眼鼻的气体蒸发出来，人员迅速离开畜禽舍，将门关闭。经 12～24h 后方可开门窗通风。若急需使用畜禽舍，可用氨气中和甲醛气，每立方米空间取氯化铵 5g、生石灰 2g，加入 75℃的水 7.5mL，混合液装于小桶内放入畜禽舍。也可用氨水代替，按每立方米空间用 25％氨水 12.5mL，中和 20～30min，打开门窗通风 20～30min，即可迁入畜禽。

### （五）地面土壤的消毒

病畜禽停留过的畜禽圈舍、运动场等，先铲除表土，清除粪便和垃圾，按粪便消毒法处理。小面积的地面土壤，可用消毒液喷洒。大面积的地面土壤，可用犁、镐等将地面翻一下，在翻地的同时撒上干漂白粉，对于一般传染性病原污染而言，其用量为 $0.5kg/m^2$，炭疽等芽孢杆菌的用量为 $5kg/m^2$，漂白粉与土混合后，加水湿润后原地压平。

### （六）粪便的消毒

**1. 焚烧法**　此种方法是消灭一切病原微生物最有效的方法，用于消毒最危险的传染病病畜的粪便（如炭疽、马脑脊髓炎等）。

**2. 化学药品消毒法**　用含 2％～5％有效氯的漂白粉溶液或 20％石灰乳，与粪便混合消毒。

**3. 掩埋法**　粪便与消毒剂混合后，深埋于地下。深度应达 2m 左右。

**4. 生物热消毒法**　可采用发酵池法或堆粪法。

### （七）污水的消毒

由动物医院、牧场、产房、隔离室、病畜厩舍以及农村屠宰动物的地方，排出的病原体污染的污水，应采用消毒剂处理。方法是先将污水处理池的出水管用一木闸门关闭，将污水引入污水池后，加入消毒剂（如漂白粉或生石灰）进行消毒，消毒剂的用量视污水量而定（一般污水用漂白粉 2～5g/L）。

【实训报告】记录操作情况和存在的问题，每人写一份"如何做好畜禽舍消毒"的实训报告。

## 实训四　动物驱虫

【目的要求】

1. 熟悉大群动物驱虫的准备和组织工作。

2. 掌握驱虫技术、驱虫中的注意事项和驱虫效果的评定方法。

【实训材料】

**1. 药物**　常用驱虫药（丙硫咪唑、左旋咪唑、肝蛭净、伊维菌素、敌球灵、百球清、球痢灵、吡喹酮）、解毒药品等。

**2. 器材**　各种给药用具、称重用具、粪便检查用具等。

**3. 动物**　现场的病畜或病禽。

**4. 其他**　驱虫用各种记录表格。

【方法步骤】

### （一）驱虫前感染状态的检查

实训前在教师指导下，检查并记录试验动物的临诊症状、感染情况，检测体内寄生虫（卵）数。根据动物种类和寄生虫种类不同，选择并确定驱虫药的种类及用量。

### （二）驱虫常用给药方法

**1. 混饲法**　禁饲一段时间后，将一定量的驱虫药，拌入饲料中投服，适合于群体驱虫时使用，节约劳动力，但不能保证每一个体的准确用量。

**2. 饮水法** 禁饲一段时间后，将面粉加入少量水中溶解，再加药粉搅拌溶解，最后加足水，将驱虫药制成混悬液让畜禽自由饮用。

**3. 注射法** 有些驱虫药，如伊维菌素经皮下注射可以达到驱除线虫和体外寄生虫的作用。注射部位剪毛消毒后，按剂量注入皮下。

**4. 涂擦法** 主要适用于畜禽体表寄生虫的驱虫，以及部分内寄生虫的驱治，如用双甲脒乳油（特敌克）涂擦驱除体表螨、虱、蜱、蝇等。

**5. 药浴法** 主要适用于牧区羊体表寄生虫的驱治。每年在剪毛后，选择晴朗无风的天气，羊群充足饮水后，配制好药液，利用药浴池或喷淋法进行药浴。

### （三）驱虫效果评定

驱虫效果主要通过驱虫前后下述两个方面进行评定：

1. 可以通过对比驱虫前后的发病率与死亡率、营养状况、临诊表现、生产能力等进行效果评定。

2. 通过计算虫卵减少率与转阴率、驱虫率等评定驱虫效果。

（1）虫卵减少率。为动物服药后粪便内某种虫卵数与服药前的虫卵数相比所下降的百分率。其公式为：

$$虫卵减少率 = \frac{投药前 1g 粪便中含有某种寄生虫虫卵数 - 投药后虫卵数}{投药前 1g 粪便中某种寄生虫虫卵数} \times 100\%$$

（2）虫卵转阴率。为投药后动物的某种寄生虫感染率比投药前感染率下降的百分率；公式如下：

$$虫卵转阴率 = \frac{投药前某种寄生虫感染率 - 投药后该寄生虫感染率}{投药前某种寄生虫感染率} \times 100\%$$

驱虫前后粪便检查各进行 3 次，取其平均数；粪便检查时所有器具、粪样数量以及操作方法要完全一致；根据药物作用时效，在驱虫 10～15d 后进行粪便检查；上述措施均可避免出现人为误差，以获得准确驱虫效果。

（3）粗计驱虫率（驱净率）。是投药后驱净某种寄生虫的动物个体数与驱虫前感染数量相比的百分率。

$$粗计驱虫率 = \frac{投药前动物感染数 - 投药后动物感染数}{投药前动物感染数} \times 100\%$$

（4）精计驱虫率（驱虫率）。是试验动物投药后驱除某种寄生虫平均数与对照动物体内平均虫数相比的百分率。

$$精计驱虫率 = \frac{对照动物体内平均虫数 - 试验动物体内平均虫数}{对照动物体内平均虫数} \times 100\%$$

### （四）驱虫注意事项

（1）驱虫时将动物的来源、品种、年龄、性别及健康状况等逐头编号登记。为保证药物用量准确，需先称重或估测以计算体重。选择适当驱虫药，确定剂量、剂型、给药方法和疗程，记载药品的制造单位及生产批号等。

（2）在进行大群驱虫之前，应先对部分动物做试验，以确保安全性及有效性。

（3）注意给药后的变化（特别是驱虫后 3～5h），发现中毒立即急救。

（4）投药后 3～5d，要使动物留圈，将粪便集中用生物热发酵处理。

（5）混饲、混饮前一定要禁食、禁饮一段时间，以确保同群动物都能充分摄入足量药物。药浴前一定要充足饮水，以防止羊群误饮药液。

**【实训报告】**写出畜（禽）驱虫总结报告。

## ✿✿ 职业测试

1. 假设你是某乡镇执业兽医，请查阅资料，对养殖户通过摆事实讲道理，说明养殖场实施杀虫、灭鼠的重要性，并向养殖户传授杀虫、灭鼠技能。

2. 假设你是某村动物防疫员，请以某养猪场的消毒工作为例，将该场的消毒行为按照消毒时机和消毒目的不同进行分类，并向猪场消毒人员讲解不同种类消毒的注意事项。

3. 假设你是某村动物防疫员，请你对某规模化肉羊场饲养员进行消毒技术培训，说明如何选用消毒剂，不同消毒对象如何实施消毒。

4. 假设你是某规模化猪场的兽医消毒组负责人，请你为该猪场制定一份完善可行的消毒实施方案。

5. 某肉鸡场售出一批鸡后新空出一栋长80m、宽8m、檐高2.4m的鸡舍，请你拟定一份消毒实施及消毒效果检查的可行性方案。

6. 不少农村养殖户缺乏动物免疫知识，对强制免疫存在抵触情绪，假设你是某村动物防疫员，请你制定培训方案，对养殖户做一次专题培训，说服养殖户重视并自觉实施动物免疫。

7. 某个体养猪场实行的是自繁自养制度，请你为该场制定一套符合该场养殖实际的免疫程序。

8. 请查阅资料，举例说明不同类型的疫苗如何保存、运送与科学使用。

9. 假设你是某县畜牧兽医技术服务中心技术人员，准备为本县养殖场兽医人员做一次免疫程序制订及动物接种操作的专题培训，请草拟一份培训讲稿。

10. 某县动物疫病预防控制中心在春季动物集中免疫以后，拟按规定实施免疫效果监测，邀请你给村级防疫员做影响免疫效果的因素及免疫效果评价的专题报告，请草拟一份培训讲稿。

11. 请查阅《全国兽药（抗菌药）综合治理五年行动方案》（2015—2019年），结合所学知识，谈一谈养殖企业应该如何科学做好动物养殖过程中的药物预防工作。

12. 假设你是养殖用微生态制剂的营销代理商，请你分别给某种猪场、奶牛场、蛋鸡场场长写一封微生态制剂产品推销信函，说服养殖企业采购你代理的微生态制剂产品。

★ 参考答案见附录三。

# 重大动物疫病的处理

| 项目描述 | 我国动物防疫法明确规定，动物防疫包括对动物疫病的预防、控制和扑灭，以及对动物和动物产品的检疫。重大动物疫病可对养殖业的生产安全、人体健康及公共卫生安全造成严重威胁，必须合理采取控制与扑灭措施，以防疫情扩散蔓延。及时采取疫情报告、隔离、封锁措施，实施染疫动物处理是控制、扑灭疫情的重要举措。对重大动物疫病的处理知识与技术技能是动物疫病防治员国家职业资格、执业兽医师及助理兽医师资格考试的必考内容，也是官方兽医、执业兽医、动物防疫员开展动物防疫检疫工作必备的知识和技术技能。 | | |
|---|---|---|---|
| 建议学校学时 | 2 学时 | 建议企业学时 | 2 学时 |
| 本项目教学目标 | | | |
| 应知知识 | 了解动物疫情报告的内容、时限要求；掌握动物隔离的意义、对象及方法；熟悉动物疫情封锁的对象、原则；掌握封锁区划分依据、划分要求及封锁区内疫情控制、扑灭措施；熟悉封锁解除的条件；掌握染疫动物扑杀方法及病害尸体无害化处理方法。 | | |
| 应会能力 | 能在发现规定疫病时按要求上报疫情；会在疫情发生后灵活实施动物隔离；会根据疫情合理划分封锁区并实施封锁；会在封锁区内实施疫情控制扑灭措施；会扑杀不同的患病动物；能根据疫病种类对染疫动物尸体实施无害化处理。 | | |
| 应备素质 | 有按规定报告动物疫情的法律意识；能平等对待动物的生命，有动物福利意识；有良好的动物扑杀心理素质；有对待扑杀动物的主人耐心安抚沟通的职业修养；有控制扑灭动物疫情所需的严防死守的职业精神；有认真执行染疫动物尸体无害化处理、杜绝不法分子偷运私售的职业道德。 | | |

## 模块一　动物疫情报告

### （一）动物疫情报告制度

动物疫情指动物疫病发生、流行的情况。动物疫情涉及家畜家禽以及人工饲养、合法捕获的其他动物的饲养、屠宰、经营、隔离、运输等活动。重大动物疫情是指高致病性禽流感等发病率或者死亡率高的动物疫病突然发生，迅速传播，给养殖业生产安全造成严重威胁、危害，以及可能对公众身体健康与生命安全造成危害的情形，包括特别重大动物疫情。新发动物疫病指由已知病原体演变或变异而引起的动物疫病，或者由未知病原体引发的动物疫病，或者国家已经宣布消灭的动物疫病。外来动物疫病指境外存在但境内尚未发现的动物疫病。

《动物防疫法》第二十六条规定，从事动物疫情监测、检验检疫、疫病研究与诊疗以及动物饲养、屠宰、经营、隔离、运输等活动的单位和个人，发现动物染疫或者疑似染疫的，应当立即向当地兽医主管部门、动物卫生监督机构或者动物疫病预防控制机构报告，并采取隔离等控制措施，防止动物疫情扩散。其他单位和个人发现动物染疫或者疑似染疫的，应当及时报告。接到动物疫情报告的单位，应当及时采取必要的控制处理措施，并按照国家规定的程序上报。

为规范动物疫情报告、通报和公布工作，加强动物疫情管理，提升动物疫病防控工作水平，农业农村部根据《动物防疫法》《重大动物疫情应急条例》等法律法规规定，于2018年6月对我国动物疫情报告、通报和公布工作做了明确要求。在职责分工上，农业农村部主管全国动物疫情报告、通报和公布工作。县级以上地方人民政府兽医主管部门主管本行政区域内的动物疫情报告和通报工作。中国动物疫病预防控制中心及县级以上地方人民政府建立的动物疫病预防控制机构，承担动物疫情信息的收集、分析预警和报告工作。中国动物卫生与流行病学中心负责收集境外动物疫情信息，开展动物疫病预警分析工作。国家兽医参考实验室和专业实验室承担相关动物疫病确诊、分析和报告等工作。

国务院兽医主管部门应当依照我国缔结或者参加的条约、协定，及时向有关国际组织或者贸易方通报重大动物疫情的发生和处理情况。

任何单位和个人不得瞒报、谎报、迟报、漏报动物疫情，不得授意他人瞒报、谎报、迟报动物疫情，不得阻碍他人报告动物疫情。

### （二）动物疫情报告时限

动物疫情报告实行快报、月报和年报。

**1. 快报**　有下列情形之一，应当进行快报：

（1）发生口蹄疫、高致病性禽流感、小反刍兽疫等重大动物疫情。

（2）发生新发动物疫病或新传入动物疫病。

（3）无规定动物疫病区、无规定动物疫病小区发生规定动物疫病。

（4）二、三类动物疫病呈暴发流行。

（5）动物疫病的寄主范围、致病性以及病原学特征等发生重大变化。

（6）动物发生不明原因急性发病、大量死亡。

（7）农业农村部规定需要快报的其他情形。

符合快报规定情形，县级动物疫病预防控制机构应当在 2h 内将情况逐级报至省级动物疫病预防控制机构，并同时报所在地人民政府兽医主管部门。省级动物疫病预防控制机构应当在接到报告后 1h 内，报本级人民政府兽医主管部门确认后报至中国动物疫病预防控制中心。中国动物疫病预防控制中心应当在接到报告后 1h 内报至农业农村部畜牧兽医局。

快报应当包括基础信息、疫情概况、疫点情况、疫区及受威胁区情况、流行病学信息、控制措施、诊断方法及结果、疫点位置及经纬度、疫情处置进展以及其他需要说明的信息等内容。

进行快报后，县级动物疫病预防控制机构应当每周进行后续报告；疫情被排除或解除封锁、撤销疫区，应当进行最终报告。后续报告和最终报告按快报程序上报。

**2. 月报和年报**　县级以上地方动物疫病预防控制机构应当每月对本行政区域内动物疫情进行汇总，经同级人民政府兽医主管部门审核后，在次月 5 日前通过动物疫情信息管理系统将上月汇总的动物疫情逐级上报至中国动物疫病预防控制中心。中国动物疫病预防控制中心应当在每月 15 日前将上月汇总分析结果报农业农村部畜牧兽医局。中国动物疫病预防控制中心应当于 2 月 15 日前将上年度汇总分析结果报农业农村部畜牧兽医局。

月报、年报包括动物种类、疫病名称、疫情县数、疫点数、疫区内易感动物存栏数、发病数、病死数、扑杀与无害化处理数、急宰数、紧急免疫数、治疗数等内容。

**（三）疫病确诊与疫情认定**

疑似发生口蹄疫、高致病性禽流感和小反刍兽疫等重大动物疫情的，由县级动物疫病预防控制机构负责采集或接收病料及其相关样品，并按要求将病料样品送至省级动物疫病预防控制机构。省级动物疫病预防控制机构应当按有关防治技术规范进行诊断，无法确诊的，应当将病料样品送相关国家兽医参考实验室进行确诊；能够确诊的，应当将病料样品送相关国家兽医参考实验室做进一步病原分析和研究。

疑似发生新发动物疫病或新传入动物疫病，动物发生不明原因急性发病、大量死亡，省级动物疫病预防控制机构无法确诊的，送中国动物疫病预防控制中心进行确诊，或者由中国动物疫病预防控制中心组织相关兽医实验室进行确诊。

动物疫情由县级以上人民政府兽医主管部门认定，其中重大动物疫情由省级人民政府兽医主管部门认定。新发动物疫病、新传入动物疫病疫情以及省级人民政府兽医主管部门无法认定的动物疫情，由农业农村部认定。

**（四）疫情通报与公布**

发生口蹄疫、高致病性禽流感、小反刍兽疫、新发动物疫病和新传入动物疫病疫情，农业农村部应及时向国务院有关部门和军队有关部门以及省级人民政府兽医主管部门通报疫情的发生和处理情况；依照我国缔结或参加的条约、协定，向世界动物卫生组织、联合国粮农组织等国际组织及有关贸易方通报动物疫情发生和处理情况。

发生人畜共患传染病疫情，县级以上人民政府兽医主管部门应当按照《动物防疫法》要求，与同级卫生主管部门及时相互通报。

农业农村部负责向社会公布全国动物疫情，省级人民政府兽医主管部门可以根据农业农村部授权公布本行政区域内的动物疫情。

### （五）疫情举报和核查

县级以上地方人民政府兽医主管部门应当向社会公布动物疫情举报电话，并由专门机构受理动物疫情举报。农业农村部在中国动物疫病预防控制中心设立重大动物疫情举报电话，负责受理全国重大动物疫情举报。动物疫情举报受理机构接到举报，应及时向举报人核实其基本信息和举报内容，包括举报人真实姓名、联系电话及详细地址，举报的疑似发病动物种类、发病情况和养殖场（户）基本信息等；核实举报信息后，应当及时组织有关单位进行核查和处置；核查处置完成后，有关单位应当及时按要求进行疫情报告并向举报受理部门反馈核查结果。

### （六）其他规定

中国动物卫生与流行病学中心应当定期将境外动物疫情的汇总分析结果报农业农村部畜牧兽医局。国家兽医参考实验室和专业实验室在监测、病原研究等活动中，发现符合快报情形的，应当及时报至中国动物疫病预防控制中心，并抄送样品来源省份的省级动物疫病预防控制机构；国家兽医参考实验室、专业实验室和有关单位应当做好国内外期刊、相关数据库中有关我国动物疫情信息的收集、分析预警，发现符合快报情形的，应当及时报至中国动物疫病预防控制中心。中国动物疫病预防控制中心接到上述报告后，应当在 1h 内报至农业农村部畜牧兽医局。

## 模块二　隔　　离

### （一）隔离的意义

隔离是指在动物检疫或临床诊疗中把检出的传染源置于不能将疫病传染给其他易感动物的条件之中，便于管理消毒，中断流行过程，将疫情控制在最小范围内，便于就地扑灭，是控制扑灭疫情的重要措施之一。

在动物疫病流行时，要求能够迅速摸清疫病流行情况，包括感染的动物种类、数量及造成的经济损失等，运用临床诊断方法或进行必要的实验室的诊断对发病动物进行检疫。

### （二）隔离的对象和方法

根据检疫结果将全部受检动物分为患病动物、可疑感染动物和假定健康动物三类分别对待。

**1. 患病动物**　指有明显典型症状、有类似症状或其他特殊检查阳性的动物。它们随时可将病原体排出体外，污染外界环境，包括地面、空气、饲料甚至水源等。把这些患病动物隔离于不易散布病原体而便于消毒的地方，通过专人饲养和管理，加强护理，严格对污染的环境和污染物消毒，搞好圈舍卫生，根据动物疫病情况对患病动物进行治疗或扑杀。同时在隔离场所内禁止闲杂人员出入。隔离场所内的用具、饲料、粪便等未经消毒的不能运出。隔离期依该病的传染期而定。

**2. 可疑感染动物**　指未发现任何临诊症状，但与患病动物或其污染的环境有密切接触的动物。如与患病动物同群、同圈、同槽、同牧、同用具的动物等。这些可疑感染动物有可能处于疫病的潜伏期，具有向体外排出病原体的可能性。因此，对可疑感染动物，应经消毒后另选地方隔离，限制活动，详细观察，及时再分类。若出现症状者立即转为按患病动物处理。经过该病一个最长潜伏期仍无症状者，可及时取消限制，并转为假定健康动物群。隔离期间，官方兽医在密切观察被检动物的同时，要做好防疫工作，如对人员出入隔离场要严格控制，防止因检疫而扩散疫情。

**3. 假定健康动物**　虽然处于疫区，但无任何症状又与发病动物无明显接触，对这类动物应限制其活动范围并采取保护措施，严格与上述两类动物分开饲养管理，并进行紧急免疫接种或药物预防。同时注意加强防疫卫生消毒措施，如定期对养殖场、畜禽舍及养殖场周边环境进行消毒，在养殖场出入口处设置消毒池（槽）等。

# 模块三　封　锁

## （一）封锁的对象、原则

在发生动物疫情时，除了要采取隔离措施外，还需防止疫病向安全区散播和防止其他健康动物误入疫源地而受到传染源及污染环境的威胁。因此做好封锁工作，也是控制疫情的重要措施之一。封锁即将疫源地封闭起来，适应对象是国家规定的一类疫病、当地新发现的动物疫病，二、三类动物疫情呈暴发性流行时也应封锁。

**1. 封锁的程序**　原则上由县级以上地方人民政府发布封锁令及解除封锁令。疫情发生在县级范围内的，当地县级人民政府兽医主管部门应当立即派人到现场，划定疫点、疫区、受威胁区，调查疫源，及时报请本级人民政府对疫区实行封锁。

疫区范围涉及两个以上行政区域的，由有关行政区域共同的上一级人民政府对疫区实行封锁，或者由各有关行政区域的上一级人民政府共同对疫区实行封锁。必要时，上级人民政府可以责成下级人民政府对疫区实行封锁。

**2. 封锁的执行**　执行封锁时应掌握"早、快、严、小"的原则，即封锁要控制在动物疫病流行早期，封锁的行动要快速，封锁措施要严密，封锁范围尽可能小。

## （二）封锁区的划分

为扑灭疫病采取封锁措施而划出的一定区域，称封锁区。封锁区的划分，应根据该病流行规律、当时流行特点、动物分布、地理环境、居民点以及交通条件等具体情况确定疫点、疫区和受威胁区。疫点、疫区、受威胁区的范围，由县级以上兽医主管部门根据规定和扑灭疫情的实际需要划定（图3-1）。

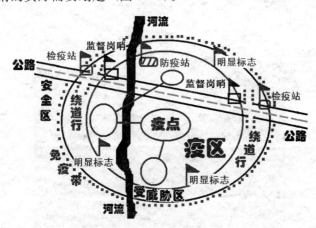

图3-1　封锁区划分示意

**1. 疫点**　指经国家指定的检测部门检测确诊发生了一类传染病疫情的养殖场（户）、养殖小区或其他有关的屠宰加工、经营单位；如为农村散养，则应将病畜禽所在的自然村划为疫点；放牧的动物以患病动物所在的牧场及其活动场所为疫点；动物在运输过程中发生疫情，以运载动物的车、船、飞行器等为疫点；在市场发生疫情，则以患病动物所在市场为疫点。

**2. 疫区**　指以疫点为中心，半径 3km 范围内的区域。范围比疫点大，一般是指有某种传染病正在流行的地区，其范围除病畜禽所在的畜牧场、自然村外，还包括病畜禽发病前（在该病的最长潜伏期内）后所活动过的地区。疫区划分时注意考虑当地的饲养环境和天然屏障，如河流、山脉等。

**3. 受威胁区**　为疫区周围一定范围内可能会受疫病传染的地区。一般指疫区外延 5km 范围内的区域，如发生高致病性禽流感、猪瘟和新城疫疫情等。但不同的动物疫病病种，其划定的受威胁区范围也不相同，如口蹄疫为 10km。受威胁区以外的地区是安全区。

### （三）封锁实施

**1. 封锁采取的措施**　封锁区的边缘设立明显标记，指明绕道路线（图 3 - 2），设置监督哨卡，禁止易感动物通过封锁线。在必要的交通路口设立检疫消毒站（图 3 - 3），对必须通过的车辆、人员和非易感动物进行消毒。

图 3 - 2　疫点绕行警示牌

图 3 - 3　疫点临时消毒站

**2. 疫点内应采取的措施**

（1）扑杀所有发病动物和同群动物，并进行无害化处理。

（2）对病死的动物、动物排泄物、被污染饲料、垫料、污水进行无害化处理；对被污染的物品、用具、动物圈舍、场地进行严格消毒；做好杀虫灭鼠工作。

（3）严禁疫点内人员、动物、车辆出入，禁止动物产品及可能污染的物品运出。如特殊情况下需要出入时，必须经过有关官方兽医许可，经严格消毒后出入。

**3. 疫区内应采取的措施**

（1）在疫区周围设置警示标志，可以设立临时性动物卫生监督检查站，禁止染疫、疑似染疫和易感染的动物、动物产品流出疫区，禁止非疫区的易感染动物进入疫区。

（2）在出入疫区的交通路口设置动物检疫消毒站，对出入的人员、车辆及有关物品进行消毒。

（3）关闭动物及动物产品交易市场，禁止易感动物、动物产品的经营或者流动。

（4）对易感动物进行监测，并实施紧急免疫接种。

（5）对易感动物实行圈养或者在指定地点放养，役用动物限制在疫区内使役。

（6）对动物圈舍、动物排泄物、垫料、污水和其他可能受污染的物品、场地，进行消毒或无害化处理。

**4. 受威胁区应采取的措施**　对受威胁区主要是以预防为主，主要有以下两个方面：

（1）对易感动物进行监测，密切注意来自解除封锁区的动物及动物产品。

（2）对易感动物进行紧急免疫接种，建立免疫带，易感动物不进入疫区，禁止饮用疫区流出的水等。

**（四）解除封锁**

《动物防疫法》第三十三条规定："疫点、疫区、受威胁区的撤销和疫区封锁的解除，按照国务院兽医主管部门规定的标准和程序评估后，由原决定机关决定并宣布。"由于动物疫病的潜伏期不尽相同，原农业部于 2007 年发布了《关于印发〈高致病性禽流感防治技术规范〉等 14 个动物疫病防治技术规范的通知》，对撤销疫点、疫区、受威胁区的条件和解除疫区封锁作出了具体规定。

一般而言，疫区（点）内最后一头患病动物扑杀或痊愈后，经过该病一个以上最长潜伏期的观察、检测，未再出现患病动物时，经过终末消毒，由上级或当地动物卫生监督机构和动物疫病预防控制机构评估审验合格后，由当地兽医主管部门提出解除封锁的申请，由原发布封锁令的人民政府宣布解除封锁同时通报毗邻地区和有关部门。疫点、疫区、受威胁区的撤销，由当地兽医主管部门按照农业农村部规定的条件和程序执行。疫区解除封锁后，要继续对该区域进行疫情监测，如高致病性禽流感疫区解除封锁后 6 个月内未发现新病例，即可宣布该次疫情被扑灭。

## 模块四　染疫动物的处理

### 一、染疫动物的扑杀

**1. 扑杀原则**　发生动物疫情时，扑杀患病动物和可疑感染动物是及时、彻底消灭

传染源的有效手段。实施动物扑杀应遵循如下原则:

(1) 检疫中发现的危害较大、过去没有发生过、新的传染病患病动物,应予扑杀。

(2) 对周围人和动物有严重威胁的烈性传染病患病动物,应予扑杀。

(3) 感染疫病的动物无有效疗法,予以扑杀;对动物治疗、运输等有关费用,超出畜禽本身价值者予以扑杀。

(4) 在对发病动物或对可疑感染动物进行治疗或隔离观察期间,周围环境或其他易感动物都易受到其传染威胁的病畜禽。

(5) 在疫区解除封锁前,或某地区、某国消灭某种传染病时,为了尽快拔除疫点,也可将带病原的或检疫阳性的动物进行扑杀。

(6) 对某些慢性经过的传染病,如结核病、布鲁氏菌病、鸡白痢等,应每年定期进行检疫。为了净化这些疾病,必须将每次检出的阳性动物扑杀。

**2. 扑杀方法**　在动物检疫工作中,应该选择简单易行、干净彻底、低成本的无血扑杀方法。实际工作中使用的方法有静脉注射法、心脏注射法、毒药灌服法、电击法等。

(1) 静脉注射法。适合扑杀马、骡、驴、牛等染疫大家畜,方法是染疫动物保定后,用静脉输液的办法将消毒药输入到体内。注射用的消毒药有甲醛、来苏儿等,其用量因被扑杀疫畜的耐受性、消毒药种类等有所不同。以来苏儿为例,马属动物每匹用量为 500mL。

(2) 心脏注射法。心脏注射所用的药物为菌毒敌原液,目的是药液随血循环进入大动脉内和小动脉及组织中,杀灭体液及组织中的病原体,破坏肉质,与焚烧深埋相结合,可有效地防止人为再利用现象。其注射方法为,牛等大家畜先麻醉,后使牛右侧卧地,用注射器吸取 50~100mL 菌毒敌,注入心脏;猪、羊等中小家畜直接保定后进行心脏注射,药量为菌毒敌 40mL。

(3) 毒药灌服法。用敌敌畏 400mL 或尿素 0.5kg,加水 1kg,混合溶解后灌服。此法简单,但药液易淋到操作人员衣服上,对人员造成危害。

(4) 电击法。使用动物扑杀器(图 3-4、图 3-5),利用电流对机体的破坏作用达到扑杀疫畜的目的。

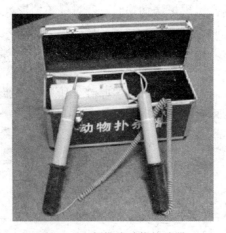

图 3-4　便携式动物扑杀器

图 3-5 车载式动物扑杀器

值得注意的是，上述扑杀、无害化处理方法仅适用于小规模的染疫动物群及其产品的处置；如涉及大规模的动物群体，则需参照国内外的做法，即借助非常规手段，直至出动部队及使用军事装备等。

## 二、病死及病害动物尸体无害化处理

为彻底消灭病死及病害动物尸体所携带的病原体，防止动物疫病传播扩散，保障动物产品质量安全，凡是国家规定的染疫动物及其产品、病死或者死因不明的动物尸体，屠宰前确认的病害动物、屠宰过程中经检疫或肉品品质检验确认为不可食用的动物产品，以及其他应当进行无害化处理的动物及动物产品，均应严格按照国家《病死及病害动物无害化处理技术规范》的规定将病死及病害动物尸体通过一系列技术方法进行无害化处理。

所谓无害化处理，是指用物理、化学等方法处理病死及病害动物和相关动物产品，消灭其所携带的病原体，消除危害的过程。无害化处理方法主要包括焚烧法、化制法、高温法、深埋法及化学处理法五种。

### （一）焚烧法

焚烧法是指在焚烧容器（图 3-6、图 3-7）内，使病死及病害动物和相关动物产品在富氧或无氧条件下进行氧化反应或热解反应的方法。适用对象为国家规定的染疫动物及其产品、病死或者死因不明的动物尸体，屠宰前确认的病害动物、屠宰过程中经检疫或肉品品质检验确认为不可食用的动物产品，以及其他应当进行无害化处理的动物及动物产品。

**1. 直接焚烧法**

（1）技术工艺。

①可视情况对病死及病害动物和相关动物产品进行破碎等预处理。

②将病死及病害动物和相关动物产品或破碎产物，投至焚烧炉本体燃烧室，经充分氧化、热解，产生的高温烟气进入二次燃烧室继续燃烧，产生的炉渣经出渣机排出。

③燃烧室温度应不低于850℃。燃烧所产生的烟气从最后的助燃空气喷射口或燃烧

图 3-6　大型动物尸体焚烧炉

图 3-7　小型动物尸体焚烧炉

器出口到换热面或烟道冷风引射口之间的停留时间应不少于 2s。焚烧炉出口烟气中氧含量应为 6%～10%（干气）。

④二次燃烧室出口烟气经余热利用系统、烟气净化系统处理，达到要求后排放。

⑤焚烧炉渣与除尘设备收集的焚烧飞灰应分别收集、贮存和运输。焚烧炉渣按一般固体废物处理或作资源化利用；焚烧飞灰和其他尾气净化装置收集的固体废物需按有关要求作危险废物鉴定，如属于危险废物，则按有关要求处理。

（2）操作注意事项。严格控制焚烧进料频率和重量，使病死及病害动物和相关动物产品能够充分与空气接触，保证完全燃烧。燃烧室内应保持负压状态，避免焚烧过程中发生烟气泄露。二次燃烧室顶部设紧急排放烟囱，应急时开启。烟气净化系统，包括急冷塔、引风机等设施。

**2. 炭化焚烧法**

（1）技术工艺。

①病死及病害动物和相关动物产品投至热解炭化室，在无氧情况下经充分热解，产生的热解烟气进入二次燃烧室继续燃烧，产生的固体炭化物残渣经热解炭化室排出。

②热解温度应不低于 600℃，二次燃烧室温度不低于 850℃，焚烧后烟气在 850℃以上停留时间不少于 2s。

③烟气经过热解炭化室热能回收后，降至 600℃左右，经烟气净化系统处理，达到 GB 16297 要求后排放。

（2）操作注意事项。应检查热解炭化系统的炉门密封性，以保证热解炭化室的隔氧状态。应定期检查和清理热解气输出管道，以免发生阻塞。热解炭化室顶部需设置与大气相连的防爆口，热解炭化室内压力过大时可自动开启泄压。应根据处理物种类、体积等严格控制热解的温度、升温速度及物料在热解炭化室里的停留时间。

（二）化制法

化制法是指在密闭的高压容器内（图 3-8），通过向容器夹层或容器内通入高温饱和蒸汽，在干热、压力或蒸汽、压力的作用下，处理病死及病害动物和相关动物产品的方法。本法除不得用于患有炭疽等芽孢杆菌类疫病，以及牛海绵状脑病、痒病的染疫动物及产品、组织的处理外，其他适用对象同焚烧法。

图 3-8　动物尸体湿化机

**1. 干化法**

（1）技术工艺。

①可视情况对病死及病害动物和相关动物产品进行破碎等预处理。

②病死及病害动物和相关动物产品或破碎产物输送入高温高压灭菌容器。

③处理物中心温度不低于 140℃，压力不小于 0.5MPa（绝对压力），时间不少于 4h（具体处理时间随处理物种类和体积大小而设定）。

④加热烘干产生的热蒸汽经废气处理系统后排出。

⑤加热烘干产生的动物尸体残渣传输至压榨系统处理。

（2）操作注意事项。搅拌系统的工作时间应以烘干剩余物基本不含水分为宜，根据处理物量的多少，适当延长或缩短搅拌时间。应使用合理的污水处理系统，有效去除有机物、氨氮，达到排放要求。应使用合理的废气处理系统，有效吸收处理过程中动物尸体腐败产生的恶臭气体，达到要求后排放。高温高压灭菌容器操作人员应符合相关专业要求，持证上岗。处理结束后，需对墙面、地面及其相关工具进行彻底清洗消毒。

**2. 湿化法**

（1）技术工艺。

①可视情况对病死及病害动物和相关动物产品进行破碎预处理。

②将病死及病害动物和相关动物产品或破碎产物送入高温高压容器，总质量不得超过容器总承受力的 4/5。

③处理物中心温度不低于 135℃，压力不小于 0.3MPa（绝对压力），处理时间不少于 30min（具体处理时间随处理物种类和体积大小而设定）。

④高温高压结束后，对处理产物进行初次固液分离。

⑤固体物经破碎处理后，送入烘干系统；液体部分送入油水分离系统处理。

（2）操作注意事项。高温高压容器操作人员应符合相关专业要求，持证上岗。处理结束后，需对墙面、地面及其相关工具进行彻底清洗消毒。冷凝排放水应冷却后排放，产生的废水应经污水处理系统处理，达到规定要求。处理车间废气应通过安装自动喷淋消毒系统、排风系统和高效微粒空气过滤器（HEPA 过滤器）等进行处理，达到规定要求后排放。

**（三）高温法**

高温法是指常压状态下，在封闭系统内利用高温处理病死及病害动物和相关动物产品的方法。适用对象同化制法。

**1. 技术工艺**

（1）可视情况对病死及病害动物和相关动物产品进行破碎等预处理。处理物或破碎产物体积（长×宽×高）不超过 125cm³（5cm×5cm×5cm）。

（2）向容器内输入油脂，容器夹层经导热油或其他介质加热。

（3）将病死及病害动物和相关动物产品或破碎产物输送入容器内，与油脂混合。常压状态下，维持容器内部温度不低于 180℃，持续时间不少于 2.5h（具体处理时间随处理动物种类和体积大小而设定）。

（4）加热产生的热蒸汽经废气处理系统后排出。

（5）加热产生的动物尸体残渣传输至压榨系统处理。

**2. 操作注意事项**　同干化法。

**（四）深埋法**

深埋法是指按照相关规定，将病死及病害动物和相关动物产品投入深埋坑中并覆盖、消毒，处理病死及病害动物和相关动物产品的方法。适用于发生动物疫情或自然灾害等突发事件时病死及病害动物的应急处理，以及边远和交通不便地区零星病死畜禽的处理。不得用于患有炭疽等芽孢杆菌类疫病，以及牛海绵状脑病、痒病的染疫动物及产品、组织的处理。

**1. 选址要求**　应选择地势高燥，处于下风向的地点。应远离学校、公共场所、居民住宅区、村庄、动物饲养和屠宰场所、饮用水源地、河流等地区。

**2. 技术工艺**　深埋坑体容积以实际处理动物尸体及相关动物产品数量确定。深埋坑底应高出地下水位 1.5m 以上，要防渗、防漏。坑底撒一层厚度为 2～5cm 的生石灰或漂白粉等消毒药。将动物尸体及相关动物产品投入坑内，最上层距离地表 1.5m 以上。再用生石灰或漂白粉等消毒药消毒。覆盖距地表 20～30cm、厚度不少于 1～1.2m 的覆土。

**3. 操作注意事项**　深埋覆土不要太实，以免腐败产气造成气泡冒出和液体渗漏。深埋后，在深埋处设置警示标识。深埋后第 1 周内应每日巡查 1 次，第 2 周起应每周巡查 1 次，连续巡查 3 个月，深埋坑塌陷处应及时加盖覆土。深埋后立即用氯制剂、漂白粉或生石灰等消毒药对深埋场所进行 1 次彻底消毒。第 1 周内应每日消毒 1 次，第 2 周起应每周消毒 1 次，连续消毒 3 周以上。

**（五）化学处理法**

**1. 硫酸分解法**　是指在密闭的容器内，将病死及病害动物和相关动物产品用硫酸在一定条件下进行分解的方法。适用对象同化制法。

（1）技术工艺。

①可视情况对病死及病害动物和相关动物产品进行破碎等预处理。

②将病死及病害动物和相关动物产品或破碎产物，投至耐酸的水解罐中，按 1 000 kg 处理物加入水 150～300kg，然后加入 98％的浓硫酸 300～400 kg（具体加入水和浓硫酸量随处理物的含水量而设定）。

③密闭水解罐，加热使水解罐内升至 100～108℃，维持压力不低于 0.15MPa，反应时间不少于 4h，至罐体内的病死及病害动物和相关动物产品完全分解为液态。

（2）操作注意事项。处理中使用的强酸应按国家危险化学品安全管理、易制毒化学品管理有关规定执行，操作人员应做好个人防护。水解过程中要先将水加入耐酸的水解罐中，然后加入浓硫酸。控制处理物总体积不得超过容器容量的 70％。酸解反应的容器及储存酸解液的容器均要求耐强酸。

**2. 化学消毒法**　适用于被病原微生物污染或可疑被污染的动物皮毛消毒。

（1）盐酸食盐溶液消毒法。先用 2.5％盐酸溶液和 15％食盐水溶液等量混合，将皮张浸泡在此溶液中，并使溶液温度保持在 30℃左右，浸泡 40h，1m² 的皮张用 10L 消毒液（或按 100mL 25％食盐水溶液中加入盐酸 1mL 配制消毒液，在室温 15℃条件下浸泡 48h，皮张与消毒液的体积比为 1∶4）。浸泡后捞出沥干，放入 2％（或 1％）氢氧化钠溶液中，以中和皮张上的酸，再用水冲洗后晾干。

（2）过氧乙酸消毒法。将皮毛放入新鲜配制的 2％过氧乙酸溶液中浸泡 30min。然后将皮毛捞出，用水冲洗后晾干。

（3）碱盐液浸泡消毒法。先将皮毛浸入 5％碱盐液（饱和盐水内加 5％氢氧化钠）中，室温（18～25℃）浸泡 24 h，并随时加以搅拌。然后取出皮毛挂起，待碱盐液流净，放入 5％盐酸液内浸泡，使皮上的酸碱中和。最后将皮毛捞出，用水冲洗后晾干。

# 实训五　染疫动物尸体无害化处理

【目的要求】掌握动物染疫后尸体运送和处理的方法。

【实训材料】鸡、猪、羊、兔等健康致死动物或病死动物若干（实训中不宜选用感染一类动物疫病及人畜共患病动物），运尸车，挖掘工具，焚烧炉，热解炭化炉，高温高压灭菌容器，消毒液，消毒工具，工作服，工作帽，胶鞋，手套，口罩，风镜。

**【方法步骤】**

**1. 运送**　运送染疫动物尸体前，学生应穿戴工作服、口罩、风镜、胶鞋及手套。运送动物尸体和病害动物产品应采用密闭的、不渗水的容器，装前卸后必须消毒。动物尸体装车前，车厢底部铺一层石灰，并将尸体各天然孔用蘸有消毒液的湿纱布、棉花严密填塞，小动物和禽类可用塑料袋盛装，以免流出粪便、分泌物、血液等污染周围环境。尸体装车时，把尸体躺过的地面表土铲起，连同尸体一起运走，并用消毒液喷洒地面。装运过尸体的车辆、用具都应严加消毒，工作中用过的手套、衣物及胶鞋等亦应进行消毒。

**2. 焚烧**　学生在企业技师的指导下将病害动物尸体、病害动物产品投入焚烧炉直接焚烧或热解炭化炉炭化。

**3. 化制**　学生在企业技师的指导下将动物尸体分类，肉尸切割成小块，分别投入化制用高温高压灭菌容器进行处理。为保证实训安全，必须由企业技师操作机器。处理结束后，需对墙面、地面及其相关工具进行彻底清洗消毒。

**4. 深埋**　深埋地应选择远离学校、公共场所、居民住宅区、村庄、动物饲养和屠宰场所、饮用水源地、河流等地区；深埋坑体容积以实际处理动物尸体及相关动物产品数量确定。深埋坑底应高出地下水位 1.5m 以上，要防渗、防漏。坑底撒一层厚度为 2~5cm 的生石灰或漂白粉等消毒药。将动物尸体及相关动物产品投入坑内，最上层距离地表 1.5m 以上。生石灰或漂白粉等消毒药消毒。覆盖距地表 20~30cm，厚度不少于 1~1.2m 的覆土。

**5. 高温处理**　学生在企业技师的指导下对病死及病害动物和相关动物产品进行破碎等预处理。处理物或破碎产物体积（长×宽×高）不超过 125cm³（5cm×5cm×5cm）。向容器内输入油脂，再将病死及病害动物和相关动物产品或破碎产物输送入容器内，与油脂混合。常压状态下，维持容器内部温度不低于 180℃，持续时间不少于 2.5h（具体处理时间随处理动物种类和体积大小而设定）。

**【实训报告】**　根据病死动物无害化处理的实际操作过程写出报告。

## 职业测试

1. 假设你是某屠宰场官方兽医，在宰前检疫中发现疑似猪瘟病猪，你认为应如何进行疫情报告才符合政策要求？

2. 假设你是某养猪场兽医技术人员，在生产中发现疑似高致病性猪蓝耳病疫情，请你写一份书面疫情报告文本。

3. 假设你是某乡镇兽医站执业兽医，在工作中发现某肉鸡场发生疑似传染性法氏囊病疫情，请你指导该场执行隔离制度，你将如何指导？

4. 养殖生产中常常发现一些养殖场存在动物群发生疫病后"越治发病越多"的情况，请你结合所学知识，谈一谈出现这种现象的原因，并给出合理化的建议。

5. 假设你是某县动物疫病预防控制机构的官方兽医，假设某奶牛场发生了口蹄疫疫情，你认为应该如何实施封锁？应采取哪些措施控制、扑灭此次疫情？

6. 假设你受派遣参与某蛋鸡场高致病性禽流感疫情处置，你对执行扑杀、无害化处理蛋鸡的任务有何合理化建议？

★　参考答案见附录三。

项 目 四

# 动物检疫基本知识

| 项目描述 | 动物检疫基本知识包括动物检疫的概念、作用和特点，动物检疫的范围、分类和对象，动物检疫的程序和方法，国内检疫处理及进境后的检疫处理方法等，这些知识是动物检疫检验员国家职业资格、执业兽医师及助理兽医师资格考试的必考理论内容，也是官方兽医开展动物检疫工作必备的基础知识以及检疫实践中必须熟悉的行业规定。 | | |
|---|---|---|---|
| 建议学校学时 | 4 学时 | 建议企业学时 | 4 学时 |
| 本项目教学目标 | | | |
| 应知知识 | 了解动物检疫的概念、作用和特点；掌握动物检疫的范围、分类和对象；熟悉动物检疫的程序和方法；掌握国内检疫处理及进境后的检疫处理方法。 | | |
| 应会能力 | 能正确区分检疫的范围；能根据病名识别检疫对象；会进行检疫申报；能初步实施现场检疫和提出处理意见；会利用已学动物病理、动物微生物、动物传染病等知识初步开展疫病实验室检测；能模拟实施动物检疫处理。 | | |
| 应备素质 | 养成依法检疫的法律意识；养成以法定的检疫项目和检疫对象实施检疫的规范意识；养成以法定标准和方法检疫的标准意识；养成依法出具检疫证明的职业道德；形成针对不同检疫对象灵活采取检疫方法的方法意识。 | | |

## 模块一　动物检疫的概念、作用和特点

### （一）动物检疫的概念

动物检疫是指为了预防、控制和扑灭动物疫病，保障动物及动物产品安全，保护畜牧业生产和人民身体健康，由法定的机构和法定的人员，依照法定的检疫项目、对象、标准和方法，对动物及动物产品进行检疫、定性和处理的一项带有强制性的技术行政措施。

### （二）动物检疫的作用

动物检疫是动物防疫工作的重要组成部分。做好动物检疫工作，对于防控疫病、保障人类健康、推动畜牧业发展、繁荣经济、促进对外贸易等具有十分重要的意义。其最根本的作用主要体现在下列几个方面：

**1. 监督作用**　官方兽医通过索证、验证，发现和纠正违反《动物防疫法》的行为，保证动物及动物产品生产经营者合法经营，维护消费者的合法权益。通过监督检查可以促使动物饲养者自觉开展预防接种等防疫工作，提高免疫率，从而达到以检促防的目的；同时可促进动物及其产品经营者主动接受检疫，合法经营；另外还可促进产地检疫顺利进行，把不合格的动物及其产品处理在流通环节之前，强化基层检疫工作。

**2. 保护畜牧业生产**　通过动物检疫，可以及时发现、收集、整理和分析动物疫情，采取扑杀病畜禽、无害化处理等手段，防止动物疫病传播扩散，也为制定动物疫病防控规划、防疫计划和具体措施提供可靠的科学依据，从而保障畜牧业生产健康发展。比如结核病、鼻疽等慢性病目前仍无疫苗可供接种，也难以治愈，但通过检疫、扑杀病畜、无害化处理染疫产品等手段可达到消灭疫源净化疾病的目的。

**3. 保护人体健康**　动物及动物产品与人类生活紧密相关，许多疾病可以通过动物或动物产品传染给人。在动物疫病中，有近 200 种属于人畜共患病，如口蹄疫、炭疽、沙门氏菌病等。通过动物检疫，以检出患病动物或带菌（毒）动物，以及带菌（毒）动物产品，并通过兽医卫生措施进行合理处理和消毒，达到防止人畜共患病的传播扩散，保证进入流通领域的动物及其产品的卫生质量，保护消费者的健康。特别是一些慢性病如布鲁氏菌病、结核病、囊尾蚴病等一般临诊症状不明显的染疫动物及其产品，主要依靠检疫手段及时检出处理，以防感染人类，这在兽医公共卫生上具有十分重要的意义。

**4. 促进经济贸易发展**　随着经济的快速发展，我国与国际间的双边、多边贸易量也越来越大，动物检疫的合作与交流亦越来越频繁。通过对进口动物及动物产品的检疫，发现有患病动物或染疫产品，可依照有关协定、协议进行索赔，使国家进口贸易免受损失。另外，通过对出口动物及动物产品的检疫，可保证动物产品质量，维护我国对外贸易信誉，提高国际市场竞争力，对畜牧业生产和国民经济发展，具有重要而深远的意义。

### （三）动物检疫的特点

动物检疫是一种以技术为依托的政府监督管理职能，是由法律、行政法规规定的具有强制性的技术行政措施，具有技术方法的标准性、处理方法的规范性和法律效力的时效性。动物检疫的性质决定了其不同于一般的动物疫病诊断和监测工作。在各方面都有

严格的要求，有其固有的特点。

**1. 强制性**　动物检疫是政府的强制性行政行为，受法律保护，由国家行政力量支持，以国家强制力为后盾。动物卫生监督机构依法对动物、动物产品实施检疫，任何单位和个人都必须服从并协助做好检疫工作。凡不按照规定或拒绝、阻挠、抗拒动物检疫的，都属于违法行为，将受到法律制裁。

**2. 法定的机构和人员**　法定的检疫机构是指《动物防疫法》规定，在规定的区域或范围内行使动物检疫职权的单位，即动物检疫主体。国家动物检疫机构是我国动物检疫工作的主要执行机构，其中包括县级以上人民政府所属的动物卫生监督机构和国家进出口检验检疫机构。法定的检疫人员是指经动物卫生监督机构指派，在规定范围内具体从事检疫工作的官方兽医。官方兽医是指具备规定的资格条件，取得国务院兽医主管部门颁发的资格证书，并经兽医主管部门任命，负责出具检疫等证明的国家兽医工作人员。根据检疫工作需要，动物卫生监督机构可以指定兽医专业人员协助官方兽医实施动物检疫。检疫机构和官方兽医，必须依法实施检疫。

**3. 法定的检疫项目和检疫对象**　官方兽医在实施检疫行为时，针对动物从饲养到运输、屠宰、加工、贮存乃至形成产品运输到市场出售的各个环节所进行的索证、验证等方面的检查事项，称为动物检疫项目。根据动物检疫各环节的不同特点和我国防疫工作的具体情况，以及为防止重复检疫，我国防疫法律、法规对各环节的检疫工作项目，分别做了不同规定。动物卫生监督机构和官方兽医必须按规定的项目实施检疫，否则所出具的检疫证明将会失去法律效力。

检疫对象是指动物疫病（传染病和寄生虫病），而法定检疫对象是指由国家或地方根据不同动物疫病的流行情况、分布区域及危害大小，以法律的形式规定的某些重要动物疫病。由于动物疫病目前发现的已达数百种之多，对每种动物的各类疫病进行全面的检查既不现实也不必要。因此，动物检疫时主要针对法定检疫对象进行检疫。

**4. 法定的检疫标准和方法**　法定的检疫方法称为动物检疫规程。检疫的方法以准确、迅速、方便、灵敏、特异、先进等指标为标准，在若干检疫方法中进行选择，将最先进的方法作为法定的检疫方法，以确保动物检疫的科学性和准确性。动物检疫必须采用动物防疫法律、法规统一规定的检疫方法和判定标准。这样检疫的结果才具有法律效力。

**5. 法定的处理方法**　官方兽医必须按照规定方法对动物及其产品实施检疫，对检疫后的处理，必须执行统一的标准，不得任意设定。根据检疫结果，即合格与不合格两种情况，分别做出相应的处理。

**6. 法定的检疫证明**　凡属国务院兽医主管部门依法制定的检疫证明称为法定的检疫证明。国家对其格式、印刷、发放、管理等方面均有统一规定，并以法律的形式加以固定。官方兽医必须按照规定统一填写发放法定的检疫证明，其出具的检疫证明具有法律效力。

## 模块二　动物检疫的范围、分类和对象

### 一、动物检疫的范围

动物检疫的范围是指动物检疫的责任界限。按照我国动物防疫检疫的有关规定，凡

在国内生产流通或进出境的贸易性、非贸易性的动物、动物产品及其运载工具，均属于动物检疫的范围。动物检疫的范围可以从检疫的实物类别和检疫的性质分别叙述。

### （一）动物检疫的实物范围

按照动物检疫实物的类别，动物检疫的范围有以下三种情况：

**1. 国内动物检疫的范围** 《动物防疫法》规定国内动物检疫的范围包括动物和动物产品。动物是指家畜家禽（主要指马、牛、羊、猪、鸡、鸭、鹅等13种动物）和人工饲养、合法捕获的其他动物。动物产品是指动物的肉、生皮、原毛、精液、胚胎、卵、脂肪、脏器、血液、绒、骨、角、头、蹄以及可能传播动物疫病的奶、蛋等。

**2. 进出境动物检疫的范围** 《中华人民共和国进出境动植物检疫法》规定进出境动物检疫的范围包括动物、动物产品和其他检疫物。还有装载动物、动物产品和其他检疫物的装载容器、包装物以及来自动物疫区的运输工具。动物是指饲养、野生的活动物，如畜、禽、兽、蛇、龟、虾、蟹、贝、蚕、蜂等。动物产品是指来源于动物未经加工或虽经加工但仍有可能传播疫病的产品，如生皮张、毛类、肉类、脏器、油脂、动物水产品、奶制品、蛋类、血液、精液、胚胎、骨、蹄、角等。其他检疫物是指动物疫苗、血清、诊断液、动物性废弃物等。

**3. 运载饲养动物及其产品的工具** 动物和动物产品的装载容器、饲养物、包装物，以及运输工具，包括车、船、飞机、包装物、饲草饲料和铺垫材料、饲养工具等，也在检疫范围之列。

### （二）动物检疫的性质范围

按照动物检疫的性质，动物检疫的范围有以下五个方面：

**1. 生产性检疫** 包括牧场、部队、集体、个人饲养的动物。

**2. 贸易性检疫** 包括进出境、市场贸易、运输、屠宰的动物及其产品。

**3. 非贸易性检疫** 包括邮包、展品、援助、交换、赠送、旅客携带的动物及其产品。

**4. 观赏性检疫** 包括动物园的观赏动物，艺术团的演艺动物，参加展览、比赛的动物。

**5. 过境性检疫** 包括通过国境的列车、汽车、飞机等运载的动物及其产品。

## 二、动物检疫的分类

根据动物及其产品在交易流通中的动态，动物检疫在总体上分为国内动物检疫和国境动物检疫两大类。

**1. 国内动物检疫** 对国内动物、动物产品，在其饲养、生产、屠宰、加工、贮藏、运输等各个环节所进行的检疫，称为国内动物检疫（简称内检）。其目的是防止动物疫病的传播和蔓延，以保护我国各地养殖业的正常生产和人民健康。内检由国家农业农村部主管，县级以上地方人民政府设立的动物卫生监督机构负责本行政区域内动物、动物产品的检疫及其监督管理工作。

内检包括产地检疫、屠宰检疫、运输检疫监督和市场检疫监督。动物、动物产品出售或离开饲养生产地之前所进行的检疫称产地检疫；对各种运输工具如火车、汽车、船只、飞机等所运送动物、动物产品所进行的检疫与监督称运输检疫监督；在宰前、宰后及屠宰过程中，对动物及其产品所进行的检疫称屠宰检疫，包括宰前检疫和宰后检疫两个环节；对动物及其产品在市场交易过程中所进行的检疫与监督称市场检疫监督，其主要任务是监督检查，即对市场交易的畜禽及其产品进行验证、查物、抽检、重检、补检、补免等。

**2. 国境动物检疫** 对进出国境的动物及其动物产品进行的动物检疫，称为国境检疫，又称进出境检疫或口岸检疫（简称外检）。外检的目的是防止动物疫病传入、传出我国国境，保护我国畜牧业生产和人体健康，促进对外经济贸易的发展。我国在各重要口岸设立进出境检验检疫机构，根据我国规定的进出境动物检疫对象名录，按照贸易双方签订的协定或贸易合同中规定的检疫条款，代表国家执行检疫，防止外来动物疫病的侵袭和国内动物疫病的传出。外检包括进境检疫、出境检疫、过境检疫、携带或邮寄检疫及运输工具检疫等。

### 三、动物检疫的对象

动物检疫对象是指动物检疫中政府规定的动物疫病（传染病和寄生虫病）。动物疫病的种类很多，动物检疫并不是把所有的疫病都作为检疫对象，而是由农业农村部根据国内外动物疫情、疫病的传播特性、保护畜牧业生产及人体健康等需要而确定的。在选择动物检疫对象时，主要考虑四个方面的因素：一是人畜共患疫病，如炭疽、布鲁氏菌病等；二是危害性大而目前预防控制有困难的动物疫病，如高致病性禽流感、非洲猪瘟等；三是急性、烈性动物疫病，如猪瘟、鸡新城疫等；四是尚未在我国发生的国外传染病，如痒病、牛海绵状脑病、非洲马瘟等。

在不同情况下，动物检疫对象是不完全相同的。在我国，全国动物检疫对象由国务院农业部门规定和公布，但各级农牧部门可以从本地区实际需要出发，在国家规定的检疫对象的基础上适当删减，作为本地区检疫对象。进出境检疫对象由国家市场监督管理总局规定和公布，贸易双方国家签订的有关协定或贸易合同也可以规定某些动物疫病为检疫对象。

#### （一）我国动物检疫对象

农业部于 2008 年 12 月 11 日发布第 1125 号公告，发布了新版的《一、二、三类动物疫病病种名录》。

**1. 一类动物疫病（17 种）**

口蹄疫、猪水疱病、猪瘟、非洲猪瘟、高致病性猪蓝耳病、非洲马瘟、牛瘟、牛传染性胸膜肺炎、牛海绵状脑病、痒病、蓝舌病、小反刍兽疫、绵羊痘和山羊痘、高致病性禽流感、新城疫、鲤春病毒血症、白斑综合征。

**2. 二类动物疫病（77 种）**

多种动物共患病（9 种）：狂犬病、布鲁氏菌病、炭疽、伪狂犬病、产气荚膜梭菌病、副结核病、弓形虫病、棘球蚴病、钩端螺旋体病。

牛病（8 种）：牛结核病、牛传染性鼻气管炎、牛恶性卡他热、牛白血病、牛出血性败血病、牛梨形虫病（牛焦虫病）、牛锥虫病、日本血吸虫病。

绵羊和山羊病（2 种）：山羊关节炎脑炎、梅迪-维斯纳病。

猪病（12 种）：猪繁殖与呼吸综合征（经典猪蓝耳病）、猪流行性乙型脑炎、猪细小病毒病、猪丹毒、猪肺疫、猪链球菌病、猪传染性萎缩性鼻炎、猪支原体肺炎、旋毛虫病、猪囊尾蚴病、猪圆环病毒病、副猪嗜血杆菌病。

马病（5种）：马传染性贫血、马流行性淋巴管炎、马鼻疽、马巴贝斯虫病、伊氏锥虫病。

禽病（18种）：鸡传染性喉气管炎、鸡传染性支气管炎、传染性法氏囊病、马立克氏病、产蛋下降综合征、禽白血病、禽痘、鸭瘟、鸭病毒性肝炎、鸭浆膜炎、小鹅瘟、禽霍乱、鸡白痢、禽伤寒、鸡败血支原体感染、鸡球虫病、低致病性禽流感、禽网状内皮组织增殖症。

兔病（4种）：兔病毒性出血病、兔黏液瘤病、野兔热、兔球虫病。

蜜蜂病（2种）：美洲幼虫腐臭病、欧洲幼虫腐臭病。

鱼类病（11种）：草鱼出血病、传染性脾肾坏死病、锦鲤疱疹病毒病、刺激隐核虫病、淡水鱼细菌性败血症、病毒性神经坏死病、流行性造血器官坏死病、斑点叉尾鮰病毒病、传染性造血器官坏死病、病毒性出血性败血症、流行性溃疡综合征。

甲壳类病（6种）：桃拉综合征、黄头病、罗氏沼虾白尾病、对虾杆状病毒病、传染性皮下和造血器官坏死病、传染性肌肉坏死病。

**3. 三类动物疫病（63种）**

多种动物共患病（8种）：大肠杆菌病、李氏杆菌病、类鼻疽、放线菌病、肝片吸虫病、丝虫病、附红细胞体病、Q热。

牛病（5种）：牛流行热、牛病毒性腹泻/黏膜病、牛生殖器弯曲杆菌病、毛滴虫病、牛皮蝇蛆病。

绵羊和山羊病（6种）：肺腺瘤病、传染性脓疱、羊肠毒血症、干酪性淋巴结炎、绵羊疥癣、绵羊地方性流产。

马病（5种）：马流行性感冒、马腺疫、马鼻腔肺炎、溃疡性淋巴管炎、马媾疫。

猪病（4种）：猪传染性胃肠炎、猪流行性感冒、猪副伤寒、猪短螺旋体痢疾。

禽病（4种）：鸡病毒性关节炎、禽传染性脑脊髓炎、传染性鼻炎、禽结核病。

蚕、蜂病（7种）：蚕型多角体病、蚕白僵病、蜂螨病、瓦螨病、亮热厉螨病、蜜蜂孢子虫病、白垩病。

犬、猫等动物病（7种）：水貂阿留申病、水貂病毒性肠炎、犬瘟热、犬细小病毒病、犬传染性肝炎、猫泛白细胞减少症、利什曼病。

鱼类病（7种）：鮰类肠败血症、迟缓爱德华氏菌病、小瓜虫病、黏孢子虫病、三代虫病、指环虫病、链球菌病。

甲壳类病（2种）：河蟹颤抖病、斑节对虾杆状病毒病。

贝类病（6种）：鲍脓疱病、鲍立克次体病、鲍病毒性死亡病、包纳米虫病、折光马尔太虫病、奥尔森派琴虫病。

两栖与爬行类病（2种）：鳖腮腺炎病、蛙脑膜炎败血金黄杆菌病。

**（二）不同用途动物的检疫对象**

**1. 屠宰动物检疫对象**

生猪：口蹄疫、猪瘟、高致病性猪蓝耳病、炭疽、猪丹毒、猪肺疫、猪副伤寒、猪Ⅱ型链球菌病、猪支原体肺炎、副猪嗜血杆菌病、丝虫病、猪囊尾蚴病、旋毛虫病。

家禽（鸡、鸭、鹅、鹌鹑、鸽子等禽类）：高致病性禽流感、新城疫、禽白血病、鸭瘟、禽痘、小鹅瘟、马立克氏病、鸡球虫病、禽结核病。

牛：口蹄疫、牛传染性胸膜肺炎、牛海绵状脑病、布鲁氏菌病、牛结核病、炭疽、牛传染性鼻气管炎、日本血吸虫病。

羊：口蹄疫、痒病、小反刍兽疫、绵羊痘和山羊痘、炭疽、布鲁氏菌病、肝片吸虫病、棘球蚴病。

**2. 产地检疫对象**

生猪：口蹄疫、猪瘟、高致病性猪蓝耳病、炭疽、猪丹毒、猪肺疫。

牛：口蹄疫、布鲁氏菌病、牛结核病、炭疽、牛传染性胸膜肺炎。

羊：口蹄疫、布鲁氏菌病、绵羊痘和山羊痘、小反刍兽疫、炭疽。

鹿：口蹄疫、布鲁氏菌病、结核病。

骆驼：口蹄疫、布鲁氏菌病、结核病。

家禽：高致病性禽流感、新城疫、鸡传染性喉气管炎、鸡传染性支气管炎、鸡传染性法氏囊病、马立克氏病、禽痘、鸭瘟、小鹅瘟、鸡白痢、鸡球虫病。

马属动物：马传染性贫血病、马流行性感冒、马鼻疽、马鼻腔肺炎。

**3. 种用、乳用动物检疫对象**

种猪：口蹄疫、猪瘟、高致病性猪蓝耳病、猪圆环病毒病、布鲁氏菌病、猪细小病毒病、伪狂犬病、猪支原体肺炎、猪传染性萎缩性鼻炎、炭疽、猪丹毒、猪肺疫。

种牛：口蹄疫、布鲁氏菌病、牛结核病、副结核病、牛传染性鼻气管炎、牛病毒性腹泻/黏膜病、炭疽、牛传染性胸膜肺炎、牛白血病、乳腺炎。

种马：马传染性贫血病、马流行性感冒、马鼻疽、马鼻腔肺炎。

种羊：口蹄疫、布鲁氏菌病、蓝舌病、山羊关节炎脑炎、绵羊痘和山羊痘、小反刍兽疫、炭疽。

种鸡：高致病性禽流感、新城疫、禽白血病、禽网状内皮组织增殖症、鸡病毒性关节炎、禽脑脊髓炎、鸡传染性喉气管炎、鸡传染性支气管炎、鸡传染性法氏囊病、马立克氏病、禽痘、鸡白痢、鸡球虫病。

种鸭：高致病性禽流感、鸭瘟。

种鹅：高致病性禽流感、小鹅瘟。

**（三）进境动物检疫对象**

为防止动物传染病、寄生虫病传入，保护我国畜牧业生产和公共卫生安全，根据《中华人民共和国进出境动植物检疫法》和《中华人民共和国动物防疫法》规定，原农业部和国家质量监督检验检疫总局组织制定了《中华人民共和国进境动物检疫疫病名录》并于2013年11月公告执行。该名录由制定部门在风险评估的基础上实施动态调整。

**1. 一类传染病、寄生虫病（15 种）**  口蹄疫、猪水疱病、猪瘟、非洲猪瘟、尼帕病、非洲马瘟、牛传染性胸膜肺炎、牛海绵状脑病、牛结节性皮肤病、痒病、蓝舌病、小反刍兽疫、绵羊痘和山羊痘、高致病性禽流感、新城疫。

**2. 二类传染病、寄生虫病（147 种）**

共患病（28 种）：狂犬病、布鲁氏菌病、炭疽、伪狂犬病、产气荚膜梭菌感染、副结核病、弓形虫病、棘球蚴病、钩端螺旋体病、施马伦贝格病、梨形虫病、日本脑炎、旋毛虫病、土拉杆菌病、水疱性口炎、西尼罗热、裂谷热、结核病、新大陆螺旋蝇蛆病（嗜人锥蝇）、旧大陆螺旋蝇蛆病（倍赞氏金蝇）、Q热、克里米亚刚果出血热、伊氏锥虫感染（包括苏拉病）、利什曼原虫病、巴氏杆菌病、鹿流行性出血病、心水病、类鼻疽。

牛病（8种）：牛传染性鼻气管炎/传染性脓疱性阴户阴道炎、牛恶性卡他热、牛白血病、牛无浆体病、牛生殖道弯曲杆菌病、牛病毒性腹泻/黏膜病、赤羽病、牛皮蝇蛆病。

马病（10种）：马传染性贫血、马流行性淋巴管炎、马鼻疽、马病毒性动脉炎、委内瑞拉马脑脊髓炎、马脑脊髓炎（东部和西部）、马传染性子宫炎、亨德拉病、马腺疫、溃疡性淋巴管炎。

猪病（13种）：猪繁殖与呼吸道综合征、猪细小病毒感染、猪丹毒、猪链球菌病、猪萎缩性鼻炎、猪支原体肺炎、猪圆环病毒感染、副猪嗜血杆菌、猪流行性感冒、猪传染性胃肠炎、猪铁士古病毒性脑脊髓炎、猪短螺旋体痢疾、猪传染性胸膜肺炎。

禽病（20种）：鸭病毒性肠炎（鸭瘟）、鸡传染性喉气管炎、鸡传染性支气管炎、传染性法氏囊病、马立克氏病、鸡产蛋下降综合征、禽白血病、禽痘、鸭病毒性肝炎、鹅细小病毒感染（小鹅瘟）、鸡白痢、禽伤寒、禽支原体病（鸡败血支原体、滑液囊支原体）、低致病性禽流感、禽网状内皮组织增殖症、禽衣原体病（鹦鹉热）、鸡病毒性关节炎、禽螺旋体病、住白细胞原虫病（急性白冠病）、禽副伤寒。

羊病（4种）：山羊关节炎/脑炎、梅迪-维斯纳病、边界病、羊传染性脓疱皮炎。

水生动物病（44种）：鲤春病毒血症、流行性造血器官坏死病、传染性造血器官坏死病、病毒性出血性败血症、流行性溃疡综合征、鲑三代虫感染、真鲷虹彩病毒病、锦鲤疱疹病毒病、鲑传染性贫血、病毒性神经坏死病、斑点叉尾鮰病毒病、鲍疱疹样病毒感染、牡蛎包拉米虫感染、杀蛎包拉米虫感染、折光马尔太虫感染、奥尔森派琴虫感染、海水派琴虫感染、加州立克次体感染、白斑综合征、传染性皮下和造血器官坏死病、传染性肌肉坏死病、桃拉综合征、罗氏沼虾白尾病、黄头病、鳌虾瘟、箭毒蛙壶菌感染、蛙病毒感染、异尖线虫病、坏死性肝胰腺炎、传染性脾肾坏死病、刺激隐核虫病、淡水鱼细菌性败血症、对虾杆状病毒病、鮰类肠败血症、迟缓爱德华氏菌病、小瓜虫病、黏孢子虫病、指环虫病、鱼链球菌病、河蟹颤抖病、斑节对虾杆状病毒病、鲍脓疱病、鳖腮腺炎病、蛙脑膜炎败血金黄杆菌病。

蜂病（6种）：蜜蜂盾螨病、美洲蜂幼虫腐臭病、欧洲蜂幼虫腐臭病、蜜蜂瓦螨病、蜂房小甲虫病（蜂窝甲虫）、蜜蜂亮热厉螨病。

其他动物病（14种）：鹿慢性消耗性疾病、兔黏液瘤病、兔出血症、猴痘、猴疱疹病毒Ⅰ型（B病毒）感染症、猴病毒性免疫缺陷综合征、埃博拉出血热、马尔堡出血热、犬瘟热、犬传染性肝炎、犬细小病毒感染、水貂阿留申病、水貂病毒性肠炎、猫泛白细胞减少症（猫传染性肠炎）。

**3. 其他传染病、寄生虫病（44种）**

共患病（9种）：大肠杆菌病、李斯特菌病、放线菌病、肝片吸虫病、丝虫病、附红细胞体病、葡萄球菌病、血吸虫病、疥癣。

牛病（5种）：牛流行热、毛滴虫病、中山病、茨城病、嗜皮菌病。

马病（4种）：马流行性感冒、马鼻腔肺炎、马媾疫、马副伤寒（马流产沙门氏菌）。

猪病（3种）：猪副伤寒、猪流行性腹泻、猪囊尾蚴病。

禽病（6种）：禽传染性脑脊髓炎、传染性鼻炎、禽肾炎、鸡球虫病、火鸡鼻气管炎、鸭疫里默氏杆菌感染（鸭浆膜炎）。

绵羊和山羊病（7种）：羊肺腺瘤病、干酪性淋巴结炎、绵羊地方性流产（绵羊衣原体病）、传染性无乳症、山羊传染性胸膜肺炎、羊沙门氏菌病（流产沙门氏菌）、内罗毕羊病。

蜂病（2种）：蜜蜂孢子虫病、蜜蜂白垩病。

其他动物病（8种）：兔球虫病、骆驼痘、家蚕微粒子病、蚕白僵病、淋巴细胞性脉络丛脑膜炎、鼠痘、鼠仙台病毒感染症、小鼠肝炎。

# 模块三　动物检疫的程序和方法

## 一、动物检疫的程序

### （一）检疫申报

国家实行动物检疫申报制度。动物卫生监督机构应当根据检疫工作需要，合理设置动物检疫申报点，并向社会公布动物检疫申报点、检疫范围和检疫对象。县级以上人民政府兽医主管部门应当加强动物检疫申报点的建设和管理。

畜（货）主在屠宰、出售或者运输动物，以及出售或者运输动物产品之前，应当按照国务院官方兽医主管部门的规定向所在地动物卫生监管机构申报检疫。

畜（货）主按下列时间向动物卫生监督机构提前报检：出售、运输动物产品和供屠宰、继续饲养的动物，应当提前3d申报检疫；出售、运输乳用动物、种用动物及其精液、卵、胚胎、种蛋，以及参加展览、演出和比赛的动物，应当提前15d申报检疫；向无规定动物疫病区输入相关易感动物、易感动物产品的，货主除按规定向输出地动物卫生监督机构申报检疫外，还应当在起运3d前向输入地省级动物卫生监督机构申报检疫；合法捕获野生动物的，应当在捕获后3d内向捕获地县级动物卫生监督机构申报检疫；屠宰动物的，应当提前6h向所在地动物卫生监督机构申报检疫；急宰动物的，可以随时申报。

### （二）现场检疫

动物卫生监督机构受理检疫申报后，应当及时派出官方兽医到现场或指定地点实施检疫。现场包括动物养殖场、集中地、屠宰场、动物产品加工基地等。现场检疫是在动物集中现场进行的检疫。这是内检、外检中常用的检疫方式，现场检疫的内容包括查证验物和三观一查。

**1. 查证验物**　查证是指查看有无检疫证明，检疫证明是否由法定检疫机构出具，是否在有效期内，查看贸易单据、合同以及其他相应的证明。验物是指核对被检动物、动物产品的种类、品种、数量及产地是否与证单相符。

**2. 三观一查**　"三观"是指临床检查中对动物群体的静态、动态和饮食状态的观察，"一查"是指个体检查。通过三观从群体中发现可疑病畜禽，再对可疑病畜禽进行详细的个体检查，进而得出临床诊断结果。

在某些特殊情况下，现场检疫还包括其他内容，如流行病学调查、病理剖检、采样送检等。

### （三）动物检疫的结果

经检疫后的屠畜，根据其健康状况及疾病的性质和程度，提出处理意见。合格者出具检疫证明，不合格者进行销毁或无害化处理。

**1. 合格动物、动物产品**　指经检疫确定为无检疫对象的动物、动物产品属于合格的动物、动物产品，由动物卫生监督机构出具动物检疫合格证明，动物产品同时加盖验讫标志。

**2. 不合格动物、动物产品**　指经检疫确定患有检疫对象的动物、疑似患病动物及染疫动物产品。需按国家有关法律法规和技术规范，如《病死及病害动物无害化处理技术规范》进行无害化处理。

## 二、动物检疫的方法

动物疫病有数百种，它们的发病有共同的规律性，但每种疫病往往由于病原不同而各有其本身的特点。为了正确地开展动物检疫，必须掌握各种动物检疫方法，常用的检疫方法有流行病学调查法、病理学检查法、病原学检查法、免疫学检查法和临诊检疫法。

在动物检疫工作中必须应用有关理论和操作技术，根据动物检疫的特点，应用一种或几种检查方法对动物及其产品作出迅速、准确的检疫。

### （一）流行病学调查法

是在流行病学调查的基础上进行检疫。准确地掌握动物疫情，可以为动物检疫提供很好的依据。主要应了解当地和邻近地区过去和现在发生疫病的情况，动物疫病的一般和特殊症状，发病率、病死率和死亡率，发病动物的年龄和发病的季节性，疫病的病程经过，治疗的方法和效果，免疫接种等情况。某些疫病的临诊症状虽然类似，但其流行规律不一样，需要用流行病学调查资料进行鉴别检疫。如猪口蹄疫与猪传染性水疱病，其临床症状相似，但其流行特点不同可供区别。综合分析所掌握的资料，结合临床和病理材料，对确诊动物疫病将起重要作用。

### （二）病理学检查法

主要是应用病理解剖学知识，对动物尸体进行剖检，查看其病理变化。如猪瘟，可依其特征的病理变化，作出检疫结论。对死因不明的动物尸体或临床上难以诊断的疑似患病动物，必要时可进行病理学诊断。

病理学检查包括尸体剖检和病理组织学检查两种方法。一些疫病在临床上不显示任何典型症状，而在剖检时可能找到特征性病变，从而帮助官方兽医作出正确诊断。病理组织学检查适用于肉眼不可见或疑难疫病，可酌情采取病料送实验室作组织切片，在显微镜下检查，观察其细微的组织学病理变化，借以帮助诊断。

### （三）病原学检查法

利用兽医微生物学和寄生虫学的方法，查出动物疫病的病原体，这是诊断动物疫病的一种比较可靠的诊断方法，也是诊断疫病的主要环节。在拟定检疫方案和分析检疫结果时，必须结合疫病的流行病学、临床症状和病理剖检变化等综合判断。一般常用的方法和步骤如下：

**1. 病料采集**　正确采集病料是微生物学诊断的关键。原则上要求采取的病料尽可能新鲜，最好在濒死时或死后数小时内采取，尽量减少杂菌污染，用具器皿应严格消毒，尽量采取病原体含量多、病变明显的部位。通常可根据疑似疫病的类型和特性来决定采取哪些器官和组织病料。如怀疑为猪瘟时可取扁桃体、肾、淋巴结和脾。如果缺乏临床资料，剖检时又难于分析判断可能属何种疫病时，应全面取材，如血液、肝、脾、肺、肾和淋巴结等，同时注意采取带有病变的部分。

**2. 病料涂片检查**　通常选取具有明显病变的组织器官进行涂片、染色和镜检。此法对一些具有特征性形态的病原微生物，如炭疽杆菌、巴氏杆菌等可迅速作出诊断。

**3. 分离培养与鉴定**　用人工培养的方法将病原体从病料中分离出来。细菌、真菌和螺旋体可选择适当的人工培养基。病毒可选用禽胚、易感组织细胞及易感实验动物等方法分离培养。分离纯化获得的病原体再进行生化试验和生物学特性鉴定。

**4. 动物接种试验**　通常选用对接种病原体最敏感的动物进行人工感染试验。根据病原体对不同动物的致病力、临床症状和病理变化特点来帮助诊断，必要时可进行剖检采集病料进行涂片检查和分离鉴定。

### （四）免疫学检测法

免疫学诊断快速而准确，是诊断动物疫病常用的重要方法，特别是对隐性感染的疫病。免疫学检查法一般分为血清学检测法和变态反应检查法。

**1. 血清学检测法**　利用抗原和抗体特异性结合的免疫学反应进行诊断。可用已知抗原来测定被检动物血清中的特异性抗体，也可用已知的抗体（免疫血清）来测定被检材料中的抗原。该法特异性和敏感性都很高，且方法简易而快速，故在疫病的检疫中被广泛应用。常用的有凝集试验、沉淀试验、补体结合试验等方法。

**2. 变态反应检测法**　某些疫病在感染过程中引起以细胞免疫为主的迟发型变态反应，这种变态反应是由病原体或其代谢产物在感染过程中作为变应原而引起的，具有很高的特异性和敏感性。常用于某些寄生虫病和慢性传染病的检疫，如细菌性疫病中的结核病、鼻疽、副结核等。

### （五）临诊检疫法

临诊检疫是动物检疫最基本的方法，它是利用人的感官或借助一些简单的器械，如体温计、听诊器等直接对动物外貌、动态、排泄物等进行检查。主要通过对动物的群体检查和个体检查，发现某些症状，结合流行病学调查资料，作出初步的检疫结论。

## 模块四　动物检疫处理

动物检疫处理是指在动物检疫中根据检疫结果对被检动物、动物产品等依法作出处理措施。动物检疫处理是动物检疫工作的重要内容之一，必须严格执行相关规定和要求，保证检疫后处理的法定性和一致性。只有合理地进行动物检疫处理，才能防止疫病的扩散，保障防疫效果和人类健康，真正起到检疫的作用。只有做好检疫后的处理，才算真正完成动物检疫任务。

## 一、国内检疫处理

### （一）合格动物、动物产品的处理方法

经检疫确定为无检疫对象的动物、动物产品属于合格的动物、动物产品，由动物卫生监督机构官方兽医出具动物检疫合格证明，对胴体及分割、包装的动物产品加盖检疫验讫印章或者加施其他检疫标志。

### （二）不合格动物、动物产品的处理方法

（1）经检疫确定患有检疫对象的动物、疑似动物及染疫动物产品为不合格的动物、动物产品，由动物卫生监督机构官方兽医出具检疫处理通知单，并监督屠宰场（厂、点）或者货主按照农业农村部规定的技术规范处理。

（2）若发现动物、动物产品未按规定进行免疫、检疫；无检疫证明；检疫证明过期失效的；证物不符的，应进行补免、补检或重检。

①补免：对未按规定强制免疫或已免疫但超过免疫有效期的动物进行的预防接种。

②补检：对依法应当检疫而未经检疫进入流通领域的动物及其产品进行的检疫。

③重检：动物及其产品的检疫证明过期或虽在有效期内，但发现有异常情况时所做的重新检疫。

### （三）各类动物疫病的检疫处理

按照《防疫法》规定的动物疫病控制和扑灭的相关规定处理。

**1. 一类动物疫病的处理**　当发现一类动物疫病时，当地县级以上地方人民政府兽医主管部门应立即派人到现场，划定疫点、疫区、受威胁区，调查疫源，及时报请本级人民政府发布封锁令对疫区实行封锁。同时将疫情等情况按时限要求逐级快报至国家农业农村部畜牧兽医局。

县级以上地方人民政府应当立即组织有关部门和单位采取封锁、隔离、扑杀、销毁、消毒、无害化处理、紧急免疫接种等强制性措施，迅速扑灭疫情。

在封锁期间，禁止染疫、疑似染疫和易感染的动物、动物产品流出疫区，禁止非疫区的易感染动物进入疫区，并根据扑灭动物疫病的需要对出入疫区的人员、运输工具及有关物品采取消毒和其他限制性措施。

当疫点、疫区内的染疫、疑似染病动物扑杀或死亡后，经过该疫病最长潜伏期的检测，再无新病例发生时，经县级以上地方人民政府兽医主管部门确认合格后，由原发布封锁令的政府宣布解除封锁。

**2. 二类动物疫病的处理**　当地县级以上地方人民政府兽医主管部门应当划定疫点、疫区、受威胁区，县级以上地方人民政府根据需要组织有关部门和单位采取隔离、扑杀、销毁、消毒、无害化处理、紧急免疫接种、限制易感染的动物和动物产品及有关物品出入等控制、扑灭措施。

**3. 三类动物疫病的处理**　当地县级、乡级人民政府应当按照国务院兽医主管部门的规定组织防治和净化。

**4. 二、三类动物疫病呈暴发性流行时的处理**　按照一类动物疫病处理。

**5. 人畜共患传染病的处理**　卫生主管部门应当组织对疫区易感染的人群进行监测，

并采取相应的预防、控制措施。

**6. 其他规定** 疫区内有关单位和个人，应当遵守县级以上人民政府及其兽医主管部门依法作出的有关控制、扑灭动物疫病的规定。任何单位和个人不得藏匿、转移、盗掘已被依法隔离、封存、处理的动物和动物产品。一、二、三类动物疫病突然发生，迅速传播，给养殖业生产安全造成严重威胁、危害，以及可能对公众身体健康与生命安全造成危害，构成重大动物疫情的，依照法律和国务院的规定采取应急处理措施。

## 二、进境检疫后的处理

### （一）合格动物、动物产品的处理

输入动物、动物产品和其他检疫物，经检疫合格的，由口岸动植物检疫机关签发单证或在报关单上加盖印章，准予入境。经现场检疫未发现异常，需调离海关监管区进行隔离场检疫的，由口岸动植物检疫机关签发检疫调离通知单。

### （二）不合格动物、动物产品的处理

**1. 输入动物经检疫不合格** 由口岸动植物检疫机关签发检疫处理通知书，通知货主或其代理人做如下处理：

（1）一类疾病。连同同群动物全部退回或全群扑杀，销毁尸体。

（2）二类疾病。退回或扑杀患病动物，同群其他动物在隔离场或其他隔离地点隔离观察。

**2. 输入动物产品和其他检疫物经检疫不合格** 由口岸动植物检疫机关签发《检疫处理通知单》，通知货主或其代理人做除害、退回或销毁处理。经除害处理合格的，准予入境。

### （三）禁止进境的物品

（1）动物病原体（包括菌种、毒种等）、害虫（对动物及其产品有害的活虫）及其他有害生物（如危险性病虫的中间宿主、媒介等）。

（2）动物疫情流行国家和地区的有关动物、动物产品和其他检疫物。

（3）动物尸体等。

### ❁ 职业测试

1. 请参阅我国动物防疫法、进出境动植物检疫法、动物检疫管理办法等相关法律法规结合执业兽医师考试制度，谈一谈什么机构、什么人才有资格实施动物检疫，个人如何才能取得从事动物检疫的资格；通过查阅资料，看一看在检疫工作中如何做才能不违法。

2. 安徽省宿州市埇桥区某马戏团拟按计划在 2019 年 9 月 30 日将演艺动物运抵江苏省苏州市，参加国庆期间的庆祝表演，请你给该马戏团提供一份检疫申报的书面说明。

3. 假设你是某县动物卫生监督机构的官方兽医，现有本县某乡镇一养猪场拟

出售商品生猪 100 头，现由你负责去该场实施现场检疫，请谈一谈你将如何开展检疫。

4. 假设你是某县动物卫生监督机构的官方兽医，在某农户养鸡场实施待售肉鸡产地检疫时，发现疑似高致病性禽流感疫情，你认为应该怎么处理？

5. 河北省石家庄市某区动物卫生监督所执法人员在对某大型冷库实施监督检查中，发现一批从某港口城市进口的牛肉，其包装箱上虽加贴了检疫合格标志，但不能提供检疫合格证明。执法人员当即对该批牛肉采取了证据保全措施。此案件所涉牛肉已经进入石家庄市，但入境口岸为某港口城市，应认定为未附有效检疫证明。据此，石家庄市动物卫生监督机构最终对涉案当事人以"经营未附有检疫合格证明动物产品"为由罚款 24 000 元。请你结合所学知识谈谈对此案例的看法。

6. 2018 年 9 月 22 日，呼和浩特市一屠宰场驻场官方兽医在巡检时发现待宰生猪有 4 头临床症状异常，死亡 2 头，立即逐级上报兽医主管部门。23 日下午，内蒙古自治区动物疫病预防控制中心诊断为疑似非洲猪瘟疫情。24 日，经中国动物卫生与流行病学中心（国家外来动物疫病研究中心）确诊为非洲猪瘟疫情。经实地调查溯源，发病猪是辽宁省铁岭市不法商贩使用通辽市奈曼旗出具的动物检疫合格证明违法调入的，是典型的"隔山开证"。据调查，9 月 20 日下午奈曼旗某养猪场销售人员找到驻场官方兽医杨某某，让其违法异地出具生猪检疫合格证明 B 证（可区内调运）给辽宁省铁岭市昌图县的夏某某、邱某 2 人，事后杨某某收受董某某支付的好处费 8 000 元。随后，夏、邱二人从铁岭市偷运 96 头生猪，于 21 日直接运抵呼和浩特市某屠宰场。该疫情正是因从疫区辽宁省调运生猪导致的一起跨省（自治区）输入性非洲猪瘟疫情。请结合本案例及所学动物检疫基本知识，谈一谈动物检疫的作用；请查阅我国的动物防疫法及动物检疫管理办法，对此案例官方兽医、不法商贩的违法行为及其危害进行简要分析。

★　参考答案见附录三。

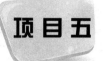

项目五

# 动物检疫技术

| 项目描述 | 　　动物检疫技术就是兽医学科中诊断疾病的技术。本项目从不同的角度阐述疫病的诊断方法，各有特点。在实际检疫工作中，应根据检疫对象的性质、检疫条件和检疫要求，灵活运用，以建立正确诊断。对许多疫病的检疫如猪瘟、牛结核病、布鲁氏菌病等，有国家标准、农业行业标准、动物检疫规程，检疫中需按照标准或规程操作。本项目涉及的知识及技术技能是动物检疫检验员国家职业资格考试的必考内容，也是官方兽医、执业兽医开展动物防疫检疫工作必备的基础知识和基本技能。 | | |
| --- | --- | --- | --- |
| 建议学校学时 | 4 学时 | 建议企业学时 | 4 学时 |
| 本项目教学目标 | | | |
| 应知知识 | 　　熟悉动物群体检疫的组织、方法和内容；掌握个体检疫的基本方法；熟悉猪、牛、羊、马、禽、兔临诊检疫要点；掌握动物病理剖检知识；掌握不同疫病检疫材料的采集、包装及运送方法；熟悉病原学检测方法；了解免疫学及分子生物学检测技术。 | | |
| 应会能力 | 　　能独立开展猪、牛、羊、马、禽、兔临诊检疫；能独立开展猪、羊、禽、兔的病理剖检；能按照《兽医诊断样品采集、保存与运输技术规范》采集检疫材料；会进行检疫材料的包装与运送；能独立开展细菌性、寄生虫性疫病病原学检测；能在指导下开展病毒学检测；能独立进行血凝与血凝抑制试验等血清学检测。 | | |
| 应备素质 | 　　养成学习运用动物检疫新技术、新方法的专业习惯；养成动物疫情信息检索甄别分析的职业习惯；懂得在动物检疫中如何与畜主、货主沟通交流；养成检疫操作认真细致、严谨审慎的工作态度；养成动物检疫工作中安全防护意识及维护公共卫生安全的职业道德。 | | |

## 模块一　动物临诊检疫

### 一、临诊检疫概述

临诊检疫是应用兽医临床诊断学的方法对被检动物进行群体和个体检疫，以分辨病健，并得出是否是某种检疫对象的结论。动物临诊检疫是动物检疫中最常用的方法。

#### （一）群体检疫

**1. 群体检疫的目的**　群体检疫是指对待检动物群体进行的现场检疫。通过检查，从大群动物中挑拣出有病态的动物，隔离后进一步诊断处理。一方面及时发现患病动物，防止疫病在群体中蔓延；另一方面，根据整群动物的表现，评价动物群健康状况。

**2. 群体检疫的组织**

（1）群体划分。群体检疫以群为单位。根据检疫场所的不同，将同场、同圈（舍）动物划为一群；或将同一产地来源的畜禽划为一群；或把同车、同船、同机运输的动物划为一群。在群体过大时，要适当分群，以利于检查。

（2）检疫顺序。动物群体检疫时先大群，后小群；先幼年群，后成年群；先种用群，后其他用途群；先健康群，后染病群。

（3）检疫时间。群体检疫的时间，应依据动物的饲养管理方式、动物种类和检疫要求灵活安排。对于放牧的畜群，多在放牧中跟群检疫或收牧后进行；舍饲畜禽常在饲喂过程中进行。反刍动物在饲后安静状态下看其反刍；奶牛则常在挤乳过程中观察乳汁性状。在产地和口岸隔离检疫时，则需按规定在一定时间内完成必检项目。

**3. 群体检疫的方法和内容**　群体检疫的方法以视诊为主，即用肉眼对动物进行整体状态（体格大小、发育程度、营养状况、精神状态、姿势与体态、行为与运动）的观察。群体检疫的方法内容，一般是先静态检查，再动态检查，后饮食状态检查。

（1）静态检查。在动物安静的情况下，观察其精神状态、外貌、营养、立卧姿势、呼吸、反刍状态、羽、冠、髯等，注意有无咳嗽、气喘、呻吟、嗜睡、流涎、孤立一隅等反常现象，从中发现可疑病态动物。

（2）动态检查。静态检查后，先看动物自然活动，后看驱赶活动。观察其起立姿势、行动姿态、精神状态和排泄姿势。注意有无行动困难、肢体麻痹、步态蹒跚跛行、屈背弓腰、离群掉队及运动后咳嗽或呼吸异常现象，并注意排泄物的性质、颜色、混合物、气味等。

（3）饮食状态检查。检查饮食、咀嚼、吞咽时的反应状态。注意有无不食不饮，少食少饮、异常采食以及吞咽困难、呕吐、流涎、退槽、异常鸣叫等现象。

以上各步检查中，有异常表现或症状的动物需标上记号，单独隔离，进一步做个体检疫。

#### （二）个体检疫

个体检疫是指对群体检疫中检出的可疑病态动物进行系统的个体临诊检查。其目的在于初步鉴定动物是否患病、是否为检疫对象。一般群体检疫无异常的也要抽检 5%～20% 做个体检疫，若个体检疫发现患病动物，应再抽检 10%，必要时可全群复检。个体检疫的方法内容，一般有视诊、触诊、听诊和检测体温等。

**1. 视诊**　利用肉眼观察动物，要求官方兽医有敏锐的观察能力和系统的检查经验。

（1）检查精神状态。健康动物两眼有神，反应敏捷，动作灵活，行为正常，若有过度兴奋的动物，表现惊恐不安，狂躁不驯，甚至攻击人畜，多见于侵害中枢神经系统的疫病（如狂犬病、李氏杆菌病等）。精神抑制的动物，轻则沉郁，呆立不动，反应迟钝；重则昏睡，只对强烈刺激才产生反应；严重时昏迷，倒地躺卧，意识丧失，对强烈刺激也无反应。见于各种热性病或侵害神经系统的疾病等。

（2）检查营养状况。营养良好的动物，肌肉丰满，皮下脂肪丰富，轮廓丰圆，骨骼棱角不显露，被毛光泽，皮肤富有弹性；营养不良的动物，则表现为消瘦，骨骼棱角显露，被毛粗乱无光泽，皮肤缺乏弹性，多见于慢性消耗性疫病（如结核病、肝片吸虫病等）。

（3）检查姿势与步态。健康动物姿势自然，动作灵活而协调，步态稳健。病理状态下，有的动物异常站立，如破伤风患畜形似"木马状"，神经型马立克氏病病鸡两腿呈"劈叉"状；有的动物强迫性躺卧，不能站立，如猪传染性脑脊髓炎；有的动物站立不稳，如鸡新城疫病鸡头颈扭转，站立不稳甚至伏地旋转；跛行则常由神经系统受损或四肢病痛所致。

（4）检查被毛和皮肤。健康动物的被毛整齐柔软而有光泽，皮肤颜色正常，无肿胀、溃烂、出血等。患病动物的被毛和皮肤常发生不同的变化而提示某些疫病。若动物被毛粗乱无光泽，脆而易断、脱毛等，多提示慢性消耗性疫病（如结核病）、疥癣病等；又如猪瘟病猪的四肢、腹部及全身各部皮肤有指压不褪色的小点状出血，而猪丹毒病猪则呈现指压褪色的菱形或多角形红斑。正常鸡的冠、髯红润；若发白则为贫血的表现，呈蓝紫色则为缺氧的表现（如鸡新城疫病鸡冠髯黑紫）。

（5）检查呼吸和反刍。主要检查呼吸运动（呼吸频率、节律、强度和呼吸方式），看有无呼吸困难，同时检查反刍情况等。

（6）检查可视黏膜。主要检查眼结膜、口腔黏膜和鼻黏膜，同时检查天然孔及分泌物等。一般，马的黏膜呈淡红色；牛的黏膜的颜色较马的稍淡，呈淡粉红色（水牛的较深）；猪、羊黏膜颜色较马的稍深，呈粉红色；犬的黏膜为淡红色。黏膜的病理变化可反映全身的病变情况。黏膜苍白见于各型贫血和慢性消耗性疫病，如马传染性贫血；黏膜潮红，表示毛细血管充血，除局部炎症外，多为全身性血液循环障碍的表现；弥漫性潮红见于各种热性病和广泛性炎症；树枝状充血见于心机能不全的疫病等；黏膜发绀见于呼吸系统和循环系统障碍；黄染是血液中胆红素含量增高所致，见于肝病、胆道阻塞及溶血性疾病；黏膜出血，见于有出血性素质的疫病，如马传染性贫血、梨形虫病等。另外，口腔黏膜有水疱或烂斑，可提示口蹄疫或猪传染性水疱病；鼻盘干燥或干裂，应注意有无热性疫病；马鼻黏膜的冰花样斑痕则是马鼻疽的特征病变。

（7）检查排泄动作及排泄物。注意有无排泄困难及粪便颜色、硬度、气味、性状等有无异常。如里急后重是直肠炎的特征；粪尿的颜色性状也能提示某些疫病，如仔猪白痢排白色糊状稀粪，仔猪红痢排红色黏性稀便。

**2. 触诊**

（1）触诊耳朵、角根。初步确定体温变化情况。

（2）触摸皮肤弹性。健康动物皮肤柔软，富有弹性。弹性降低，见于营养不良或脱水性疾病。

（3）检查胸廓、腹部敏感性。

（4）检查体表淋巴结。触诊检查其大小、形状、硬度、活动性、敏感性等，必要时可穿刺检查。如马腺疫马下颌淋巴结肿胀、化脓、有波动感，牛梨形虫病则呈现肩前淋巴结急性肿胀的特征。

（5）在禽，要检查嗉囊。看其内容性状及有无积食、气体、液体，如鸡新城疫时，倒提鸡腿可从口腔流出大量酸性气味的液体食糜。

**3. 听诊**　听叫声、咳嗽声，如牛呻吟见于疼痛或病重期，鸡新城疫时发出"咯咯"声；肺部炎症表现为湿咳。借助听诊器听心、肺、胃肠音有无异常等。

**4. 检查"三数"**　即体温、脉搏、呼吸数。"三数"是动物生命活动的重要生理常数，其变化可提示许多疫病。

（1）体温测定。测体温时应考虑动物的年龄、性别、品种、营养、外界气候、使役、妊娠等情况，这些都可能引起一定程度的体温波动，但波动范围一般为0.5℃，最多不会超过1℃。体温测定的方法是采用直肠测温，禽可测翅下温度。

体温升高的程度分为微热、中热、高热和极高热。微热是指体温升高0.5～1℃，见于轻症疫病及局部炎症，如胃肠卡他、口炎等。中热是指体温升高1～2℃，见于亚急性或慢性传染病、布鲁氏菌病、胃肠炎、支气管炎等。高热是指体温升高2～3℃，见于急性传染病或广泛性炎症，如猪瘟、猪肺疫、马腺疫、大叶性肺炎等。极高热是指体温升高3℃以上，见于严重的急性传染病，如传染性胸膜肺炎、炭疽、猪丹毒、脓毒败血症和日射病等。体温升高者，需重复测温，以排除应激因素（如运动、曝晒、拥挤引起的体温升高）。体温过低则见于大失血、严重脑病、中毒病或热病濒死期。

（2）脉搏测定。在动物充分休息后测定。脉搏增多见于多数发热病、心脏病及伴心机能不全的其他疾病等；脉搏减少见于颅内压增高的脑病、有机磷中毒等。

（3）呼吸数测定。宜在安静状态下测定。呼吸数增加多见于肺部疾病、高热性疾病、疼痛性疾病等，呼吸数减少见于颅内压显著增高的疾病（如脑炎）、代谢病等。各种动物的体温、脉搏和呼吸数见表5-1。

表5-1　各种动物的体温、脉搏和呼吸数一览表

| 动物种类 | 体温（℃） | 呼吸数（次/min） | 脉搏（次/min） |
|---|---|---|---|
| 猪 | 38.0～39.5 | 18～30 | 60～80 |
| 马 | 37.5～38.5 | 8～16 | 26～42 |
| 奶牛 | 37.5～39.5 | 10～30 | 60～80 |
| 黄牛 | 37.5～39.5 | 10～30 | 40～80 |
| 水牛 | 36.5～38.5 | 10～50 | 30～50 |
| 牦牛 | 37.6～38.5 | 10～24 | 33～55 |
| 绵羊 | 38.5～40.5 | 12～30 | 70～80 |
| 山羊 | 38.5～40.5 | 12～30 | 70～80 |

（续）

| 动物种类 | 体温（℃） | 呼吸数（次/min） | 脉搏（次/min） |
|---|---|---|---|
| 骆驼 | 36.0～38.5 | 6～15 | 32～52 |
| 犬 | 37.5～39.0 | 10～30 | 70～150 |
| 猫 | 38.5～39.5 | 10～30 | 110～130 |
| 兔 | 38.0～39.5 | 50～60 | 120～140 |
| 鸡 | 40.5～42.0 | 15～30 | 140 |
| 鸭 | 41.0～43.0 | 16～30 | 120～200 |
| 鹅 | 40.0～41.0 | 12～20 | 120～200 |

**5. 叩诊**　必要时叩诊心、肺、胃、肠、肝区的音响、位置和界限以及胸腹部敏感程度。

**6. 实验室检查**　有时还要进行血、粪、尿常规实验室检查。如马传染性贫血时，血沉加快，红细胞、白细胞数减少，有吞铁细胞出现等。

## 二、猪的临诊检疫

### （一）群体检疫

**1. 静态检查**　猪群可在车船内或圈舍内休息时进行静态观察。若车船狭窄，猪群拥挤不易观察时，可于卸下休息时进行观察。官方兽医应悄悄地接近猪群，站立在全览的位置，观察猪在安静状态中的各种表现。

（1）健康猪。睡卧常取侧卧，四肢伸展、头侧着地，爬卧时后腿屈于腹下。站立平稳，不断走动和拱食，呼吸均匀、深长，被毛整齐有光泽，反应敏捷，见人接近时警惕凝视。

猪的群体
检疫

（2）病猪。垂头委顿，倦卧呻吟，离群独立，全身颤抖，呼吸困难或喘息，被毛粗乱无光，饥窝凹陷，鼻盘干燥，颈部肿胀，眼有分泌物，尾部和肛门有粪污。

**2. 动态观察**　常在车船装卸、驱赶、放出或饲喂过程中观察。

（1）健康猪。起立敏捷，行动灵活，步态平稳，两眼前视，摇头摆尾或尾巴上卷，随群前进。偶发洪亮叫声，粪软尿清，排便姿势正常。

（2）病猪。精神沉郁或兴奋，不愿起立，立而不稳。行动迟缓，步态踉跄，弓背夹尾，饥窝下陷，跛行掉队、咳嗽、气喘、叫声嘶哑，粪便干燥或腹泻，尿黄而短。

**3. 饮食观察**　在猪群按时喂食饮水时或有意给少量水、饲料饲喂时观察。

（1）健康猪。饿时叫唤，争先恐后奔向食槽抢食吃，嘴伸入槽底，大口吞食并发出声音，耳髯震动，尾巴自由甩动，时间不长即腹满而去。

（2）病猪。懒于上槽，食而无力，只吃几口就退槽，有的猪表现闻而不吃，形成"游槽"；有的猪饮稀或稀中吃稠，甚至停食，食后腹部仍下陷。

### （二）个体检疫

根据我国各地区猪的疫病发生情况，一般以猪瘟、猪肺疫、猪丹毒、猪副伤寒、猪传染性水疱病、猪的口蹄疫、猪支原体肺炎、猪流行性感冒、猪短螺旋体痢疾、猪囊尾蚴病、猪旋毛虫病、猪繁殖与呼吸综合征、非洲猪瘟等为重点检疫对象。

### 三、牛的临诊检疫

#### （一）群体检疫

**1. 静态观察**　牛群在车、船、牛栏、牧场上休息时可以进行静态观察。主要观察站立和睡卧姿态、皮肤和被毛状况以及肛门有无污秽。

（1）健康牛。睡卧时常呈膝卧姿势，四肢弯曲。站立时平稳，神态安定。鼻镜湿润，眼无分泌物，嘴角周围干净，被毛整洁光亮，皮肤柔软平坦，肛门紧凑，周围干净，反刍正常有力，呼吸平稳，无异常声音，粪不干不稀呈层叠状，尿清，正常嗳气。

牛的群体
检疫

（2）病牛。睡卧时四肢伸开，横卧，久卧或疝痛，眼流泪，有黏性分泌物，鼻镜干燥、龟裂，嘴角周围湿秽流涎，被毛粗乱，皮肤局部可有肿胀，反刍迟缓或停止，呼吸增数、困难，呻吟，咳嗽，粪便或稀或干，或混有血液、黏液，血尿，肛门周围和臀部沾有粪便，不嗳气。

**2. 动态观察**　牛群在车船装卸、赶运、放牧或有意驱赶时进行动态观察。主要观察牛的精神外貌、姿态步样。

（1）健康牛。精力充沛，眼亮有神，步态平稳，腰背灵活，四肢有力，在行进牛群中不掉队。

（2）病牛。精神沉郁或兴奋，两眼无神，曲背弓腰，四肢无力，走路摇晃，跛行掉队。

**3. 饮食观察**　牛群在采食、饮水时观察。

（1）健康牛。争抢饲料，咀嚼有力，采食时间长。敢在大群中抢水喝，运动后饮水不咳嗽。

（2）病牛。厌食或不食，采食缓慢，咀嚼无力，采食时间短，不愿到大群中饮水，运动后饮水咳嗽。

#### （二）个体检疫

牛的检疫主要以口蹄疫、炭疽、牛传染性胸膜肺炎、布鲁氏菌病、结核病、副结核病、蓝舌病、地方性白血病、牛传染性鼻气管炎、黏膜病、锥虫病、泰勒虫病为检疫对象。牛的个体检疫除精神外貌、姿态步样、被毛皮肤等与群体检疫基本相同外，还需检查可视黏膜、分泌物、体温和脉搏的变化。

牛的体温检查是牛检疫的重要项目，常需全部逐头检测，并注意脉搏检查。牛的体温升高，常发生于牛的急性传染病。当牛群发现传染病时，更应逐头测温，并根据传染病的性质，对同群牛隔离观察一定时期。

### 四、羊的临诊检疫

#### （一）群体检疫

**1. 静态观察**　羊群可在车、船、舍内或放牧休息时进行静态观察。观察的主要内容是姿态。

（1）健康羊。常于饱食后合群卧地休息，反刍、呼吸平稳，无异常声音，被毛整洁，口及肛门周围干净，人接近时立即起立走开。

羊的群体
检疫

（2）病羊。常独卧一隅，不见反刍，鼻镜干燥，呼吸促迫，咳嗽，喷嚏，磨牙，流泪，口及肛门周围污秽，精神萎靡不振，颤抖，人接近时不起不走。同时应注意有无被毛脱落、痘疹、痂皮等情况。

**2. 动态观察**　羊群在装卸、赶运及其他运动过程中进行动态观察。主要检查步态。

（1）健康羊。精神活泼，走路平稳，合群不掉队。

（2）病羊。精神沉郁，在圈舍中往往呆立于围栏、墙边，或卧地不起，放牧时远离羊群或行动迟缓落在后面。

**3. 饮食观察**　在羊群按时喂食饮水时或有意给少量水、饲料饲喂时观察。

（1）健康羊。饲喂、饮水时互相争食，食后肷部臌起，放牧时动作轻快，边走边吃草，有水时迅速抢水喝。

（2）病羊。食欲不振或停食，放牧吃草时落在后面，吃吃停停，或不食呆立，不喝水更不暴饮，食后肷部仍下凹。

## （二）个体检疫

羊的检疫主要以口蹄疫、炭疽、布鲁氏菌病、蓝舌病、山羊关节炎脑炎、绵羊梅迪-维斯那病、羊痘、羊疥癣为检疫对象。羊的个体检疫除姿态步样外，要对可视黏膜、体表淋巴结、分泌物和排泄物性状、皮肤和被毛、体温等进行检查。羊群中发现羊痘和疥癣，同群羊应逐只进行个体检查。

## 五、马的临诊检疫

### （一）群体检疫

**1. 静态观察**　马群常在圈舍或系马场进行静态观察。主要观察其姿势、体表、天然孔和粪便。

（1）健康马。昂头站立，机警敏捷，稍有声响即两耳竖起、两眼凝视，多站少卧，若卧地则屈肢，平静似睡，被毛整洁光亮，皮肤无肿胀，鼻眼干净，外阴无异常，粪便呈球形、中等湿度。

（2）病马。睡卧不安，闭眼横卧，起卧困难，站立不稳，低头耷耳，两眼无神，姿态僵硬，精神萎靡，对外界反应迟钝或无反应，被毛粗乱无光，皮屑积聚，皮肤有局部肿胀，眼鼻流出黏性或脓性分泌物，外阴污秽，粪便干硬或腹泻，混合恶臭脓血，呼吸气喘、嗳气。

**2. 动态观察**　在马群活动或放牧中观察。

（1）健康马。行动活泼，步伐轻快有力，昂首蹶尾，挤向群前。运动后呼吸变化不大或很快恢复正常。

（2）病马。行动迟缓，四肢无力，步伐沉重，有时跛行，常落在马群后面，运动后呼吸变化大。

**3. 饮食观察**　采食饮水时观察。

（1）健康马。放牧时争向草场，舍饲给草料时两眼注意力集中在饲养员身上，有时发出"咴咴"叫声，食欲旺盛，咀嚼音响，饮水有吮力。

（2）病马。对草料不理睬，对饲养员无反应，或吃几口即停食，或绝食，咀嚼、咽下困难，不喜饮水。

## （二）个体检疫

马的检疫常以炭疽、鼻疽、马传染性贫血、马鼻腔肺炎、马流行性淋巴管炎等为主要检疫对象。个体检疫主要内容是步态步样、可视黏膜、分泌物性状、被毛、淋巴结、排泄物、呼吸和体温检测。

## 六、禽的临诊检疫

### （一）群体检疫

**1. 静态观察**　禽群在舍内或在运输途中休息时于笼内进行静态观察。主要观察站卧姿态、呼吸、羽毛、冠、髯、天然孔等。

（1）健康禽。卧时头叠于翅内，站时一肢收起，羽毛丰满光滑，冠髯色红，两眼圆睁，头高举，常侧视，反应敏锐，机警。

鸡的群体检疫

（2）病禽。精神萎靡，缩颈垂翅，闭目似睡，反应迟钝或无反应，呼吸急迫或呼吸困难或间歇张口，冠髯发绀或苍白，羽毛蓬松，嗉囊虚软膨大，泄殖腔周围羽毛污秽，有时翅肢麻痹，或呈"劈叉"姿势，或呈其他异常姿态。

**2. 动态观察**　可在家禽散放时观察。

（1）健康禽。行动敏捷，步态稳健。

（2）病禽。行动迟缓，跛行，摇晃，或麻痹，常落于群后。

**3. 饮食观察**　可在喂食时观察。若已喂过食，可触摸鸡嗉囊或鹅、鸭的食道膨大部。

（1）健康禽。啄食连续，嗉囊饱满，食欲旺盛。

（2）病禽。啄食异常，嗉囊空虚、充满气体或液体，鸣叫失声，挣扎无力。

### （二）个体检疫

禽的个体检疫以鸡新城疫、高致病性禽流感、鸡传染性法氏囊病、鸡白痢、鸡伤寒、禽痘、鸡传染性喉气管炎、禽白血病、鸡马立克氏病、鸭瘟、禽霍乱等为主要检疫对象。

## 七、兔的临诊检疫

**1. 健康家兔**　精神饱满，反应灵敏，喜欢咬斗。白天大部分时间静伏，闭目休息，呼吸动作轻微。稍有惊吓，立即抬头，两耳直立，两眼圆瞪。全身被毛浓密、匀整光洁。食欲正常，咀嚼迅速，夜间采食频繁。有啮齿行为。

**2. 病兔**　精神沉郁，反应迟钝，低头垂耳，耳部颜色苍白或发绀。常伏卧不起或表现行动迟缓，有的出现跛足或异常姿势。食欲不振或厌食，白天常能在舍内发现软粪。被毛粗乱蓬松，缺乏光泽，或有异常脱毛。眼结膜颜色异常。粪球干硬细小或稀薄如水。多有体温异常。

兔的临诊检疫

# 模块二　动物病理学检查技术

## 一、病理解剖学检查技术

病理解剖学检查通常选择病死动物尸体或有典型临床症状的患病动物进行解剖和检

查。用肉眼或借助放大镜、量尺等器械，直接观察和检测器官、组织中的病变部位，根据病变部位大小、形态、颜色、质地、分布及切面性状，结合疫病特征性的病理变化，作出检疫结论。

**（一）对动物尸体剖检的要求**

**1. 剖检前检查**　对病死动物尸体，剖检前仔细检查尸体体表特征（卧位、尸僵情况、腹围大小）及天然孔有无异常，以排除炭疽等恶性传染病。患炭疽等十种恶性传染病的动物及其尸体，禁止剖检。若怀疑动物死于炭疽，先采取耳尖血液涂片镜检，排除炭疽后方可解剖。

**2. 剖检时间**　剖检时间包含两层意思：针对动物尸体，剖检进行的越早越好，尸体久放，容易腐败分解，失去诊断价值，所以，夏季在动物死后不超过 2h 进行剖检，冬季不超过 20h；对术者来讲，最好在白天进行剖解，在灯光下，病变的颜色会受到干扰。

病鸡剖检
与采样

**3. 剖检地点**　有条件的在病理解剖室进行。在野外或其他检疫现场剖检时，应选地势高燥并远离居民区、畜舍及交通要道的地方进行。剖检前挖一深达 2m 以上的坑，或利用枯井、废旧土坑。坑底撒生石灰，坑旁铺垫席，在垫席上进行操作。剖检完成后，将动物尸体连同垫席及周围污染的土层，一起投入坑内，撒生石灰或其他消毒液掩埋，并对周围环境进行消毒。

**4. 剖检数量**　在畜群发生群体死亡现象时，要剖检一定数量的病死动物。家禽应至少剖检 5 只；大中动物至少剖检 3 头。只有找到共同的特征性病变，才有诊断意义。

**5. 剖检术式**　动物尸体的剖检，从卧位、剥皮到体内各器官的检查，应按一定的术式和程序进行。牛采取左侧卧位；马采取右侧卧位；猪、羊等中小动物和家禽取背卧位。

**6. 安全防护**　一要做好有关工作人员的安全防护工作，避免感染；二要防止环境污染。因此，在整个剖检过程中和剖检结束后应保持清洁并注意消毒。

**7. 做好剖检记录**　剖检记录是尸体病理剖检报告的主要依据，也是进行综合分析诊断的原始材料。记录应在检查过程中完成，而不是事后补记。记录的内容力求完整详细，除基本情况外，应包括外部检查和内部检查及各系统的变化，因为机体各系统是相互联系和影响的。但是，大多数疫病，病变常集中在某一系统或某些器官，对病变严重的器官，更要详细准确记录其病理变化。

记录时，对病变的描述要客观，力求用词准确。一般来说，病变的大小尽可能用数字表述，也可用实物比喻，如针尖大、米粒大等。病变部的形态多用几何图形或实物表示，如圆形、椭圆形、菜花状等。病变部位的颜色用鲜红、苍白、灰色等表示。对混合色，要分清主色和次色，一般次色在前，主色在后，如黄白色、紫红色等。颜色也用实物形容，特别对色泽混杂的病变，如猪瘟时淋巴结切面周边出血，呈红白相间的"大理石样"；马传染性贫血时的"槟榔肝"。器官的质地和结构用坚硬、柔软、脆弱、干酪样、颗粒状、结节状等表达。切面性状则常用切面微突、组织结构不清、血样物流出等表示。

**（二）外部检查**

对病死动物尸体，在剥皮之前要详细检查尸体外部状态，一是决定是否进行剖检，二是记录外部病变，大致区别是普通病还是疫病。重点检查以下几方面：

**1. 检查尸体变化**　动物死亡后受酶、细菌和外界环境因素的影响，会出现以下变化：尸僵、尸斑、死后凝血、尸腐。死后凝血在内部检查时注意。通过检查，正确辨认尸体变化，避免把某些死后变化误认为生前的病理变化。

（1）尸僵。动物死后尸体发生僵硬的状态，称为尸僵。尸僵是否发生可据下颌骨的可动性和四肢能否屈伸来判断。一般死于败血症和中毒性疾病的动物，尸僵不明显。

（2）尸斑。即尸体倒卧侧皮肤的坠积性淤血现象。局部皮肤呈青紫色。家畜皮肤厚，且有色素和被毛遮盖，不易发现，要结合内部检查。

（3）尸腐。是由消化道内致腐微生物繁殖引起尸体腐败分解，产生气体。表现为尸体腹部膨胀；体表的部分皮肤、内脏，特别是与肠管接触的器官呈不洁的灰蓝色或绿色；血液带有泡沫；尸腐后放出恶臭气味。

**2. 检查皮肤**　注意有无外伤、骨折；有无溃疡、水肿、出血、丘疹、坏死及皮肤寄生虫等。检查被毛及营养状况。

**3. 检查天然孔**　查天然孔的开闭状态，有无分泌物及分泌物性状。同时检查可视黏膜。败血症尸体的口、鼻、肛门等处常流出血样液体。

**（三）内部检查**

**1. 皮下检查**　检查皮下脂肪的量和性状；浅表淋巴结的性状；肌肉发育状态和病变。炭疽时皮下呈出血性胶样浸润；败血性传染病，淋巴结、肌肉多有出血斑或出血点；寄生虫病，肌肉中有寄生虫包囊或结节。

**2. 内脏器官的检查**　一般先检查腹腔和腹腔器官，再检查胸腔和胸腔器官。各内脏器官多从尸体上采出后进行检查，亦可不采出进行检查。禽、兔等小动物和仔猪、羔羊等幼龄动物内脏器官常连带在尸体上进行检查。

（1）全面检查。切开腹腔和胸腔之后，首先观察暴露的腹腔、胸腔器官在动物体内自然位置是否正常，其表面有无充血、出血、粘连、肿瘤、寄生虫等。然后由暴露部分开始，由表及里，由后向前逐一检查器官外表性状，检查胸、腹腔液体的量和性状，胸、腹壁浆膜性状。从中发现有病变、病变集中和病变严重的器官。

（2）重点检查。对有病变和病变严重的器官要重点检查，分辨病理变化特点，判定病变性质。病变器官检查的方法为：视诊、触诊、剖检。依次进行。

先看脏器的大小、形态、颜色、表面性状（表面光滑或粗糙、凹或凸、有干酪样物或粉末状物）。再用手触摸、按压检查脏器质地（软硬度、弹性、脆性、颗粒状）。最后，切开脏器检查切面性状，看切面组织结构是否清晰、有无寄生虫、有无结节、有无出血及其他病变。如有特殊病灶，则对病灶进行细致检查。

**3. 口腔、鼻腔和颈部器官的检查**　首先检查口腔、舌、扁桃体、咽喉和鼻腔，注意有无创伤、出血、溃疡、水疱、水肿、寄生虫等变化。剪开食管和气管，食管主要检查食管黏膜和管壁厚度；气管则检查分泌物的性质（浆液性、黏液性、出血性）和黏膜病变。

口腔、鼻腔和颈部器官的检查，对以口腔、食道和上呼吸道变化为主要表现形式的疫病，如鸡传染性喉气管炎、鸡传染性支气管炎（呼吸型）、禽痘（黏膜型）、兔瘟、鸭瘟等有较大诊断价值。

除对上述器官的检查外，必要时对脑、脊髓、骨髓、关节、肌肉、腱、生殖器官等进行检查。

## 二、病理组织学检查技术

病理组织学检查是将采集的病变组织作一系列技术处理，然后在显微镜下观察组织和细胞病变。它弥补了肉眼检查的不足，进一步明确病变性质，常使疫病得到确诊。对肿瘤的定性，脑组织病变检查有极高的价值。病理组织学检查中常用的是石蜡切片、苏木素-伊红（H.E）染色法；快速冰冻切片也越来越多地应用在动物疫病诊断中，如猪瘟、牛海绵状脑病的检测。

### （一）石蜡切片

从病料的采取到制成染色标本，要经过取材、固定、脱水、透明、浸蜡、包埋、切片、染色和封固等步骤。通常，将检疫材料在10％的福尔马林溶液中固定48h，经70％、80％、95％、100％系列酒精脱水，二甲苯透明，石蜡浸蜡，石蜡包埋，切片及附贴，作苏木素-伊红染色（染色前组织片要经二甲苯脱蜡、脱二甲苯、系列酒精和水漂洗），中性树胶封片后镜检。H.E染色法，将细胞核染成蓝色；细胞质染成红色。

### （二）冰冻切片

**1. 组织块处理**  新鲜组织块有三种处理方法：不经任何固定处理直接进行冰冻切片；经10％福尔马林固定24~48h，水洗，冰冻切片；经福尔马林固定，水洗，明胶包埋，冰冻切片（用于易碎裂的组织块）。

**2. 切片**  用冰冻切片机切片。

**3. 贴片**  常采取蛋白甘油贴片法（先将载玻片上涂一层蛋白甘油）或明胶贴片法（先将载玻片涂一薄层明胶）。

**4. 染色**  冰冻切片可以不贴片进行染色，也可以贴片后染色，最好当天染色。染色方法据制片目的选择，如猪瘟检疫时，扁桃体和肾冰冻切片要进行荧光抗体染色。

**5.** 脱水、透明、封片或染色后直接镜检。

## 模块三　兽医诊断样品采集、保存与运输

《兽医诊断样品采集、保存与运输技术规范》（NY/T 541—2016）规定了兽医诊断用样品的采集、保存与运输的技术规范和要求，包括采样基本原则、采样前准备、样品采集与处理方法、样品保存包装与废弃物处理、采样记录和样品运输等。适用于兽医诊断、疫情监测、畜禽疫病防控和免疫效果评估及卫生认证等动物疫病实验室样品的采集、保存和运输。

### 一、有关术语和定义

**1. 采样**  按规定的程序和要求，从动物或环境取得一定量的样本，并经过适当的处理，留作待检样品的过程。

**2. 样品**  取自动物或环境，拟通过检验反映动物个体、群体或环境有关状况的材

料或物品。

**3. 抽样单元**　同一饲养地、同一饲养条件下的畜禽个体或群体。

**4. 随机抽样**　按照随机化的（总体中每一个观察单位都有同等的机会被人选到样本中），从总体中抽取部分观察单位的过程。

**5. 灭菌**　应用物理或化学方法杀灭物体上所有病原微生物、非病原微生物和芽孢的方法。

## 二、采样应遵循的一般原则

**1. 先排除后采样**　凡发现急性死亡的动物，怀疑患有炭疽时，不得解剖，应先针刺死畜鼻腔或尾根部静脉抽取血液，进行血液抹片镜检，在确定不是炭疽后，方可解剖采样。

**2. 合理选择采样方法**　应根据采样的目的、内容和要求合理选择样品采集的种类、数量、部位与抽样方法。样品数量应满足流行病学调查和生物统计学的要求。诊断或被动监测时，应选择症状典型、病变明显或有患病征兆的畜禽、疑似污染物；在无法确定病因时，采样种类应尽量全面。主动监测时，应根据畜禽日龄、季节、周边疫情情况估计其流行率，确定抽样单元。在抽样单元内，应遵循随机采样原则。

**3. 采样时限**　采集病死动物的病料，应于动物死亡后 2h 内采集。无法完成时，夏天不得超过 6h，冬天不得超过 24h。

**4. 无菌操作**　采样过程应注意无菌操作，刀、剪、镊子、器皿、注射器、针头等采样用具应事先严格灭菌，每种样品应单独采集。

**5. 尽量减少应激和损害**　活体动物采样时，应避免过度刺激或损害动物；也应避免对采样者造成危害。

**6. 生物安全防护**　采样人员应加强个人防护，严格遵守生物安全操作的相关规定，严防人畜共患病感染；同时，应做好环境消毒以及动物或组织的无害化处理，避免污染环境，防止疫病传播。

## 三、采样前准备

**1. 采样人员**　采样人员应熟悉动物防疫检疫的有关法律规定，具有一定的专业技术知识，熟练掌握采样工作程序和采样操作技术。采样前，应做好个人安全防护准备（穿戴手套、口罩、一次性防护服、鞋套等，必要时戴护目镜或面罩）。

**2. 采样工具和器械**　应根据所采集样品种类和数量的需要，选择不同的采样工具、器械及容器等，并进行适当包装。取样工具和盛样器具应洁净、干燥，且应做灭菌处理。

（1）刀、剪、镊子、穿刺针等用具应经高压蒸汽（103.43kPa）或煮沸灭菌 30min，临用时用 75%酒精擦拭或进行火焰灭菌处理。

（2）器皿（玻璃制、陶制等）应经高压蒸汽（103.43kPa）灭菌 30min 或经 160℃干烤灭菌 2h，或置于 1%～2%碳酸氢钠水溶液中煮沸 10～15min 后，再用无菌纱布擦干，无菌保存备用。

（3）注射器和针头应放于清洁水中煮沸 30min，无菌保存备用；也可使用一次性注射器和针头。

**3. 保存液**　应根据所采样品的种类和要求，准备不同类型并分装成适量的保存液，如 PBS 缓冲液、30％甘油磷酸盐缓冲液、灭菌肉汤（pH7.2～7.4）和运输培养基等。

### 四、样品采集与处理

#### （一）血样

**1. 采血部位**　应根据动物种类确定采血部位。对大型哺乳动物，可选择颈静脉、耳静脉或尾静脉采血，也可用肱静脉或乳静脉；毛皮动物，少量采血可穿刺耳尖或耳壳外侧静脉，多量采血可在隐静脉采集，也可用尖刀划破趾垫 0.5cm 深或剪断尾尖采血；啮齿类动物，可从尾尖采血，也可由眼窝内的血管丛采血。猪可采用前腔静脉或耳静脉采血；羊常采用颈静脉或前后肢皮下静脉采血；兔可从耳背静脉、颈静脉或心脏采血；禽类通常选择翅静脉采血，也可心脏采血。

**2. 采血方法**　应对动物采血部位的皮肤先剃毛（拔毛），用 1％～2％的碘酊消毒后，再用 75％的酒精棉球由内向外螺旋式脱碘消毒，干燥后穿刺采血。采血可用采血器或真空采血管（不适合于小静脉，适用于大静脉）。少量的血可用三棱针穿刺采集，将血液滴到开口的试管内。

（1）猪耳缘静脉采血。按压使猪耳静脉血管怒张，采样针头斜面朝上、呈 15°角沿耳缘静脉由远心端向近心端刺入血管，见有血液回流后放松按压，缓慢抽取血液或接入真空采血管。

猪前腔静脉
采血

（2）猪前腔静脉采血。站立保定采血时，将猪的头颈向斜上方拉至与水平面呈 30°以上角度，偏向一侧。选择颈部最低凹处，使针头偏向气管约 15°方向进针，见有血液回流时，即把针芯向外拉使血液流入采血器或接入真空采血管（图 5-1、图 5-2）。仰卧保定采血时，将猪前肢向前方拉直，针头穿刺部位在胸骨端与耳基部连线上胸骨端旁 2cm 的凹陷处，向后内方与地面呈 60°角刺入 2～3cm，见有血液回流时，即把针芯向外拉使血液流入采血器或接入真空采血管（图 5-3、图 5-4）。

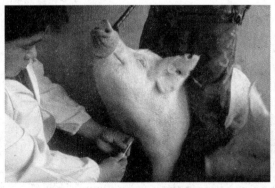

图 5-1　前肢立式保定和前腔静脉采血　　　　图 5-2　猪栏内保定和前腔静脉采血

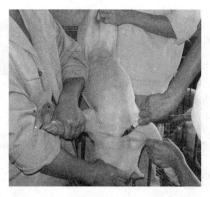

图 5-3　小猪的保定和前腔静脉采血

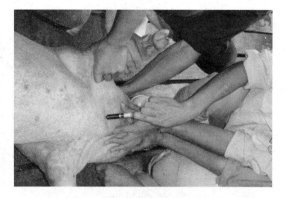

图 5-4　侧卧式保定和前腔静脉采血

（3）牛、羊、马颈静脉采血。在采血部位下方压迫颈静脉血管，使之怒张，针头与皮肤呈 45°角由下向上刺入血管，见有血液回流时，即可把针芯向外拉使血液流入采血器或接入真空采血管（图 5-5）。

（4）牛尾静脉采血。将牛尾上提，在离尾根 10cm 左右中点凹陷处，将采血器针头垂直刺入约 1cm，见有血液回流时，即把针芯向外拉使血液流入采血器或接入真空采血管（图 5-6）。

图 5-5　羊颈静脉采血

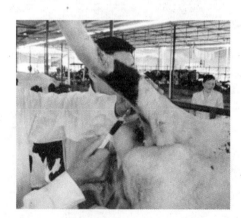

图 5-6　牛尾静脉采血

羊颈静脉采血

（5）禽翅静脉采血。压迫翅静脉近心端，使血管怒张，针头平行刺入静脉，放松对近心端的按压，缓慢抽取血液（图 5-7）；或用针头刺破消毒过的翅静脉，将血液滴到直径为 3～4mm 的塑料管内，将一端封口。

（6）禽心脏采血。雏禽心脏采血时，针头平行颈椎从胸腔前口刺入，见有血液回流时，即把针芯向外拉使血液流入采血器。成年禽心脏采血，右侧卧保定时，在触及心搏动明显处，或胸骨脊前端至背部下凹处连线的 1/2 处，垂直或稍向前方刺入 2～3cm，见有血液回流即可采集（图 5-8）；仰卧保定时，胸骨朝上，压迫嗉囊，露出胸前口，将针头沿其锁骨俯角刺入，顺着体中线方向水平刺入心脏，见有血液回流即可采集。

鸡翅静脉采血

图 5-7　鸡翅静脉采血　　　　　　　　　　图 5-8　鸡右侧卧心脏采血

(7) 犬、猫前臂头静脉采血。压迫犬、猫肘部使其前臂头静脉怒张，绷紧头静脉两侧皮肤，采样针头斜面朝上，呈 15°角由远心端向近心端刺入静脉血管，见有血液回流时，缓慢抽取血液或接入真空采血管（图 5-9、图 5-10）。

图 5-9　犬前肢静脉采血　　　　　　　　　图 5-10　猫前肢静脉采血

### 3. 血样的处理

(1) 全血样品。样品容器中应加 0.1%肝素钠、阿氏液（2 份阿氏液可抗 1 份血液）、3.8%～4%枸橼酸钠（0.1mL 可抗 1mL 血液）或乙二胺四乙酸（EDTA——PCR 检测血样的首选抗凝剂）等抗凝剂，采血后充分混合。

(2) 脱纤维血样品。应将血液置入装有玻璃珠的容器内，反复振荡，注意防止红细胞破裂。待纤维蛋白凝固后，即可制成脱纤维血样品，封存后以冷藏状态立即送至实验室。

(3) 血清样品。应将血样在室温下倾斜 30°静置 2～4h，待血液凝固有血清析出时，无菌剥离血凝块，然后置 4℃冰箱过夜，待大部分血清析出后即可取出血清，必要时低速离心（1 000r/min 离心 10～15min）分离出血清。在不影响检疫要求原则下，可以根据需要加入适量的防腐剂。做病毒中和试验的血清和抗体检测的血清均应避免使用化学防腐剂（如叠氮钠、硼酸、硫柳汞等）。若需长时间保存，应将血清置-20℃以下保存，且应避免反复冻融。

采集双份血清用于比较抗体效价变化的，第一份血清采于疫病初期并做冷冻保存，第二份血清采于第一份血清后 3～4 周，双份血清同时送至实验室。

（4）血浆样品。应在样品容器内先加入抗凝剂，采血后充分混合，然后静止，待红细胞自然下沉或离心沉淀后，取上层液体即为血浆。

## （二）一般组织样品

应使用常规解剖器械剥离动物的皮肤。体腔应用消毒器械剥开，所需病料应按无菌操作方法从新鲜尸体中采集。剖开腹腔时，要注意不要损坏肠道。

### 1. 病原分离样品

（1）所采组织样品应新鲜，应尽可能地减少污染，且应避免其接触消毒剂和抗菌、抗病毒等药物。

（2）应用无菌器械切取做病原（细菌、病毒、寄生虫等）分离用组织块，每个组织块应单独置于无菌容器内或接种于适宜的培养基上，且应注明动物和组织名称以及采样日期等。

### 2. 组织病理学检查样品

（1）样品应保证新鲜。处死或病死动物应立刻采样，应选典型、明显的病变部位，采集包括病灶及临近正常组织的组织块，立即放入不低于 10 倍于组织块体积的 10% 中性缓冲福尔马林溶液中固定，固定时间一般为 16～24h。切取的组织块大小一般厚度不超过 0.5cm，长宽不超过 1.5cm×1.5cm。固定 3～4h 后进行修块，修切为厚度 0.2cm，长宽为 1cm×1cm 大小（检查狂犬病则需要较大的组织块）后，更换新的固定液继续固定。组织块切忌挤压、刮摸和用水洗。如做冷冻切片用，则应将组织放在 0～4℃容器中，送往实验室检验。

组织块若需长期保存，经 16～24h 固定以后更换一次固定液。

（2）对于一些可疑疾病，如检查痒病、牛海绵状脑病或其他朊病毒病（TSEs）时，需要大量的脑组织。采样时应将脑组织纵向切割，一半新鲜加冰呈送，另一半加中性缓冲福尔马林溶液固定。

（3）福尔马林固定组织应与新鲜组织、血液和涂片分开包装。福尔马林固定组织不能冷冻，固定后可以弃去固定液，应保持组织湿润，送往实验室。

## （三）猪扁桃体样品

打开猪口腔，将采样枪的采样钩紧靠扁桃体，扣动扳机取出扁桃体组织（图 5-11）。

## （四）猪鼻腔拭子和家禽咽喉拭子样品

取无菌棉签，插入猪鼻腔 2～3cm 或家禽口腔至咽的后部直达喉气管，轻轻擦拭并慢慢旋转 2～3 圈，蘸取鼻腔分泌物或气管分泌物后取出，立即将拭子浸入保存液或半固体培养基中，密封低温保存（图 5-12）。常用的保存液有 pH7.2～7.4 的灭菌肉汤、30% 甘油磷酸盐缓冲液或 PBS 缓冲液。如准备将待检标本接种组织培养，则保存于含 0.5% 乳蛋白水解物的 Hank's 液中。一般每支拭子需保存液 5mL。

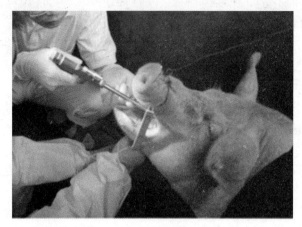
图 5-11 猪扁桃体采样

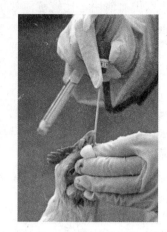
图 5-12 病禽咽喉拭子采集

### （五）牛、羊食道—咽部分泌物（O-P液）样品

被检动物在采样前禁食（可饮水）12h，以免反刍胃内容物严重污染 O-P 液。采样用的特制探杯在使用前经 0.2％柠檬酸或 2％氢氧化钠浸泡，再用自来水冲洗。每采完一头动物，探杯都要重复进行消毒和清洗。采样时动物站立保定，操作者左手打开动物口腔，右手握探杯，随吞咽动作将探杯送入食道上部 10~15cm，轻轻来回移动 2~3次，然后将探杯拉出。如采集的 O-P 液被反刍胃内容物严重污染，要用生理盐水或自来水冲洗口腔后重新采样。在采样现场将采集到的 8~10mL O-P 液倒入盛有 8~10mL 的细胞培养维持液或 0.04mol/LPBS 液（pH7.4）的灭菌容器中，充分混匀后置于装有冰袋的冷藏箱内，送往－60℃冰箱保存。

### （六）胃液及瘤胃内容物样品

**1. 胃液样品**　可用多孔的胃管抽取，将胃管送入胃内，其外露端在接吸引器的负压瓶上，加负压后，胃液即可自动流出。

**2. 瘤胃内容物样品**　反刍动物在反刍时，当食团从食道逆入口腔时，立即开口拉住舌头，伸入口腔即可取出少量的瘤胃内容物。

### （七）粪便和肛拭子样品

**1. 粪便样品**　应选新鲜粪便至少 10g，做寄生虫检查的粪便应装入容器，在 24h 内送达实验室。如运输时间超过 24h 则应进行冷冻，以防寄生虫虫卵孵化。运送粪便样品可用带螺帽的容器或灭菌塑料袋，不得使用带皮塞的试管。

**2. 肛拭子样品**　采集肛拭子样品时，取无菌棉拭子插入畜禽肛门或泄殖腔中，旋转 2~3 圈，刮起直肠黏液或粪便，放入装有 30％甘油磷酸盐缓冲液或半固体培养基中送检。粪便样品通常在 4℃下保存和运输。

### （八）皮肤组织及附属物样品

对于产生水疱病变或其他皮肤病变的疾病，应直接从病变部位采集病变皮肤的碎屑、未破裂水疱的水疱液、水疱皮等作为样品。

**1. 皮肤组织样品**　无菌采取 2g 感染的上皮组织或水疱皮置于 5mL 30％甘油磷酸盐缓冲液中送检。

**2. 毛发或绒毛样品**　拔取毛发或绒毛样品，可用于检查体表的螨虫、跳蚤或真菌感染。用解剖刀片边缘刮取的表层皮屑用于检查皮肤真菌，深层皮屑（刮至轻微出血）可用于检查疥螨。

**3. 水疱液样品**　水疱液应取自未破裂的水疱。可用灭菌注射器或其他器具吸取水疱液，置于灭菌容器中送检。

### （九）生殖道分泌物和精液样品

**1. 生殖道冲洗样品**　采集阴道或包皮冲洗液。将消毒好的特制吸管插入母畜子宫颈口或阴道内，向内注射少量营养液或生理盐水，用吸球反复抽吸几次后吸出液体，注入培养液中。用软胶管插入公畜的包皮内，向内注射少量的营养液或生理盐水，多次揉搓，使液体充分冲洗包皮内壁，收集冲洗液注入无菌容器中。

**2. 生殖道拭子样品**　采用合适的拭子采取阴道或包皮内分泌物，有时也可采集宫颈或尿道拭子。

**3. 精液样品**　精液样品最好用假阴道挤压阴茎或人工刺激的方法采集。精液样品精子含量要多，不要加入防腐剂，且应避免抗菌冲洗液污染。

### （十）脑、脊髓类样品

应将采集的脑、脊髓样品浸入30％甘油磷酸盐缓冲液中或将整个头部割下，置于适宜容器内送检。

**1. 牛、羊脑组织样品**　从延脑腹侧将采样勺插入枕骨大孔中5～7cm（采羊脑时插入深度约为4cm），将勺子手柄向上扳，同时往外取出延脑组织。

**2. 犬脑组织样品**　取内径0.5cm的塑料吸管，沿枕骨大孔向一只眼的方向插入，边插边轻轻旋转至不能深入为止，捏紧吸管后端并拔出，将含脑组织部分的吸管用剪刀剪下。

**3. 脑脊液样品**

（1）颈椎穿刺法。穿刺点为环枢孔。动物实施站立保定或横卧保定，使其头部向前下方屈曲，术部经剪毛消毒，穿刺针与皮肤面呈垂直缓慢刺入。将针体刺入蛛网膜下腔，立即拔出针芯，脑脊液自动流出或呈点滴状流出，盛入消毒容器内。大型动物颈部穿刺一次采集量为35～70mL。

（2）腰椎穿刺法。穿刺部位为腰荐孔。动物实施站立保定，术部剪毛消毒后，用专用的穿刺针刺入，当刺入蛛网膜下腔时，即有脊髓液滴状滴出，或用消毒注射器抽取脊髓液，盛入消毒容器内。腰椎穿刺一次采集量为1～30mL。

### （十一）眼部组织和分泌物样品

眼结膜表面用拭子轻轻擦拭后，置于灭菌的30％甘油磷酸盐缓冲液（病毒检测加双抗）或运输培养基中送检。

### （十二）胚胎和胎儿样品

选取无腐败的胚胎、胎儿或胎儿的实质器官，装入适量容器内立即送检。如果在24h内不能将样品送达实验室，应冷冻运送。

### （十三）小家畜及家禽样品

将整个尸体包入不透水塑料薄膜、油纸或油布中，装入结实、不透水和防泄漏的容器内，送往实验室。

### (十四) 骨骼样品

需要完整的骨标本时，应将附着的肌肉和韧带等全部除去，表面撒上食盐，然后包入浸过 5％苯酚溶液的纱布中，装入不漏水的容器内送往实验室。

### (十五) 液体病料样品

采集胆汁、脓液、黏液或关节液等样品时，应采用烫烙法消毒采样部位，用灭菌吸管、毛细吸管或注射器经烫烙部位插入，吸取内部液体病料，然后将病料注入灭菌的试管中，塞好棉塞送检。也可用接种环经消毒的部位插入，提取病料直接接种在培养基上。

供显微镜检查的脓液、血液及黏液抹片的制备方法：先将材料置玻片上，再用一灭菌玻棒均匀涂抹或另用一玻片推抹。用组织块做触片时，持小镊子将组织块的游离面在玻片上轻轻涂抹即可。

### (十六) 乳汁样品

乳房应先用消毒药水洗净，并把乳房附近的毛刷湿，最初所挤 3～4 把乳汁弃去，然后再采集 10mL 左右乳汁于灭菌试管中。进行血清学检验的乳汁不应冻结、加热或强烈振动。

### (十七) 尿液样品

在动物排尿时，用洁净的容器直接接取；也可以使用塑料袋，固定在母畜外阴部或公畜阴茎下接取尿液。采取尿液，宜早晨进行。

### (十八) 鼻液 (唾液)

可用棉花或棉纱拭子采取。采样前，最好用运输培养基浸泡拭子。拭子先与分泌物接触 1min，然后置入该运输培养基，在 4℃条件下立即送往实验室。应用长柄、防护式鼻咽拭子采集某些疑似病毒感染的样品。

### (十九) 环境和饲料样品

环境样品通常采集垃圾、垫草或排泄的粪便或尿液。可用拭子在通风道、饲料槽和下水处采样。这种采样在有特殊设备的孵化场、人工授精中心和屠宰场尤其重要。样品也可在食槽或大容器的动物饲料中采集。水样样品可在饲槽、饮水器、水箱或天然及人工供应水源中采集。

### (二十) 其他

对于重大动物疫病如新城疫、口蹄疫、高致病性禽流感、猪瘟等，样品采集应分别按照 GB/T 16550—2008、GB/T 18935—2003、GB/T 18936—2003、GB/T 16551—2008 等的有关规定执行。

## 五、样品保存、包装与废弃物处理

### 1. 样品保存

(1) 采集的样品在无法于 12h 内送检的情况下，应根据不同的检验要求，将样品按所需温度分类保存于冰箱、冰柜中。

(2) 血清应放于 −20℃冻存，全血应放于 4℃冰箱中保存。

(3) 供细菌检验的样品应于 4℃保存，或用灭菌后浓度为 30％～50％的甘油生理盐水 4℃保存。

（4）供病毒检验的样品应在 0℃以下低温保存，也可用灭菌后浓度为 30%～50%的甘油生理盐水 0℃以下低温保存。长时间−20℃冻存不利于病毒分离。

**2. 样品包装**

（1）每个组织样品应仔细分别包装，在样品袋或平皿外贴上标签，标签注明样品名称、样品编号和采样日期等，再将各个样品放到塑料包装袋中。

（2）拭子样品的小塑料离心管应放在规定离心管塑料盒内。

（3）血清样品装于小瓶时应用铝盒盛放，盒内加填塞物避免小瓶晃动。若装于小塑料离心管中，则应置于离心管塑料盒内。

（4）包装袋外、塑料盒及铝盒应贴封条，封条上应有采样人的签章，并应注明贴封日期，标注放置方向。

（5）重大动物疫病采样，如高致病性禽流感、口蹄疫、猪瘟、高致病性猪蓝耳病、新城疫等应按照我国《高致病性动物病原微生物菌（毒）种或者样本运输包装规范》的规定执行。

**3. 废弃物处理**

（1）无法达到检测要求的样品应按照《病原微生物实验室生物安全管理条例》《兽医实验室生物安全管理规范》《病死及病害动物无害化处理技术规范》等的规定进行无害化处理。

（2）采过病料用完后的器械，如一次性器械应进行无害化处理；可重复使用的器械应先消毒后清洗，检查过疑似牛羊海绵状脑病的器械应放在 2mol/L 的氢氧化钠溶液中浸泡 2h 以上，才可再次使用。

## 六、采样记录与样品运输

**1. 采样记录**  采样时，应清晰标识每份样品，同时在采样记录表上填写采样的相关信息。应记录疫病发生的地点（如可能，记录所处的经度和纬度）、畜禽场的地址和畜主的姓名、电话及传真；采样者的姓名、通信地址、邮编、E-mail 地址、电话及传真；畜禽场里饲养的动物品种及数量；疑似病种及检测要求；采样动物畜（禽）种、品种、年龄、性别及标识号；首发病例和继发病例的日期及造成的损失；感染动物在畜（禽）群中的分布情况；养殖场（户）的存栏数、死亡动物数、出现临床症状的动物数量及其日龄；临床症状及其持续时间，包括口腔、眼睛和腿部情况，产蛋或产奶的记录，死亡时间等；受检动物清单、说明及尸检发现；饲养类型和标准，包括饲料种类；送检样品清单和说明，包括病料的种类、保存方法等；动物的免疫和用药情况；采样及送检日期。

**2. 样品运输**

（1）应以最快最直接的途径将所采集的样品送往实验室。

（2）对于可在采集后 24h 内送达实验室的样品，可放在 4℃左右的容器中冷藏运输；对于不能在 24h 内送达实验室但不影响检验结果的样品，应以冷冻状态运输送。

（3）运输过程中应避免样品泄漏。

（4）制成的涂片、触片、玻片上应注明编号。玻片应放入专门的病理切片盒中，在保证不被压碎的情况下运送。

（5）所有运输包装均应贴上详细标签，关做好记录。

（6）运送高致病性病原微生物样品，应按照《病原微生物实验室生物安全管理条例》的规定执行。

## 模块四 病原学检测技术

### 一、细菌性传染病病原检查

#### （一）显微镜检查法

**1. 病料处理**

（1）涂片。涂片应薄而均匀，便于观察。

（2）干燥。室温下自然干燥。

（3）固定。细菌培养物涂片用火焰固定；血液和组织涂片多用甲醇固定。

（4）染色。根据检查目的选择染色液和染色方法。

常用的染色方法有：革兰氏染色法、美蓝染色法、瑞氏染色法和吉姆萨染色法。而有些细菌需采用特殊染色方法，如结核杆菌和副结核杆菌用姜-尼氏抗酸性染色法；布鲁氏菌用柯氏鉴别染色法；钩端螺旋体用镀银染色法；有时为观察细菌特殊构造，也需要特殊染色如用荚膜染色法观察细菌的荚膜。

细菌革兰氏
染色法

**2. 显微镜检查** 经染色水洗后的涂片标本，用吸水纸吸干（切勿摩擦）。亦可在酒精灯火焰的远端烘干，滴加香柏油，用油浸镜观察细菌的形态结构和染色特性。细菌的形态、结构和染色特性是鉴别细菌的依据之一，所以，实验室在进行病料分离培养前常制作涂片，进行革兰氏染色镜检，以了解细菌形态，区别革兰氏阳性菌和革兰氏阴性菌，大致估计被检材料中可能含有的病原菌和含菌量。

#### （二）培养检查法

细菌在固体、液体、半固体及鉴别培养基上培养生长时，会表现出一定的感官特征，通过观察这些特征来鉴别细菌种属。

**1. 固体培养基上菌落性状的检查** 细菌在固体培养基上经过培养，长出肉眼可见的细菌集团即菌落。不同细菌形成的菌落，其大小、形状、色泽等都有所不同。因此，菌落特征是鉴别细菌的重要依据。观察菌落时应考虑以下几方面：

（1）形态。注意观察是圆形、不整形还是树根形。

（2）大小。菌落的大小用毫米表示。看菌落是针尖大（直径不足 1mm）、小菌落（直径为 1～2mm）、中等大菌落（直径为 2～4mm），还是大菌落（直径为 4mm 或以上）。

（3）颜色。有无色、灰白色、黄色、肉色、红色等。

（4）菌落表面性状和透明度。看菌落表面是光滑还是粗糙，湿润还是干燥、起皱，是隆起、扁平还是凹陷；菌落是透明、半透明还是不透明。

（5）边缘性状。看菌落边缘整齐还是不规则，不规则表现有锯齿状、卷发状、放射状等。另外，在选择培养基和鉴别培养基上注意观察细菌的一些特殊性状。致病性大肠杆菌在普通琼脂培养基培养 24h，会形成凸起、光滑、湿润、乳白色、边缘整齐的中等大菌落；在远藤氏琼脂培养基上培养后，因其分解乳糖产生带金属光泽的红色菌落；在伊红美蓝琼脂培养基上则产生紫黑色带金属光泽的菌落。

**2. 液体培养基上细菌性状的观察**　细菌在液体培养基中生长可使液体出现混浊、沉淀、液面形成菌膜以及液体变色、产气等现象。观察时注意判断液体混浊度，是轻度混浊还是重度混浊，是均匀混浊还是混有颗粒、絮片或丝状物；管底或瓶底有无沉淀物；液面有无菌膜形成，有无附着于管壁的菌环。培养基的颜色是否改变，是否有产气现象。在普通肉汤中，大肠杆菌生长旺盛使培养基均匀混浊，培养基表面形成菌膜，管底有黏液性沉淀，并常有特殊粪臭气味；而巴氏杆菌则使肉汤轻度混浊，管底有黏稠沉淀，形成菌环；绿脓杆菌生长旺盛，肉汤呈草绿色混浊，液面形成很厚的菌膜。

### （三）生化试验

生化试验是利用生物化学的方法，检测细菌在人工培养繁殖过程中所产生的某种新陈代谢产物是否存在，是一种定性检测。不同的细菌，新陈代谢产物各异，表现出不同的生化性状，这些性状对细菌种属鉴别有重要价值。生化试验的项目很多，可据检疫目的适当选择。常用的生化反应有糖发酵试验、靛基质试验、V - P 试验、甲基红试验、硫化氢试验等。

### （四）动物试验

通过动物试验可以分离并鉴定细菌。最常用的实验动物有：小鼠、大鼠、豚鼠和家兔。实验动物在试验前应编号分组，以便对照。实验动物接种方法有：皮下接种法、腹腔接种法、肌肉接种法、静脉注射法。动物接种以后应立即隔离饲养，每天从静态、动态和摄食饮水等方面进行观察，做好记录。对发病和死亡的实验动物及时剖检，观察病理变化，并采取病料接种培养基，分离病原体。

## 二、病毒性传染病病原检查

### （一）病毒分离培养

**1. 样品处理**　实验室在接到检疫材料时，对组织、器官样品、粪便样品等均需经过处理，制成混悬液，而后离心取上清液供病毒分离培养，并在处理过程中加入抗生素以去除污染的杂菌。无菌的体液如腹水、水疱液、脱纤血等，可以不做处理，直接进行病毒分离培养。

**2. 病毒分离培养**　病毒分离培养要求用活的组织、细胞。常用的方法有鸡胚接种、动物组织培养和动物接种。

（1）鸡胚接种。鸡胚接种是病毒分离培养比较简单的方法，来自禽类的病毒均可在鸡胚中增殖，某些哺乳动物的病毒如蓝舌病病毒也可在鸡胚中繁殖。

①鸡胚的选择。选择健康无病鸡群或无特定病原体（SPF）鸡群的新鲜受精蛋孵化。鸡胚日龄据接种途径和接种材料而定，如痘病毒适合绒毛尿囊膜接种，用 9～12 日龄鸡胚；鸡新城疫病毒适合绒毛尿囊腔接种，用 9～10 日龄鸡胚；日本脑炎病毒适合卵黄囊内接种，用 6～8 日龄鸡胚。

②绒毛尿囊腔接种程序。照蛋（用铅笔在蛋壳上画出气室线位置）→打孔（距气室线下 1cm 处或气室顶端）→接种（针头沿小孔插入，深 1.5cm）→封孔（用融化

石蜡封闭小孔）。接种完成后将鸡胚置孵育箱培养48～72h，期间检查鸡胚病变，收获病毒。

（2）动物组织培养。动物组织包括活的组织、器官、细胞。在病毒分离培养中广泛采用的是细胞培养技术。细胞培养技术分单层细胞培养和悬浮细胞培养。单层细胞培养使细胞在器皿的表面生长出一层或数层细胞，常用于病毒的分离繁殖。悬浮细胞培养是把细胞悬浮在营养液中进行培养，这种方法可连续进行，因而用于疫苗生产。

（3）动物接种。同细菌学检查。

### （二）病毒检查方法

**1. 包含体检查**　有些病毒（如狂犬病病毒、犬瘟热病毒）在细胞内增殖后，细胞内会出现一种异常的斑块，称为包含体。包含体用塞勒氏染色法染色（也可用姬姆萨染色），在普通光学显微镜下即可看到。包含体的形态、大小、位置等因病毒的种类不同而异，因此，有助于病毒的鉴定。狂犬病病毒的包含体即内基氏小体位于神经细胞的细胞质内，用大脑的海马角、小脑或延脑触片，塞勒氏染色镜检，呈圆形、卵圆形，樱桃红色；而伪狂犬病病毒的包含体位于细胞核内；也有个别病毒的包含体可在细胞核和细胞质内同时存在，像犬瘟热病毒。

**2. 病毒培养性状观察**　病毒在活的细胞内培养增殖后，使易感动物、鸡胚、细胞发生病变或变化，能用肉眼或在普通光学显微镜下观察到，可供鉴别。如鸡新城疫病毒在鸡胚绒毛尿囊腔生长后，鸡胚全身皮肤有出血点，尤其是脑后；鸡胚绒毛尿囊膜接种鸡痘病毒产生痘斑病变。细胞病变需在光学显微镜下观察，常见病变有：细胞变形皱缩，细胞质内出现颗粒，核浓缩，核裂解或细胞裂解，出现空泡。根据培养性状，结合被检动物临床表现可作出初步诊断。

**3. 病毒形态学观察**　有直接电镜观察和免疫电镜技术。直接电镜观察是将被检材料经处理浓缩和纯化，用2％～4％磷钨酸钠染色，在电子显微镜下直接观察散在的病毒颗粒，据病毒形态作出诊断。

免疫电镜技术是把抗原抗体反应的特异性与电镜的高分辨率相结合而建立的检测技术。将待检样品与抗血清混合后，形成抗原抗体复合物，经超速离心，吸取沉淀物染色，电镜观察。该方法由于抗体将病毒浓缩在一起，极大地提高了检出率和敏感性。

**4. 病毒核酸检测**　病毒主要由核酸和蛋白质组成，核酸构成病毒的核心，一种病毒只含有一种核酸（DNA或RNA）。通过检测病毒核酸达到诊断疫病的目的。目前，最常用的检测方法是聚合酶链式反应（PCR）。

## 三、寄生虫病原检查

### （一）虫卵检查法

虫卵检查主要诊断动物蠕虫病，尤其是寄生在动物消化道及其附属腺体中的寄生虫，被检材料多是动物粪便。

**1. 直接涂片镜检**　先于载玻片中央滴加一滴生理盐水或蒸馏水，再用灭菌环挑起少许粪便，在水滴中混合，均匀涂布成适当大小的薄层，显微镜检查。粪便直接涂片镜检是最简单的虫卵检查方法，但在粪便中虫卵较少时，检出率不高。

**2. 集卵法检查** 利用不同比重的液体对粪便进行处理，使粪中的虫卵下沉或上浮而被集中起来，再进行镜检，提高检出率。其方法有水洗沉淀法和饱和盐水漂浮法。

（1）水洗沉淀法。取 5～10g 被检粪便放入烧杯或其他容器，捣碎，加常水 150mL 搅拌，过滤，滤液静置沉淀 30min，弃去上清液，保留沉渣。再加水，再沉淀，如此反复直到上清液透明，弃去上清液，取沉渣涂片镜检。此方法适合比重较大的吸虫卵和棘头虫卵的检查。

（2）饱和盐水漂浮法。取 5～10g 被检粪便捣碎，加饱和食盐水（1 000mL 沸水中加入食盐 400g，充分搅拌溶解，待冷却，过滤备用）100mL 混合过滤，滤液静置 45min 后，取滤液表面的液膜镜检。此法适用于线虫卵和绦虫卵的检查。

**（二）虫体检查法**

**1. 蠕虫虫体检查法**

（1）成虫检查法。绝大多数蠕虫的成虫较大，肉眼可见，用肉眼观察其形态特征可作出诊断。

（2）幼虫检查法。主要用于非消化道寄生虫和通过虫卵不易鉴定的寄生虫的检查。肺线虫的幼虫检查常用贝尔曼氏幼虫分离法（漏斗幼虫分离法）和平皿法。平皿法特别适合检查球形畜粪，取 3～5 个粪球放入小平皿，加少量 $40^0C$ 温水，静置 15min，取出粪球，低倍镜下观察液体中活动的幼虫。另外，对丝状线虫的幼虫可采取血液制成压滴标本或涂片标本，显微镜检查；血吸虫的幼虫需用毛蚴孵化法来检查；旋毛虫、住肉孢子虫则需进行肌肉压片镜检。

**2. 节肢动物虫体检查法**

（1）螨虫的检查。螨虫的检查有许多种方法，通常采用煤油浸泡法，即将病料置于载玻片上，滴加数滴煤油，上覆另一载玻片，用手搓动两玻片使皮屑粉碎，镜检。

（2）蜱等其他节肢动物的检查。采用肉眼检查法。

**3. 原虫虫体检查法** 原虫大多为单细胞寄生虫，肉眼不可见，需借助显微镜检查。

（1）血液原虫检查法。有血液涂片检查法（梨形虫的检查）、血液压滴标本检查法（伊氏锥虫的检查）、淋巴结穿刺涂片检查法（牛环形泰勒虫的检查）。三种方法均需用显微镜观察。

（2）泌尿生殖器官原虫检查法。一是压滴标本检查，采集的病料立即放于载玻片，并防止材料干燥，高倍镜、暗视野镜检，能发现活动的虫体；二是染色标本检查，病料涂片，甲醇固定，吉姆萨染色，镜检。

（3）球虫卵囊检查法。动物粪便中球虫卵囊的检查，同蠕虫虫卵检查的方法，可直接涂片，亦可用饱和盐水漂浮。若尸体剖检，家兔可取肝坏死病灶涂片，鸡可用盲肠黏膜涂片，染色后镜检。

（4）弓形虫虫体检查法。活体检疫，可取腹水、血液或淋巴结穿刺液涂片，姬姆萨染液染色，镜检，观察细胞内外有无滋养体、包囊。尸体剖检，可取脑、肺、淋巴结等组织做触片，染色镜检，检查其中的包囊、滋养体。亦常取死亡动物的肺、肝、淋巴结或急性病例的腹水、血液作为病料，于小鼠腹腔接种，观察其临床表现并分离虫体。

# 模块五　免疫学及分子生物学检测技术

## 一、血清学检测

血清学检测技术种类繁多。有操作简单的凝集试验、沉淀试验；有操作较为复杂的补体结合试验、细胞中和试验；亦有广泛应用在疫病诊断中的酶标记抗体技术等。这些技术都是建立在抗原抗体特异性反应基础之上，抗原与相应抗体在体外一定条件下发生反应，这种反应现象能用肉眼观察到或通过仪器检测出来。因此，可利用抗原抗体中已知的任何一方去检测未知的另一方，以达到检疫目的。

### （一）凝集试验

凝集试验有直接凝集试验、间接凝集试验、血凝和血凝抑制试验。

**1. 直接凝集试验**　分玻片法和试管法。玻片法是在洁净的载玻片或玻璃板上进行反应；试管法在洁净的试管中进行。主要试剂有被检血清、凝集抗原、标准阳性血清、标准阴性血清和稀释液。

直接凝集试验主要用在布鲁氏菌病、鸡白痢、鸡支原体病、猪传染性萎缩性鼻炎等疫病的检疫中，如布鲁氏菌病和猪传染性萎缩性鼻炎的平板凝集和试管凝集试验、鸡白痢全血平板凝集试验、鸡支原体病全血平板凝集试验。

**2. 间接凝集试验**　与直接凝集试验相比，间接凝集试验先将可溶性抗原（或抗体）吸附在载体颗粒（红细胞、乳胶等）表面，然后与相应抗体（或抗原）作用。

间接凝集试验若以红细胞（多用绵羊红细胞）作载体，称为间接血凝试验；若以乳胶作载体，称为乳胶凝集试验。间接凝集试验若用已知抗原吸附在载体来鉴定抗体，称为正向间接凝集试验。牛日本血吸虫病的间接血凝试验，猪喘气病的微量间接血凝试验，猪细小病毒病、猪伪狂犬病乳胶凝集试验都是正向间接凝集试验。间接凝集试验若用已知抗体吸附在载体上来鉴定抗原，称为反向间接凝集试验。反向间接凝集试验主要用于猪传染性水疱病与猪口蹄疫检测。

**3. 血凝和血凝抑制试验**　某些病毒能选择性凝集某些动物的红细胞，这种凝集红细胞的现象称为血凝（HA）现象。而在病毒悬液中加入特异性抗体作用一定时间，再加入红细胞时，红细胞的凝集被抑制（不出现凝集现象），称血凝抑制（HI）现象。HA和HI广泛应用在鸡新城疫、禽流感、鸡产蛋下降综合征等疫病的诊断检测中。整个试验分两步进行：第一步，血凝试验；第二步，血凝抑制试验。试验在V型96孔微量反应板上进行。

### （二）沉淀试验

沉淀试验有环状沉淀试验和琼脂扩散试验。

**1. 环状沉淀试验**　试验在小试管中进行。当沉淀素血清与沉淀原发生特异性反应时，在两液面接触处出现致密、清晰明显的白环，即环状沉淀试验阳性。兽医临床常用于炭疽的诊断和皮张炭疽的检疫。

**2. 琼脂扩散试验**　在半固体琼脂凝胶板上按备好的图形打孔，一般由一个中心孔和6个周边孔组成一组，孔径4～5mm，孔距3mm。中心孔滴加已知抗原悬液，周围孔滴加标准阳性血清和被检血清。各孔应编号。当抗原抗体向外自由扩散而特异性相遇时，在相遇处形成一条或数条白色沉淀线，即琼脂扩散试验阳性。琼脂扩散试验是马传染性贫血、鸡马立克氏病、鸡传染性支气管炎、鸡传染性喉气管炎及鸡传染性法氏囊病常用的诊断方法。

此外，把琼脂扩散试验与电泳技术相结合建立起免疫电泳试验，它使抗原抗体在琼脂凝胶中的扩散移动速度加快，并限制了扩散移动的方向，缩短了试验时间，增强了试验的敏感性。

### （三）免疫标记技术

虽然抗原与抗体的结合反应是特异性的，但在抗原、抗体分子小，或抗原、抗体含量低的时候，抗原、抗体结合后所形成的复合物却不可见，给疫病诊断检测带来困难。而有一些物质如酶、荧光素、放射性核素、化学发光剂等，即便在微量或超微量时也能用特殊的方法将其检测出来。因而，人们将这些物质标记到抗体（或抗原）分子上制成标记物，把标记物加入抗原抗体反应体系中，结合到抗原抗体复合物上。通过检测标记物的有无及含量多少，间接显示抗原抗体复合物的存在，使疫病获得诊断。

根据抗原抗体结合的特异性和标记分子的敏感性而建立的诊断检测技术，称为免疫标记技术。免疫学检测中的标记技术主要包括免疫酶标记技术、免疫荧光标记技术、化学发光免疫检测技术、胶体金免疫检测技术、同位素标记技术以及 SPA（葡萄球菌 A 蛋白）免疫检测技术等。

**1. 免疫酶标记技术**　主要方法有免疫酶染色法和酶联免疫吸附试验（ELISA）。ELISA 的主要特点是简便、快速、敏感、易于标准化、适合大批样品检测，在动物检疫中被用于众多传染病、寄生虫病的诊断检测，是猪伪狂犬病、猪繁殖与呼吸综合征、猪弓形虫病、猪囊尾蚴病、猪旋毛虫病以及牛白血病、禽白血病等疫病诊断的农业行业标准方法。

（1）基本原理。ELISA 是将抗原抗体反应的特异性和酶催化底物反应的高效性与专一性结合起来，以酶标记的抗体（或抗原）作为主要试剂，与吸附在固相载体上的抗原（或抗体）发生特异性结合。滴加底物溶液后，底物在酶的催化下发生化学反应，呈现颜色变化，用酶标仪判定结果。

（2）固相载体。ELISA 全过程在固相载体上进行。固相载体有聚苯乙烯微量滴定板、聚苯乙烯球珠、醋酸纤维素滤膜、疏水性聚酯布等。其中最常使用的载体是聚苯乙烯微量滴定板，又称酶标板（48 孔或 96 孔）。

（3）常用于标记的酶及显色底物见表 5-2。

表 5-2　常用的酶及显色底物

| 酶 | 底　物 | *加终止液前颜色 | 加终止液后颜色 |
|---|---|---|---|
| 辣根过氧化物酶（HRP） | 邻苯二胺（OPD） | 橙黄色 | 棕色 |
|  | 四甲基联苯胺（TMB） | 蓝色 | 黄色 |
| 碱性磷酸酶（AP） | 对硝基苯磷酸酯（P-NPD） | 黄色 | 黄色 |

（4）主要实验材料。酶标板、酶标仪；酶标抗体（或抗原）、包被液、样品稀释液、

洗涤液、底物溶液、反应终止液及标准阴、阳性血清等。

（5）主要实验方法。

①间接法。用于测定抗体。将已知抗原吸附于酶标板上（吸附的过程称为载体包被或致敏），然后加入待检血清样品，经一定时间培育，加入酶标抗体（酶标二抗），形成抗原-待检抗体-酶标抗体复合物。加入底物溶液，在酶的催化作用下产生有色物质。样品含抗体越多，出现颜色越快越深。

间接法主要操作程序：加抗原包被→加待检血清→加酶标抗体→加底物溶液→加终止液（终止反应）。

②双抗体法（双抗体夹心 ELISA）。用于测定大分子抗原。用已知纯化的特异性抗体致敏酶标板，然后加入待检抗原溶液，经培育，加入酶标抗体，形成抗体-待检抗原-酶标抗体复合物。加入底物溶液，在酶催化下产生有色物质，有色物质的量与抗原含量成正比。样品抗原含量越多，颜色越深。

双抗体法主要操作程序：加抗体包被→加待检抗原→加酶标抗体→加底物溶液→加终止液。

③竞争法。竞争法主要用于测定小分子抗原和半抗原。用已知特异性抗体将酶标板致敏，加入待检抗原和一定量的酶标记抗原共同培育，两者竞争性地与酶标板上的限量抗体结合，待检溶液中抗原越多，则形成的非标记复合物就多，酶标记复合物就少，有色产物就减少。反之，有色产物多。因此，底物显色程度与待检抗原含量成反比。该方法阳性对照仅加酶标记抗原。

竞争法主要操作程序：加抗体包被→加入待检抗原及一定量的酶标抗原→加底物溶液→加终止液。

**2. 荧光标记抗体技术**　该技术是在免疫学、生物化学和显微镜技术基础上建立的诊断方法，主要用于抗原的定位、定性，其主要特点是：特异性强、敏感性高、检测速度快。

（1）基本原理。该技术是将不影响抗原抗体特异性反应的荧光色素标记在抗体分子上，当荧光标记的抗体与相应抗原结合后，在荧光显微镜下可观察到相应荧光，以此得到诊断。

（2）荧光色素。生产中应用最广的荧光色素是异硫氰酸荧光素，在荧光显微镜下呈现明亮的黄绿色荧光。另外有四乙基罗丹明，呈现明亮的橙色荧光；四甲基异硫氰酸罗丹明，出现橙红色荧光。

（3）主要操作程序。标本制作→染色（荧光抗体染色，有直接染色法和间接染色法）→镜检（完成染色的标本，尽快用荧光显微镜检查）。

**(四) 补体结合试验**

**1. 基本原理**　补体结合试验全过程由两个系统构成，五种成分参与。一为反应系统（溶菌系统），由已知抗原（或抗体）、被检血清（或抗原）、补体组成；另一个为指示系统（溶血系统），包括绵羊红细胞、溶血素（即抗绵羊红细胞抗体）、补体。补体常用豚鼠血清，补体没有特异性。补体只能与抗原抗体复合物结合并被激活产生溶血作用。

如果反应系统中抗原、抗体发生特异性结合形成复合物，加入定量补体后就被结合，但这一反应现象肉眼看不见。加入指示系统，由于缺乏游离补体，不发生溶血现象，即为补体结合试验阳性。如果反应系统中抗原、抗体是非特异性的，不能形成免疫复合物，补体就游离于反应液中，加入指示系统后，被溶血素——绵羊红细胞形成的复合物结合激活，出现溶血反应，即补体结合试验阴性。

**2. 基本方法**　补体结合试验分直接法、间接法、固相法等，最常用的是直接法。如布鲁氏菌病检疫。

直接法用于测定抗体，在试管中进行。常规操作分两步：第一步，预备试验，测定溶血素、补体、抗原效价；第二步，正式试验。每次试验设一组对照。

正式试验，向试管中加入被检血清、抗原和工作量补体，37℃水浴 20min。加入溶血素和红细胞，37℃水浴 20min。判定结果：不溶血者为阳性，溶血者为阴性。

## 二、变态反应检测技术

**1. 基本原理**　变态反应也称过敏反应，其实质是异常的免疫反应或病理性的免疫反应。动物患某些传染病后，由于病原微生物或其代谢产物对动物机体不断地刺激，使动物机体致敏，当过敏的机体再次受到同种病原微生物刺激时，则表现出异常高度反应性，这种反应性可以表现在动物体的外部器官或皮肤上。因此，用已知的变应原（引起变态反应的物质，也称过敏原）给动物点眼，皮下、皮内注射，观察是否出现特异性变态反应，进行变态反应诊断。

**2. 实际应用**　变态反应诊断主要应用于一些慢性传染病的检疫与监测。尤其适合动物群体检疫、畜群净化。是牛结核病检疫、马鼻疽病检疫常规方法。以马鼻疽病检疫为例，简要说明变态反应诊断。

马鼻疽检疫，用鼻疽菌素。方法有：鼻疽菌素点眼法、眼睑皮内注射法和皮下注射法。常用鼻疽菌素点眼法。

点眼法：一次检疫进行两次点眼，中间间隔 5～6d。两次点眼必须点于同一眼，一般点于左眼。每次点眼用鼻疽菌素原液 3～4 滴。

点眼后观察：在点眼后第 3、6、9 小时三次观察，判定反应，并尽可能在第 24 小时再检查一次。

最终判定：以两次点眼中反应最强的一次为准。阳性反应：眼结膜发炎，肿胀明显，并分泌数量不等的脓性眼眵；阴性反应：眼睛无反应或有轻微充血、流泪。

## 三、生物技术检测

**1. 单克隆抗体技术**　通过细胞融合建立能产生单克隆抗体的杂交瘤技术，可用于疫病的病原诊断和病理诊断。一个病原体存在着许多性质不同的抗原，在同一抗原上，有可能存在着许多性质不同的属、种、群型特异性抗原，采用杂交瘤技术，可以识别不同抗原或者抗原决定簇的单抗，从而可以对感染性疾病和寄生虫病进行快速准确地诊断，同时可用于调查疫病流行情况、流行毒株或虫体的分类鉴定，为疫病的诊断和防治提供资料。另外，单抗还用于含量极微的激素、细菌毒素、神经递质和肿瘤细胞抗原的诊断。

**2. 核酸探针技术**　核酸探针是指带有标记物的已知序列的核酸片段，它能与其互补的核酸序列杂交形成双链，所以可用于待测核酸样品中特定基因序列的检测。每一种病原体都具有独特的核酸片段，通过分离和标记这些片段就可制备出探针，用于检测任何特定病原微生物，并能鉴别密切相关的毒（菌）株和寄生虫。

核酸杂交的方法有固相杂交和液相杂交两种。固相杂交技术较为常用，先将待测核酸结合到一定的固相支持物上，再与液相中的标记探针进行杂交。固相支持物常用硝酸纤维素膜（简称 NC 膜）或尼龙膜。

固相杂交包括膜上印迹杂交和原位杂交。其中膜上印迹杂交技术应用最为广泛，它包括三个基本过程：首先是通过斑点印迹或 Southern 印迹的核酸印迹技术将核酸片段转移到固相支持物上，然后用标记探针与支持物上的核酸片段进行杂交，最后进行杂交信号的检测。

**3. PCR 技术**　PCR 即聚合酶链式反应，其原理是在模板 DNA、引物和四种脱氧单核苷酸（dNTP）存在的条件下，依赖于耐高温的 DNA 聚和酶的酶促合成反应。PCR 以欲扩增的 DNA 作为模板，以与模板正链和负链末端互补的两种寡核苷酸作为引物，经过模板 DNA 变性、模板引物复合性结合，并在 DNA 聚和酶作用下发生引物链延伸反应来合成新的模板 DNA。模板 DNA 变性、引物结合（退火）、引物延伸合成 DNA 这三步构成一个 PCR 循环。每一个循环的 DNA 产物经变性又成为下一个循环的模板 DNA。这样，目的 DNA 数量将以 $2^n - 2n$ 的形式积累，在 2h 内可扩增 30（$n$）个循环，DNA 量就可达到原来的百万倍。PCR 三步反应中，变性反应在高温中进行（一般为 94℃变性 30s），目的是通过加热使 DNA 双链解离形成单链；第二步反应又称退火反应，在较低温度中进行（一般为 55℃退火 30s），这样可使引物与模板上互补的序列形成杂交双链而结合上模板；第三步为延伸反应，是在四种 dNTP 底物和 $Mg^{2+}$ 存在的条件下，由 DNA 聚和酶催化以引物为始点的 DNA 链的延伸反应（一般为 70～72℃延伸 30～60s）。通过高温变性、低温退火和中温延伸三个温度的循环，模板上介于两个引物之间的片段不断得到扩增。对扩增产物可通过凝胶电泳、Southern 杂交或 DNA 序列分析进行检测。

PCR 技术主要用于传染病的早期诊断和不完整病原检测，还可鉴别比较近似的病原体，如蓝舌病病毒与流行性出血热病毒，不同种类的巴贝斯虫等。自 PCR 技术应用以来，已建立了多种疫病的 PCR 诊断技术。

（1）快速检测病毒性疫病的病原。用 PCR（检测 DNA 病毒）或反转录 PCR（RT - PCR）（检测 RNA 病毒）技术检测的动物病毒性疫病的病原有：蓝舌病病毒、口蹄疫病毒、牛病毒性腹泻病毒、牛白血病病毒、马鼻肺炎病毒、恶性卡他热病毒、伪狂犬病病毒、狂犬病病毒、非洲猪瘟病毒、鸡传染性支气管炎病毒、鸡传染性喉气管病毒、鸡马立克氏病病毒、牛冠状病毒、轮状病毒、水貂阿留申病病毒、山羊关节炎脑炎病毒、梅迪—维斯纳病毒、猪细小病毒、鱼传染性造血器官坏死病病毒等。

（2）快速检测其他疫病病原体。用 PCR 技术检测的其他病原体有：致病性大肠杆菌毒素基因、牛胎儿弯曲杆菌、牛分枝杆菌、炭疽杆菌芽孢、钩端螺旋体、牛巴贝斯虫和弓形虫等。

**4. 免疫印迹技术**　免疫印迹又称 Western 印迹，与核酸杂交的 Southern 印迹技术相对应，两种技术均把电泳分离的组分从凝胶转移到一种固相载体（通常用 NC 膜），然后用探针检测特异性组分，不同的是 Western 印迹所检测的是抗原类蛋白质成分，所用的探针是抗体，与附着于固相载体的靶蛋白所呈现的抗原表位发生特异性反应。该技术结合了凝胶电泳分辨力高和固相免疫测定特异敏感等优点，具有从复杂混合物中对特定抗原进行鉴别和定量检测，以及从多克隆抗体中检测出单克隆抗体的优越性。该技术的灵敏度能达到标准的固相放射免疫分析的水平而无需对靶蛋白进行放射性标记。

用免疫印迹技术可定性、定量地检测出待检样品中含量很低的特定病原体的抗原成分。对于一些能感染细胞而细胞病变不易观察的病原体的检测也很有用。用单克隆抗体作为第一抗体进行免疫印迹，还可以对毒株做分型鉴定。

**5. 限制性核酸内切酶图谱分析**　限制性核酸内切酶图谱分析（REA）通过酶切消化微生物 DNA，然后电泳染色呈现大小不一的片段，对这些片段的迁移率及数量进行分析，便可了解到病原微生物遗传物质的一定特性，在此基础上采用双酶切割或杂交等方法，则可推测出片段的排列顺序和酶切位点，从而推测出 DNA 间存在的相似性或差异性，是病原变异、毒株鉴别、分型及了解基因结构和进行流行病学研究的有效方法，对动物检疫具有很重要的实用意义，尤其对检测出入境动物及动物产品是否携带病毒，以及推断是本地毒还是外来毒有很重要的意义。

**6. 寡核苷酸图谱分析**　寡核苷酸图谱分析是指核酸或核酸片段经 T1 核酸酶切割后电泳，少数较大分子量的酶切核酸片段在聚丙烯酰胺凝胶上分布特点的比较。因为它是通过少数核酸片段来了解整个核酸的特征，如同根据指纹特点判断案情一样，因此又称为指纹图分析。可用于口蹄疫病毒、蓝舌病病毒、脊髓灰质炎病毒、禽反转录病毒、马脑脊髓炎病毒、水疱性口炎病毒、轮状病毒等研究。其分析结果有时被仲裁机构作为处理经济纠纷的依据。

**7. 核酸序列分析**　核酸是生命的遗传物质，遗传信息存在于四种单核苷酸（A、G、C、T/U）按不同顺序连接而成的核酸分子中，迅速准确地解读决定生命形状的密码，测定基因组的核酸序列，对于识别病原，揭示疫病变化规律是任何方法都不可相比的，但它同时也是最烦琐和最复杂的检测技术，在动物检疫中采用不多。

**8. 限制性核酸片段多态性分析**　每一限制性核酸内切酶在切割 DNA 分子时都有固定的切点顺序，DNA 分子中核苷酸排列顺序的变化有可能使该切点丢失或增加。由于不同的生物群体的 DNA 序列千差万别，因而用同一限制性内切酶消化后，所得 DNA 片段的长度分布也是千变万化的。这种酶切片段长度分布的多样性就称为限制性片段长度多态性（RFLP）。

多年来还研究开发了 DNA 扩增片段长度多态性分析法（AFLP）、聚合酶链反应/限制性片段长度多态性分析法（PCR/RFLP）和随即扩增多态性分析法 DNA（RAPD），可用于对多种病原微生物进行分类和鉴定。

## 实训六　猪的临诊检疫

### 【目的要求】

1. 学会猪的临诊检疫基本技术、一般群体和个体检疫的方法。
2. 具备对猪进行临诊检疫的能力。

**【实训材料】**动物保定用具，听诊器、体温计等检疫器材，被检猪群，群检场地等。

**【方法步骤】**

### (一) 临诊检疫的基本方法

临诊检疫的基本方法主要包括问诊、视诊、触诊、听诊和嗅诊。这些方法简便易行，对各种动物，在任何地方均可实施，并能较为准确地判断病理变化。其中以视诊方法为主。

**1. 问诊** 就是向饲养人员调查、了解猪发病情况和经过的一种方法。问诊的主要内容包括：

(1) 现病史。被检猪有没有发病；发病的时间、地点，病猪的主要表现、经过、治疗措施和效果，畜主估计的致病原因等。

(2) 既往病史。过去病猪或猪群患病情况，是否发生过类似疫病，其经过与结局如何，本地或邻近乡、村的常在疫情及地区性的常发病，预防接种的内容、时间及结果等。

(3) 饲养管理情况。饲料的种类和品质，饲养制度与方法；畜舍的卫生条件，运动场、农牧场的地理情况，附近厂矿的工业废弃物处理情况；猪的生产性能等。

问诊的内容十分广泛，但应根据具体情况适当增减，既要有重点，又要全面收集情况，注意采取启发式的询问方法。可先问后检查，也可边检查边问。问诊态度要和蔼、诚恳、亲切，语言通俗易懂，争取畜主的密切合作。对问诊所得的材料应抱客观态度，既不能绝对地肯定，又不能简单地否定，而应结合临诊检查资料，进行综合分析，从而找出诊断线索。

**2. 视诊** 就是用肉眼或借助简单器械观察病猪和猪群发病现象的一种检查方法。视诊的主要内容包括：

(1) 外貌。如体格大小，发育程度，营养状况，体质强弱，躯体结构等。

(2) 精神。沉郁或兴奋。

(3) 姿态步样。静止时的姿势，运动中的步态。

(4) 表被组织。如被毛状态，皮肤、黏膜颜色和特征，体表创伤、溃疡、疹疤、肿胀等病变的位置、大小及形状等。

(5) 与体表直通的体腔。如口腔、鼻腔、咽喉、阴道等黏膜颜色的变化和完整性的破坏情况，分泌物、渗出物的数量、性质及混杂物情况。

(6) 某些生理活动情况。如呼吸动作和咳嗽，采食、咀嚼、吞咽，有无呕吐、腹泻，排粪、排尿的状态以及粪便、尿液的数量、性质和混杂物等。

视诊的一般程序是先视检猪群，以发现可能患病的个体。对个体的视诊先在距离猪2～3m远的地方，从左前方开始，从前向后逐渐按顺序视察头部、颈部、胸部、腹部、四肢，再走到家畜的正后方稍作停留，视察尾部、会阴部，对照观察两侧胸腹部及臀部状态和对称性，再由右侧到正前方。如果发现异常，可接近猪只，按相反方向再转一圈，对异常变化进行仔细观察。观察运步状态。

视诊宜在光线较好的场所进行。视诊时应先让猪休息，熟悉周围环境，待呼吸、心跳平稳后进行。切忌只根据视诊症状确定诊断，应结合其他检查结果综合分析判断。

**3. 触诊** 就是利用手指、手掌、手背或拳头的触压感觉来判定局部组织或器官状态的一种检查方法。触诊的主要内容包括：

（1）体表状态。耳温，皮肤的温湿度、弹性及硬度，浅表淋巴结及肿物的位置、大小、形态、温度、内容物的性状以及疼痛反应等。

（2）某些器官的活动情况。如心搏动、脉搏等。

（3）腹腔脏器。可通过软腹壁进行深部触诊，感知腹腔状态，胃肠、肝、脾的硬度，肾与膀胱的病变以及母猪的妊娠情况等。

**4. 听诊**　是利用听觉去辨认某些器官在活动过程中的音响，借以判断其病理变化的一种检查方法。听诊的主要内容是心血管系统、呼吸系统和消化系统。

听诊有直接和间接两种方法。主要用于听诊心音，喉、气管和肺泡呼吸音，胸膜的病理音响以及胃肠的蠕动音等。

听诊应在安静的环境进行，听诊器耳塞与外耳接触的松紧度要适宜，集音头应紧贴被检部位，胶管不能交叉，也不要与他物接触，以免发生杂音。听诊时注意力要集中，如听呼吸音时要观察呼吸动作，听心音时要注意心搏动等，还应注意与传来的其他器官的声音区别。

**5. 嗅诊**　是利用嗅觉辨别动物散发出的气味，借以判断其病理气味的一种检查方法。嗅诊内容包括呼吸气味、口腔气味、粪尿等排泄物气味以及带有特殊气味的分泌物等。

**（二）猪的一般群体检疫和个体检疫**

参见项目五的模块一中的动物临诊检疫的有关内容进行检疫。

【实训报告】记录操作情况和存在的问题，写一份"猪瘟临诊检疫"的实训报告。

## 实训七　家禽的个体检疫

【目的要求】　掌握家禽的临诊检疫技术，具备独立进行家禽临诊检疫的能力。

【实训材料】　被检家禽（鸡、鸭、鹅）数只，体温计。

【方法步骤】

**1. 鸡的个体检疫**　对鸡进行个体检疫时，常以左手握住其两翅根部，先观察头部，注意冠、肉髯和无羽毛处有无苍白、发绀、痘疹，眼、鼻及喙有无异常分泌物等变化。再以右手的中指抵住咽喉部，并以拇指和食指夹压两颊，迫使其张开口，以观察口腔与喉头有无大量黏液，黏膜是否有出血点和有无灰白色伪膜或其他病理变化。再摸嗉囊，探查其充实度及内容物的性质。触检胸腹部及腿部肌肉、关节等处，以确定有无关节肿大、骨折、外伤等情况。再将鸡高举，使其颈部贴近检验者的耳部，听其有无异常呼吸音，并触压喉头及气管，诱发咳嗽。还应注意泄殖腔附近有无粪污及潮湿。必要时检测体温。

**2. 鸭的个体检疫**　对鸭进行个体检疫时，常以右手抓住鸭的上颈部，提起后夹于左臂下，同时以左手托住锁骨部，然后进行检查。检查的顺序是头部、天然孔、食道膨大部、皮肤以及检测体温。

**3. 鹅的个体检疫**　对鹅进行个体检疫时，因鹅体较重，不便提起，一般就地压倒进行检查，检查顺序与鸭相同。

【实训报告】记录操作情况和存在的问题，写一份家禽个体检疫的实训报告。

# 实训八　病鸡尸体剖检

## 【目的要求】

1. 通过剖检病鸡尸体为例使学生掌握传染病动物尸体的剖检及处理方法。

2. 培养通过剖检观察到的病变掌握初步检疫的能力和认真细致的工作态度。

## 【实训材料】

对于鸡剖检，一般有剪刀和镊子即可工作。另外可根据需要准备骨剪、肠剪、手术刀、搪瓷盆、标本缸、广口瓶、消毒注射器、针头、培养皿等，以便收集各种组织标本。防护用具需准备工作服、胶靴、一次性医用手套或橡胶手套、脸盆或塑料小水桶、消毒剂、肥皂、毛巾等。还需有尸体处理设施。

## 【方法步骤】

**1. 病鸡致死**　常用的方法有断颈法（即一手提起双翅，另一手掐住头部，将头部急剧扭向垂直位置的同时，快速用力向前拉扯）；往心腔或静脉内注入空气等。

**2. 尸体浸湿**　将其尸体表面及羽毛用消毒液完全浸湿，然后将其移入搪瓷盆或其他用具中进行剖检。

**3. 剖检顺序**

（1）将鸡的尸体背位仰卧，在腿腹之间切开皮肤，然后紧握大腿股骨，用手将两条腿掰开，直至股骨头和髋臼分离，这样两腿将整个鸡的尸体支撑在搪瓷盆上。

（2）沿中线先把胸骨嵴和肛门间的皮肤纵行切开，然后向前，剪开胸、颈的皮肤，剥离皮肤暴露颈、胸、腹部和腿部的肌肉，观察皮下脂肪、皮下血管、龙骨、胸腺、甲状腺、甲状旁腺、肌肉、嗉囊等的变化。

（3）沿下颌骨剪开一侧口角，再剪开喉头、气管、食道和嗉囊，观察鼻孔、腭裂、喉头、气管、食道和嗉囊等的异常病理变化。此外在鼻孔的上方横向剪开鼻裂腔，观察鼻腔和鼻甲骨的异常病理变化。

（4）在脊柱的两侧，仔细将肾别除，可露出腰荐神经丛；在大腿的内侧，剥离内收肌，可找到坐骨神经；将病鸡的尸体翻转，在肩胛和脊柱之间切开皮肤，可发现臂神经；在颈椎的两侧可找到迷走神经；观察两侧神经的粗细、横纹和色彩、光滑度。

（5）切开头顶部的皮肤，将其剥离，露出颅骨，用剪刀在两侧眼眶后缘之间剪断额骨，再剪开顶骨至枕骨大孔，掀开脑盖骨，暴露大脑、丘脑和小脑，观察脑膜、脑组织的变化。

（6）用剪刀剪开关节囊，观察关节内部的病理变化；用手术刀纵向切开骨骼，观察骨髓、骨骺的病理变化。

（7）填写剖检记录，剖检器械、场地消毒处理，尸体焚毁或深埋处理。

## 【实训报告】记录操作情况和存在的问题，写一份病鸡剖检的实训报告。

## 职业测试

1. 假设你是某县动物卫生监督所的官方兽医，领导指派你去辖区某奶牛场对该场留舍待售的 50 头奶牛实施临诊检疫，你打算如何实施检疫？

2. 如果你是某县动物卫生监督所的官方兽医，单位安排你为全县村级动物防疫员开展畜禽血液样品采集知识培训，请你设计一份培训方案。

3. 如果你是某县动物卫生监督所的官方兽医，在某湖羊养殖场临诊检疫中发现羊表现有皮肤炎症、脱毛、奇痒及消瘦症状，请问应如何实施实验室检测？

4. 某种鸡场雏鸡表现不吃饲料，怕冷，身体蜷缩，翅膀下垂，精神沉郁或昏睡，排白色黏稠或淡黄、淡绿色稀便，肛门有时被硬结的粪块封闭，呼吸困难。该场怀疑雏鸡患了鸡白痢，请说明如何开展该病的实验室检测。

5. 某蛋鸡养殖户反映，该场一鸡舍晚间一切正常，鸡吃得很饱，次日巡查时发现有几只产蛋鸡发病死在鸡舍内。请你结合所学知识，针对该病例拟定一份病死鸡剖检及实验室检测方案。

★　参考答案见附录三。

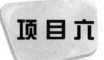

# 项目六

# 共患疫病的检疫

| 项目描述 | 降低共患病的危害，保护人体健康和维护公共卫生安全是实施动物共患病检疫的重要目的。结核病、布鲁氏菌病、炭疽、狂犬病、弓形虫病、旋毛虫病、囊尾蚴病、棘球蚴病都是严重危害人体健康的人畜共患疫病，口蹄疫、伪狂犬病、沙门氏菌病、钩端螺旋体病、巴氏杆菌病、疥癣病都是严重危害动物健康的共患病，需要官方兽医掌握各种病的临诊检疫要点和实验室检测方法，提高检疫结果的正确率。共患病的内容是动物疫病防治员国家职业资格、执业兽医师及助理兽医师资格考试的必考理论知识，实验室检测也是官方兽医、执业兽医开展动物防疫检疫工作必备的基础技能。 | | |
|---|---|---|---|
| 建议学校学时 | 8学时 | 建议企业学时 | 8学时 |
| 本项目教学目标 | | | |
| 应知知识 | 掌握口蹄疫、结核病、布鲁氏菌病、炭疽、狂犬病、弓形虫病、旋毛虫病、囊尾蚴病、棘球蚴病、伪狂犬病、沙门氏菌病、钩端螺旋体病、巴氏杆菌病、疥癣病的定义、流行特点、临床症状及病理变化；熟悉以上各种病的实验室检测方法；掌握以上各种病的检疫后处理方法；熟悉常见共患疫病的鉴别检疫要点。 | | |
| 应会能力 | 能在临床上、检疫中根据流行特点、临床症状及病理变化对口蹄疫、结核病、布鲁氏菌病、炭疽、狂犬病、弓形虫病、旋毛虫病、囊尾蚴病、棘球蚴病、伪狂犬病、沙门氏菌病、钩端螺旋体病、巴氏杆菌病、疥癣病等病例初步识别（初步检疫）；会独立或在指导下对以上疫病病例进行病原学、血清学等的实验室检测；能对临床具有相同或相似症状的病例做出鉴别检疫。 | | |
| 应备素质 | 养成运用应知知识和应会能力指导动物检疫实践的习惯；养成在检疫工作中加强个人防护的职业习惯；懂得在动物检疫工作中如何与畜主沟通交流；秉持依法检疫、规范检疫的职业操守；树立检疫中一丝不苟、精益求精的职业精神。 | | |

## 模块一　主要共患疫病的检疫

### 口　蹄　疫

口蹄疫是由口蹄疫病毒引起偶蹄动物的一种急性、热性和高度接触性传染病；其临诊特征是在口腔黏膜、蹄部、乳房皮肤发生水疱和溃烂。本病传播迅速，流行面广，成年动物多呈良性经过，幼畜病死率高。人也可因接触病畜、处理病畜或饮食病畜生乳或未经煮熟病肉、乳及乳制品而感染。

#### （一）临诊检疫要点

**1. 流行特点**　传染性强，传播迅速，易造成大流行。自然条件下可感染多种动物，偶蹄动物易感性最高，易感性从高到低依次为黄牛、奶牛、牦牛、水牛、猪、羊、骆驼。

口蹄疫临诊
检疫要点

**2. 临床症状**　不同动物发病后症状基本相似，体温升高至 40～41℃，食欲不振或不食，精神沉郁。病畜舌背、唇内侧、齿龈黏膜及蹄冠、趾间，有时在乳房等处皮肤和黏膜发生特征性水疱，内含清亮液体，初透明后呈淡黄色。水疱破溃后往往形成浅表性的红色溃疡。病畜常表现运步困难、跛行，严重的蹄部溃烂、蹄壳脱落。

**3. 病理变化**　患病动物的口腔、蹄部、乳房、咽喉、支气管和前胃黏膜有水疱、圆形烂斑和溃疡，上面覆有黑棕色的痂块。胃和大小肠黏膜可见出血性炎症。典型病变可见心脏松软似煮过的肉，心包膜有弥漫性及点状出血，心肌切面有灰白色或淡黄色的斑点或条纹，似老虎身上的条纹，称为"虎斑心"。

#### （二）实验室检测

**1. 病料采集**　用清水局部清洗后，剪取病畜的新鲜水疱皮 3～5g，或未破裂水疱中的水疱液至少 1 mL，在无法采集水疱皮和水疱液时，可采集淋巴结、脊髓、肌肉等组织样品 3～5 g 装入洁净小瓶内，贴上标签，作为检样。

**2. 血清学检测**　可采用间接夹心酶联免疫吸附试验、RT－PCR、反向间接血凝试验（RIHA）、中和试验、液相阻断—酶联免疫吸附试验、微量补体结合试验、正向间接血凝试验（IHA）等。

#### （三）检疫后处理

（1）宰前检疫发现口蹄疫时，病畜和同群畜用不放血方法全部扑杀销毁处理。场地严格消毒，采取防疫措施，并立即上报疫情。宰后检疫发现口蹄疫时，立即停止生产，彻底清洗、严格消毒生产场地，病畜及同批屠宰畜均销毁处理。

（2）一旦发生疫情，应立即上报，尽快确检，及时上报动物卫生监督机构，建立疫情报告制度和报告网络，严格封锁疫点、疫区，消灭疫源，杜绝散播。及时扑杀病畜和同群畜，在官方兽医的严格监督下，对病畜扑杀和进行尸体无害化处理，对污染的场所、器具用 2% 氢氧化钠溶液消毒。对疫区和受威胁区内未发病动物进行紧急免疫接种。最后一头病畜死亡或扑杀后 14 d 内不出现新的病例，经终末消毒、动物卫生监督机构按规定审验合格后，由当地兽医主管部门向发布封锁令的人民政府申请解除封锁。

动物防疫与检疫技术

## 结　核　病

结核病是由分枝杆菌引起的一种人畜和禽类共患慢性传染病。以在多种组织器官形成结核结节性肉芽肿和干酪样坏死、钙化结节为特征。

### （一）临诊检疫要点

结核病临诊
检疫要点

**1. 流行特点**　动物中以奶牛最易感，其次是黄牛、牦牛、水牛、猪和家禽。人主要是通过饮用生牛乳或消毒不合格的牛乳而感染。本病主要通过消化道和呼吸道感染，也可通过交配感染，犊牛主要通过吮吸带菌乳引起。新疫区多呈地方性流行；老疫区多呈散发性、隐性感染或慢性病程。

**2. 临床症状**　本病潜伏期长短不一，短者十几天，长者数月至数年。

（1）牛结核病。临床通常呈慢性经过，以肺结核、乳房结核和肠结核最为常见。

肺结核：以长期顽固性干咳为特征，且以清晨最为明显。患畜容易疲劳，逐渐消瘦，病情严重者可见呼吸困难。

乳房结核：一般先是乳房淋巴结肿大，继而后方乳腺区发生局限性或弥漫性硬结，硬结无热无痛，表面凹凸不平。泌乳量下降，乳汁变稀，严重时乳腺萎缩，泌乳停止。

肠结核：消瘦，持续腹泻与便秘交替出现，粪便常带血或脓汁。

（2）猪结核病。多表现为淋巴结核，常见发病部位为颌下、咽、颈及肠系膜淋巴结，外观呈拇指大至拳头大的硬块，表明凹凸不平，有的破溃排出脓性或干酪样物；肺、肝、肠、胃等发生结核时，主要表现消瘦、咳嗽、气喘、腹泻等。

（3）禽结核病。表现为贫血、消瘦，鸡冠萎缩以及产蛋停止等，病禽可因衰竭或肝变性破裂而突然死亡。

**3. 病理变化**

（1）牛结核病。在肺、乳房和胃肠黏膜等处形成特异性白色或黄白色结节。结节大小不一，切面干酪样坏死或钙化，有时坏死组织溶解和软化，排出后形成空洞。胸膜和肺膜可发生密集的结核结节，形如珍珠状。

（2）猪结核病。剖检颌下、咽、颈及肠系膜淋巴结可见结核结节，内含干酪样物质。

（3）禽结核病。病灶一般多见于肠道、肝、脾、骨骼和关节。肠道可发生溃疡，肝、脾肿大，剖开可见大小不一的结核结节，感染的关节肿胀，内含干酪样物质。

### （二）实验室检测

**1. 病原分离鉴定**　采集病畜禽的病灶、痰、尿、粪便、乳及其他分泌物样品，做抹片或集菌处理后做抹片，用抗酸染色法染色镜检，并进行病原分离培养和动物接种等试验。

**2. 变态反应检测**　常用于牛结核病的检测。用牛分枝杆菌提纯菌素（PPD）按操作要求和程序可进行牛的确检。应用变态反应法可检出牛群中95%～98%的结核病牛。

**3. 其他检测**　结核病病原菌实时荧光 PCR 检测、牛分枝杆菌 ELISA 抗体检测等。

### （三）检疫后处理

奶牛结核
病变态反应
检疫

（1）发现全身性结核病病牛应立即用不放血方式扑杀，尸体化制或销毁；淘汰阳性牛，屠宰后内脏、头、骨、蹄等下脚料化制或销毁，肉高温处理，所用物品高温消毒。

宰后检疫发现全身性结核或局部结核的，其胴体及内脏一律销毁处理。

（2）引进动物应隔离检疫，阴性者方可入群。奶牛场用结核菌素做变态反应检测，每年对牛群检疫两次，检出的病牛、阳性牛销毁。可疑牛在隔离的基础上经两次以上检疫仍为可疑者按阳性牛淘汰，保留健康牛，加强检疫和饲养管理。为了防止人畜互相传染，工作人员应注意防护，并定期体检。

## 布鲁氏菌病

布鲁氏菌病是由布鲁氏菌引起的人畜共患慢性传染病。其特征是生殖器官和胎膜发炎，母畜流产、不孕、乳腺炎，公畜睾丸炎、副性腺炎和关节炎及各种组织的局部炎性病灶。本病广泛分布于世界各地，人可通过与病畜或带菌动物及其产品的接触、食用未经彻底消毒的病畜肉、乳及其制品而感染发病。

### （一）临诊检疫要点

**1. 流行特点** 地方流行性，性成熟的家畜易感，慢性经过。本病的易感动物主要是羊、牛、猪。动物的易感性随着性成熟年龄的接近而增高，在易感性上并无显著性别差别。

**2. 临床症状** 本病典型症状是妊娠母畜流产。乳腺炎也是常见症状之一，可发生于妊娠母牛的任何时期。流产后可能发生胎衣滞留和子宫内膜炎，多见从阴道流出污秽不洁、恶臭的分泌物。新发病的畜群流产较多。公畜往往发生睾丸炎、附睾炎或关节炎。

布鲁氏菌病
临诊检疫
要点

**3. 病理变化** 主要病变为妊娠或流产母畜子宫内膜和胎衣的炎性浸润、渗出、出血及坏死，有的可见关节炎。胎儿主要呈败血症病变，浆膜和黏膜有出血点和出血斑，皮下结缔组织发生浆液性、出血性炎症。组织学检查可见脾、淋巴结、肝、肾等器官形成特征性肉芽肿。

### （二）实验室检测

**1. 病原学检测** 采集流产胎衣、绒毛膜水肿液、肝、脾、淋巴结、胎儿胃内容物等组织，制成抹片，用柯兹罗夫斯基染色法染色，镜检，布鲁氏菌为红色球杆状，而其他菌为蓝色。细菌的分离培养与鉴定需在生物安全三级实验室进行。

布鲁氏菌病
虎红平板
凝集试验

**2. 血清学检测** 初筛采用虎红平板凝集试验（RBT），也可采用荧光偏振试验（FPA）和全乳环状试验（MRT）。确诊采用试管凝集试验（SAT），也可采用补体结合试验（CFT）、间接酶联免疫吸附试验（iELISA）和竞争酶联免疫吸附试验（cELISA）。

对于未免疫动物，血清学确诊为阳性的，判定为患病动物；若初筛诊断为阳性的，确诊诊断为阴性的，应在 30d 后重新采样检测，复检结果阳性的判定为患病动物，结果阴性的判定为健康动物；对于免疫动物，在免疫抗体消失后，血清学确诊为阳性的，或病原学检测方法结果为阳性的，判断为患病动物。

### （三）检疫后处理

（1）宰后检出的布鲁氏菌病病畜及其胴体、内脏和副产品，一律销毁处理。

（2）病畜和阳性畜全部扑杀。对病畜和阳性畜污染的场所、用具、物品严格进行消毒。从非疫区引种，引进的动物应隔离检疫 45 d 以上，经两次血清学检测为阴性者方

布鲁氏菌
试管凝集
试验

可混群。奶牛场每年进行两次定期检疫，发现可疑者，1个月内应重复检查，检出阳性牛扑杀销毁。做好流产胎儿、污染物、粪便及环境消毒，做好免疫接种工作。

## 炭　疽

炭疽是由炭疽芽孢杆菌引起的一种急性、热性、败血性传染病。发病动物以急性死亡为主，临诊特征为高热，可视黏膜发绀，脾呈急性肿大，皮下及浆膜下结缔组织有出血性胶冻样浸润，血液凝固不良，呈煤焦油样，尸体极易腐败。家畜中以牛、羊、马最易感，常呈急性败血症经过。猪抵抗力较强，多为慢性经过。人感染本病可发生败血症而死亡。

### （一）临诊检疫要点

**1. 流行特点**　各种家畜均可感染，草食动物中羊、马、牛最易感，猪的易感性较低。人对炭疽普遍易感。该病多为散发，有时呈地方流行性，有一定的季节性，多发生在吸血昆虫多、雨水多、洪水泛滥的季节。

**2. 临床症状**　本病主要呈急性经过，多以突然死亡、天然孔出血、尸僵不全为特征。

牛：体温升高常达41℃以上，可视黏膜呈暗紫色，心动过速、呼吸困难。呈慢性经过的病牛，在颈、胸前、肩胛、腹下或外阴部常见水肿；皮肤病灶温度增高，坚硬，有压痛，也可发生坏死，有时形成溃疡；颈部水肿常与咽炎和喉头水肿相伴发生，致使呼吸困难加重。急性病例一般经24～36h后死亡，亚急性病例一般经2～5d后死亡。

马：体温升高，腹下、乳房、肩及咽喉部常见水肿。舌炭疽多见呼吸困难、发绀；肠炭疽腹痛明显。急性病例一般经24～36h后死亡，有炭疽痈时，病程可达3～8d。

羊：多表现为最急性（猝死）病症，摇摆、磨牙、抽搐，挣扎、突然倒毙，有的可见从天然孔流出带气泡的黑红色血液。病程稍长者也只持续数小时后死亡。

猪：多为局限性变化，呈慢性经过，临床症状不明显，常在宰后见病变。

犬和其他肉食动物临床症状不明显。

**3. 病理变化**　死亡患病动物可视黏膜发绀、出血。血液呈暗紫红色，凝固不良，黏稠似煤焦油状。皮下、肌间、咽喉等部位有浆液性渗出及出血。淋巴结肿大、充血，切面潮红。脾高度肿胀，达正常数倍，脾髓呈黑紫色。严禁在非生物安全条件下进行疑似患病动物、患病动物的尸体剖检。

在屠宰动物中，急性败血型炭疽病死动物一般不会进入正常屠宰过程，只见慢性局限性炭疽（如咽炭疽、肠炭疽）。猪以咽喉型炭疽最多见，其次是肠型炭疽。临诊症状不明显，仅表现沉郁、厌食、呕吐、腹泻等症状，多在屠宰后才发现。一侧或双侧颌下淋巴结肿大、出血，刀切时感到硬而脆，切面呈砖红色，有时可见大小不等的灰白、灰黄或污黑色坏死灶。淋巴结周围组织呈不同程度出血性胶样浸润。扁桃体充血、出血、水肿或坏死，有的表面覆盖黄灰色伪膜和针尖大的黑色、灰黄色坏死点。猪肠型炭疽主要发生于小肠，多以肿大、出血和坏死的淋巴小结为中心，形成局灶性、出血性、坏死性病变，于肠壁上出现坏死溃疡；肠系膜淋巴结肿大呈出血性胶样浸润。脾软而肿大，肾充血、出血。

### （二）实验室检测

**1. 病原学检测** 在防止病原扩散的条件下采取病料。生前可自消毒的耳部或尾根部静脉采血，死后可立即采取针刺鼻腔或尾根部静脉抽取血液涂片。宰后检疫时，取淋巴结涂片。采用碱性美蓝荚膜染色法、革兰氏染色法染色，显微镜检查若发现单个或1～4个短链排列的竹节状的带有荚膜的粗大杆菌即可确诊。在已腐败的尸体材料中，炭疽杆菌常崩解消失，镜检时只见到荚膜即"菌影"。

**2. 血清学检测** 采用琼脂凝胶扩散试验检测时，将琼脂层厚度为2～3mm的1%琼脂平板按六角形打孔，中央孔加满炭疽沉淀素血清，外周孔按顺时针编为1～6号，1、4号孔加炭疽沉淀抗原，2、3、5号孔加被检材料（待检抗原），6号孔加生理盐水，盖上平皿盖，置湿盒内37℃条件下扩散24～72h，每天观察结果。若两孔间出现白色沉淀线即判定为阳性。采用环状沉淀试验时，将病料浸出液与炭疽沉淀素血清在小试管中做环状沉淀试验，接触面出现清晰的白色沉淀环者为阳性。

此外，菌体裂解试验、青霉素抑制试验、荚膜形成试验、小鼠滤过试验及PCR等方法亦可用于检查确检。

### （三）检疫后处理

（1）宰前检疫发现炭疽病畜时，应采取不放血方法扑杀，尸体销毁或深埋。同群动物全群测温，体温正常者急宰，胴体、内脏高温处理后出厂。

宰后检疫确认为炭疽的病畜，立即停止生产，被污染的场地、用具用5%～10%氢氧化钠溶液或20%漂白粉溶液消毒。患畜的胴体、内脏、皮毛及血液（包括被污染的血），分别装入不漏水的容器，加盖后于当天运至指定地点全部做工业用或销毁。凡被污染或疑为污染的肉尸、内脏等，在6h内高温处理后方可利用，否则化制或销毁。血、骨和毛等只要有污染的可能，均做工业用或销毁。对确未被污染的同批产品及其副产品可按正常产品出厂。

（2）疑似炭疽尸体严禁剖检。确诊是炭疽时，迅速上报疫情，立即封锁隔离，加强消毒并紧急预防接种。疫区封锁必须在最后一头病畜死亡或痊愈后，经14d无新病例，经全面彻底消毒方能解除。

## 狂 犬 病

狂犬病（又称恐水症、疯狗病）是由狂犬病病毒引起的一种人畜共患的急性、接触性传染病。特征是神经高度兴奋、意识障碍，继而出现局部或全身麻痹而死亡。

### （一）临诊检疫要点

**1. 流行特点** 散发性，各种畜禽和人对本病都有易感性，尤以犬科和猫科动物敏感。流行链锁明显，病死率高达100%。

**2. 临床症状** 各种动物的临诊表现都相似，先出现沉郁、意识混乱、异食，后高度兴奋、狂暴，有攻击性行为。最后呈现局部或全身麻痹；吞咽困难，下颌下垂，流涎，尾下垂。

**3. 病理变化** 尸体消瘦，常有咬伤或裂伤，胃内空虚有异物。

### （二）实验室检测

**1. 包含体检查** 取新鲜未固定脑等神经组织制成压印标本或制作病理组织切片，

塞勒氏染色镜检，内基氏小体呈鲜红色，其中见有嗜碱性小颗粒。内基氏小体最易在海马角、大脑皮层锥体细胞和小脑浦金野细胞细胞质内检出。

**2. 血清学检测** 我国将荧光抗体技术作为检查狂犬病的首选方法。取可疑脑组织或唾液腺制成触片，荧光抗体染色，荧光显微镜下观察，细胞质内出现黄绿色荧光为阳性。本法快速、特异性强，检出率高。

**3. 动物接种试验** 以小鼠最为敏感，并可提高阳性检出率。

### （三）检疫后处理

（1）被狂犬病或疑似狂犬病患畜咬伤的家畜，咬伤后未超过 8d 且未发现狂犬病症状者，准予屠宰；其肉尸、内脏应经高温处理后出场。超过 8d 者不准屠宰，对病畜采取不放血的方式扑杀、深埋或烧毁，不得剥食。

（2）对粪便、垫料污染物等进行焚毁；栏舍、用具、污染场所必须进行彻底消毒。怀疑为患病动物隔离观察 14d，怀疑为感染动物观察期至少为 3 个月，怀疑患病动物及其产品不可利用。

## 弓形虫病

弓形虫病是由龚地弓形虫寄生于人、畜、野生动物有核细胞内引起的一种原虫病。中间宿主广泛，家畜感染率达 10%～50%，各种家畜中以猪的感染率较高。猫为终末宿主。本病多呈亚临诊型、隐性型或带虫者，显性感染者症状复杂。主要特征是发热，呼吸困难，肺炎，肝炎，淋巴结炎，死胎，流产，失明及神经症状。人可因接触和生食患本病动物的肉类而感染。本病给人畜健康和畜牧业带来很大的危害和威胁。

### （一）临诊检疫要点

**1. 流行特点** 弓形虫的中间宿主广泛，我国经血清学或病原学证实可自然感染的动物有猪、黄牛、水牛、马、山羊、绵羊、鹿、兔、猫、犬、鸡等 16 种动物，但主要是猫、绵羊、猪、犬。终末宿主是猫。一般多呈隐性感染，幼龄动物、胎儿多呈显性感染且症状重，病死率高。呈地方流行性或散发性。无明显季节性。

**2. 临床症状**

（1）猪。本病多发生于 3～5 月龄的仔猪，病死率可达 30%～40%，成年猪急性发病较少，多呈隐性感染。感染后 3～7d，体温升高到 40.5～42℃，稽留热型。呼吸困难，精神萎靡，食欲减退或废绝。病猪初期便秘，呈干粪球，粪便表面覆盖有黏液，有的病猪后期腹泻。后期衰竭，卧地不起。体表淋巴结，尤其是腹股沟浅淋巴结明显肿大，腹部或耳部出现出血斑，或有较大面积的发绀。病重者于发病 1 周左右死亡。不呈急性症状的母猪，在怀孕后往往发生早产或产出发育不全的仔猪或死胎。

（2）牛。犊牛可呈现呼吸困难，咳嗽，发热，精神沉郁，腹泻，排黏性血便，虚弱，常于 2～6d 死亡。母牛的症状表现不一，有的只发生流产；有的出现发热，呼吸困难，虚弱，乳腺炎，腹泻，仅少数牛有神经症状；有的无任何症状，可在其乳汁中发现弓形虫。

（3）羊。成年羊多数呈隐性感染，仅有少数有呼吸系统和神经系统的症状。有的母羊无明显症状而流产，流产常出现于正常分娩前 4～6d，也有些足月羔羊可能死产，或非常虚弱，于产后 3～4d 死亡。

**3. 病理变化** 宰后检疫可见主要病变在肺、淋巴结和肝。可见肺水肿、出血和坏死，小叶间质增宽，其内充满羊透明胶冻样渗出物；气管和支气管内有大量黏液和泡沫；全身淋巴结髓样肿大、灰白色，胃、肠及肠系膜淋巴结尤为显著，硬结而脆，切面外翻、多汁，多数有针尖到米粒大、灰白色或灰黄色坏死灶及各种大小出血点；肾皮质苍白，表面有大小不一的出血点和灰白色坏死灶；肝肿大、质脆，表面有点状出血和坏死灶（特征性病变）；脾肿大，棕红色；大小肠均有出血点；胃底部出血；心包、胸腹腔有积水；体表出现出血斑。

### （二）实验室检测

**1. 病原学检测** 取血液、腹水或肝、肺、淋巴结等病料，直接涂片或触片，吉姆萨染色或瑞氏染色后镜检。也可将脑、肌肉等做成切片染色镜检。可看到弓形虫滋养体呈半月形或香蕉形，一端稍尖，另一端钝圆，细胞质呈淡蓝色，有颗粒，核位于钝圆端，呈紫红色，即可确诊。

**2. 动物接种试验** 以死亡动物肺、肝、淋巴结悬浮液或急性病例腹水或血液，于小鼠腹腔接种，1周后取其腹水涂片，发现大量假包囊或速殖子即可确诊。

**3. 血清学检测** 主要有血凝试验、补体结合试验、间接血凝试验、荧光抗体技术等。

### （三）检疫后处理

（1）剔除病变部分做工业用或销毁，其余部分高温后处理出场。

（2）定期对猪场进行弓形虫检疫，检出的阳性猪隔离治疗，病愈猪不得留作种用。场内禁止养猫，避免饲料、饮水被猫粪污染。禁用流产胎儿等饲喂健康动物。

## 旋毛虫病

旋毛虫病是由旋毛形线虫所引起的人畜共患的寄生虫病。临诊特征为发热，肌肉强烈痉挛性急性肌炎。人感染旋毛虫多因食用未煮熟的含旋毛虫包囊的动物肉及肉制品所致。

### （一）临诊检疫要点

**1. 流行特点** 几乎所有哺乳动物甚至某些昆虫都能感染，鼠类感染率最高，存在着广大自然疫源。在家畜中，猪患病率最高。成虫细小，肉眼几乎难以看清。成虫寄生于小肠，幼虫寄生于全身各部肌肉，成虫和幼虫寄生于同一个宿主。对人的危害大。呈地方流行性。

**2. 临床症状** 动物感染后均有一定耐受性，往往无明显症状。感染严重的猪和犬，有肌肉痉挛、麻痹、运动障碍、发热、吞咽、咀嚼、呼吸困难等症状；有的呈急性卡他性肠炎，严重者出血性腹泻；有的眼睑和四肢水肿。

**3. 病理变化** 肠黏膜增厚水肿，有黏液性炎症和出血斑。肌肉间结缔组织增生，肌纤维萎缩、横纹消失，关节囊肿。

### （二）实验室检测

所用的方法有显微镜检查法、采样消化法、血清学方法、变态反应、旋毛虫荧光染色、激光扫描压缩标本等。但在宰后检查中，仍多利用眼观结合显微镜检查法，大批量的检疫还可以用集样消化法进行。

显微镜检查法也称压片镜检法。其检查的步骤是：从左右膈肌脚采取 30～50 g（不少于 30 g）的肉样两块，编上与肉尸同一号码。在充足自然光或 80 W 左右灯光卜，撕去肌膜与脂肪，两手顺肌纤维方向绷紧肉样，用肉眼观察肉样有无半透明、隆起的乳白色、灰白色针尖大的小点（旋毛虫包囊）。

用弓形剪刀，从左右两侧膈肌脚顺肌纤维方向剪出 24 块麦粒大小的肉粒，依次附贴于玻片上，盖上另一玻片，用力压扁（透过压片能看到报纸上小号字体的程度）。然后，将压片置于 50～70 倍的低倍显微镜或投影器下观察，逐个检查 24 个肉粒压片每个视野，观察有无旋毛虫包囊（大小 0.8～1.0mm，橄榄形或圆形，内有 1～2 个蜷缩成螺旋状的幼虫）。

### （三）检疫后处理

（1）发现有旋毛虫包囊和钙化虫体者，全尸做工业用、干性化制或销毁。

（2）犬、猫及其他肉食动物，喂生肉时必须先做旋毛虫检查。养猪实行圈养饲喂。肉类加工厂废弃物或厨房泔水，必须做无害化处理。加强饲养场的灭鼠工作，改善环境卫生。

## 囊尾蚴病

囊尾蚴病又称囊虫病，是由绦虫的中绦期幼虫寄生于肌肉组织所引起的一种人畜共患寄生虫病。多种动物均可感染此病，人感染囊尾蚴时，在四肢、颈背部皮下可出现半球形结节，重症病人有肌肉酸痛、全身无力、痉挛等表现。虫体寄生于脑、眼、声带等部位时，常出现神经症状、头昏眼花、视力模糊和声音嘶哑等。人吃进生的囊尾蚴肉，虫体即可在肠道中发育成有钩绦虫（猪肉绦虫）或无钩绦虫（牛肉绦虫）。人患绦虫病时，出现贫血、消瘦、腹痛、消化不良、腹泻等症状。

### （一）临诊检疫要点

**1. 猪囊尾蚴病** 由寄生于人体小肠内的有钩绦虫的幼虫——猪囊尾蚴在猪体内寄生所引起的疾病。

（1）流行特点。常发生于存在有绦虫病人的地区，卫生条件差和猪散养的地区常呈地方流行。一年四季均可发生。猪囊尾蚴主要寄生于猪的肌肉组织，尤其活动性较强的咬肌、心肌、舌肌、膈肌等处。臂三头肌及股四头肌等处最为多见。严重感染者还可寄生于肝、肺、肾、眼球和脑等器官。

（2）临床症状。轻症病猪不显症状；重症病猪可见走路前肢僵硬，后肢不灵活，左右摇摆，似醉酒状，不爱活动，反应迟钝；发育停滞，出现前宽后窄体型。因寄生的部位不同，表现的症状也不一样。囊尾蚴寄生在脑部时，出现癫痫、痉挛，或因急性脑炎而死亡；寄生在咽喉肌肉时，叫声嘶哑，呼吸加快，并常有短声咳嗽；寄生在四肢肌肉时，出现跛行；寄生在舌肌或咬肌时，常引起舌麻痹，咀嚼、吞咽困难；寄生在眼球时，出现视力模糊；寄生在心肌时，可导致心肌增厚或心肌炎。

（3）病理变化。宰后检疫时见肩胛肌、咬肌、颈部肌肉、舌肌等部位肌肉部有米粒大至黄豆大、灰白色、半透明囊泡，囊壁有一圆形小米粒大的头节，外观似白色的石榴粒样，或见白色泡液混浊的钙化包囊。严重感染时，全身肌肉、内脏、脑和脂肪内均能发现。

**2. 牛囊尾蚴病** 由寄生于人体小肠内的无钩绦虫的幼虫——牛囊尾蚴在牛体内寄生所引起的疾病。

牛囊尾蚴主要寄生在牛的咬肌、舌肌、颈部肌肉、肋间肌、心肌和膈肌等部位。我国规定牛囊尾蚴主要检验部位为咬肌、舌肌、深腰肌和膈肌。与猪囊尾蚴的外形相似，囊泡为白色的椭圆形，大小为 8mm×4mm，囊内充满液体，囊壁上也附着有乳白色的头节，头节上有 4 个吸盘，但无顶突和小钩，这是与猪囊尾蚴的区别。

**（二）实验室检测**

**1. 病原学检查** 舌肌直接检查，在舌头的底面可见到突出舌面的囊尾蚴，囊包米粒大小，灰白色，半透明。有时肉眼也可见囊尾蚴寄生；肌肉切开检查，切开咬肌、心肌或舌肌等，可找到囊尾蚴包囊。

**2. 免疫学检测** 方法有变态反应、环状沉淀试验、补体结合试验、间接血凝试验、酶联免疫吸附试验等。

**（三）检疫后处理**

（1）整个胴体在去除皮下脂肪和体腔脂肪后做化制处理；胃、肠、皮张不受限制出场。除心脏以外的其他脏器检验无囊尾蚴者，亦不受限制出场；患病胴体剔下的皮下脂肪和体腔脂肪，可炼制食用油。

（2）只要猪、牛吃不到人的粪便，本病便可以控制。因此要做好人粪便的处理工作，使动物的饲料、饮水与放牧地点不受人粪污染。

## 棘球蚴病

棘球蚴病又称包虫病，是由棘球绦虫的幼虫寄生于人和猪、牛、羊等动物肝、肺及其他器官内所引起的一类人畜共患寄生虫病。棘球蚴不仅压迫组织器官造成其严重变形，而且由于囊泡破裂，囊液可导致再感染或过敏性疾患。其特征是营养障碍、消瘦、发育不良、衰竭、呼吸困难。对人畜造成严重危害，其中以绵羊和牛受害最重。人的感染通常是误食有棘球蚴的生肉或未煮熟肉而发生。

**（一）临诊检疫要点**

**1. 流行特点** 家畜中受害较重的是牛、羊、猪，特别是绵羊，在每年早春青黄不接时可引起大批死亡；牧区发生较多。传染源是犬、狼、狐等动物。

**2. 临床症状** 临诊表现有营养失调，消瘦，发育不良，乳、肉、毛的数量和质量下降。寄生于肝时右腹膨大，营养失调，极度衰弱，臌气，偶见黄疸。肺被寄生时呼吸困难，咳嗽，气喘，肺泡音微弱。棘球蚴囊液可引发人和畜剧烈的过敏反应，造成呼吸困难、体温升高、腹泻。猪感染棘球蚴后，症状一般不明显，生前诊断较困难，一般在屠宰后发现。

**3. 病理变化** 剖检可见肝、肺及其他脏器有棘球蚴包囊，常为球形，大小不等。囊壁厚，囊内充满液体，棘球蚴游离在囊液中，或单个存在或成堆（簇）寄生。用手触摸包囊稍坚硬而有波动感，与周围组织没有明显界限，有棘球蚴寄生的脏器局部凹陷，甚至萎缩。包囊壁厚而韧，切开包囊有黄白色液体流出，液体内有许多砂粒状白色颗粒。

**（二）实验室检测**

**1. 变态反应检测** 取新鲜棘球蚴囊液，无菌过滤，在动物颈部皮内注射 0.1～0.2mL，注射后 5～10min 观察，皮肤出现红肿，直径 0.5～2cm，15～20min 后成暗红色为阳性；迟缓型在 24h 内出现反应。24～28h 不出现反应者为阴性。

**2. 血清学检测** 间接血凝试验和酶联免疫吸附试验具有较高的敏感性和特异性，对动物和人的棘球蚴检出率较高。

**（三）检疫后处理**

（1）严重感染者，整个胴体和内脏做工业用或销毁；也可无害化处理后作为动物饲料，禁止将患病脏器任意抛弃或喂犬。病变轻微者，剔除病变部分销毁，其余部分高温处理后出场。

（2）严格饲养场地管理，做好饲料、饮水及圈舍的清洁卫生工作，防止被犬粪污染。

## 伪狂犬病

伪狂犬病是由伪狂犬病病毒引起的多种家畜和野生动物的一种急性、热性传染病。其特征为发热、奇痒和脑脊髓炎，但成年猪常有流产和死胎而无奇痒现象。

**（一）临诊检疫要点**

猪伪狂犬病
临诊检疫
要点

**1. 流行特点** 散发或呈地方流行性，冬、春季多见。家畜中猪、牛、羊、犬、猫、兔及某些野生动物都可感染，其中猪、牛最易感，除成年猪以外，其他动物患病后死亡率极高。本病可经消化道、呼吸道、损伤的皮肤以及生殖道传播感染。

**2. 临床症状**

（1）猪因感染年龄不同，其临诊特征也有所区别，新生猪常突然发病，倦怠，体温高达 41℃以上，发抖，运动不协调，震颤，痉挛，共济失调，角弓反张、癫痫，有的病猪后躯麻痹、转圈或游泳状动作，有的呕吐、腹泻，常发生大批死亡。断乳猪症状较轻，发热，精神不振，间或咳嗽、呕吐，有明显的神经症状，兴奋不安，乱跑乱碰，有前冲后退和转圈运动，呼吸困难，一般呈良性经过。妊娠母猪可发生流产、产死胎、弱胎和木乃伊胎儿。弱胎常于仔猪出生后 2～3d 死亡。成年猪一般呈隐性感染。

（2）牛、羊主要表现为发热、奇痒及脑脊髓炎的症状。身体某部位皮肤剧痒，使动物无休止地舐舔患部，常用前肢或用硬物摩擦发痒部位，有时啃咬痒部并发出凄惨叫声或撕脱痒部被毛。延髓受侵害时，表现咽麻痹、流涎、呼吸促迫、心律不齐和痉挛、吼叫，多在 48h 死亡。绵羊病程短，多于 1d 内死亡；山羊病程较长，有 2～3d。

**3. 病理变化** 猪剖检常见明显的脑膜充血及脑脊髓液增加，鼻咽部充血，扁桃体、咽喉部及其淋巴结有坏死病灶，肝、脾等实质脏器可见有 1～2mm 的灰白色坏死灶，心包液增加，肺可见水肿和出血点，这些都是本病特有的变化。组织学检查有非化脓性脑膜脑炎及神经节炎变化。牛、羊患部皮肤撕裂，皮下水肿，肺常充血、水肿，心外膜出血，心包积水。组织学病变主要是中枢神经系统呈弥漫性非化脓性脑膜脑脊髓炎及神经节炎，有明显的血管套及弥散性局部胶质细胞反应，同时伴有广泛的神经节细胞及胶质细胞坏死。

### （二）实验室检测

**1. 血清学检测**　取扁桃体、淋巴结病料，用伪狂犬病荧光抗体进行细胞染色，可快速查出伪狂犬病病毒。也可采用细胞中和试验，即用已知标准病毒抗原检验待检血清中的抗体。将被检血清 2 倍倍比稀释，56℃ 30min 灭活，与已知伪狂犬病病毒培养液等量混合，37℃感作 1h。每份血清混合感作液接种细胞培养孔 3 个，37℃培养 7d，逐日观察，以出现细胞病变为判定指标。呈现完全中和的血清判为阳性。

**2. 动物接种试验**　采取动物患部水肿液、病毒侵入部的神经干、脊髓以及脑组织，接种于家兔腹侧皮下，接种后 36～48h，注射部位可出现剧痒，并见家兔自行啃咬，直至脱毛、破皮出血，继而四肢麻痹，很快死亡。

此外还有包含体检查、补体结合试验、琼脂扩散试验、间接血凝试验和酶标抗体技术等。

### （三）检疫后处理

（1）发现病畜应急宰。胴体不瘦且病变较轻者，胴体、内脏高温处理后利用；病变明显者，胴体和内脏做工业用或销毁。

（2）被污染的用具、圈舍和环境用 2％氢氧化钠溶液或 10％石灰乳消毒。疫区的假定健康动物必须注射疫苗；开展灭鼠工作。做好引进检疫。

## 沙门氏菌病

沙门氏菌病是由沙门氏菌属细菌引起的各种动物和人共患的传染病。临诊上多表现为败血症和肠炎，也可使妊娠母畜发生流产。人食用了污染的动物肉和内脏，极易引起食物中毒和急性肠胃炎。

### （一）临诊检疫要点

**1. 流行特点**　各种年龄的畜禽都可感染，但幼年畜禽较成年者易感。3 周龄以内的雏鸡、1～4 月龄的仔猪、出生 30～40d 以后的犊牛、断乳期或断乳不久的羊最易感。本病一年四季均可发生。但猪在多雨潮湿季节发病较多，成年牛多于夏季放牧时发生，育成期羔羊常于夏季和早秋发病，妊娠母羊则主要在晚冬、早春季节发生流产，家禽多见于育雏季节发病。环境污秽、潮湿，棚舍拥挤，粪便堆积，通风不良，温度过低或过高，饲料和饮水供应不良；长途运输中气候恶劣、疲劳和饥饿、寄生虫和病毒感染；分娩、手术；母畜缺乳；新引进家畜未实行隔离检疫等因素均可诱发本病。

**2. 临床症状及病理变化**

（1）猪沙门氏菌病（猪副伤寒）。多发生于仔猪。急性型主要表现发热，虚弱，呼吸困难，耳根、胸前和腹下等处皮肤发红并出现紫斑。亚急性和慢性病例表现为肠炎，主要表现为消瘦、腹泻、排恶臭稀粪，粪内混有组织碎片或纤维素性渗出物。病程 2～3 周或更长，最后极度消瘦，衰竭而死。

宰后检疫急性型表现肝肿大、充血和出血，实质有针尖大小坏死点。脾肿大，暗紫色。全身黏膜、浆膜出血，肠系膜淋巴结肿大。亚急性和慢性型特征是在盲肠、结肠、回肠后段出现纤维素性坏死性肠炎，肠壁增厚，黏膜潮红，覆盖有纤维蛋白性坏死物，剥离后留下不规则状溃疡。肝、脾、肠系膜淋巴结肿大。

（2）禽沙门氏菌病。

①鸡白痢。本病各种年龄鸡均易感。病雏主要表现怕冷，尖叫，减食或废食。排乳白色稀薄黏腻粪便，肛门周围污秽，闭眼呆立，呼吸困难。病死率高，病程2～3d。剖检在心肌、肺、肝、盲肠、大肠及肌胃肌肉中有坏死灶或结节，胆囊肿大。盲肠中有干酪样物堵塞肠腔。有出血性肺炎，有的病雏肺有灰黄色结节和灰色肝变。

青年鸡（育成鸡）以腹泻，排黄色、黄白色或绿色稀粪为特征，病程较长。突出的剖检变化是肝肿大，可达正常的2～3倍，暗红色至深紫色，有的略带土黄色，表面可见散在的黄白色米粒大的坏死灶，质地极脆，易破裂，常见有内出血变化，腹腔内积有大量血水，肝表面有较大的凝血块。

鸡白痢临诊检疫要点

成年鸡呈慢性或隐性经过，主要表现腹泻，排出像"石灰渣"样稀粪，病鸡营养、发育不良，贫血，消瘦，产蛋少，产软蛋或停产。群体生产水平低下，常有零星死亡的弱鸡。成年母鸡剖检卵巢发育不良，卵泡变性、变形、变色、坏死，有的卵泡系带长而脆弱，卵泡落入腹腔，形成卵黄性腹膜炎。

②禽伤寒。常发生于中鸡、成年鸡和火鸡。雏鸡和雏鸭发病时，其症状与鸡白痢相似。

③禽副伤寒。以孵出两周内的幼禽发病较多。特别是6～10日龄幼雏，表现为嗜睡，呆立，头翅下垂，羽毛松乱，畏寒和水性腹泻，死亡迅速。

死于禽伤寒的雏鸡（鸭）病理变化与鸡白痢相似。成年鸡，最急性者眼观病理变化轻微或不明显，急性者常见肝、脾、肾充血肿大，亚急性和慢性病例，特征病理变化是肝肿大呈青铜色，肝和心肌有灰白色粟粒大坏死灶，卵子及腹腔病理变化与鸡白痢相同。禽副伤寒呈出血性肠炎变化，肺、肾出血，心包炎及心包粘连，心、肺、肝、脾有类似鸡白痢的结节。

（3）牛沙门氏菌病。成年牛患沙门氏菌病，表现体温升高，食欲废绝，呼吸困难，继而发生腹泻，粪中带血，有恶臭味，并混有纤维素絮片及黏膜。成年牛剖检可见急性出血性胃肠炎变化，表现肠黏膜潮红、出血，大肠黏膜有局限性坏死、脱落，肠系膜淋巴结水肿、出血。肝脂肪变性，有灰白色坏死结节。脾充血、肿大、柔软。肺有化脓性肺炎及坏死灶。

犊牛感染本病，表现体温升高，排出混有黏液、带血或纤维絮片粪便。有的病牛发生支气管肺炎症状。肝散在坏死结节，脾肿大，质地坚硬。肠系膜淋巴结肿大。肺呈纤维素性肺炎变化。

（4）羊沙门氏菌病。症状与猪和牛相似，母羊可发生流产。剖检可见出血性胃肠炎变化。

**（二）实验室检测**

**1. 病原学检查** 无菌采集肝、脾、肺、心、胆囊、肾、卵巢、睾丸等病料。镜检或分离培养鉴定细菌，发现沙门氏菌即可确诊。

**2. 血清学检测** 在大群鸡中检疫最常用的方法是全血平板凝集试验。鸡白痢全血平板凝集抗原与被检鸡全血在2min内出现明显颗粒凝集或块状凝集者为阳性反应。

**（三）检疫后处理**

（1）宰前检疫发现阳性动物应立即淘汰，胴体及无病变内脏高温处理后利用。有病变的内脏销毁处理，病死动物的尸体深埋或焚烧。

（2）对动物群进行药物预防和反复检疫。对病死畜禽污染的圈舍可用 2%～4%氢氧化钠溶液或 5%漂白粉溶液消毒。

## 钩端螺旋体病

钩端螺旋体病是由钩端螺旋体引起的一种人畜共患病和自然疫源性传染病。大多数家畜呈隐性感染，少数家畜急性发病。临诊表现形式多样，主要有发热、贫血、黄疸、血红蛋白尿、出血性素质、流产、皮肤和黏膜坏死、水肿等。

### （一）临诊检疫要点

**1. 流行特点**  钩端螺旋体的动物宿主非常广泛，几乎所有温血动物都可感染，其中啮齿目的鼠类是最重要的贮存宿主。本病发生于各年龄的家畜，但以幼畜发病较多。本病通过直接或间接方式传播，有明显的季节性，多发生在夏、秋季，感染率高，发病率低。暴雨洪水和饲养管理不良为发病流行诱因。

**2. 临床症状**  本病潜伏期 2～20d。短期发热，可视黏膜黄染或贫血，血红蛋白尿，皮肤和黏膜出血、坏死，孕畜流产。

（1）病猪体温升高，厌食，皮肤干燥，1～2d 全身皮肤和黏膜泛黄，尿浓茶样或血尿。有的在上下颌、头部、颈部甚至全身水肿，指压凹陷，妊娠母猪流产的胎儿有死胎、木乃伊胎，也有的产弱仔，常于产后不久死亡。

（2）犊牛发病后，发热达 41.5℃，溶血性贫血，尿血，食欲下降，心跳和呼吸加快。成年牛急性感染时，高热，稽留不退。食欲、反刍停止，泌乳停止，乳房松软，乳汁呈红色、暗黄色或橙黄色，妊娠母牛流产。

（3）犬精神沉郁、后躯肌肉僵硬和疼痛、不愿起立走动、呼吸困难、可视黏膜出现不同程度的黄染或出血。病犬口腔黏膜可见有不规则的出血斑和黄染；眼部可见有结膜炎症状。

**3. 病理变化**  剖检可见内脏广泛出血，黄疸以及肝和肾不同程度的损害。胃壁水肿。肠系膜淋巴结肿大。慢性型或轻型病例以肾的变化较为突出。

### （二）实验室检测

**1. 病原学检查**  取发热期的抗凝血或无热期的中段尿液、病料沉渣，采集后应立即处理，并进行暗视野直接镜检或用荧光抗体技术检查，病理组织中的菌体用吉姆萨染色或镀银染色后检查。钩端螺旋体纤细，螺旋盘绕规则紧密，菌端弯曲成钩状。

**2. 血清学检测**  凝集溶解试验：钩端螺旋体可与相应的抗体产生凝集溶解反应；抗体浓度高时发生溶菌现象（在暗视野检查时见不到菌体），抗体浓度低时发生凝集现象（菌体凝集成菊花样）。另外，还可用补体结合试验、酶联免疫吸附试验、间接血凝试验、间接荧光抗体技术等方法。

**3. 动物接种试验**  取经过处理的血液、尿液、病理组织悬液、脑脊髓液等腹腔接种于幼龄豚鼠、仓鼠或仔兔，3～5d 后如有体温升高、食欲减退、迟钝和黄疸症状即发病；剖检病变为广泛性黄疸和出血，肺部出血明显；取肝、肾制片镜检，可检出钩端螺旋体。

### （三）检疫后处理

（1）处于急性期或高度衰弱的病畜，不准屠宰；宰后发现有明显病变且胴体呈黄色并在一昼夜内不能消失的家畜，其胴体及内脏做工业用或销毁；宰后未见黄疸或黄疸较轻且胴体放置一昼夜后基本消失或仅留痕迹者，胴体及内脏高温处理后出场，肝销毁；皮张可用浸渍法加工或盐腌或使其保持干燥状态，经两个月后出场。

（2）确诊为钩端螺旋体病时，病畜隔离治疗，死畜销毁或化制。禁止将病畜或可疑病畜运入养殖场。彻底清除病畜舍的粪便及污物，进行生物热消毒。注意环境卫生，做好经常性灭鼠工作，保护水源清洁。在常发病地区，应该有计划地进行多价浓缩苗注射。

# 巴氏杆菌病

巴氏杆菌病是由多杀性巴氏杆菌引起的，发生于各种畜禽、野生动物和人类的一种传染病的总称。动物急性病例以败血症和炎性出血过程为主要特征，人的病例罕见，且多呈伤口感染。

## （一）临诊检疫要点

**1. 流行特点**　多种动物均可感染，猪、兔、鸡、鸭发病较多，发病受外界诱因影响较大。本病的发生无明显的季节性，但以冷热交替、气候剧变、闷热、潮湿、多雨时期发生较多。体温失调，抵抗力降低，是本病主要的发病诱因之一。此外，长途运输或频繁迁移、过度疲劳、饲料突变、营养缺乏、寄生虫等也常常诱发此病。因某些疾病的存在造成机体抵抗力降低，易继发本病。本病多呈散发性或地方流行性，同种动物能相互传染，不同种动物之间也偶见相互传染。

**2. 临床症状**

（1）猪肺疫。潜伏期1~5d，临诊上一般分为最急性型、急性型和慢性型。最急性型俗称"锁喉风"，突然发病，迅速死亡；病程稍长、病状明显的可表现体温升高（41~42℃），食欲废绝，呼吸困难，心跳加快；颈下咽喉部发热、红肿、坚硬，严重者向上延及耳根，向后可达胸前，病死率达100%。急性型是本病主要和常见的病型，除具有败血症的一般症状外，还表现出急性胸膜肺炎。体温升高（40~41℃），初发生痉挛性干咳，呼吸困难，鼻流黏稠液；后变为湿咳，咳时感痛，触诊胸部有剧烈的疼痛；病势发展后，呼吸更感困难，张口吐舌，呈犬坐姿势，可视黏膜发绀，常有黏脓性结膜炎。初便秘，后腹泻。末期心脏衰弱，心跳加快，皮肤出现淤血和小出血点。病猪消瘦无力，卧地不起，多因窒息而死。病程5~8d，不死的转为慢性。慢性型表现慢性胃肠炎和慢性肺炎，病猪呼吸困难，持续性咳嗽，鼻流脓性分泌物，食欲缺乏，腹泻，逐渐消瘦，衰竭死亡。

（2）禽霍乱。临床上分为最急性型、急性型和慢性型三型。最急性型见于流行初期，多发生于肥壮、高产鸡，表现为突然发病，迅速死亡。急性型最常见，表现为高热（43~44℃），口渴，昏睡，羽毛松乱，翅膀下垂；常有剧烈腹泻，排灰黄色甚至污绿色、带血样稀便；呼吸困难，口鼻分泌物增多，鸡冠、肉髯发紫；病程1~3d。慢性型见于流行后期，以肺、呼吸道或胃肠道的慢性炎症为特点；可见鸡冠、肉髯发紫、肿胀；有的发生慢性关节炎，表现为关节肿大、疼痛、跛行。

（3）牛出血性败血症（牛出败）。可分为败血型、水肿型和肺炎型，但大多表现为混合型。病牛精神沉郁，反应迟钝，喜卧；鼻镜干燥，流浆液性、黏液性鼻液，后期呈

禽霍乱临诊
检疫要点

脓性；眼结膜潮红，流泪；体温 41～42℃，呼吸、脉搏加快，肌肉震颤，食欲减退甚至废绝，反刍停止；病牛表现腹痛，腹泻，粪便初为粥状，后呈液状，其中混有黏液、黏膜及血液，恶臭；有时咳嗽或呻吟；部分病牛颈部、咽喉部、胸前的皮下组织出现炎性水肿。当体温下降时即迅速死亡，病程一般不超过 36h。

（4）兔出血性败血症。潜伏期 2～9d，高热、腹泻、肺炎、中耳炎、鼻炎。

**3. 病理变化**

（1）猪肺疫。剖检可见全身黏膜、浆膜和皮下组织大量出血，胸、腹腔有纤维素样附着物，肺大理石样病变，咽喉周边组织出血性浆液浸润；全身淋巴结出血，切开呈红色；切开颈部皮肤，可见大量胶冻样淡黄色液体。

（2）禽霍乱。病变相似，全身的皮肤、皮下、肌肉、浆膜、黏膜（尤其呼吸道、消化道黏膜）均有出血点；肝肿大，质脆，表面常有密集或散在的针尖大的黄白色或灰白色坏死灶。脾肿大，可见小的坏死点。多发性关节炎病例，常见关节肿大、变形和炎性渗出物以及干酪样坏死。

（3）牛出血性败血症（牛出败）。败血性病牛，内脏器官充血或出血；黏膜、浆膜以及肺、舌、皮下组织和肌肉均有出血点；脾无变化或有出血点；肝实质变性；淋巴结水肿，切面多汁，呈暗红色；腹腔内有大量的渗出液；肺切面呈绿色、黑红色、灰白色或灰黄色，呈大理石样；肿胀部位皮下结缔组织呈现胶样浸润，切开有浅黄色或深黄色透明液体流出，夹杂血液。

（4）兔出血性败血症。剖检可见各实质脏器如心、肝、脾以及淋巴结充血、出血；喉头、气管、肠道黏膜有出血点。胸腔积液，有时有纤维素性渗出物；心脏肥大、心包积液；肺充血、出血，甚至发生肝变，严重者胸腔蓄积纤维素性脓液或肺部化脓。

**（二）实验室检测**

**1. 病原学检查**　取病死动物肝触片，瑞氏染色，镜检，即发现大量两极着色的小杆菌。取病变淋巴结、肝、脾、肾渗出液或水肿液等病料接种于鲜血琼脂平板，37℃培养 24h，长出圆形、湿润、灰白色、露珠状的小菌落。取分离培养物涂片，革兰氏染色，镜检，为革兰阴性小杆菌。取分离培养物或病料混悬液，皮下接种小鼠，一般在 24～48h 死亡，及时解剖病死小鼠，取肝触片，染色镜检，可检出巴氏杆菌。

多杀性巴氏杆菌在 48h 内可分解葡萄糖、果糖、蔗糖和甘露糖，产酸不产气。甲基红（MR）试验和 V－P 试验均为阴性。接触酶和氧化酶试验均为阳性。不液化明胶。

**2. 血清学检测**　玻片凝集试验，用每毫升含 10 亿～60 亿菌体的抗原，加上被检动物的血清，在 5～7min 发生凝集的为阳性。另有血液龙胆紫培养基培养法、噬菌体诊断法等。

**（三）检疫后的处理**

（1）宰后检疫肌肉无病变或病变轻微时，将病变部位割除，胴体及内脏高温处理后出场；肌肉有病变时，胴体、内脏与血液做工业用或销毁。皮张消毒后出场。

（2）确诊为巴氏杆菌病时，病畜禽不得调运，采取隔离治疗措施；假定健康畜禽，紧急预防接种；病死畜禽深埋或焚烧；圈舍全面消毒。

## 疥癣病

疥癣病是由疥螨和痒螨寄生于家畜体表而引起的一种慢性寄生虫性皮肤病，以牛、羊、猪、兔多发，其特征为剧痒、湿疹性皮炎及脱毛。绵羊疥癣属于三类动物疫病。

螨病临诊
检疫要点

### （一）临诊检疫要点

**1. 流行特点**　多种畜禽都易感，绵羊、牛等受害最严重。炎热季节发病少，病情轻，寒冷季节发病多，病情重。散发或地方流行性。

**2. 临床症状及病理变化**　患病动物因患部皮肤剧痒而频频摩擦，发炎形成淡黄色痂皮，患部脱毛，皮肤粗糙肥厚。或在嘴唇周围、口角两侧部位形成白色坚硬胶皮样痂皮。随时间延长而日渐消瘦。

### （二）实验室检测

**1. 活螨检查**　将病料置于载玻片上，滴加50%甘油，盖上盖玻片，搓动玻片压碎皮屑，用低倍镜检查，发现活螨，即可确检。

**2. 死螨检查**　将病料装入试管，加5～10倍量的10%氢氧化钠溶液，加热，待病料中大部分痂皮溶解后，低速离心5min，取沉渣低倍镜检查。疥螨略呈圆形，似鳖状，长0.2～0.5mm，体表有横纹和鳞片，颚体（口器）短，腹面有4对粗短的足。痒螨呈长圆形，长0.3～0.9mm，颚体长，足较长，前2对比后2对粗大。

### （三）检疫后处理

发现患病动物，立即隔离治疗。对同群健康动物采取全面杀虫、消毒等综合防控措施。

## 模块二　常见共患疫病的鉴别检疫要点

### （一）以急性发热为主的共患疫病

**1. 多数病例以急性发热为主的共患疫病**

（1）口蹄疫。急性发热伴有口、蹄水疱、烂斑。

（2）炭疽。急性发热伴有黏膜紫绀，天然孔流血，血凝不良。

（3）巴氏杆菌病。急性发热伴有呼吸障碍。

（4）恶性水肿。急性发热伴有创伤。

（5）伪狂犬病。急性发热的同时，牛伴有奇痒。

（6）梨形虫病。急性发热伴有黄疸、血尿和贫血。

（7）副伤寒。急性发热伴有腹泻，粪便恶臭。

**2. 少数病例有发热症状的共患疫病**

（1）钩端螺旋体病。少数病例有急性短期发热，同时伴有黄疸、血红蛋白尿和黏膜坏死。

（2）结核病。少数病例有发热，但其发热为长期发热，伴有咳嗽和体表淋巴结肿大。

（3）弓形虫病。少数病例有急性发热，伴有皮肤紫斑、血便和后躯麻痹。

（4）旋毛虫病。部分病例有慢性发热，伴有肌肉疼痛。

（5）日本血吸虫病。发热伴有腹泻、贫血和衰弱。

（6）流行性乙型脑炎。马发热伴有中枢神经机能障碍。

（7）锥虫病。部分病例有发热，但其发热多呈间歇热、不定型热，伴有黄疸、贫血、四肢肿胀，皮肤坏死和黏膜出血。

### （二）以皮肤局部炎性肿胀为主的共患疫病

**1. 急性皮肤局部炎性肿胀的共患疫病**

（1）炭疽。皮肤局部炎性肿胀多发生在体侧及口腔、直肠黏膜。指压无捻发音，伴有天然孔流血。

（2）巴氏杆菌病。皮肤局部炎性肿胀多发生在咽喉部位和冠、髯，指压无捻发音，伴有呼吸障碍。

（3）恶性水肿。皮肤局部炎性肿胀多发生在创伤部位，指压有捻发音。

（4）仔猪水肿病。局部肿胀多发生在头面部，并伴有神经症状。

**2. 慢性皮肤局部炎性肿胀的共患疫病**

猪水肿病临诊
检疫要点

（1）钩端螺旋体病。少数亚急性慢性病猪，在头部上下颌、颈部甚至全身有水肿，但水肿多发生于头部，并伴有黄疸、茶色尿。

（2）锥虫病。四肢、腹、胸、外生殖器、唇等部位水肿，但水肿偏重于外生殖器部位，伴有眼结膜特殊的油脂样色泽和出血斑。

（3）旋毛虫病。患病局部皮肤肌肉有肿胀，肿胀的肌肉有疼痛感，伴有腹泻。

### （三）以流产为主的共患疫病

**1. 以流产为主，其他症状不明显的共患疫病**

（1）布鲁氏菌病。流产时，流产胎儿皮下、黏膜、浆膜出血，胎衣水肿，附有纤维素性渗出物。

（2）马沙门氏菌病。流产集中发生于产驹季节，均死胎，流产胎儿皮下、浆膜出血，胎衣水肿，附有出血点。

（3）流行性乙型脑炎。流产有季节性，流产胎儿大小不一且差别很大。有正常胎儿，有木乃伊胎，有刚死亡不久的胎儿，有的生后不久即死亡。

（4）伪狂犬病。流产无季节性，以死胎为主。

**2. 流产伴有其他特征症状的共患疫病**

（1）钩端螺旋体病。流产兼有发热，贫血，黄疸，血红蛋白尿；皮肤黏膜坏死，水肿。

（2）野兔热。流产，兼有高热，麻痹，体表淋巴结肿大。

（3）锥虫病。伊氏锥虫病流产兼有间歇热，贫血，黄疸，皮下水肿，黏膜出血，皮肤坏死。

（4）弓形虫病。流产兼有发热，呼吸困难，淋巴结肿大。

（5）血吸虫病。流产兼有腹泻，血便，贫血消瘦，衰弱无力。

### （四）以肺部症状为主的共患疫病

（1）结核病。具有肺部症状的同时，呈慢性经过，渐进性消瘦，体表淋巴结肿大。

（2）巴氏杆菌病。肺部症状明显的同时，呈急性经过，高热，咽部肿胀。

（3）弓形虫病。肺部症状明显的同时，病情经过较快，体表淋巴结肿大。

## 实训九　布鲁氏菌病的检疫

### 【目的要求】

1. 了解布鲁氏菌病的临诊检疫及变态反应检测法。
2. 学会试管与平板凝集试验、全乳环状凝集试验的操作方法及判定标准。
3. 掌握布鲁氏菌病病原学检查的程序和方法。

### 【实训材料】

待检病畜或样本，无菌采血试管、采血针头及注射器、皮内注射器、注射针头，布鲁氏菌水解素，5%碘酊棉球，70%酒精棉球，来苏儿或新洁尔灭，毛巾，脸盆，工作服，灭菌小试管及试管架，清洁灭菌吸管（0.2 mL、1 mL、5 mL、10 mL），平板凝集试验箱，清洁玻璃板（20 cm×25 cm），酒精灯，牙签或火柴，0.5%苯酚生理盐水或5%～10%的浓盐水，布鲁氏菌试管凝集抗原及平板凝集抗原，全乳环状试验抗原，布鲁氏菌标准阳性血清，布鲁氏菌标准阴性血清，玻璃笔，接种环，酒精灯，血清肝汤琼脂培养基，显微镜，常用染色液，恒温培养箱等。

### 【方法步骤】

#### （一）临诊检疫

**1. 流行病学调查**　了解患病家畜的种类、发病数量及饲养管理和畜群的免疫接种情况。

**2. 临诊观察**　根据布鲁氏菌病的症状进行仔细观察，特别注意家畜生殖系统变化。最显著症状是妊娠母畜发生流产，流产后可能发生胎衣滞留和子宫内膜炎，从阴道流出污秽不洁、恶臭的分泌物。新发病的畜群流产较多；老疫区畜群发生流产的较少，但发生子宫内膜炎、乳腺炎、关节炎、胎衣滞留、久配不孕的较多。公畜往往发生睾丸炎、附睾炎或关节炎。

**3. 病理剖检**　对流产胎儿及胎衣仔细观察，结合学过的知识注意观察特征性的病理变化，胎儿皮下及肌肉间结缔组织出血性胶样浸润，黏膜浆膜有出血斑点，胸腔、腹腔有微红色液体，肝、脾、淋巴结不同程度的肿大等。

#### （二）实验室检测

**1. 血清学检测**　无菌采血7～10 mL于灭菌试管内，摆成斜面让血液自然凝固，经10～12h，待血清析出后，分离血清装入灭菌小瓶内。有时血清析出量少，或血清蓄积于血凝块之下，可用灭菌细铁丝或接种环沿着试管壁穿刺，使血凝块脱落管壁，然后放于冷暗处，使血清充分析出。

（1）试管凝集试验。

①操作方法。取康氏试管8支，立于试管架上，用玻璃笔在每支试管上编号，按表实9-1加样，置37℃ 4～10 h，再置室温18～24 h，观察记录结果。与此同时，每次凝集试验应有阳性血清（1∶800）、阴性血清（1∶25）对照和抗原对照，标准阳性、阴性血清经1∶25稀释后分别取0.5 mL与等量抗原混合，抗原对照是抗原0.5 mL加盐水0.5 mL混合。

表实 9 - 1 布鲁氏菌试管凝集试验加样表

单位：mL

| 试管号 | 1 | 2 | 3 | 4 | 5 | 6 | 7 | 8 |
|---|---|---|---|---|---|---|---|---|
| 稀释倍数 | 1：12.5 | 1：25 | 1：50 | 1：100 | 1：200 | 阳性血清对照 | 阴性血清对照 | 抗原对照 |
| 生理盐水<br>被检血清<br>抗原 | 2.3<br>0.2<br> | 0.5<br>0.5<br>0.5 | 0.5<br>0.5<br>0.5 | 0.5<br>0.5<br>0.5 | 0.5<br>0.5<br>0.5 | 0.5<br>弃0.5<br> | 0.5<br><br> | 0.5<br><br> |

②记录反应结果。

抗原全部凝集，试管底部有明显伞状凝集物，液体完全透明，以＋＋＋＋表示；

75％抗原被凝集，试管底部有明显伞状凝集物，以＋＋＋表示；

50％抗原被凝集，试管底部有伞状凝集物，液体中度混浊，以＋＋表示；

25％抗原凝集，则试管底部有少量伞状沉淀，液体透明不明显，混浊，以＋表示；

若抗原完全不凝集，试管底部无伞状凝集物，只有圆点状的沉淀物，液体完全混浊，以一表示。

③判定标准。发生＋＋凝集的最高血清稀释倍数为该血清的凝集价。羊、猪和犬血清凝集价 1：50 以上为阳性，1：25 为可疑；大家畜和人 1：100 以上为阳性，1：50 为可疑。

（2）平板凝集试验。

①操作方法。最好用平板凝集试验箱。无此设备可用清洁玻璃板，划分 4 cm×4 cm方格若干，用 0.2 mL 吸管吸取血清按 0.08 mL、0.04 mL、0.02 mL 及 0.01 mL 的剂量，分别加于一排 4 个方格内（表实 9 - 2），吸管需稍斜并接触玻璃板，然后每格血清上垂直滴加平板凝集抗原 0.03 mL，以牙签或火柴棒将血清与抗原混合均匀，使其形成直径约 2 cm 的圆形涂层，一根牙签或火柴棒只用于一份血清，稀释混合的顺序由后依次向前进行，拿起玻璃板轻摇，使充分混合，防止水分蒸发，5～8 min 后观察记录结果。

表实 9 - 2 布鲁氏菌平板凝集试验加样表

单位：mL

| 序号 | 1 | 2 | 3 | 4 | 对照试验 | | |
|---|---|---|---|---|---|---|---|
| | | | | | 阳性对照 | 阴性对照 | 抗原对照 |
| 被检血清 | 0.08 | 0.04 | 0.02 | 0.01 | 标准阳性血清 0.03 | 标准阴性血清 0.03 | 生理盐水 0.03 |
| 抗原 | 0.03 | 0.03 | 0.03 | 0.03 | 0.03 | 0.03 | 0.03 |

②记录反应结果。

若 100％抗原被凝集，出现大凝集片和小的粒状物，液体完全透明，记为＋＋＋＋；

若 75％抗原被凝集，有明显凝集片和颗粒，液体几乎完全透明，记为＋＋＋；

若 50% 抗原被凝集，有可见凝集块和颗粒，液体不甚透明，记为++；

若 25% 抗原被凝集，仅可见颗粒，液体混浊，记为+；

若无凝集现象，记为"—"。

③判定标准。与试管凝集试验相同。

（3）虎红平板凝集试验。这种试验是快速玻片凝集试验。抗原是由布鲁氏菌加虎红制成。它可与试管凝集试验及补体结合试验效果相比，且在犊牛菌苗接种后不久，以此抗原做试验就呈现阴性反应，对区别菌苗接种与动物感染有帮助。

①材料准备。布鲁氏菌虎红平板试验抗原，可按说明书使用。

②操作步骤。将被检血清和布鲁氏菌虎红平板凝集抗原各 0.03mL 滴于玻璃板的方格内，每份血清各用一根牙签或火柴棒混合均匀。在室温（20℃）下作用 4~10min 记录反应结果。同时以阳、阴性血清做对照。

③结果判定。在阳性血清及阴性血清试验结果正确的对照下，被检血清出现任何程度的凝集现象均判为阳性，完全不凝集的判为阴性，无可疑反应。

（4）全乳环状试验。本法是用于检查无布鲁氏菌病奶牛群有无布鲁氏菌感染的适宜方法。全乳环状试验抗原用苏木紫染成蓝色，或用四氮唑染成红色。

①操作方法。取新鲜全脂乳 1mL 于小试管内，加入抗原 1 滴约 0.05mL，旋转试管数次，混合均匀，放于 37℃温箱中 1h，取出判定结果。

②判定标准。

阳性反应（+）：上层乳脂环着色明显（蓝或红），乳脂层下的乳柱为白色或着色轻微。

阴性反应（—）：乳脂层白色或轻微着色，乳柱显著着色。

可疑反应（±）：乳脂环与乳柱的颜色相似。

（5）变态反应试验（布鲁氏菌水解素皮内变态反应）。

①试验方法。本法用于羊的布鲁氏菌病检疫。在羊的尾根皱褶或肘关节无毛处，用酒精棉球消毒后，皮内注射布鲁氏菌水解素 0.2 mL，在注射部位形成绿豆大小的水疱。分别在注射后 24 h 和 48 h 进行肉眼观察或触诊检查。

②判定标准。注射部位出现明显水肿，无须触诊凭肉眼即可察出者，判为阳性（+）；注射部位水肿不明显，需触诊注射部位，并与对侧比较才能察觉者，判为可疑（±）；注射部位无任何反应，或仅出现一个小硬结者，判为阴性（—）。可疑反应羊经 30d 后复检，如无反应则判为阴性，如仍为可疑者判为阳性。

**2. 病原检查**

（1）细菌培养。取流产胎儿胎衣、绒毛膜水肿液、肝、脾、淋巴结或其胃内容物、羊水、胎盘的病变部位，无菌操作，用接种棒蘸取病料，在血清肝汤琼脂培养基上划线，37℃温箱内培养 2~3 d，取出观察结果，如平板上有湿润、闪光、无色、圆形、隆起、边缘整齐的小菌落，则为布鲁氏菌的可疑菌落。

（2）镜检。取培养基的典型菌落涂片，用革兰氏法染色后镜检：布鲁氏菌呈单个散在，少数呈短链、无芽孢、无荚膜的短小杆菌，革兰氏阴性；用柯兹罗夫斯基染色法染色后镜检：布鲁氏菌为红色球杆状小杆菌，而其他菌为蓝色。

**【注意事项】**

（1）采血针头、试管使用前必须经过彻底灭菌；每头被检家畜用一个针头，采血后置于消毒液中。

（2）采血时务必使血液沿管壁流入，不要出现气泡。

（3）血清检样必须新鲜，无溶血和腐败，若不能尽早检验，应在血清中加入防腐剂。

（4）每份被检血清必须注明编号。

（5）检查羊血清时，用含有 0.5％苯酚的 10％盐水代替生理盐水稀释抗原和血清。

（6）为了结果的准确判定，每次检疫必须做对照实验。

（7）大群检疫时，为节约时间，大家畜做 1∶100 和 1∶50，小家畜做 1∶50 和 1∶25 两个稀释倍数。

**【实训报告】**

1. 布鲁氏菌病细菌学检查实习报告。

2. 布鲁氏菌病试管凝集试验的操作方法与检验结果报告。

# 实训十　奶牛结核病的检疫

**【目的要求】** 熟悉牛结核病的检疫要点，掌握变态反应检疫的操作步骤、结果判定，能正确完成牛结核病的检疫。

**【实训材料】** 待检牛，鼻钳，毛剪，镊子，游标卡尺，皮内注射器和针头，煮沸消毒锅，酒精，脱脂棉，纱布，牛分枝杆菌提纯菌素，记录表，来苏儿，线手套，工作服，工作帽，口罩，胶靴，牛结核病料，潘氏斜面培养基，甘油肉汤，接种环，酒精灯，培养箱，匀浆机，石蜡，火柴，毛巾，肥皂等。

**【方法步骤】**

**（一）临诊检疫**

**1. 流行病学调查** 询问牛的引进及饲养管理情况，发病数量及病程长短等。

**2. 临诊观察** 参照牛结核病的临床诊断要点仔细观察，有无逐渐消瘦，咳嗽、呼吸困难，鼻腔分泌物是否增多，体表淋巴结是否肿大，检查乳房是否对称，乳房淋巴结是否肿大，特别要注意营养状况、呼吸道及消化道症状。

**3. 病理剖检** 对疑为结核病牛尸体进行剖检时，观察特征性的病理变化，注意观察肺部、胸腹膜上有无结核结节。

**（二）变态反应检测**

用牛分枝杆菌提纯菌素（PPD）进行变态反应试验，出生后 20d 的牛即可用本试验进行检疫。

**1. 注射部位** 将牛编号后在颈侧中部上 1/3 处，3 个月以内的犊牛，也可在肩胛部进行，局部剪毛（或提前一天剃毛），直径约 10 cm，用卡尺测量术部中央皮皱厚度，做好记录。如术部有变化时，应另选部位或在对侧进行。

**2. 注射方法** 以 75％酒精棉球消毒术部，不论大小牛，一律皮内注射 10 000 IU，即将牛分枝杆菌提纯菌素（PPD）稀释成每毫升 100 000 IU 后，皮内注射 0.1 mL，注射后局部应出现小丘。冻干菌素稀释后应当天用完。如注射有疑问时，应另选 15cm 以外的部位或对侧重做。

**3. 观察反应**　皮内注射后经 72 h 判定，仔细观察局部有无热痛、肿胀等炎性反应，并以卡尺测量皮皱厚度，做好详细记录（表实 10-1）。对疑似反应牛应在另一侧以同一批菌素同一剂量进行第二回皮内注射，再经 72 h 观察反应。

如有可能，对阴性和疑似反应牛，于注射后 96h 和 120h 再分别观察一次，以防个别牛出现较晚的迟发型变态反应。

### 表实 10-1　牛结核病检疫记录表

单位：　　　　　　　　　　　　　　　　　　　　　年　　月　　日　官方兽医：

| 编号 | 牛号 | 年龄 | 分枝杆菌提纯菌素皮内注射反应 | | | | | | | | 判定 |
| --- | --- | --- | --- | --- | --- | --- | --- | --- | --- | --- | --- |
| | | | 次数 | | 注射时间 | 部位 | 原皮厚（mm） | 注射后皮厚（mm） | | | |
| | | | | | | | | 72h | 96h | 120h | |
| | | | 第　次 | 一回 | | | | | | | |
| | | | | 二回 | | | | | | | |
| | | | 第　次 | 一回 | | | | | | | |
| | | | | 二回 | | | | | | | |
| | | | 第　次 | 一回 | | | | | | | |
| | | | | 二回 | | | | | | | |
| | | | 第　次 | 一回 | | | | | | | |
| | | | | 二回 | | | | | | | |
| | | | 第　次 | 一回 | | | | | | | |
| | | | | 二回 | | | | | | | |

受检头数＿＿＿＿＿＿　阳性头数＿＿＿＿＿＿　疑似头数＿＿＿＿＿＿　阴性头数＿＿＿＿＿＿

**4. 结果判定**

阳性反应：局部疼痛、发热、水肿等，炎性反应明显，皮厚差等于或大于 4 mm（对进口牛的检疫，皮厚差大于 2 mm）者，判为阳性，记为（＋）。

疑似反应：局部炎性反应不明显，皮厚差在 2.1～3.9 mm，判为疑似，其记录符号为（±）。

阴性反应：无炎性反应，皮厚差在 2 mm 以下，判为阴性其记录符号为（—）。

凡判定为疑似反应的牛，于第一次检疫 30 d 后进行复检，其结果仍为可疑反应时，经 30～45d 再复检，如仍为疑似反应，应判为阳性。

### （三）病原学检测

**1. 病料处理**　根据感染部位的不同采用不同的标本，如痰、尿、脑脊液、腹水、乳及其他分泌物等。为了排除分枝杆菌以外的微生物，组织样品制成匀浆后，取 1 份匀浆加 2 份草酸或 5% 氢氧化钠溶液混合，室温放置 5～10 min，上清液小心倒入装有小玻璃珠带螺帽的小瓶或小管内，37℃ 放置 15 min，3 000～4 000 r/min 离心 10 min，弃去上清液，用无菌生理盐水洗涤沉淀，并再离心。沉淀物用于镜检或分离培养。

**2. 分离培养**　将沉淀物接种于潘氏斜面琼脂和甘油肉汤，培养管加橡皮塞，置

37℃下培养2～4周，每周检查细菌生长情况，并在无菌环境中换气2～3 min。牛分枝杆菌呈淡黄微白色、湿润、黏稠、微粗糙菌落。取典型菌落涂片、染色、镜检可确诊。分枝杆菌革兰氏染色阳性（菌体呈蓝紫色），抗酸染色菌体呈红色。

**【注意事项】**

1. 利用变态反应检疫牛结核病时，注射方法必须正确，剂量准确。

2. 用游标卡尺测量皮肤厚度时，松紧度应适宜。结果观察时，不要更换检疫人员，减少人为误差。

**【实训报告】**写出观察记录皮内变态反应的结果并进行判定，填写牛结核病检疫记录表。

## 实训十一　旋毛虫病的检疫

**【目的要求】**熟悉旋毛虫病临诊检疫的操作要点，掌握肌肉压片检查法，了解肌肉消化检查法，认识旋毛虫。

**【实训材料】**弓形剪刀，镊子，旋毛虫压片器或载玻片，肌旋毛虫玻片标本，显微镜，1%稀盐酸，10%稀盐酸，50%甘油溶液，研磨器，消化液（胃蛋白酶），天平，贝尔曼氏幼虫分离装置，污物桶等。

**【方法步骤】**

**(一) 临诊检疫**

感染旋毛虫病的猪一般有一定的耐受性，虫体对猪的影响较小，主要病变在肌肉。感染严重的猪出现营养不良、肌肉痉挛、运动障碍、发热、吞咽、咀嚼困难及发痒等症状为临诊检疫要点。

**(二) 实验室检查**

**1. 肌肉压片法检查**

(1) 采样。用弓形剪刀剪取猪胴体左右两侧膈肌脚各一块30～50g的肉样，并与胴体编成同号。如果被检对象是部分胴体可从腰肌、肋间肌或咬肌等处采样。

(2) 制片。用剪刀顺着肌纤维的方向，分别在两块肉样（每块肉样两面不同部位各剪取6粒）中剪取12个麦粒大小的肉粒（要特别注意选择剪取目检时发现的可疑病灶），分两排分布在旋毛虫压片器上。如用载玻片，则每玻片分两排放6粒，共两枚玻片。然后盖上玻片，旋动夹压片或用力压迫载玻片。可透过压薄肉粒清晰地看到报纸上的小号字为宜。

(3) 镜检。将制好的压片，置于50～100倍低倍镜下仔细观察。要求从压片的第1个肉粒开始，按照肌纤维的方向逐一检查24个肉粒，不得漏检。视野中的肌纤维为微黄色。

(4) 判定。

①未形成包囊的旋毛虫，在肌纤维之间，虫体呈蚯蚓样的直线状或微弯曲状，有时因压片时压力过大而把虫体挤在压出的肌浆中。

②形成包囊后的旋毛虫，在肌纤维间可以看到发亮、透明、圆形或椭圆形的包囊，内有卷曲的旋毛虫幼虫。一般情况下，一个包囊内有一条幼虫，偶尔会有两条以上的幼虫。

③钙化的包囊幼虫，镜下检查呈黑色的团块状。在肉样中滴加适量的 10％稀盐酸，待钙化灶溶解后再进行镜检。可见到完整的幼虫虫体或虫体片段，此为包囊钙化，或见到断裂成段、模糊不清的虫体，此为幼虫本身钙化。前者钙化是从包囊腔两端开始，逐渐向中间扩展；后者钙化是从虫体本身开始，逐渐向包囊边缘扩展。

④机化的包囊幼虫，因虫体周围的结缔组织增生，使包囊明显增厚，压片镜检时呈较大的白点或云雾状，此时在肉样中滴加适量 50％甘油溶液，数分钟后待检样透明清晰，镜检可见虫体或崩解后虫体的片段。

**2. 消化法检查**　利用胃蛋白酶消化肌肉组织而旋毛虫虫体不被消化的特点，将肌肉组织溶解后，镜检沉淀物检查有无旋毛虫。

首先将肉样中的腱膜、肌筋及脂肪去除，后用剪刀剪碎并研磨。称量 25g 后置于 600mL 三角烧瓶中，加入 1％的稀盐酸消化液，在 37℃恒温箱中搅拌消化 8～15h，然后将烧瓶移入冰箱中冷却。消化后的肉汤通过贝尔曼氏装置滤过，过滤后再倒入 500mL 冷水静置 2～3h 后倾去上层液，取 10～30mL 沉淀物镜检。

**3. 虫体识别**　将肌旋毛虫玻片标本放置于 50～100 倍的显微镜下，观察旋毛虫的形态、大小以及寄生的部位。

**【实训报告】**根据检查结果，写一份关于猪旋毛虫的检疫报告。

### ❖❖ 职业测试

1. 某个体养猪场兽医技术人员向所在县动物卫生监督所报告，该场育肥猪舍内有多头猪出现发热、精神不振、食欲减退、流涎；蹄冠、蹄叉、蹄踵部出现水疱，水疱破裂后表面出血，形成暗红色烂斑，感染造成化脓、坏死、蹄壳脱落，卧地不起；鼻盘、口腔黏膜、舌、乳房出现水疱和糜烂等症状。假如你是在现场检疫的官方兽医，你将做何判断并将采取哪些处理措施？如何进行实验室检测？

2. 某奶牛场兽医技术人员向所在镇畜牧兽医站反映，该场一头青年奶牛出现渐进性消瘦，咳嗽，顽固性腹泻，粪中混有黏液状脓汁等症状，怀疑感染结核病。假如你是官方兽医，在检疫中发现此种病例，你认为如何才能确检？应该如何处理？

3. 某执业兽医向所在县动物卫生监督所报告，其在当地某奶牛场出诊时发现该场孕牛出现流产、死胎或产弱胎，生殖道炎症、胎衣滞留，持续排出污灰色或棕红色恶露以及乳腺炎症状。假如你是在现场检疫的官方兽医，你将做何判断并将采取哪些处理措施？如何进行实验室检测？

4. 某梅花鹿养殖场兽医技术人员向所在县动物卫生监督所报告，该场 2 只梅花鹿出现高热、呼吸增速、心跳加快；食欲废绝，可视黏膜发绀，突然倒毙；天然孔出血、血凝不良呈煤焦油样、尸僵不全；体表、直肠、口腔黏膜等处发生炭疽痈等症状。假如你是在现场检疫的官方兽医，你将做何判断并将采取哪些处理措施？如何进行实验室检测？

5. 某执业兽医向当地畜牧兽医站报告，其在当地某商品猪场出诊时发现该场几头病猪表现为咽喉、颈、肩胛、胸、腹、乳房及阴囊等局部皮肤出现红肿热痛，坚硬肿块，继而肿块变冷，无痛感，最后中央坏死形成溃疡；颈部、前胸出现急性红肿，呼吸困难、咽喉变窄，窒息死亡等症状，怀疑感染了炭疽，已指导猪场对发病猪进行了扑杀，并将死猪进行焚烧深埋处理。如果你是现场检疫的官方兽医，对此疫情你将做何处理？

6. 某种鸡场育雏舍的雏鸡出现食欲减退或废绝、畏寒，尖叫；排乳白色稀薄黏腻粪便，肛门周围污秽；闭眼呆立、呼吸困难；偶见共济失调、运动失衡、肢体麻痹等神经症状，鸡场兽医人员怀疑此批雏鸡感染鸡白痢。如果你是现场检疫的官方兽医，对此疫情你将做何处理？如何确检？

7. 某个体猪场场主向所在镇畜牧兽医站反映，该场部分育肥猪出现高热；呼吸困难，继而哮喘，口鼻流出泡沫或清液；颈下咽喉部急性肿大、变红、高热、坚硬；腹侧、耳根、四肢内侧皮肤出现红斑，指压褪色等症状，怀疑感染猪肺疫。假如你是在现场检疫的官方兽医，你将做何判断并采取哪些处理措施？如何进行实验室检测？

★　参考答案见附录三。

# 项目七

## 猪疫病的检疫

| 项目描述 | 我国是世界养猪生产的第一大国，无论是生猪养殖规模还是猪肉消费量均居世界第一，养猪业已成为我国畜牧业的支柱产业。但猪瘟、非洲猪瘟、猪水疱病、高致病性猪蓝耳病、猪繁殖与呼吸综合征（经典猪蓝耳病）、猪链球菌病、副猪嗜血杆菌病、猪支原体肺炎、猪传染性胃肠炎、猪密螺旋体痢疾、猪圆环病毒病、猪传染性萎缩性鼻炎、猪丹毒等猪疫病防控形势严峻，严重危害养猪业发展，开展上述疫病的检疫是促进养猪业健康发展的重要举措。猪疫病的检疫内容是官方兽医、执业兽医开展动物防疫检疫工作必备的基础知识和技能。 | | |
|---|---|---|---|
| 建议学校学时 | 8学时 | 建议企业学时 | 8学时 |
| 本项目教学目标 | | | |
| 应知知识 | 掌握猪瘟、非洲猪瘟、猪水疱病、高致病性猪蓝耳病、猪繁殖与呼吸综合征（经典猪蓝耳病）、猪链球菌病、副猪嗜血杆菌病、猪支原体肺炎、猪传染性胃肠炎、猪密螺旋体痢疾、猪圆环病毒病、猪传染性萎缩性鼻炎、猪丹毒等猪疫病的定义、流行特点、临床症状及病理变化；熟悉以上各种病的实验室检测方法；掌握以上各种病的检疫后处理方法；熟悉猪常见疫病的鉴别检疫要点。 | | |
| 应会能力 | 能在临床上、检疫中根据流行特点、临床症状及病理变化对猪瘟、非洲猪瘟、猪水疱病、高致病性猪蓝耳病、猪繁殖与呼吸综合征（经典猪蓝耳病）、猪链球菌病、副猪嗜血杆菌病、猪支原体肺炎、猪传染性胃肠炎、猪密螺旋体痢疾、猪圆环病毒病、猪传染性萎缩性鼻炎、猪丹毒病等病例初步识别（初步检疫）；会独立或在指导下对以上疫病病例进行病原学、血清学等的实验室检测；能对临床具有相同或相似症状的病例做出鉴别检疫。 | | |
| 应备素质 | 养成运用应知知识和应会能力指导动物检疫实践的习惯；养成在检疫工作中加强个人防护的职业习惯；懂得在动物检疫工作中如何与畜主沟通交流；秉持依法检疫、规范检疫的职业操守；树立检疫中一丝不苟、精益求精的职业精神。 | | |

# 模块一　猪主要疫病的检疫

## 猪　瘟

猪瘟是由猪瘟病毒引起猪的高度传染性和致死性的传染病。特征为高热稽留，呈败血性变化，实质器官出血、坏死和梗死。

### （一）临诊检疫要点

**1. 流行特点**　本病在自然条件下只感染猪，不同年龄、性别、品种的猪和野猪都易感，一年四季均可发生。病猪是主要传染源，病猪排泄物和分泌物，病死猪及其脏器和尸体、急宰病猪的血、肉、内脏、废水、废料污染的饲料、饮水都可散播病毒，猪瘟的传播途径主要是消化道。此外，野毒和弱毒株感染的母猪也可以经胎盘垂直感染胎儿，产生弱仔猪、死胎、木乃伊胎等。急性暴发时，最先为急性型，以后出现亚急性型，至流行后期少数呈慢性型。病程较长者常有其他细菌继发感染。免疫坚强母猪所产仔猪 1 月龄以内很少发病。

猪瘟临诊
检疫要点

**2. 临床症状**　潜伏期一般为 5～7d，根据临床症状可分为最急性、急性、慢性和非典型性四种类型。

（1）最急性型。病程 7～10d。常见突然高热稽留，皮肤黏膜发绀；浆膜、黏膜、内脏有少量出血点；5d 内死亡。

（2）急性型。病程 10～20d。病猪精神差，发热，体温在 40～41.5℃，呈现稽留热，喜卧、弓背、寒战及行走摇晃。食欲减退或废绝，喜欢饮水，有的发生呕吐。眼结膜发炎，流脓性分泌物，能将上下眼睑粘住，不易张开，鼻流脓性鼻液。初期便秘，干硬的粪球表面附有大量白色的肠黏液或黏膜，后期腹泻，粪便恶臭，带有黏液或血液。病猪的鼻端、耳后根、腹部及四肢内侧的皮肤出现针尖状出血点，指压不褪色。用手挤压公猪包皮时有恶臭混浊液体流出。

（3）慢性型。病程 30d 以上。多由急性型转变而来，体温时高时低，食欲不振，便秘与腹泻交替出现，逐渐消瘦，贫血，衰弱，被毛粗乱，行走时两后肢摇晃无力，步态不稳。有些病猪的耳尖、尾端和四肢下部呈蓝紫色或坏死、脱落，坏死性肠炎，回肠和结肠有同心圆、轮层状的纽扣状溃疡。病程可长达一个月以上，最后衰弱死亡。

**3. 病理变化**

（1）急性型。全身皮肤、浆膜、黏膜和内脏器官有不同程度的出血。全身淋巴结肿胀、多汁、充血、出血，外表呈现紫红色，切面如大理石状；肾色淡，皮质有针尖至小米粒大小的出血点；脾梗死，以边缘多见，呈紫黑色病灶；喉头黏膜及扁桃体出血。膀胱黏膜有散在的出血点。胃、肠黏膜呈卡他性炎症。

（2）慢性型。主要表现为坏死性肠炎，全身性出血变化不明显，由于钙磷代谢的扰乱，断乳病猪可见肋骨末端和软骨组织交界处，因骨化障碍而形成串珠状。大肠的回盲瓣处形成纽扣状溃疡。

## （二）实验室检测

**1. 病原学检测** 可用细胞培养法、猪瘟荧光抗体染色法、猪瘟病毒核酸 RT－PCR 检测、猪瘟病毒实时荧光 RT－PCR 检测、猪瘟抗原双抗体夹心 ELISA 检测法、兔体交互免疫试验等方法。

**2. 血清学检测** 补体结合试验、琼脂双向扩散试验已被荧光抗体试验和间接 ELISA 试验所取代。这些免疫标记技术能获得较可靠的检疫结论，但难以区分野毒和疫苗毒感染。

**3. 血液检查** 病猪在体温上升时，白细胞减少到 1.3 万个/mm³ 以下，血小板减至 5 万个/mm³ 以下。

## （三）检疫后处理

发现猪瘟时，应尽快确诊上报疫情，立即隔离病猪，禁止向非疫区输送生猪及其产品。对所有病猪应尽快扑杀、深埋，对污染猪舍、场地、垫草、粪便等用 2% 热氢氧化钠溶液严格消毒。对疫区假定健康猪和受威胁区的猪进行紧急接种，并适当增加疫苗剂量至 2～4 头份。

## 非洲猪瘟

非洲猪瘟，又称非洲猪瘟疫、疣猪病，是由非洲猪瘟病毒感染引起的猪的一种急性、热性、高度传染性疾病，以高热、网状内皮系统出血和高致死率为特征。

## （一）临诊检疫要点

**1. 流行特点** 家猪、野猪易感。家猪高度易感，且无明显的品种、日龄和性别差异。病猪、康复猪和隐性感染猪为主要传染源。带毒钝缘软蜱也是传染源之一。主要通过接触或采食被非洲猪瘟病毒（ASFV）污染的物品经口传染；短距离可经空气传播；也可经钝缘软蜱叮咬传播。家猪发病率和病死率可高达 100%。不同毒株致病性有所差异，强毒力毒株可导致猪在 12～14d 100% 死亡，中等毒力毒株病死率一般为 30%～50%，低毒力毒株仅可引起少量猪死亡。该病无明显的季节性，可常年发病。

**2. 临床症状**

（1）急性。体温可高达 42℃，沉郁，厌食，耳、四肢、腹部皮肤有出血点，可视黏膜潮红、发绀。眼、鼻有黏液脓性分泌物，呕吐，便秘，粪便表面有血液和黏液覆盖，或腹泻，粪便带血。共济失调或步态僵直，呼吸困难，病程延长则出现其他神经症状。妊娠母猪流产。病死率高达 100%。病程 1～7d。

（2）亚急性。临床症状同急性，但症状较轻，病死率较低，持续时间较长（约 3 周）。体温波动无规律，常高于 40.5℃。小猪病死率相对较高。

（3）慢性。波状热，呼吸困难，湿咳。消瘦或发育迟缓，体弱，毛色暗淡。关节肿胀，皮肤溃疡。

**3. 病理变化** 浆膜表面充血、出血，肾、肺表面有出血点，心内膜和心外膜有大量出血点，胃、肠道黏膜弥漫性出血。胆囊、膀胱出血。肺肿大，切面流出泡沫性液体，气管内有血性泡沫样黏液。脾肿大，变软，呈黑色，表面有出血点，边缘钝圆，有时出现边缘梗死。颌下淋巴结、腹腔淋巴结肿大，严重出血。

### （二）实验室检测

**1. 病原学检测**

（1）病毒分离：可以采集活猪全血样品、病死猪的肝、脾、肺和心脏低温下运送到具备 BSL-3 以上生物安全防护条件的实验室进行病毒分离检测。

（2）血细胞吸附试验（HAD）：适宜该法检测的样品有：抗凝血（用肝素或 EDTA 做抗凝剂）、脾、扁桃体、肾、淋巴结。

（3）双抗体夹心酶联免疫吸附试验：通过特异性单克隆抗体检测样品中的目的抗原。

（4）聚合酶链式反应（PCR）：可检测和鉴定所有已知 ASFV 基因型，包括无血细胞吸附能力的病毒和低致病力的分离株，尤其适用于病毒失活的组织样品检测。

**2. 血清学检测**

（1）酶联免疫吸附试验（ELISA）：用于检测血清样品中的病毒特异性抗体。

（2）间接免疫荧光抗体试验（IFA）：检测血清样品，用于 ASFV 感染猪确诊。

### （三）检疫后处理

发现疫情，及时报告和处置。采取扑杀、销毁、消毒、无害化处理等措施，防止疫情传播。严格控制人员、车辆和易感动物进入养殖场；进出养殖场及其生产区的人员、车辆、物品要严格落实消毒等措施。尽可能封闭饲养生猪，采取隔离防护措施，尽量避免与野猪、钝缘软蜱接触。严禁使用泔水或餐余垃圾饲喂生猪。养殖场应积极配合当地动物疫病预防控制机构开展疫病监测排查，特别是发生猪瘟疫苗免疫失败、不明原因死亡等现象，应及时上报当地兽医部门。

## 猪水疱病

猪水疱病是由肠道病毒属的病毒引起的一种急性、热性、接触性传染病。其特征是病猪的蹄部、口腔、鼻端和母猪乳头周围发生水疱。

### （一）临诊检疫要点

**1. 流行特点** 仅发生于猪，不同品种、年龄的猪均可感染。该病流行性强，发病率高，最常流行于高度集中、调运频繁的猪群中。收购猪的饲养密度越大，饲养时间越长，场舍越潮湿，发病率越高。散养条件下极少发生流行。猪群感染后，往往是初见几头猪发病，随后很快波及全群。该病一年四季均可发生。

**2. 临床症状** 病猪体温升高，跛行，蹄部充血、肿胀、敏感，不久可在一个或几个蹄的蹄冠、蹄叉出现大小不一的水疱，很快破溃形成糜烂，并波及趾部、跖部、蹄踵，严重者蹄壳脱落；行动困难，卧地不起。水疱偶尔见于乳房、口腔、舌面和鼻端。水疱破溃后体温下降。10～11d 逐渐康复，很少死亡。

**3. 病理变化** 个别猪的心内膜有条状出血斑，其他器官无可见的病理变化。

### （二）实验室检测

**1. 动物接种试验** 将病料分别接种 1～2 日龄和 7～9 日龄小鼠，如 2 组小鼠均死亡，则为口蹄疫。1～2 日龄小鼠死亡，而 7～9 日龄小鼠不死者，为猪水疱病。如病料经过 pH3～5 缓冲液处理，接种 1～2 日龄小鼠死亡者为猪水疱病，反之则为口蹄疫。

**2. 血清学检测** 有补体结合试验、血清中和试验、荧光抗体试验、琼脂扩散试验、放射免疫分析、免疫电泳等。实际应用的主要方法是血清保护试验、反向间接血凝试验、琼脂扩散试验和荧光抗体试验。

### （三）检疫后处理

对有病猪的疫区必须采取法定的措施进行处理。发现本病时，本着"早、快、严、小"的原则，划定疫点、疫区，进行封锁。屠宰场、肉联厂发生时，要立即停止生产，对病猪和同群猪进行急宰，其肉尸、头、蹄、内脏、血液等都应进行高温处理。被污染的场地、用具等应彻底消毒。病猪的粪便、垫草应堆积密封发酵。

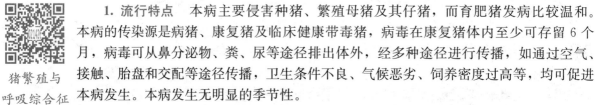

## 猪繁殖与呼吸综合征

猪繁殖与呼吸综合征（PRRS）俗称猪蓝耳病，是由猪繁殖与呼吸综合征病毒引起的猪高度接触性传染病。主要特征是母猪呈现发热、流产、产木乃伊胎、死胎、弱仔等症状；仔猪表现异常呼吸症状和高病死率。

### （一）临诊检疫要点

**1. 流行特点** 本病主要侵害种猪、繁殖母猪及其仔猪，而育肥猪发病比较温和。本病的传染源是病猪、康复猪及临床健康带毒猪，病毒在康复猪体内至少可存留6个月，病毒可从鼻分泌物、粪、尿等途径排出体外，经多种途径进行传播，如通过空气、接触、胎盘和交配等途径传播，卫生条件不良、气候恶劣、饲养密度过高等，均可促进本病发生。本病发生无明显的季节性。

猪繁殖与
呼吸综合征
临诊检疫
要点

**2. 分型**

（1）高致病性猪蓝耳病。仔猪发病率可达100%、病死率可达50%以上，母猪流产率可达30%以上，育肥猪也可发病死亡是其特征。发病母猪主要表现为精神沉郁，食欲减少或废绝，发热，出现不同程度的呼吸困难，妊娠后期，母猪发生流产、早产、产死胎、木乃伊胎、弱仔，部分新生仔猪表现呼吸困难，运动失调及轻瘫等症状，产后1周内死亡率明显增高（40%～80%）。少数母猪表现为产后无乳、胎衣停滞及阴道分泌物增多。1月龄仔猪表现出典型的呼吸道症状，呼吸困难，有时呈腹式呼吸，食欲减退或废绝，体温升高到40℃以上，腹泻，被毛粗乱，共济失调，渐进性消瘦，眼睑水肿。

（2）经典猪蓝耳病。猪群免疫功能下降，易继发感染其他细菌性和病毒性疾病。猪群的呼吸道疾病（如支原体感染、传染性胸膜肺炎、链球菌病、附红细胞体病）发病率上升。表现为猪繁殖与呼吸综合征病毒的持续性感染，猪群的血清学抗体阳性，阳性率一般在10%～88%。

**3. 临床症状**

（1）母猪。反复出现食欲不振、发热、嗜睡，继而发生流产（多发生在妊娠后期），早产，死胎。死产胎儿常自溶、水肿、皮肤呈棕褐色，偶见木乃伊胎；活产仔猪体重小而且衰弱。经2～3周后，母猪开始康复，再次配种时受精率可降低50%，发情期推迟。

（2）种公猪。表现厌食、沉郁、嗜睡、发热，并有异常呼吸症状。精液质量暂时下降，精子数量少、活力低。

（3）育肥猪。症状较轻，仅表现3～7d的厌食，呼吸增数，不安，应激性增强，体温升高，发育迟缓。发生慢性肺炎或继发感染时，可使死亡率增高。

（4）哺乳仔猪。呼吸困难较严重，甚至出现哮喘样的呼吸障碍（由间质性肺炎所致），张口呼吸，流鼻涕，不安，侧卧，四肢划动。有时可见呕吐、腹泻、瘫痪、平衡失调，多发生关节炎等症状。仔猪的病死率可达50%～60%。

**4. 病理变化** 感染本病的猪有时表现为耳部、外阴、尾、鼻、腹部发绀，其皮肤出现淤青紫色斑块，故又称为"蓝耳病"。剖检猪繁殖与呼吸综合征病死猪，主要眼观病变是肺弥漫性间质性肺炎，并伴有细胞浸润和卡他性肺炎区，肺水肿；在腹膜以及肾周围脂肪、肠系膜淋巴结、皮下脂肪和肌肉等处发生水肿。

### （二）实验室检测

**1. 病毒分离与鉴定** 将病毒的肺、死胎的肠和腹水、胎儿血清、母猪血液等进行病毒分离。病料经处理后，再经 $0.45\mu m$ 滤膜过滤，取滤液接种猪肺泡巨噬细胞培养，培养5d后，用免疫过氧化物酶法染色，检查肺泡巨噬细胞中猪繁殖与呼吸综合征病毒抗原。

**2. 病毒反转录聚合酶链式反应（RT - PCR）检测** RT - PCR法能直接检测出细胞培养物中和精液中的猪繁殖与呼吸综合征病毒。

### （三）检疫后处理

检疫中发现猪繁殖与呼吸综合征时，应尽快上报疫情。对发病的猪场隔离、消毒、妥善处理好死胎及其废弃物，如检测出是由高致病性猪繁殖与呼吸综合征病毒引起的猪群发病，需划定疫点、疫区，进行严密封锁。最根本的办法是消除病猪、带毒猪和彻底消毒猪舍，对死胎、木乃伊胎、胎衣、死猪等，应进行焚烧等无害化处理，及时扑杀、销毁患病猪，切断传播途径。

## 猪链球菌病

猪链球菌病是由不同血清群链球菌感染引起猪多种疾病的总称。致动物疾病的链球菌主要有C、D、E、L群。猪急性败血型链球菌病的特征为高热，出血性败血症，脑膜脑炎，跛行和急性死亡；慢性型链球菌病的特征为关节炎、心内膜炎和化脓性淋巴结炎。

### （一）临诊检疫要点

**1. 流行特点** 各种年龄的猪都易感，但新生仔猪和哺乳仔猪的发病率、病死率最高，其次是生长肥育猪。成年猪较少发病。急性败血型链球菌病可于短期内波及同群，并急性死亡。四季均可发生，以5～11月发病较多，多发于养猪密集地区，呈地方性流行。有皮肤损伤、蹄底磨损、去势、脐带感染等外伤病史的猪易发生该病，潜伏期1～3d或稍长。慢性型多呈散发。

猪链球菌病
临诊检疫
要点

**2. 临床症状及病理变化**

（1）少数猪呈最急性型，无明显症状突然死亡。

（2）多数猪呈急性败血型，发病急、传播快。病猪突然发病，高热稽留，精神沉郁，嗜睡，食欲废绝，流泪，结膜充血、出血，流鼻液，呼吸急迫。颈部皮肤最先发红，由前向后发展，最后于腹下、四肢下端和耳的皮肤变成紫红色并有出血点，跛行。便秘或腹泻，粪带血，1～2d死亡。

（3）急性脑膜脑炎型，除有上述症状外，还有突发性神经症状，尖叫抽搐，共济失调，盲目行走，转圈运动，运步高踏，口吐白沫，昏迷不醒，有的后期出现呼吸困难，最后衰竭麻痹，常在 2d 内死亡。个别的还有头、颈、背水肿，或胸膜肺炎症状。

（4）亚急性型，与急性型相似，但病情缓和，病程稍长。

（5）慢性型，主要表现为关节炎，心内膜炎，化脓性淋巴结炎，子宫炎，乳腺炎，咽喉炎，皮炎等。关节关节炎型表现为一肢或几肢关节肿胀，疼痛，有跛行，甚至不能起立，病程 2～3 周；死后剖检，关节囊肿胀、充血，滑液混浊，重者关节软骨坏死，关节周围组织有多发性化脓灶。化脓性淋巴结炎型多见于颌下淋巴结，其次是咽部和颈部淋巴结；淋巴结肿胀，坚硬，有热有痛，可影响采食、咀嚼、吞咽和呼吸，伴有咳嗽，流鼻液；至化脓成熟，肿胀中央变软，皮肤坏死，自行破溃流脓，以后全身症状好转，局部逐渐痊愈。病程一般为 3～5 周。

**3. 病理变化**

（1）急性败血型。以败血症为主，表现为血液凝固不良，皮下、黏膜、浆膜出血，鼻腔、喉头及气管黏膜充血，内有大量气泡。胃及小肠黏膜充血、出血。全身淋巴结肿大、充血和出血。心包有淡黄色积液，心内膜有出血点。肺呈大叶性肺炎。肾出血，有时呈现坏死。脾出现大面积坏死。脑膜充血、出血。浆膜腔、关节腔积液，含有纤维素。

（2）脑膜脑炎型。脑膜充血、出血，重者溢血，少数脑膜下积液，脑实质有点状出血，其他病变与急性败血型相同。

（3）亚急性型和慢性型。多发性关节炎时，可见关节囊内有黄色胶冻样液体或纤维素性脓性渗出物。心内膜炎时，可见心瓣膜增厚，表面粗糙，有菜花样赘生物。

**（二）实验室检测**

**1. 病原学检查**　根据不同的病型采取相应的病料，如脓肿、化脓灶、肝、脾、肾、血液、关节囊液、脑脊髓液及脑组织等，制成涂片，用碱性美蓝染色液和革兰氏染色液染色。显微镜下检查，见到单个、成对、短链或呈长链排列的球菌，并且革兰氏染色呈阳性，可初步判定为本病。

**2. 动物试验**　10%病料悬液接种于小鼠（皮下 0.1～0.2mL）或家兔（皮下或腹腔 0.5～1mL），12～72h 死亡。

**3. 血清学检测**　用于检查慢性型病猪、带菌猪或恢复猪，病猪感染后 2～3 周出现抗体并可保持 6～12 个月。具体方法同炭疽环状沉淀试验，在两液重叠后 11～20min 观察反应结果。

**（三）检疫后处理**

检疫中发现病猪急性败血性链球菌病时，应采取隔离、限制移动等措施，控制传染源，有条件的地区和个人应做好链球菌病的疫苗预防接种，同时做好环境卫生工作，做好死猪的无害化处理。有可能污染的场地、用具应严格消毒，并采取预防性措施。

## 副猪嗜血杆菌病

副猪嗜血杆菌病是由副猪嗜血杆菌引起的猪的疾病，表现为猪的多发性浆膜炎、关节炎、胸膜炎和脑膜炎等，并有纤维素性或浆液性渗出。

### （一）临诊检疫要点

**1. 流行特点**　副猪嗜血杆菌只感染猪，主要在断乳前后和保育阶段发病，发病率一般在 10%～15%，严重时病死率可达 50%。一般散发，多继发于其他病毒性疾病或混合感染。病的发生和严重程度通常与气候骤变、饲养条件改变以及其他病原体的感染有关。

**2. 临床症状**

（1）急性病例，往往首先发生于膘情良好的猪，病猪发热 40.5～42.0℃、精神沉郁、食欲下降，呼吸困难，腹式呼吸，皮肤发红或苍白，耳梢发紫，眼睑皮下水肿，行走缓慢或不愿站立，腕关节、跗关节肿大，共济失调，临死前侧卧或四肢呈划水样。有时会无明显症状突然死亡。

副猪嗜血杆菌病临诊检疫要点

（2）慢性病例多见于保育猪，主要是食欲下降，咳嗽，呼吸困难，被毛粗乱，四肢无力或跛行，生长不良，直至衰竭而死亡。

**3. 病理变化**　剖检以胸膜、腹膜、心包膜和腕关节、跗关节表面有浆液性或纤维素性渗出物为特征。

### （二）实验室检测

**1. 病原学检测**　将病料接种于含有烟酰胺腺嘌呤二核苷酸（NAD）的 PPLO 培养基上，经 37℃恒温箱培养 24～48h 后，可见小而透明的菌落。在鲜血琼脂培养基上不溶血。在显微镜下可见到单个从短杆状到细长杆状，甚至丝状等多种形态的菌体，通常有荚膜。该菌革兰氏染色呈阴性。PCR 鉴定方法快速、准确且特异性高。

**2. 血清学检测**　间接血凝试验、补体结合试验和酶联免疫吸附试验都用于检测副猪嗜血杆菌的抗体。特别是间接血凝试验方法，操作简单，可凭肉眼进行判断。

### （三）检疫后处理

一旦猪群出现临床症状，应立即隔离病猪，采用口服之外的方式以抗生素进行治疗，并对整个猪群进行药物预防。淘汰无饲养价值的严重病猪；改善猪舍通风条件，消灭老鼠，做好环境卫生工作，每日冲洗猪舍，严格消毒；疏散猪群，降低饲养密度，减少各种应激；尤其要做好猪瘟、猪伪狂犬病、猪繁殖与呼吸综合征等预防免疫工作。

## 猪支原体肺炎

猪支原体肺炎也称为猪气喘病，是由猪肺炎支原体引起猪的一种慢性呼吸道传染病。特征为咳嗽和气喘，病理变化部位主要是肺。急性病例以肺水肿和肺气肿为主；亚急性和慢性病例见肺部"虾肉"样变。发病猪的生长速度缓慢，饲料利用率低，育肥饲养期延长。

### （一）临诊检疫要点

**1. 流行特点**　仅见于猪，不同品种不同年龄的猪均可感染，尤其哺乳仔猪及幼龄猪最易感染。传染在哺乳期就开始了，由母猪传给仔猪，仔猪在 6 周龄或更大时才出现临床症状。妊娠后期母猪常急性发作，病死率高。新疫区常呈暴发流行，多数表现急性型发病，症状重，发病率和死亡率都较高。老疫区多数为慢性型，症状不明显，死亡率低。一年四季都可发生，但气候骤变、阴湿寒冷时发病多且较严重。饲料质量差，猪舍拥挤、潮湿、通风不良是其主要诱因。单独感染时死亡率不高，可猪群一旦传入后，如

猪支原体肺炎临诊检疫要点

不采取严密措施则很难彻底清除。

**2. 临床症状**　急性型，呼吸次数增多，呼吸困难，张口喘气，喘鸣似拉风箱，口鼻流沫。犬坐姿势，腹部起伏，咳嗽次数少而低沉，体温正常。病程3～5d。慢性型，病初长期咳嗽，早晚、运动、进食后尤为明显，后更严重，呈连续性或痉挛性咳嗽，咳时站立、垂头、弓背、伸颈，直至呼吸道分泌物咳出咽下为止。随后呼吸困难，次数增加，腹式呼吸，夜发鼾声。另外还有隐性型，仅个别偶尔咳喘。

**3. 病理变化**　主要病变在肺、肺门淋巴结和纵隔淋巴结。特别引人注目的是在肺的心叶、尖叶、中间叶及部分病例的膈叶边缘出现融合性支气管炎病变。初期病变部分界线明显，呈半透明的淡红色或灰红色，像鲜嫩的肌肉，故名"肉变"。切面湿润而致密，并从小支气管流出微混浊的灰色带泡沫的浆液或黏液性液体，病重的呈淡紫色、深紫色或灰白色、灰黄色，半透明减轻并且坚韧度增加或发展为"虾肉样变"。肺门淋巴结和纵隔淋巴结显著肿大，呈灰白色，切面外翻湿润，有时边缘稍有充血。

### （二）实验室检测

**1. 血清学检测**　方法有补体结合试验、微量补体结合试验、荧光抗体试验、酶联免疫吸附试验、琼脂扩散试验、间接血凝试验、生长抑制试验、凝集试验等。常用间接血凝试验及琼脂扩散方法进行普检，淘汰阳性母猪。

**2. 生物技术检测**　常规PCR、套式PCR、实时荧光定量PCR均可简单、准确、快速检验。

### （三）检疫后处理

由于本病在猪群中普遍存在隐性感染和带菌现象，因此，一群猪中只要发现一头阳性病猪，该猪群就可能是发病猪群。对发现病猪应立即进行全群检查，按检查结果隔离分群饲养，淘汰病猪，消毒被污染场地、圈舍、车船及可能被污染的环境。需急宰者，销毁肺，其他内脏做高温处理利用，胴体不受限制。并发其他疫病时按其他疫病处理。

## 猪传染性胃肠炎

猪传染性胃肠炎是由猪传染胃肠炎病毒引起的一种急性、高度接触性肠道传染病。本病的主要特征是呕吐、剧烈水样腹泻和脱水。

### （一）临诊检疫要点

**1. 流行特点**　各种年龄的猪均可发生，但10日龄以内的猪病死率极高，随着年龄增长，病死率降低，90日龄以上的猪和种猪患病几乎不死亡。

**2. 临床症状**

（1）哺乳仔猪。潜伏期短，2周龄内的仔猪潜伏期一般为1～2d，呈急性水样腹泻（有的先呕吐），粪便呈淡黄、黄白色等，内含未消化的凝乳块和泡沫，腥臭；迅速出现脱水、消瘦等症状；严重口渴，常爬到母猪食槽内急切饮水；随着病情恶化，病猪极度衰弱，步态不稳，常被母猪压死；存活猪生长发育严重受阻，成为僵猪。

（2）成年猪。潜伏期多为2～7d。随着猪日龄的增长，猪对该病的抵抗力不断增强。猪的个体表现也有很大差异，有的食后不久就发生呕吐，多数先出现水样腹泻，一般持续4～5d，短者2～3d；粪便呈灰褐色，混有泡沫状黏液和大量未消化的食物；食

猪传染性
胃肠炎临诊
检疫检点

欲减退或废绝；体温正常或偏低；口渴、脱水、显著消瘦；腹泻一旦停止，不再复发，很少死亡；有的症状比较轻微，仅减食而无腹泻现象或仅排出软粪；哺乳母猪患病后泌乳减少或完全无乳。

**3. 病理变化**　病变以急性肠炎变化，从胃到直肠呈现卡他性炎症为特征。剖检可见胃肠充满凝乳块。小肠充满气体及黄绿或灰白色泡沫样内容物，肠壁变薄，呈半透明状。肠系膜淋巴结充血、肿胀。心、肺、肾一般无明显病变。

### （二）实验室检测

**1. 血清学检测**　可采用病毒中和试验、间接酶联免疫吸附试验、免疫荧光抗体试验、免疫过氧化物酶试验、放射免疫沉淀试验等。

**2. 病毒核酸快速检测**　可用核酸杂交探针技术如放射性探针膜杂交、放射性标记探针原位杂交来检测粪便样品、感染组织或感染细胞中的 TGEV 基因序列。用这些探针可区别不同的肠传染性胃肠炎病毒毒株。

### （三）检疫后处理

平时的预防，应严格自繁自养，不从疫区引进猪，是避免本病传入的根本措施。

本病在我国属于法定管理的三类动物疫病，发病时应隔离病猪予以治疗，用碱性消毒剂对猪舍、地面、用具、车辆和通道进行严格消毒。控制人员及其他动物等出入。如呈暴发性流行时应按照一类动物疫病处理。

## 猪短螺旋体痢疾

本病是由猪痢短螺旋体引起的猪的肠道传染病。其特征为大肠黏膜发生黏液性、渗出性、出血性及坏死性炎症。病猪先发生急性出血性下痢，后为亚急性和慢性黏液性腹泻。

### （一）临诊检疫要点

**1. 流行特点**　仅猪发病，不同年龄、品种的猪均易感，以断乳仔猪发病率高。病猪和带菌猪为主要的传染源，通过粪便排毒污染环境，易感猪经消化道感染本病。多散发性，流行缓慢，持续期长。多种应激因素可促进本病发生。新疫区多呈急性，老疫区多呈慢性。

**2. 临床症状**

（1）最急性型。见于流行初期，个别表现无症状，突然死亡。多数病例为厌食，剧烈腹泻，粪便由黄灰色软粪变为水泻，内含有黏液和血液或血块。随病程发展，粪便中混有黏膜或纤维素渗出物的碎片，味腥臭。病猪精神沉郁，排便失禁，弓腰，腹痛，呈高度脱水现象，往往在抽搐状态下死亡。病程 12～24h。

（2）急性型。多见于流行的初、中期，病初排软便或稀便，继而粪便中含有大量半透明的黏液，粪臭呈黄灰色，多数粪便中含有血液和血凝块、脱落黏膜组织碎片。食欲减退，口渴加重，腹痛，消瘦，有的死亡，有的转为慢性。病程 7～10d。

（3）亚急性和慢性型。多见于流行的中后期，亚急性病程为 2～3 周，慢性型为 4 周。反复出现腹泻，粪便含有黑红色血液或黏液，病猪食欲正常或减退。消瘦、贫血、生长迟缓。

**3. 病理变化**　大肠，尤其回盲口处的肠壁充血、水肿，黏膜肿胀，被覆混有黏液、血液的纤维素性渗出物，坏死的黏膜表层形成伪膜，似麸皮或干酪样，伪膜下有浅表的糜烂面。

### （二）实验室检测

**1. 病原学检查** 有直接镜检和病原体分离鉴定法。直接镜检法为取急性病猪粪便中的黏膜抹片，或染色检查，或暗视野检查，可以见到革兰氏染色阴性，多呈 4～6 个弯曲、两端尖锐、形状如蛇样螺旋体。如每个视野中可见到 3～5 个或更多，可作为确定检疫的参考标准，必须注意本法对急性型后期病猪、慢性型病猪、隐性感染以及用药后的病猪检出率很低。分离鉴定可用选择性培养基培养，镜检或进一步做肠致病性试验和血清学试验进行鉴定。

**2. 血清学检测** 可采用凝集试验、免疫荧光试验、间接血凝试验、酶联免疫吸附试验，其中凝集试验和酶联免疫吸附试验具有较好应用价值。猪感染猪痢疾短螺旋体后 2 周产生凝集抗体，4～7 周达高峰，并可维持 10～14 周。凝集试验的检出率与分离培养相同，因此有一定的确定检疫价值。

### （三）检疫后处理

检疫中发现猪短螺旋体痢疾时，严禁调运；但由于康复猪带菌时间较长，经常从粪便中排出病原体，易造成疫情反复，发病猪群最好全群淘汰，并彻底消毒。也可采用隔离、消毒、药物防治等综合措施进行控制，重建健康群。

## 猪圆环病毒病

本病是由猪圆环病毒（PCV）引起的一种传染病，现已知猪圆环病毒有两个血清型，即 PCV1 和 PCV2。PCV1 为非致病性病毒；PCV2 为致病性病毒，它是断乳仔猪多系统衰竭综合征的主要病原。发病特征为体质下降、消瘦、腹泻、呼吸困难。

### （一）临诊检疫要点

**1. 流行特点** 主要发生在断乳后仔猪，哺乳猪很少发病并且发育良好。主要感染 8～13 周龄猪，一般本病集中发生于断乳后 2～3 周和 5～8 周龄的仔猪。一般临床症状可能与继发感染有关，或者完全是由继发感染所引起的。在通风不良、过分拥挤、混养以及感染其他病原等因素时，病情明显加重，一般死亡率为 10%～30%。

**2. 临床症状** 同窝或不同窝仔猪有呼吸道症状、腹泻、发育迟缓、体重减轻。有时皮肤苍白，有 20% 的病例出现贫血。

**3. 病理变化** 剖检淋巴结肿大，脾肿，肺膨大、间质变宽、表面散在大小不等的褐色突变区。肝有以肝细胞的单细胞坏死为特征的肝炎，肾有轻度至重度的多灶性间质性肾炎，心脏有多灶性心肌炎。

### （二）实验室检测

**1. 病理学检查** 此法在病猪死后极有诊断价值。当发现病死猪全身淋巴结肿大，肺退化不全或形成固化、致密病灶时，应怀疑是本病。可见淋巴组织内淋巴细胞减少，单核吞噬细胞类细胞浸润及形成多核巨细胞，若在这些细胞中发现嗜碱性或两性染色的细胞质内包含体，则基本可以确诊。

**2. 血清学检测** 主要有间接免疫荧光法（IIF），免疫过氧化物单层培养法，ELISA 方法，聚合酶链式反应（PCR）方法，核酸探针杂交及原位杂交试验（ISH）等

猪圆环病毒病临诊检疫要点

方法。

### （三）检疫后处理

对感染和疑似感染猪场，彻底进行卫生消毒，每周用 2‰～3‰氢氧化钠溶液喷洒猪舍内外、猪圈地面和墙壁，1h 后用清水把猪圈地面和墙壁冲净，消除内外界环境中的病原体；加强饲养管理，免疫、阉割、剪齿、断尾、打号或注射要严格消毒；平衡饲料营养，提高猪群的非特异性免疫力。防止其他疾病的并、继发感染。条件许可，可进行预防接种。

## 猪传染性萎缩性鼻炎

本病是由支气管败血波氏杆菌和产毒素多杀性巴氏杆菌引起猪的慢性呼吸道传染病。特征为鼻甲骨萎缩，喷嚏，鼻塞，颜面变形。

猪传染性萎缩性鼻炎临诊检疫要点

### （一）临诊检疫要点

**1. 流行特点** 各年龄的猪都易感，发病的差异性大，一般多在哺乳期感染，年龄较大时发病，发病率随年龄的增长而下降。不同品种猪的易感性有差异，如长白猪特别易感，国内地方猪种较少发病。多为散发性，猪群中传播缓慢，全群感染常需相当长的时间。饲养管理好坏直接影响本病的发生与流行。其他病原微生物参与致病时病情复杂加重。

**2. 临床症状** 病猪早期表现为打喷嚏和吸气困难。喷嚏呈连续性间歇发作，喷嚏后，鼻孔排出少量清液或黏性鼻液。由于强烈喷嚏损伤了鼻黏膜浅表血管，而发生不同程度的鼻出血。鼻黏膜充血潮红，分泌物增多。由于鼻甲骨的局部炎症刺激，病猪表现不安，拱地或在食槽、墙角等处摩擦鼻部，临床上这种鼻炎症状多见于 6～8 周龄仔猪。严重的病例，还可出现脓性鼻液，呼吸时发出鼾声等。此外，病猪常有结膜炎，频频流泪，在眼眶下面的皮肤上形成半月形或三角形的湿润区，当有泥土黏着时变为黑斑，称为泪斑。

**3. 病理变化** 鼻中骨的严重病变仅限于一侧时，鼻骨会侧弯曲，呈现歪鼻，是本病的特征。若鼻甲骨两侧病变相当时，则鼻腔长度缩短形成短鼻，外观变形。由于鼻甲骨萎缩，额窦不能正常发育，使两眼之间宽度减少，头部外形改变。肺气肿和水肿，肺的尖叶、心叶和膈叶背侧呈现炎症斑。萎缩性鼻炎的鼻甲骨卷曲萎缩、鼻中隔偏曲。常在两侧第一二对前白齿间的连线上，将鼻腔横断锯开，或者沿鼻骨正中线锯开，再剪断下鼻甲骨的侧连接，观察鼻甲骨的形状变化。这是比较可靠的确定检疫的方法之一。

### （二）实验室检测

**1. 病原学检查** 灭菌鼻拭子伸入鼻腔 1/2 深处，接种于葡萄糖血清麦康凯琼脂培养基上培养，48h 后的菌落中等大小、圆形，呈半透明的烟灰色，有特殊的腐败气味。再用本菌能凝集绵羊红细胞的特性进行鉴定。

**2. 血清学检测** 凝集试验对确定本病有一定的价值。猪感染支气管败血波氏杆菌后 2～4 周可呈抗体阳性反应，凝集价在 1∶10 以上时可持续 4 个月。

### （三）检疫后处理

检疫中发现猪患传染性萎缩性鼻炎时，应隔离饲养，同群猪不能调运；凡与病猪接触的猪应观察 6 个月，无可疑症状，方可认为健康。被污染的场圈、用具等应彻底消毒。

## 猪　丹　毒

本病是由猪丹毒杆菌引起的急性、热性传染病。特征为急性败血症、亚急性皮肤疹块、慢性为多发性关节炎和心内膜炎。人也可感染本病，称为类丹毒。

### （一）临诊检疫要点

猪丹毒临诊
检疫要点

**1. 流行特点**　主要发生于猪，尤其是 3～12 月龄的猪最易感，其他畜禽很少发病。常呈散发性或地方流行性，个别情况下也呈暴发流行。一年四季都可发生，但夏季发病较多，冬季少发。土壤污染有重要的传播意义。

**2. 临床症状**

（1）败血型猪丹毒。最急性的病猪常突然死亡。大多数病例有明显症状，体温突然升至 42℃以上，吃食减少或不食，结膜潮红。病初粪便干燥，后期发生腹泻、卧地不起。发病不久会在耳后、颈部、四肢内侧皮肤上出现各种形状红斑，逐渐变成暗紫色，用手按压时褪色，撤去指压即复原。极严重的病猪，常后肢麻痹，呼吸困难，寒战。病程一般为 3～4d，病死率可达 50%～80%。

（2）疹块型猪丹毒。病猪食欲不振，精神沉郁，体温升至 41℃以上，便秘，呕吐。经 1～2d 后，在胸、背侧、颈部及四肢外面等处出现深红色、大小不等的方形或菱形疹块。疹块初期坚硬，后变为红色，多呈扁平凸起，界限明显，疹块温度下降，其后形成痂皮，病愈后脱落。病程为 8～12d。

（3）慢性猪丹毒。体温一般正常或稍高，有的四肢关节肿胀，跛行，喜躺卧。有的常发生心内膜炎，心脏衰弱，心跳加快，呼吸迫促，常发生咳嗽。有的发生皮肤坏死，成革样的痂皮，经久不落，耳及腹部呈青紫色。有时发生腹泻，最后由于体质高度衰弱，经 1～2 月死亡。

**3. 病理变化**　败血型的死尸皮肤有大小和形状不同的暗红色疹斑或弥漫性的红色，俗称"大（小）红袍"。内脏主要变化是胃黏膜发红，特别是胃底部和幽门部显著，并有出血点。小肠黏膜主要在十二指肠和空肠段有炎症变化，全身淋巴结肿大，呈紫红色，切面多汁；脾显著肿大，充血呈樱桃红色；胃肿胀，呈暗红色；肺充血和水肿；胸腔内常有混浊的积水，心包常有积水，心内外膜可见小点出血。疹块型的主要是皮肤有方形或菱形疹块。慢性型的在心脏的房室瓣常有疣状心内膜炎，呈菜花状；其次关节肿大，有炎症，在关节腔内可见到纤维素性渗出物。

### （二）实验室检测

**1. 病原学检查**

（1）取高热期的耳静脉、皮肤疹块边缘部血液或其他病料，涂片染色镜检，可见革兰氏阳性小杆菌。

（2）分离培养。取上述病料，分离培养，在血液琼脂上可见生长出针尖大透明露滴状的细小菌落，有的菌株可形成狭窄的绿色溶血环，明胶穿刺呈试管刷状生长。

（3）动物接种。取病料加生理盐水按 1:（5～10）做成乳剂，接种鸽子，用量为 0.5～1mL，于 2～5d 死亡。

**2. 血清学检测**

（1）平板凝集试验。取猪丹毒抗原 2 滴，分别滴于载玻片上，其中一滴抗原加被检血液或血清一滴，另一滴加正常血液或阴性血清一滴做对照，混匀后，2min 内凝集为阳性，2min 后凝集为阴性。但应注意接种过猪丹毒疫苗的猪也呈阳性。

（2）琼脂扩散试验。用 pH7.4 磷酸盐缓冲液制备 1.2% 的琼脂平板，采用双扩散法，孔径 6.5mm，孔距 3mm，分别将已知抗原与被检血清加在各自的孔中，置室温中 8～24h 观察结果。抗原与抗体孔之间出现沉淀线为阳性。

以上凝集与琼扩试验，都是检测抗体，只对慢性猪丹毒有诊断意义，对急性型则无价值。同时，接种过猪丹毒疫苗的猪可呈现阳性反应。这些情况在检疫中应注意。

（3）血清培养凝集试验。3% 灭菌蛋白胨肉汤，按 1∶（40～80）加入猪丹毒高免血清，再加入 0.05% 叠氮钠及 0.000 5% 结晶紫即成猪丹毒血清诊断液。试验时将诊断液装入小管，取被检猪耳静脉血一滴或组织病料少许，接种培养 4～24h。若管底出现凝集颗粒或团聚者，即为阳性反应。此法是用已知猪丹毒血清检测病料中的抗原，是急性猪丹毒的一种简便易行的确定检疫方法。

（4）荧光抗体试验。用荧光素标记抗猪丹毒杆菌免疫球蛋白，制成荧光抗体，与病料抹片中的猪丹毒杆菌发生特异性结合，在荧光显微镜下观察，可见菌体呈亮绿色。本法可用作猪丹毒的快速确定检疫。

## （三）检疫后处理

病猪应立即进行消毒、无害化处理，病死猪尸体应深埋或化制。同时未发病猪应进行药物预防。隔离观察 2～4 周，正常时方可认为健康。常发病地区每年注射 2 次猪丹毒菌苗。急宰病猪的血液和病变组织应化制。

# 模块二　猪常见疫病的鉴别检疫要点

## （一）肠道紊乱和皮肤红斑的热性疫病

猪表现肠道紊乱和皮肤红斑的热性疫病主要有猪炭疽、猪肺疫、猪瘟、猪弓形虫病、猪丹毒、猪链球菌病、猪副伤寒。具主要鉴别检疫要点见表 7-1。

表 7-1　猪表现肠道紊乱和皮肤红斑的热性疫病

| 病名 | 病原 | 流行病学 | 临床症状 | 病理变化 | 实验室检测 |
|---|---|---|---|---|---|
| 猪丹毒 | 猪丹毒杆菌 | 3～12 月龄的猪最易感，其他畜禽很少发病。一年四季都可发生，但夏季发病较多 | 体温升高达 42℃ 以上，食欲下降，眼结膜充血，便秘。皮肤有凸出表面的红斑，呈方形、菱形或圆形，指压褪色 | 以皮肤疹块为特征变化。肠黏膜发生炎性水肿，胃底、幽门部严重，体表皮肤出现红斑；淋巴结肿大、充血，脾肿大呈樱桃红色或紫红色；肾表面、切面可见针尖状出血点，肿大；心包积水，心肌炎症变化；肝充血，红棕色；肺充血肿大 | 血液或病料涂片镜检，动物接种试验，平板凝集试验，琼扩试验，荧光抗体试验，血清培养凝集试验 |

（续）

| 病名 | 病原 | 流行病学 | 临床症状 | 病理变化 | 实验室检测 |
|------|------|----------|----------|----------|------------|
| 猪肺疫 | 多杀性巴氏杆菌 | 发病无明显季节性，呈地方流行性，发病急剧 | 体温升高，食欲废绝，全身衰弱，卧地不起，呼吸困难，痉挛性干咳，排出痰液呈黏液性或脓性，后成湿、痛咳，胸部疼痛，呈犬坐姿势，初便秘，后腹泻 | 咽喉部和颈部炎性水肿。黏膜、浆膜及实质器官出血和皮肤出血，纤维素性肺炎，肾炎。皮肤有红斑。有不同程度肝变区。胸膜与肺粘连，肺切面呈大理石纹，胸腔、心包积液，气管、支气管黏膜发炎有泡沫状黏液 | 心血、各种渗出液和各实质脏器涂片染色镜检，动物试验 |
| 猪瘟 | 猪瘟病毒 | 仅猪发病，不同品种、年龄、性别的猪均能感染，发病率和死亡率都高，无季节性 | 高热稽留，脓性结膜炎，先便秘后腹泻，粪便带血或纤维素性黏液，皮肤有血斑或出血点 | 全身淋巴结肿胀、多汁、充血、出血，外表呈现紫黑色，切面如大理石状；肾色淡，皮质有针尖至小米粒大的出血点；脾有梗死，以边缘多见，呈黑紫色；喉头黏膜及扁桃体出血；胃、肠黏膜呈炎性变化 | 分离病毒，病毒学检查，荧光抗体试验，间接标记免疫吸附试验 |
| 猪炭疽 | 炭疽杆菌 | 各种家畜及人均有不同程度的易感性，猪的易感性较低。本病多发生于夏季，呈散发或地方性流行 | 多数无明显症状，慢性经过。少数猪炭疽局部咽喉炎症状明显，颈部疼痛不能活动 | 颈部水肿，按压热痛，有时延至颊部、耳下，甚至胸前。颌下和咽后淋巴结肿胀。多局限咽及喉部，咽、喉及前颈部淋巴结肿胀出血，扁桃体出血坏死 | 取病料涂片染色镜检，噬菌体敏感性试验，琼脂扩散试验，酶联免疫试验 |
| 猪弓形虫病 | 龚地弓形虫 | 多发生于仔猪，散发或地方性流行，传播快，发病急，经过短 | 高热，呼吸困难，咳嗽，耳、下腹部、下肢等处皮肤有淤血斑，体表淋巴结肿大，特别是腹股沟淋巴结肿大 | 全身淋巴结肿大，有小点坏死灶。肺高度水肿，小叶间质增宽，其内充满半透明胶冻样渗出物；气管和支气管内有大量黏液和泡沫，有的并发肺炎；脾肿大，棕红色；肝呈灰红色，散在有小点坏死；肠系膜淋巴结肿大 | 间接血凝试验，结合试验，乳胶凝集试验，间接荧光抗体试验，ELISA和放射免疫分析法，动物试验 |

（续）

| 病名 | 病原 | 流行病学 | 临床症状 | 病理变化 | 实验室检测 |
|------|------|----------|----------|----------|------------|
| 猪链球菌病（急性败血型） | 链球菌 | 各种年龄的猪都易感，但新生仔猪和哺乳仔猪的发病率、病死率最高，呈地方流行性，四季均可发生，以5～11月发病较多 | 突然高热稽留，绝食，流泪，结膜充血、出血，流鼻液，呼吸急迫。颈部皮肤最先发红，由前向后发展，最后于腹下、四肢下端和耳的皮肤变成紫红色并有出血点，有神经症状，跛行 | 鼻、气管、肺充血呈肺炎变化；全身淋巴结肿大、出血；心包积液，心内膜出血；肾肿大、出血；胃肠黏膜充血、出血；关节囊内有胶样液体或纤维素脓性物 | 取病料涂片染色镜检，动物试验，玻片凝集试验 |
| 猪副伤寒（急性败血型） | 沙门氏菌 | 本病多发生于1～4月龄仔猪，呈地方流行或散发，流行缓慢；常见于寒冷、气候多变、阴雨季节 | 病猪体温升高，食欲不振，精神沉郁，病初便秘，以后腹泻，粪便恶臭，有时带血，常有腹部疼痛症状，弓背尖叫。皮肤湿疹，耳、腹部及四肢皮肤有紫斑 | 耳及腹部皮肤有紫斑。淋巴结肿胀、充血、出血；心内膜、心外膜、膀胱、咽喉及胃黏膜出血；脾肿大，呈暗紫色；肝肿大，有针尖大至粟粒大灰白色坏死灶；胆囊黏膜坏死；盲肠、结肠黏膜充血、肿胀，肠壁淋巴小结肿大 | 取病料涂片染色镜检，分离细菌接种生化培养基，动物试验，凝集试验，酶联免疫吸附试验 |

## （二）呼吸器官症状明显的疫病

呼吸器官症状明显的疫病主要有猪传染性萎缩性鼻炎、猪支原体肺炎、猪肺疫、猪流行性感冒、猪瘟、猪伪狂犬病、猪弓形虫病、猪繁殖与呼吸综合征。主要鉴别检疫要点见表7-2。

表7-2 猪呼吸器官症状明显的疫病

| 病名 | 病原 | 流行病学 | 临床症状 | 病理变化 | 实验室检测 |
|------|------|----------|----------|----------|------------|
| 猪瘟、猪弓形虫病、猪肺疫见表7-1 | | | | | |
| 猪传染性萎缩性鼻炎 | 支气管败血波氏杆菌和产毒素多杀性巴氏杆菌 | 各种年龄的猪都易感，最常见于2～5月龄的猪 | 呈现明显的呼吸困难，打喷嚏，有黏性或脓性鼻汁。鼻面部变形，眼下方有三角形或半月形泪痕 | 鼻黏膜及额窦有充血和水肿，有多量黏液性、脓性甚至干酪性渗出物蓄积，最特征的病变是鼻腔的软骨和鼻甲骨的软化和萎缩 | X射线检查，细菌学检查，凝集试验 |
| 猪支原体肺炎 | 猪肺炎支原体 | 不同品种不同年龄的猪均可感染，尤其哺乳仔猪及幼龄猪最易感染 | 呼吸困难，气喘，咳嗽，腹式呼吸 | 肺前叶和心叶，有界线清楚的淡红色或灰白色肉样病变区，在肺叶的腹侧边缘有分散的与淋巴样组织相似的红色或浅灰色的实变区 | X射线检查，间接血凝试验，琼脂扩散方法，补体结合试验，荧光抗体试验等 |

（续）

| 病名 | 病原 | 流行病学 | 临床症状 | 病理变化 | 实验室检测 |
|---|---|---|---|---|---|
| 猪流行性感冒 | 甲型流感病毒 | 多发生在晚秋、早春及寒冷的冬季 | 突然发热，精神不振，食欲减退或废绝，呼吸困难，激咳嗽，眼鼻流出黏液，肌肉关节疼痛，良性经过 | 鼻、咽、喉、气管和支气管的黏膜充血、肿胀，表面覆有黏稠的液体，胸腔、心包腔蓄积大量混有纤维素的浆液。肺尖叶、心叶、叶间叶、膈叶的背部与基底部颜色由红至紫，塌陷、坚实 | 分离病毒，电镜观察 |
| 猪伪狂犬病 | 伪狂犬病病毒 | 多种动物都可自然感染本病，本病一年四季都可发生，但以冬春两季和产仔旺季多发 | 呈脑膜炎和败血症的综合征。仔猪（尤其是 20 日龄以内）伪狂犬病为神经败血型，高热、呕吐和腹泻，精神不振，呼吸困难。表现特征性神经症状，先兴奋，后麻痹，多死亡。孕猪流产 | 扁桃体水肿并伴以咽炎和喉头水肿，勺状软骨和会厌皱襞呈浆液性浸润，淋巴结充血、肿大、呈褐色。心肌松软、心内膜有斑状出血，胃底部可见大面积出血，肾表面有多少不等的针尖状出血点 | 接种实验动物，免疫荧光法、间接血凝抑制试验、琼脂扩散试验、补体结合试验、酶联免疫吸附试验、乳胶凝集试验 |
| 猪繁殖与呼吸障碍综合征 | 猪繁殖与呼吸障碍综合征病毒 | 本病主要侵害种猪、繁殖母猪及其仔猪，而育肥猪发病比较温和 | 发热、精神沉郁、食欲下降。伴有腹泻、跛行或瘫痪，呼吸困难，耳部、外阴、尾、鼻腹部皮肤发绀 | 肺弥漫性间质性肺炎，并伴有细胞浸润和卡他性肺炎区、肺水肿；在腹膜以及肾周围脂肪、肠系膜淋巴结、皮下脂肪和肌肉等处发生水肿 | RT－PCR 技术，电镜技术，间接荧光抗法、血清中和试验和酶联免疫吸附试验 |

### （三）神经症状明显的疫病

神经症状明显的疫病主要有猪传染性脑脊髓炎、猪伪狂犬病、猪流行性乙型脑炎、猪李氏杆菌病、猪水肿病、猪瘟（神经型）、猪链球菌病（脑膜脑炎型）、猪破伤风、猪繁殖与呼吸综合征。

表 7－3　猪神经症状明显的疫病

| 病名 | 病原 | 流行病学 | 临床症状 | 病理变化 | 实验室检测 |
|---|---|---|---|---|---|
| 猪伪狂犬病、猪繁殖与呼吸综合征见表 7－2 | | | | | |
| 猪传染性脑脊髓炎 | 微 RNA 病毒科的猪肠道病毒属血清Ⅰ型 | 多发生于仔猪，冬、春季多发生，呈地方流行性或散发性 | 病猪体温高达 40～41℃，厌食，倦怠，腹泻，神经症状明显，眼球震颤，四肢运动不协调或角弓反张 | 无肉眼可见病变 | 病理组织学检查，还可用中和试验、免疫荧光试验和酶联免疫吸附试验 |

（续）

| 病名 | 病原 | 流行病学 | 临床症状 | 病理变化 | 实验室检测 |
|------|------|----------|----------|----------|------------|
| 猪流行性乙型脑炎 | 流行性乙型脑炎病毒 | 发病年龄多在出生后6月龄左右，呈散发性，7～9月多发 | 呈稽留热，病猪精神沉郁，食欲减退，口渴，结膜潮红，喜卧地，神经症状仅少数猪出现，公猪睾丸炎，母猪流产 | 猪脑膜及脊髓膜显著充血，肝肿大，贫血，有界限不清的小坏死灶，肾稍肿大，也有坏死灶。母猪子宫内膜充血及出血，胎盘增厚。公猪睾丸肿大，切面充血和出血，有的公猪睾丸萎缩，与阴囊鞘膜粘连 | 病毒分离，中和试验，血凝抑制试验，ELISA，PCR试验 |
| 猪李氏杆菌病 | 产单核细胞性李氏杆菌 | 一般为散发或地方流行性，发病后的致死率很高。仔猪和妊娠母猪较易感，冬、春季多发 | 神经症状明显，呈败血症，渐进性消瘦。妊娠母猪常发生流产 | 脑和脑膜充血或水肿，脑脊髓液增多、混浊，脑干变软，有小化脓灶，脑髓质偶尔可见软化区。肝可见多处坏死灶 | 分离培养细菌，染色镜检，动物试验，荧光抗体法可做快速诊断 |
| 猪水肿病 | 溶血性大肠杆菌 | 呈地方流行性，4～9月多发，多发生于仔猪，特别是体况健壮、生长快的仔猪最为常见 | 神经症状明显，头部水肿，呼吸困难，速发型过敏反应症状 | 胃大弯和贲门部位的胃壁水肿，结肠肠系膜水肿，胆囊和喉头也常有水肿，淋巴结有水肿、充血和出血的变化 | 可从小肠内容物和肠系膜淋巴结分离出溶血性大肠杆菌，并鉴定其血清型。必要时进行动物试验 |
| 猪瘟（神经型） | 猪瘟病毒 | 呈地方流行性，发病不分季节。病死率可达100% | 神经症状明显，呈败血症，跛行 | 全身淋巴结肿胀，多汁、充血、出血、外表呈现紫红色，切面如大理石状；肾色淡，皮质有针尖至小米粒大小的出血点；脾梗死，以边缘多见，呈紫黑色病灶；喉头黏膜及扁桃体出血。膀胱黏膜有散在的出血点。胃、肠黏膜呈卡他性炎症 | 荧光抗体试验，间接标记免疫吸附试验 |
| 猪链球菌病（脑膜脑炎型） | 链球菌 | 呈地方流行性，一年四季可发生，但以5～11月较多，仔猪病死率较高 | 体温升高，不食，便秘，神经症状明显，呈败血症，跛行 | 脑膜充血、出血，脑脊髓白质和灰质有小出血点，脑脊液增加；心包、胸腔、腹腔有纤维性炎 | 取病料涂片染色镜检，动物试验，环状沉淀试验 |

（续）

| 病名 | 病原 | 流行病学 | 临床症状 | 病理变化 | 实验室检测 |
|------|------|----------|----------|----------|------------|
| 猪破伤风 | 破伤风梭菌 | 呈散发性，无季节性。病死率高 | 神经症状明显，全身肌肉僵直，应激性增高，叫声尖细，瞬膜外露，牙关紧闭、流涎，意识清醒 | 无特征性肉眼病变 | 取病料涂片染色镜检 |

### （四）口、蹄有水疱的疫病

口、蹄有水疱的疫病主要有猪水疱性口炎、猪水疱性疹、猪口蹄疫、猪水疱病、猪痘。主要鉴别检疫要点见表7-4。

表7-4　猪口、蹄有水疱的疫病

| 病名 | 病原 | 流行病学 | 临床症状 | 病理变化 | 实验室检测 |
|------|------|----------|----------|----------|------------|
| 猪水疱性口炎 | 水疱性口炎病毒 | 5～10月发生，尤其在9月发生较多。各种家畜和人都易感 | 口腔水疱多，蹄部水疱很少或没有 | 初期在表皮形成水疱，真皮层呈现不同程度的炎症，有时在皮下也发现细胞浸润等炎性变化。观察不到包含体 | 动物试验，接种2日龄和7～9日龄乳鼠及乳兔，乳兔不发病，乳鼠均发病。还可以用间接酶联免疫吸附法 |
| 猪水疱性疹 | 猪水疱疹病毒 | 仅猪感染，呈地方流行性或散发。发病率10%～100%，无病死 | 口腔和蹄部水疱都多 | 主要病变是水疱，开始是皮肤小面积变白，进而形成苍白隆起，并随着水疱形成而扩大。上皮与基底层分离，形成一个有破裂上皮碎片的红色病灶 | 本病的病毒在各种培养细胞上都能形成明显的细胞病变，或小鼠脑内接种可使发病引起严重脑炎 |
| 猪口蹄疫 | 口蹄疫病毒 | 猪易感，人也可感染，呈流行性。发病率较高 | 口腔水疱少，蹄部水疱多而严重。体温升高，全身症状明显，蹄冠、蹄叉、蹄踵发红、形成水疱和溃烂，有继发感染时，蹄壳可能脱落 | 病变主要在心脏，幼畜心肌有灰黄白色条纹和斑点，称"虎斑心"，胃肠黏膜出血性炎症 | 病毒分离鉴定，补体结合试验，病毒中和试验，反向间接血凝试验，RT-PCR，间接夹心ELISA，抗体检测 |

（续）

| 病名 | 病原 | 流行病学 | 临床症状 | 病理变化 | 实验室检测 |
|------|------|----------|----------|----------|------------|
| 猪水疱病 | 猪水疱病病毒 | 猪易感，人也易感，呈流行性。主要发生于集中饲养的猪场，发病率较高，不致死 | 口腔水疱少而轻，蹄部水疱多而轻 | 特征性病变在蹄部、鼻盘、唇、舌面，有时在乳房出现水疱。个别病例在心内膜有条状出血斑，其他脏器无可见的病理变化 | 动物试验，荧光抗体试验，中和试验，反向间接红细胞凝集试验，补体结合试验 |
| 猪痘 | 痘病毒或痘苗病毒 | 常发生于1~2月龄的仔猪，成年猪发病较少。但由痘苗病毒引起者，则无年龄之分。以春季多发，可呈地方流行性 | 痘疹主要发生于下腹部、股内侧、背部或体侧，初为深红色硬结节，呈半球状突出于体表，见不到形成水疱即转为脓疱，并很快结成棕黄色痂块，脱落后遗留白斑而痊愈 | 主要发生于鼻镜、鼻孔、唇、齿龈、腹下、腹侧和四肢内侧等处，也可发生在背部皮肤，死亡猪的咽、口腔、胃和气管常发生痘疹 | 接种实验动物、补体结合实验、荧光抗体实验 |

### （五）有腹泻症状的猪疫病

有腹泻症状的猪疫病主要有仔猪副伤寒、猪短螺旋体痢疾、猪轮状病毒病、仔猪白痢、仔猪黄痢、仔猪红痢、猪传染性胃肠炎、猪流行性腹泻。主要鉴别检疫要点见表7-5。

表7-5 有腹泻症状的猪疫病

| 病名 | 临床病原 | 流行病学 | 临床症状 | 病理变化 | 实验室检测 |
|------|----------|----------|----------|----------|------------|
| 仔猪副伤寒 | 猪霍乱沙门氏菌和猪伤寒沙门氏菌 | 发生于1~4月龄的猪，发病无明显季节性，呈地方流行性或散发性 | 急性败血症，呼吸困难，耳根、胸前和腹下皮肤有紫红色斑点。剧烈腹泻，慢性反复腹泻，含有坏死组织纤维状的稀粪，眼有分泌物，皮肤出现弥漫性湿疹 | 大肠黏膜有典型的坏死和溃疡，或黏膜呈弥漫性坏死；肠壁变厚，失去弹性；肝、淋巴结等干酪样坏死 | 细菌分离培养鉴定 |
| 猪短螺旋体痢疾 | 猪痢疾短螺旋体 | 不分品种、性别，多发生于2~4月龄的猪，发病季节不明显，散发，发病率高，死亡率低 | 体温基本正常，腹泻，粪便混有多量黏液、血液、坏死的黏膜组织 | 大肠、肠壁充血、出血及水肿，滤泡增大为白色颗粒 | 显微镜检查，从病料中分离培养病原菌，然后染色镜检，动物实验，血清学实验 |

（续）

| 病名 | 病原 | 流行病学 | 临床症状 | 病理变化 | 实验室检测 |
|---|---|---|---|---|---|
| 猪轮状病毒病 | 猪轮状病毒 | 多是 8 周龄以内的仔猪发病，常发生于寒冷季节。发病率高，病死率低 | 排黄白色或灰暗色的水样或糊状稀粪 | 病变主要在消化道，致使胃弛缓，充满凝乳块和乳汁，肠管变薄，内容物为液状，呈灰黄色或灰黑色，小肠绒毛缩短 | 夹心法酶联免疫吸附试验，免疫电镜检查 |
| 仔猪白痢 | 大肠杆菌 | 多发生于10～20 日龄的仔猪，早春、严冬和炎热季节多发，气候骤变时发病率上升。常呈地方流行性 | 无呕吐，排白色、含气泡、特殊臭味的糊状稀粪 | 胃黏膜潮红肿胀，以幽门部最明显，上附黏液，胃内充有凝乳块，少数严重病例胃黏膜有出血点；肠黏膜潮红，肠内容物呈黄白色，稀粥状，有酸臭味，有的肠管空虚或充满气体，肠壁薄而透明；肠系膜淋巴结肿大 | 细菌学检查，必要时进行细菌分离、鉴定及血清型鉴定 |
| 仔猪黄痢 | 大肠杆菌 | 仅常发生于 7 日龄内的仔猪，呈地方流行性。产仔季节发病多，发病率和死亡率都比较高 | 很少发生呕吐，排黄色稀粪，内含凝乳小气泡，有腥臭味 | 肠黏膜肿胀、充血或出血；胃黏膜红肿；肠黏膜淋巴结充血肿大，切面多汁；心、肝、肾有变性，严重者有出血点 | 取新鲜死猪小肠前段内容物，接种于麦康凯培养基上，挑取红色菌落做溶血试验和生化试验，或用大肠杆菌因子血清鉴定血清型 |
| 仔猪红痢 | C 型或 A 型产气荚膜梭菌 | 常发生于 3 日龄以内的初生仔猪，常呈地方流行性，发病率不定，病死率高 | 偶有呕吐，排红色黏性粪便，粪臭，含有小气泡 | 小肠特别是空肠黏膜红肿，有出血性或坏死性炎症；肠内容物呈红褐色并混杂小气泡；肠壁黏膜下层、肌层及肠系膜有灰色成串的小气泡；肠系膜淋巴结肿大或出血 | 采心血、肺、胸腔积液、肝、十二指肠内容物抹片，染色镜检；取病猪肠内容物进行动物试验；取病变段肠管切片进行组织学检查 |
| 猪传染性胃肠炎 | 猪传染性胃肠炎病毒 | 各种年龄的猪都易感，但以10 日龄以内的仔猪发病率和病死率高。本病发生和流行有明显的季节性，多见于冬季和初春。多呈地方性流行 | 病初呕吐，排灰色或黄色稀粪，含有凝乳块，迅速消瘦，明显脱水，口渴，成猪排便喷射状水样便。传播快，呕吐，仔猪病死率高 | 急性肠炎变化，从胃到直肠呈现卡他性炎症为特征。剖检可见胃肠充满凝乳块。小肠充满气体及黄绿或灰白色泡沫样内容物，肠壁变薄，呈半透明状。绒毛肠系膜淋巴结充血、肿胀 | 病毒中和试验，酶联免疫吸附试验（ELISA） |

（续）

| 病名 | 病原 | 流行病学 | 临床症状 | 病理变化 | 实验室检测 |
|---|---|---|---|---|---|
| 猪流行性腹泻 | 猪流行性腹泻病毒 | 仅发生于猪，各种年龄的猪都能感染发病，尤以哺乳仔猪受害最为严重。呈地方流行性，多发生于寒冷季节。传播较慢，病死率低 | 灰色或黄色水样腹泻，脱水严重，偶有呕吐，呕吐多发生于吃食时和食后 | 眼观变化仅限于小肠，小肠扩张，内充满黄色液体，肠系膜充血，肠系膜淋巴结水肿，小肠绒毛缩短 | 直接免疫荧光检查，免疫电镜，间接血凝试验 |

### （六）引起猪繁殖障碍的疫病

引起猪繁殖障碍的疫病主要有猪繁殖与呼吸综合征、猪伪狂犬病、猪细小病毒病、猪流行性乙型脑炎、猪瘟和猪圆环病毒病。主要鉴别检疫要点见表 7-6。

表 7-6　引起猪繁殖障碍的疫病

| 病名 | 病原 | 流行病学 | 临床症状 | 病理变化 | 实验室检测 |
|---|---|---|---|---|---|
| 猪瘟见表 7-2，猪伪狂犬病、猪繁殖与呼吸综合征见表 7-1。 | | | | | |
| 猪细小病毒病 | 猪细小病毒 | 各种不同年龄、性别的家猪和野猪均易感。多发生于春、夏季节或母猪产仔和交配季节 | 多见于初产母猪，怀孕母猪出现繁殖障碍，如流产、死胎、产木乃伊胎、产后久配不孕等。其他猪感染后不表现明显的临床症状 | 可见感染胎儿充血、水肿、出血、体腔积液、脱水（木乃伊化）及坏死等病变 | 病原学诊断和血清学诊断（血凝抑制试验和中和试验） |
| 猪流行性乙型脑炎 | 乙型脑炎病毒 | 有明显的季节性，80%的病例发生在 7、8、9 三个月 | 猪体温突然升至 40～41℃，稽留热，精神萎靡，食欲减少或废绝，粪干呈球状，表面附着灰白色黏液；最后麻痹死亡。妊娠母猪突然发生流产，产出死胎、木乃伊胎和弱胎 | 流产胎儿脑水肿，皮下血样浸润，肌肉似水煮样，腹水量增多；木乃伊胎儿从拇指大小到正常大小；肝、脾、肾有坏死灶；全身淋巴结出血；肺淤血、水肿。子宫黏膜充血、出血和有黏液。胎盘水肿或见出血 | 病毒的分离、鉴定，乳胶凝集试验，补体结合试验，血凝抑制试验，中和试验，酶联免疫吸附试验，间接免疫荧光试验，间接血凝试验等 |

（续）

| 病名 | 病原 | 流行病学 | 临床症状 | 病理变化 | 实验室检测 |
|------|------|----------|----------|----------|------------|
| 猪圆环病毒病 | 猪圆环病毒2型 | 本病集中断乳后2～3周和5～8周龄的仔猪 | 仔猪表现厌食、消化不良、腹泻，部分仔猪呼吸困难；生长发育不良或停滞、皮肤苍白、背毛逆立、结膜发黄、尿液、皮肤发黄。个别猪表现咳嗽、发热、呕吐以及瘫痪或甚至急性死亡 | 剖检淋巴结肿大，脾肿、肺膨大，间质变宽，表面散在大小不等的褐色突变区。肝有以肝细胞的单细胞坏死为特征的肝炎；肾有轻度至重度的多灶性间质性肾炎；心脏有多灶性心肌炎 | 间接免疫荧光法，免疫过氧化物单层培养法，ELISA法，聚合酶链式反应法，核酸探针杂交及原位杂交试验 |

# 实训十二　猪瘟的检疫

【目的要求】了解猪瘟的临诊检疫要点，掌握猪瘟荧光抗体检测技术。

【实训材料】疑似猪瘟的新鲜病料（淋巴结、扁桃体、脾等），剪刀，镊子，冰冻切片机，pH7.2磷酸盐缓冲液（PBS），丙酮液，猪瘟荧光抗体，荧光显微镜等。

【方法步骤】

## （一）临诊检疫及尸体剖检

仔细检查病猪的临床症状，调查发病原因、经过、免疫接种、猪群发病情况。了解传染源、病程和死亡情况等。

病死猪尸体剖检时，要特别注意各组织器官尤其是淋巴结、扁桃体和膀胱的出血变化，观察大肠黏膜坏死和溃疡情况。

从临床症状、流行病学和病理变化等方面进行分析，注意有无其他疾病（如猪肺疫、猪丹毒、猪副伤寒等）的可能性，做出初步诊断。

## （二）实验室检测

**1. 直接抗体检测**

（1）取病猪的扁桃体、脾或淋巴结组织一小片，用滤纸吸干外面的液体，将切面在稍微烘热的干净载玻片触压，略加转动，做成压印片，置室温内干燥，或用所采集的病理组织，做成切片。

（2）在玻片上滴加数滴冷丙酮液，或将玻片浸泡在冷丙酮液中，置−20℃固定15～20min，用pH 7.2磷酸盐缓冲液（PBS），漂洗3次，阴干后，滴加标记荧光抗体，置37℃湿盒内作用30min，取出用pH 7.2磷酸盐缓冲液（PBS）充分漂洗3次，每次5～10min，自然干燥。

（3）滴加甘油缓冲液数滴，加盖玻片封闭，用荧光显微镜检查。如细胞质内有弥散性、絮状或点状的黄绿色荧光，即病料中含有猪瘟病毒；如仅见暗绿或灰绿色，则病料中不含有猪瘟病毒。

（4）对照试验用已知猪瘟病毒材料片，先用抗猪瘟血清处理，然后用猪瘟荧光抗体处理。如上检查，应不出现猪瘟病毒感染的特异荧光。

**2. 酶标抗体检测**

（1）取扁桃体、淋巴结、脾等组织，除去外表结缔组织和脂肪，横切后在清洁的玻片上做触片，自然干燥后，即以4℃丙酮固定10min，自然干燥后，置冰箱中保存，待检。

或由待检猪静脉采血，2~5mL，注入含1mL 3.8%枸橼酸钠液的试管内，混匀，静置2h左右。吸取上面血浆部分，尽量避免吸取红细胞，以2 000r/min，离心10min，除去上清液，沉淀的白细胞用5~10倍量的0.83%氯化铵溶液（用pH 7.4，0.012 5mol/L的Tris-HCL缓冲液配制）处理30min，使残留的红细胞溶解，以1 500~2 000r/min，离心5~10min，除去上清液，再用氯化钠溶液处理，白细胞沉淀物用生理盐水洗2~3次，然后用生理盐水将白细胞沉淀物配成适当浓度的悬液，用细玻棒在清洁玻片上做成薄涂片，晾干，即以4℃丙酮固定10min，自然干燥后，置冰箱中保存，待检。

（2）量取pH 7.2，0.015mol/L PBS 100mL盛入染色缸中，再加入1%双氧水、1%硝酸钠各1mL，混匀。将上述涂片或触片放入室温内处理30min，倒去缸内液体，加PBS，浸泡1~2min，倒去，反复泡洗5~6次，再用去离子水同样泡洗3次，取出玻片，晾干。

（3）取猪瘟酶标抗体（冻干）加pH 7.2，0.015mol/L PBS，作1：（8~10）稀释后，滴加于涂片或触片，留一小部分不加酶标抗体，放入有湿纱布的盒内，置37℃内45min，取出玻片，置染色缸内，按上法用PBS泡洗6次，取出玻片，晾干。

（4）取pH 8，0.0125/L mol Tris-HCL缓冲液100mL，加DAB（3，3-二氨基联苯胺四盐酸盐）76mg，避光放置30min，用去离子水泡洗6次以上，晾干。

（5）将染色好的玻片，滴加一滴阿拉伯胶，加盖载玻片，先以低倍镜找到染色的细胞，然后用400~600倍或油镜检查。

（6）细胞质呈棕黄色，细胞核不染色或呈淡黄色，即病料中含有猪瘟病毒，未用酶标抗体染色的部分，细胞质应无色或与背景呈同样的颜色。

【实训报告】根据检查结果，写一份关于猪瘟的检疫报告。

# 实训十三 猪链球菌病的检疫

【目的要求】
1. 掌握猪链球菌病的流行病学特点及临床特征。
2. 初步掌握猪链球菌的实验室检测的主要方法。

【实训材料】
**1. 器械及试剂** 显微镜，剪刀，镊子，试管架，2~5mL无菌注射器，20~22号针头，血液琼脂培养基，5%碘酊棉球，70%酒精棉球，灭菌生理盐水，革兰氏染色液或美蓝染色液。

**2. 试验动物** 家兔或小鼠等。

## 【方法步骤】

### (一)临诊检疫

**1. 流行病学调查**　了解病猪的日龄和症状表现,调查与病猪接触的牛、犬和禽类等其他动物是否发病。

**2. 临诊症状**　观察病猪临床表现,注意神经症状与皮肤的变化情况。

**3. 病理变化**　对死亡猪或病猪进行剖检,结合学过的知识观察特征的病理变化。

### (二)实验室检测

**1. 镜检**　将新鲜病料(心血、肝、脾、肾、肺、脑、淋巴结或胸腔积液等)制成涂片,用革兰氏染色法或碱性美蓝染色法染色后镜检。链球菌呈球形或卵圆形,直径 $0.6 \sim 1.0 \mu m$,呈链状排列,短者由 $4 \sim 8$ 个细菌组成,长者由 $20 \sim 30$ 个细菌组成。幼龄培养物大多可见到透明质酸形成的荚膜。无芽胞,无鞭毛。革兰氏染色阳性,经数日培养的老龄链球菌可染成革兰氏阴性。

**2. 分离培养**　脓汁或棉拭子直接划线接种在血液琼脂平板上,37℃培养24h。已干涸的病料棉拭子可先在葡萄糖肉汤中增菌后再在血平板上分离鉴定。为了提高链球菌的分离率,先将培养基置于37℃温箱中预热 $2 \sim 6h$。链球菌在普通培养基上多生长不良。

链球菌在血液琼脂上呈小点状,培养24h溶血不完全,$48 \sim 72h$ 菌落直径大约为1mm,呈露珠状,中心混浊,边缘透明,有些黏性菌株融合粘连,菌落呈单凸或双凸,有 $\alpha$-溶血(绿色)、$\beta$-溶血(完全透明)或 $\gamma$-溶血(无变化),这在链球菌的鉴定中非常重要。多数具有致病性的链球菌呈 $\beta$-溶血。

**3. 培养特性**　需氧或兼性厌氧,有些为厌氧菌。营养要求较高。普通培养基中需加有血液、血清、葡萄糖等才能生长。最适温度37℃,最适 pH $7.4 \sim 7.6$,血液琼脂平板上形成灰白、光滑、圆形突起小菌落,菌落周围呈 $\beta$ 型溶血。在血清肉汤中均匀混浊,继而于管底形成沉淀,上部澄清,不形成菌膜。试验动物中,小鼠、家兔、仓鼠、鸽等对此菌敏感,而豚鼠、鸡、鸭等无感受性。

**4. 动物接种**　将病料制成 $5 \sim 10$ 倍生理盐水悬液,接种家兔和小鼠,剂量为兔腹腔注射 $1 \sim 2mL$,小鼠皮下注射 $0.2 \sim 0.3mL$。接种后的家兔于 $12 \sim 26h$ 死亡,小鼠于 $18 \sim 24h$ 死亡。死亡后采心血、腹水、肝、脾抹片镜检,均见有大量单个、成对或 $3 \sim 5$ 个菌体相连的球菌。也可用细菌培养物制成的菌液或肉汤培养物接种家兔或小鼠。

【实训报告】写出猪链球菌病检疫的总结报告。

### 🔖 职业测试

1. 某个体养猪场兽医技术人员向所在县动物卫生监督所报告,该场育肥猪舍内有多头猪出现高热、倦怠、食欲不振、精神委顿、弓腰、腿软、行动缓慢;间有呕吐,便秘腹泻交替;可视黏膜充血、出血或有不正常分泌物、发绀;鼻、唇、耳、下颌、四肢、腹下、外阴等多处皮肤点状出血,指压不褪色等症状。假如你是在现场检疫的官方兽医,你将做何判断并将采取哪些处理措施?如何进行实验室检测?

2. 某种猪场兽医技术人员向所在县动物卫生监督所报告，该场有多头1月龄仔猪出现高热，眼结膜炎、眼睑水肿，咳嗽、气喘、呼吸困难，耳朵、四肢末梢和腹部皮肤发绀，偶见后躯无力、不能站立或共济失调等症状。假如你是在现场检疫的官方兽医，你将做何判断并将采取哪些处理措施？如何进行实验室检测？

3. 某个体养猪户向所在镇畜牧兽医站反映，其所养部分育肥猪出现高热稽留，呕吐，结膜充血，粪便干硬呈粟状、附有黏液，腹泻，皮肤有红斑、疹块，指压褪色等症状。假如你是在现场检疫的官方兽医，你将做何判断并将采取哪些处理措施？如何进行实验室检测？

4. 某执业兽医在一猪场出诊时发现一头病猪表现为发热，精神沉郁，食欲下降，呼吸困难，腹式呼吸，皮肤发红，耳梢发紫，眼睑皮下水肿，不愿站立，腕关节、跗关节肿大，共济失调，临死前四肢呈划水样。剖检可见胸膜、腹膜、心包膜和腕关节、跗关节表面有浆液性或纤维素性渗出物。假如你是在现场检疫的官方兽医，你将做何判断并将采取哪些处理措施？如何进行实验室检测？

5. 某种猪场兽医技术人员反映，该猪场的怀孕母猪时常发生流产或产出死胎、木乃伊胎和弱胎的情况，有些母猪产后久配不孕，有的公猪表现有睾丸炎。请你帮助该猪场分析一下发病原因，并给出一些合理化工作建议。

★　参考答案见附录三。

# 牛、羊、兔主要疫病的检疫

| 项目描述 | 　我国是牛、羊生产消费大国，羊肉产量稳居世界第一位，牛肉产量居世界第三位，但受疫病的影响，我国的牛、羊肉供应还需更多地依赖进口。肉兔由于个体小、抗病力差，容易感染疾病，导致养殖户产生经济损失。因此，开展牛海绵状脑病、蓝舌病、牛传染性胸膜肺炎、小反刍兽疫、牛流行热、羊梭菌性疾病、牛传染性鼻气管炎、牛病毒性腹泻/黏膜病、牛白血病、山羊关节炎脑炎、梅迪-维斯纳病、锥虫病、牛梨形虫病（牛焦虫病）、兔病毒性出血病、兔黏液瘤病、野兔热等疫病的检疫，可以有效降低牛、羊、兔养殖风险，提高养殖效益，促进出口贸易。牛、羊、兔主要疫病的检疫内容是动物疫病防治员国家职业资格、执业兽医师及助理兽医师资格考试的必考知识，也是官方兽医、执业兽医开展动物防疫检疫工作必备知识和技能。 | | |
|---|---|---|---|
| 建议学校学时 | 8学时 | 建议企业学时 | 8学时 |
| 本项目教学目标 | | | |
| 应知知识 | 　掌握牛海绵状脑病、蓝舌病、牛传染性胸膜肺炎、小反刍兽疫、牛流行热、羊梭菌性疾病、牛传染性鼻气管炎、牛病毒性腹泻/黏膜病、牛白血病、山羊关节炎脑炎、梅迪-维斯纳病、锥虫病、牛梨形虫病（牛焦虫病）、兔病毒性出血病、兔黏液瘤病、野兔热等疫病的定义、流行特点、临床症状及病理变化；熟悉以上各种病的实验室检测方法；掌握以上各种病的检疫后处理方法；熟悉牛、羊、兔各自常见疫病的鉴别检疫要点。 | | |

（续）

| 应会能力 | 能在临床上、检疫中根据流行特点、临床症状及病理变化对牛海绵状脑病、蓝舌病、牛传染性胸膜肺炎、小反刍兽疫、牛流行热、羊梭菌性疾病、牛传染性鼻气管炎、牛病毒性腹泻/黏膜病、牛白血病、山羊关节炎脑炎、梅迪-维斯纳病、锥虫病、牛梨形虫病（牛焦虫病）、兔病毒性出血病、兔黏液瘤病、野兔热等病例初步识别（初步检疫）；会独立或在指导下对以上疫病病例进行病原学、血清学等的实验室检测；能对临床具有相同或相似症状的病例做出鉴别检疫。 |
|---|---|
| 应备素质 | 养成运用应知知识和应会能力指导动物检疫实践的习惯；养成在检疫工作中加强个人防护的职业习惯；懂得在动物检疫工作中如何与畜主沟通交流；秉持依法检疫、规范检疫的职业操守；树立检疫中一丝不苟、精益求精的职业精神。 |

# 模块一　牛、羊、兔主要疫病的检疫

## 牛海绵状脑病

牛海绵状脑病（BSE）俗称疯牛病，是由朊病毒引起的一种神经性、进行性、致死性疾病。

**（一）临诊检疫要点**

**1.流行特点**　本病易感动物有牛、羊、猪、羚羊、狒狒、鹿、猫、犬、水貂、小鼠和鸡等。本病多发于3～5岁的奶牛，其中以成年奶牛发病率最高，潜伏期长达2～8年。本病的传播方式有3种，即垂直传播、水平传播和异源性传播，后者因易感动物食用受污染的肉骨粉通过消化道而感染，因此本病的流行无明显季节性。整个病程为1～3个月，个别可长达1年，病牛几乎全部死亡。

**2.临床症状**　病牛焦虑不安、恐惧、暴躁，攻击性增强；不自主运动，如磨牙、震颤；对触摸、光照及声音敏感，当触及其后肢时极度不安；运动时步调不稳，共济失调，四肢伸展、极易摔倒；体重及泌乳量迅速下降。

**3.病理变化**　尸体剖检无明显肉眼可见病变。

**（二）实验室检测**

**1.病理组织学检查**　采集病变多发部位，如丘脑、中脑、脑桥、延髓等组织，经10％福尔马林固定后送检。经切片染色镜检可见，病牛典型的病理变化为脑干灰质对称的特定神经元核周体或神经纤维网（细胞质）中出现海绵状空泡变性，空泡变性常伴随星状细胞肥大；神经元数目减少；血管周围有单核细胞浸润。

**2. 生物技术检测** 目前 BSE 检测主要采用特异性强、灵敏度高的 PrP 免疫印迹和免疫组织化学方法进行检查。

### （三）检疫后处理

目前，本病为世界动物卫生组织（OIE）规定必须通报的动物疫病，我国尚未发现牛海绵状脑病临床病例。

（1）防控本病，主要是扑杀病牛、阳性牛及其后代。

（2）为了防止牛海绵状脑病侵入我国，加强海关检疫，禁止从疫区进口牛、羊及精液、胚胎、肉粉、骨粉等其他产品。

（3）遇到可疑病例，其肉制品及肉骨粉不能食用，采用火化处理或深埋。畜舍及相关物品用 2% 漂白粉或氢氧化钠溶液消毒。不能焚烧的物品也可采用 136℃ 高压蒸汽灭菌 2h。

（4）目前本病的免疫与治疗并无有效方法。

# 蓝 舌 病

蓝舌病是以昆虫为传播媒介由蓝舌病病毒引起反刍动物的一种急性、非接触性传染病。

### （一）临诊检疫要点

**1. 流行特点** 绵羊为主要的易感动物，1 岁左右的青年羊发病率和死亡率高，哺乳期羔羊有一定的抵抗力，牛和山羊的易感性较低，多为隐性感染。病羊、带毒羊是主要的传染源。本病多发于库蠓分布较多的河边、池塘与低洼沼泽处，以湿热的 5～10 月多见。库蠓及绵羊虱蝇是本病的主要传播媒介。公牛感染后，其精液内带有病毒，可通过交配和人工授精传染给母牛，病毒也可通过胎盘感染胎儿。

**2. 临床症状** 潜伏期 3～8d，病程为 6～14d。病初体温升高达 40～42℃，稽留 2～6d。厌食，流涎，口、唇、舌发绀，双唇水肿，甚至蔓延至面部及颈部。严重者口鼻黏膜糜烂，吞咽困难，呼吸发鼾，腹泻，血便。部分病羊四肢甚至躯体两侧被毛脱落，有的蹄冠充血、发炎，跛行。个别孕畜流产或产死胎、畸胎。山羊的症状与绵羊相似，但一般比较轻微，牛通常缺乏症状。

**3. 病理变化** 主要病变集中在鼻腔、口腔、瘤胃、瓣胃黏膜及大网膜，有小点出血、溃疡和坏死；皮下组织出血及胶样浸润；全身淋巴结充血、水肿；心内膜和心外膜有出血。

### （二）实验室检测

**1. 病原学检测** 可取高热期的绵羊血液（用肝素 10 IU/mL 或 EDTA 0.5mg/mL 抗凝）、血清或自新鲜尸体采取脾或淋巴结（冷藏保存 24h 内送抵实验室）进行病毒分离培养、电子显微镜检查等病原学诊断。

**2. 血清学检测** 可通过琼脂扩散试验、酶联免疫吸附试验或间接荧光抗体方法等检测血清中的抗体，以进行该病的诊断。

### （三）检疫后处理

本病为世界动物卫生组织规定必须通报的动物疫病，我国法定管理的一类动物传染病。检出阳性动物，应立即上报疫情，停止调运，封锁、扑杀、销毁全群感染动物，并进行彻底消毒。病畜的同群者或怀疑被其污染的动物尸体及内脏应进行高温处理。疫区及受威胁区的易感动物进行紧急免疫接种。

## 牛传染性胸膜肺炎

牛传染性胸膜肺炎是由丝状支原体引起牛的一种高度接触性传染病。

### (一) 临诊检疫要点

**1. 流行特点**　主要感染牛，病牛及带菌牛是主要传染源。主要通过呼吸道、消化道传播。新发病牛群常呈急性暴发，后转为地方性流行，老疫区多呈散发。

**2. 临床症状**　本病潜伏期多为2～4周，最长可达8个月。病畜高热稽留，体温多在41℃左右，干咳、咳痛，肋部有触痛感。因呼吸困难久立不卧，呈腹式呼吸。鼻腔流出浆液性或脓性分泌物。肺部叩诊有水平浊音，听诊患部有摩擦音。后期见腹下、胸前、肉垂水肿，可视黏膜发绀，终因窒息死亡，整个病程15～30d。

**3. 病理变化**　剖检可见特征性病变在肺和胸膜上。肺实质存在不同阶段的肝变，切面红灰相间，呈大理石状花纹。肺间质水肿增宽，淋巴管扩张。肺内有坏死灶。胸腔积液，有纤维蛋白凝块。胸膜肥厚、粗糙、粘连，表面附有纤维素性渗出物。肺门淋巴结及纵隔淋巴结肿大，出血。末期，肺组织坏死，干酪化或脓性液化，形成脓腔、空洞或瘢痕。

### (二) 实验室检测

**1. 病原学检查**　无菌采取病畜肺组织、胸腔渗出液及病变淋巴结接种于10‰马血清马丁琼脂培养基，37℃培养2～7d，选择透明、略带灰色、中央有乳头状突起的圆形菌落进行吉姆萨染色或瑞氏染色，镜检见多形菌体，即可确检。

**2. 血清学检测**　玻片凝集试验、琼脂扩散试验均可检出自然感染牛；荧光抗体试验可检出鼻腔分泌物中的丝状支原体。补体结合试验有1‰～2‰的非特异反应，特别是注射疫苗后2～3个月内呈阳性或疑似反应，应引起注意。

### (三) 检疫后处理

本病为世界动物卫生组织规定的必须通报的动物疫病，我国法定管理的一类动物传染病。

(1) 不从疫区调牛；在进境牛检疫时发现阳性的，牛群做全部退回或扑杀销毁处理。

(2) 发现可疑病畜应立即上报疫情，采取紧急、强制性的控制和扑灭措施。扑杀病畜和同群畜，无害化处理动物尸体。对环境及器械进行彻底消毒，消灭病原。

(3) 疫区和受威胁地区牛群可进行牛传染性胸膜肺炎弱毒菌苗的免疫接种。

## 小反刍兽疫

小反刍兽疫是由小反刍兽疫病毒引起的山羊和绵羊的急性接触性传染病。世界动物卫生组织将其列为必须报告的动物疫病，我国将其列为一类动物疫病。主要感染小反刍动物，以发热、口炎、腹泻、肺炎为特征。

### (一) 临诊检疫要点

**1. 流行特点**　发病和带毒羊是主要传染源。病畜的分泌物和排泄物也是传染源。

小反刍兽疫
临诊检疫
要点

主要通过直接或间接接触传播，感染途径以呼吸道为主。山羊和绵羊是该病的自然宿主，山羊比绵羊更易感，临床症状更严重。岩羊、野山羊、盘羊、羱羊、瞪羚羊、长角大羚羊、亚洲水牛、骆驼等可感染发病。牛呈亚临床感染，并能产生抗体。潜伏期一般为4～6d，最长可达21d。易感羊群发病率通常达60%以上，病死率可达50%以上。该病一年四季均可发生，但多雨季节和干燥寒冷季节多发。

**2. 临床症状**　山羊临床症状比较典型，绵羊临床症状一般较轻微。

突然发热，第2～3天体温可达40～42℃。发热持续3d左右，病羊死亡多集中在发热后期。病初有水样鼻液，此后大量的黏脓性卡他样鼻液，阻塞鼻孔造成呼吸困难。鼻内膜发生坏死。眼流分泌物，遮住眼睑，出现眼结膜炎。

发热症状出现后，病羊口腔内膜轻度充血，继而出现糜烂。初期多在下齿龈周围出现小面积坏死，严重病例迅速扩展到齿垫、硬腭、颊和颊乳头以及舌，坏死组织脱落形成不规则的浅糜烂斑。部分病羊口腔病变温和，并可在48h内愈合，这类病羊可很快康复。

多数病羊发生严重腹泻或腹泻，造成迅速脱水和体重下降。怀孕母羊可发生流产。

**3. 病理变化**　口腔和鼻腔黏膜糜烂坏死。支气管肺炎，肺尖肺炎。可见坏死性或出血性肠炎，盲肠、结肠近端和直肠出现特征性条状充血、出血，呈斑马状条纹。淋巴结特别是肠系膜淋巴结水肿。脾肿大，并可出现坏死病变。组织学上可见肺部组织出现多核巨细胞以及细胞内嗜酸性包含体。

山羊或绵羊出现急性发热、腹泻、口炎等症状，羊群发病率、病死率较高，传播迅速，且出现肺尖肺炎病理变化，可判定为疑似小反刍兽疫病例。

**（二）实验室检测**

**1. 样品采集、运输与保存**　无菌采集病羊眼棉拭子、口棉拭子、鼻棉拭子和抗凝血，采集被扑杀或刚死亡病畜的脾、胸腺、肠系膜和支气管淋巴结、肠黏膜、肺等组织，无菌采集全血，用常规方法分离血清。样品采集后，置冰上冷藏尽快送至实验室检测。

**2. 血清学检测**　应在省级动物疫病预防控制机构实验室、国家外来动物疫病研究中心或农业农村部指定实验室进行。抗体检测可采用病毒中和试验、竞争酶联免疫吸附试验检测法和间接酶联免疫吸附试验抗体检测法。对于未免疫小反刍兽疫疫苗的山羊或绵羊出现疑似病例，采用其中任一项血清学方法检测阳性，均可判定为确诊小反刍兽疫病例。

**3. 病原学检测**　应在国家外来动物疫病研究中心或农业农村部指定实验室进行。可采用细胞培养法分离病毒，也可直接对病料进行检测。病毒检测可采用琼脂凝胶免疫扩散、抗原捕获酶联免疫吸附试验、实时荧光反转录聚合酶链式反应、普通反转录聚合酶链式反应，对PCR产物进行核酸序列测定可进行病毒分型。对于免疫小反刍兽疫疫苗的山羊或绵羊出现疑似病例，采用其中任一项病原学方法检测阳性，可判定为确诊小反刍兽疫病例。

**（三）检疫后处理**

发现疑似疫情，及时上报、确诊疫情。划定疫点、疫区和受威胁区，实施封锁。检出阳性或发病动物，对全群动物做扑杀、销毁处理，并全面消毒。对疫区内其他羊，在解除封锁后，应在当地动物卫生监督机构监督下就近急宰淘汰。对受威胁区加强检疫监管，禁止活羊调入、调出，反刍动物产品调运必须进行严格检疫。

## 牛流行热

牛流行热又称三日热、暂时热，是由牛流行热病毒引起牛的一种急性、热性、全身性传染病。我国将其列为三类动物疫病。

### (一) 临诊检疫要点

**1. 流行特点**  本病主要侵害奶牛和黄牛，水牛较少发病。以 3～5 岁牛多发，肥胖的牛病情较严重，产乳量高的母牛发病率高。病牛是本病的主要传染源，病毒主要存在于病牛的血液、呼吸道分泌物及粪便中。自然传播多经呼吸道及吸血昆虫的叮咬而发生。本病的流行具有明显的季节性，一般在夏末到秋初、高温炎热、多雨潮湿、蚊虫多生的季节流行。周期性明显，3～5 年流行一次。

**2. 临床症状**  潜伏期 3～7d。高热 41℃以上持续 1～3d，四肢关节肿胀、疼痛，以至于跛行，严重者卧地不起。结膜潮红，畏光流泪，鼻镜干燥，流浆性鼻液，大量流涎，呼吸困难。皮下气性肿胀，触压有捻发音。病程短，病死率低，多呈良性转归。

**3. 病理变化**  呼吸道病变典型，多可见肺充血、水肿和肺间质性气肿。肺尖叶、心叶、膈叶多见暗红色肝变区。肺门淋巴结充血、水肿或出血。

### (二) 实验室检测

**1. 病原学检查**  采取高热期病牛的血液（用肝素 10 IU/mL 或 EDTA 0.5mg/mL 抗凝），人工感染乳鼠或乳仓鼠，并通过中和试验鉴定病毒；或将病死牛的脾、肝、肺等组织及人工感染乳鼠的脑组织制成超薄切片，电镜检查是否有子弹状或圆锥形的病毒颗粒。也可取高热期病牛的血液或病料人工接种乳鼠后，采取含毒组织接种适宜的细胞培养物进行病毒分离，通过免疫荧光试验进行病毒抗原的检查。

**2. 血清学检测**  可选择中和试验、补体结合试验、琼脂扩散试验、免疫荧光试验、酶联免疫吸附试验等进行检验。

### (三) 检疫后处理

发现病牛应立即停止调运，迅速采取隔离、封锁、消毒的措施，杀灭场内及其周边环境中的蚊、蝇等吸血昆虫，防止本病蔓延。

## 羊梭菌性疾病

羊梭菌性疾病是由梭状芽孢杆菌属的细菌引起羊的多种传染病的统称，包括羊肠毒血症、羊快疫、羊猝狙、羊黑疫、羔羊痢疾等。

### (一) 临诊检疫要点

**1. 流行特点**  羊快疫是由腐败梭菌引起，主要发生于绵羊的急性传染病，多发于秋、冬和初春季节；羊肠毒血症又称"软肾病"，是由 D 型产气荚膜梭菌在羊肠道中大量增殖产生毒素引起的一种急性毒血症，主要发生于绵羊，多散在发生于青草旺盛及收获季节；羊猝狙由 C 型产气荚膜梭菌产生 β 毒素引起绵羊的一种毒血症，多发于 1～2 岁的成年绵羊，常见于低洼沼泽地带，在冬、春季节多发，常为地方流行性；羊黑疫又名传染性坏死性肝炎，是 B 型诺维氏梭菌引起的绵羊和山羊的一种急性高度致死性毒血症，本病常发于2~4岁肥胖羊，主要发生于春、夏肝片吸虫流行的低洼潮湿地带；羔羊痢疾是由B型产气荚膜梭菌引起初生羔羊的一种急性毒血症；主要发生于7日龄以内的羔羊，在产羔季节呈地方性流行。

**2. 临床症状**　羊快疫、羊肠毒血症、羊猝狙及羊黑疫发病急、病程短，多数病例尚未表现明显临床症状即急性死亡或在昏迷状态死亡。羔羊痢疾潜伏期1~2d，病畜严重腹泻，粪便恶臭，呈黄绿色、黄白色或灰白色糊状或水样。后期粪便中含有血液、黏液和气泡。病羔羊逐渐衰弱，卧地不起，多在1~2d死亡。

**3. 病理变化**　羊快疫剖检多见皱胃出血性炎症表现；羊肠毒血症剖检多见心包积液、心内外膜下有出血点，肺充血，"肾软如泥"是其典型特征；羊猝狙剖检，病羊刚死亡时，其骨骼肌正常，死后8h内细菌在骨骼肌中增殖，使肌间积聚血样液体，肌肉出血，有气性裂孔；羊黑疫特征病变是肝充血、肿胀，表面可有一个到多个界线清晰，直径为2~3cm的灰黄色凝固性坏死灶，周围常有一鲜红色的充血带围绕，坏死灶切面成半圆形，因病羊尸体皮下静脉显著充血，皮肤呈暗黑色外观，而称其为羊黑疫；羔羊痢疾剖检可见动物尸体严重脱水，主要病变在消化道，皱胃内有未消化的凝乳块，小肠（特别是回肠）黏膜充血发红，溃疡周围有一出血带环绕，有的肠内容物呈血色，肠系膜淋巴结肿大、充血或出血。

**（二）实验室检测**

因羊梭菌性疾病种类多，病程极短，多急性死亡，无明显症状，故生前诊断较难。根据其剖检后特征性病变可疑为梭菌性疾病，确诊需进行微生物学检查，必要时还可进行细菌的分离培养，毒素检查、鉴定，动物试验。

**（三）检疫后处理**

对病畜立即隔离、扑杀，尸体无害化处理，彻底消毒；同群其他动物在隔离场或检疫机关指定的地点隔离观察。

## 牛传染性鼻气管炎

传染性牛鼻气管炎又称"坏死性鼻炎""红鼻病"，是由传染性牛鼻气管炎病毒引起牛的一种急性、热性、高度接触性呼吸道传染病。我国将其列为二类动物疫病。

**（一）临诊检疫要点**

**1. 流行特点**　本病只发生于牛，多见于育肥牛和奶牛，其中以20~60日龄的犊牛最易感，病死率较高。病牛和带毒牛为主要传染源，隐性带毒牛往往是最危险的传染源。病毒主要存在于病牛的呼吸道、唾液、精液、阴道分泌物、流产胎儿和胎盘中，多经呼吸道、生殖器官黏膜传播。本病以秋、冬寒冷季节多发。

**2. 临床症状**　潜伏期一般为4~6d，有时可达21d。根据患病动物感染器官的不同，可分为多种临床类型，其中较为多见的病型是呼吸道感染，伴有结膜炎、流产和脑膜脑炎；其次是脓疱性外阴阴道炎或龟头包皮炎。

（1）鼻气管炎型。典型的症状是体温升高达39.5~42℃，极度沉郁，拒食，鼻腔黏膜高度充血、溃疡，鼻孔流出多量黏液性脓性分泌物。鼻窦及鼻镜因组织高度发炎充血呈火红色，分泌物阻塞气管而出现呼吸困难和增数。鼻黏膜发生坏死，导致呼气中常有臭味。有的可见血痢和眼炎症状。

（2）生殖道炎型。母牛表现为发热，不安，尿频，有痛感，产乳稍降。阴门水肿有黏液性渗出物，阴道黏膜充血、潮红，有大量灰白色坏死性脓疱或斑块。公牛表现为沉郁不食，包皮、阴茎充血、发炎、水肿。部分公牛可不表现症状而带毒，从精液中可分离出病毒。

（3）眼炎型。流泪，结膜高度充血，角膜混浊，流浆性、脓性分泌物。

（4）脑膜炎型。6月龄内犊牛多见，病初体温升高，后共济失调，口吐白沫，沉郁与兴奋交替出现。严重者角弓反张，磨牙，四肢划动。病死率达50%以上。

（5）流产型。多于孕后5～8个月流产或产弱胎、死胎。

（6）肠炎型。见于2～3周龄的犊牛，在发生呼吸道症状的同时，出现腹泻，甚至排血便，病死率20%～80%。

**3. 病理变化**　呼吸道黏膜发炎，有浅溃疡，在咽喉、气管及支气管黏膜表面有腐臭黏液性、脓性分泌物。眼结膜和角膜表面形成白斑。外阴和阴道黏膜有白斑、糜烂和溃疡。流产胎儿的肝、脾局部坏死，部分皮下有水肿。常伴有真胃黏膜发炎及溃疡，大、小肠有卡他性肠炎。

### （二）实验室检测

**1. 病原学检测**　可采集呼吸道、生殖道或眼部分泌物，脑组织及流产胎儿心血、肺等作为病料，使用牛肾细胞培养物进行分离，利用荧光抗体或中和试验鉴定病毒。也可用DNA限制性内切酶酶切分析和PCR等方法进行分子病原学检测。

**2. 血清学检测**　采集急性期和恢复期的双份血清测定抗体的上升情况是确检的主要依据。中和试验、酶联免疫吸附试验、免疫荧光试验、琼脂扩散试验、间接血凝试验等均可确检。

### （三）检疫后处理

（1）发现病牛和确检阳性牛应立即用不放血方式扑杀，尸体深埋或焚烧。同群动物在隔离场或其他指定地点隔离观察并全面彻底消毒。

（2）对可疑牛及时隔离、观察，加强检疫和消毒。

（3）屠宰检疫检验时，凡宰前检疫发现本病及可疑病牛，用不放血方式扑杀，尸体化制或销毁。宰后检疫发现本病后处理同宰前。

## 牛病毒性腹泻/黏膜病

牛病毒性腹泻/黏膜病是由牛病毒性腹泻病毒引起牛的以黏膜发炎、糜烂、坏死和腹泻为特征的疾病。我国将其列为三类动物疫病。

### （一）临诊检疫要点

**1. 流行特点**　各种牛对本病均有易感性。多见于肉用牛，羊、猪、鹿等也可感染，但一般不显临床症状。各种年龄的牛都有易感性，但6～18月龄的幼牛易感性较强。直接或间接接触均可传染本病。病畜可从鼻液、泪液和粪便等排出病毒污染饲料、饮水和用具等，经消化道和呼吸道感染，也可经胎盘感染。本病无季节性，可常年发病，但多发生于冬、春季节。

**2. 临床症状**　本病潜伏期为7～10 d，个别可长达14d。主要表现为高热，腹泻（粪先稀如水，后变浓稠，带肠黏膜），大量流涎以至停乳，反刍停止，结膜炎，口腔黏膜充血并出现溃疡斑，孕牛可能流产。有些病牛常有蹄叶炎及趾间皮肤糜烂坏死，从而导致跛行。急性病例很少有恢复，通常在发病后 1～2 周死亡。

**3. 病理变化**　主要病变在消化道和淋巴结。鼻镜、鼻腔、口腔黏膜有糜烂和溃疡，特征性病变是消化道黏膜呈大小不一直线状糜烂，以食道黏膜糜烂最为典型。瘤胃黏膜呈淡紫红色；皱胃炎性水肿和糜烂。肠壁因水肿增厚，十二指肠黏膜有较规则的纵向排列的出血条纹，空肠和回肠有点状或斑点状出血，黏膜呈片状脱落，盲肠和大结肠末端有纵向排列的出血条纹。全身淋巴结黑灰色。

### （二）实验室检测

**1. 病原学检测**　无菌采集急性发热期血液、尿、鼻液或眼分泌物，剖检时采取脾、骨髓、肠系膜淋巴结等病料，经牛胎肾、牛睾丸细胞分离病毒并鉴定。

**2. 血清学检测**　无菌采血，分离血清，送检。中和试验、荧光抗体试验、补体结合试验及琼脂扩散试验等均可确检。

### （三）检疫后处理

对病牛、阳性牛立即隔离、扑杀，尸体无害化处理，彻底消毒；同群其他动物在隔离场或检疫机关指定的地点隔离观察。

## 牛白血病

牛白血病是由牛白血病病毒引起牛的一种慢性肿瘤性疾病。我国将其列为二类动物疫病。

### （一）临诊检疫要点

**1. 流行特点**　牛白血病病毒的自然宿主只有牛，其他动物一般不发生自然感染，而且白血病的发生与牛的品种无关，通常是 4～8 岁的牛最常见，本病的特点是感染率高，发病率低，病死率高。此病可通过垂直和水平传播，其中水平传播的途径很多，如血源性传播、分泌性传播、接触性传播、寄生性传播、精液性传播、乳源性传播和管理性传播等。

**2. 临床症状**　潜伏期很长，可达 4～5 年，根据临床表现可分为亚临床型和临床型。

（1）亚临床型。临床上无明显全身症状，仅血液中白细胞或淋巴细胞数目异常增生，多数牛可持续多年或终身带毒。

（2）临床型。体温一般正常，有时略升高。食欲不振、生长缓慢，体重减轻。全身淋巴结显著增大，触诊无热无痛，能移动，以颌下、腮、肩前及股前淋巴结最为明显。通常以死亡而告终，但其病程可因肿瘤病变发生的部位、程度不同而异，一般在数周至数月之间。

**3. 病理变化**　主要为腹股沟浅淋巴结、髂淋巴结、肠系膜淋巴结以及内脏淋巴结高度肿大，被膜紧张，呈均匀灰色，柔软，切面突出，有出血和坏死。全身广泛性淋巴肿瘤。各脏器、组织形成大小不等的结节性或弥散性肉芽肿病灶，皱胃、心脏和子宫最常发生病变。组织学检查可见肿瘤细胞浸润和增生；血液学检查可见白细胞总数增加，淋巴细胞可增加 75％以上，未成熟的淋巴细胞可增加到 25％以上。血液学变化在病程早期最明显，随着病程的进展血象转归正常。

**（二）实验室检测**

**1. 血清学检测** 琼脂扩散试验是常用的确检方法之一。也可根据检疫条件选用补体结合试验、免疫荧光试验、病毒中和试验、酶联免疫吸附试验、血凝试验及对流免疫电泳试验或放射免疫技术等做出确检。

**2. 其他检测** 外周血淋巴细胞培养分离，然后用电镜或牛白血病病毒抗原测定法鉴定。在外周血中，可用聚合酶链反应检查病毒 DNA；在肿瘤中，可用 PCR 和原位杂交检测。

**（三）检疫后处理**

（1）发现病牛，立即淘汰，隔离可疑感染牛，在隔离期间加强检疫，发现阳性立即淘汰。做好保护健康牛的综合性防范措施。

（2）屠宰检疫检验时，凡宰前检疫发现本病及可疑病牛，用不放血方式扑杀，尸体化制或销毁。宰后检疫发现本病后卫生处理同宰前。

## 山羊关节炎脑炎

山羊关节炎脑炎是山羊关节炎脑炎病毒引起山羊的慢性传染性疾病。我国将其列为二类动物疫病。

**（一）临诊检疫要点**

**1. 流行特点** 患病山羊和隐性感染羊是本病的主要传染源，山羊是本病的易感动物，绵羊不感染。该病的发生无年龄、性别、品系间的差异，但以成年羊感染居多。本病的主要传播方式为水平传播，感染途径以消化道为主，子宫内感染偶尔发生。病毒经乳汁感染羔羊，被污染的饲草、饲料、饮水等可成为传播媒介。发病有明显季节性，80%以上病例主要集中在 3～8 月发生。

**2. 临床症状** 根据临床表现可分为 3 种病型：

（1）脑脊髓炎型。潜伏期为 53～130d。本病多发生于 2～4 月龄羔羊，发病初期病羊沉郁、跛行，进而四肢僵直或共济失调，后肢麻痹，卧地不起，四肢划动。严重者眼球震颤、惊恐、角弓反张、头颈歪斜或做圆圈运动。部分病例伴有面神经麻痹，吞咽困难或失明等症状。病程半年至 1 年。

（2）关节炎型。多发生于成年山羊，病羊肩前淋巴结肿大。典型症状是腕关节肿大和跛行，也可发生于膝关节和跗关节，俗称"大膝病"。病初关节周围的软组织水肿、湿热、波动、疼痛，有轻重不一的跛行；进而关节肿大如拳，活动不便，常见前肢跪行。病程 1～3 年。

（3）肺炎型。主要发生于成年山羊，患羊渐进性消瘦、咳嗽、呼吸困难，胸部听诊有浊音。病程 3～6 个月。

**3. 病理变化** 脑脊髓无明显肉眼病变，偶尔在脊髓和侧脑白区有一棕色病区。患病关节周围软组织肿胀波动，皮下浆液渗出。关节囊肥厚，滑膜常与关节软骨粘连有钙化斑。关节腔扩张，充满黄色、粉红色液体。呼吸困难者，肺轻度肿大，质地硬，表面有灰白色小点，切面呈叶状或斑块状实变区。少数病例肾表面有 1～2mm 的灰白病灶。

**（二）实验室检测**

根据抗生素治疗地方流行性成年羊慢性关节炎、呼吸困难、硬乳房和羔羊脑炎症状等无效，即可初检。确检方法如下：

**1. 病原学检查** 可采取病畜发热期或濒死期和新鲜畜尸的肝制备乳悬液进行病毒的分离、鉴定，也可选用小鼠或仓鼠进行动物试验。

**2. 血清学检测** 血清学诊断主要应用琼脂扩散试验或酶联免疫吸附试验确定隐性感染动物。应用免疫荧光抗体技术检测血清中的 IgM 抗体可以作为疾病早期的判定指标。

### （三）检疫后处理

一旦发现可疑病畜立即上报疫情，采取紧急、强制性控制和扑灭措施。对病畜及检出的阳性动物进行扑杀、销毁处理；对同群其他动物在指定的隔离地点隔离观察 1 年以上。在此期间，进行两次以上实验室检查，证明为阴性动物群时方可解除隔离。对栏舍、环境彻底消毒，消灭病原。

## 梅迪-维斯纳病

梅迪-维斯纳病是由梅迪-维斯纳病毒引起绵羊和山羊的一种慢性、接触性传染病。我国将其列为二类动物疫病。

### （一）临诊检疫要点

**1. 流行特点** 梅迪-维斯纳病毒可侵害绵羊和山羊，发病者多以 2～4 岁的绵羊为主。本病经呼吸道和消化道感染，潜伏期长（1～3 年），无季节性，流行较广，传播缓慢，发病率低，但病死率可高达 100%。

**2. 临床症状** 该病在临床上具有两种病型，其共同特点是患病动物发病十分缓慢，病程长达数月或数年，伴有进行性体重减轻、全身消瘦，最终死亡。

（1）梅迪型（呼吸道型）。主要表现逐渐消瘦，进行性肺炎，慢性咳嗽，呼吸增数，逐渐发展为呼吸困难，病程长达数月，终因缺氧衰竭而死。

（2）维斯纳型（脑炎型）。病羊最初表现步样异常、运动失调，后肢轻瘫逐渐加重而成为截瘫；有时头部也有异常表现，唇部震颤，头偏向一侧。病程较长，终归衰弱死亡。

**3. 病理变化** 呼吸道型主要见于肺及周围淋巴结，肺体积和重量比正常增大 2～4 倍，呈灰黄、灰蓝或暗紫色，触之有橡皮样感觉，肺组织致密，质地如肌肉，肺切面干燥。脑炎型无明显肉眼病变，病程长的后肢肌肉常萎缩。

### （二）实验室检测

**1. 血清学检测** 采集病羊血或初检的单层细胞培养物做琼脂扩散试验、酶联免疫吸附试验、补体结合试验及荧光抗体试验均可确检。

**2. 其他检测** 采取病死动物的肺、滑膜、乳腺等或以无菌方法从活体动物的外周血液或乳汁中分离白细胞，将其与指示细胞如绵羊脉络丛细胞共同培养，检查细胞是否出现具有折光性的树枝状细胞或合胞体，然后用免疫标记技术检查病毒抗原或通过电镜观察细胞内的特征性慢病毒粒子。

### （三）检疫后处理

检疫中发现病羊或阳性羊，应立即上报疫情并扑杀、销毁尸体，全面消毒；对同群动物应在指定地点隔离观察 1 年以上，此期间应检疫两次以上，没有阳性，方可解除隔离。

## 伊氏锥虫病

伊氏锥虫病是主要由伊氏锥虫所引起的多种动物共患的血液原虫病。主要特征是间歇热，体质渐进性消瘦，发生贫血，四肢下部出现肿胀，耳、尾发生干性坏死。

### （一）临诊检疫要点

**1. 流行特点** 马、骡、驴对锥虫病易感性强，多呈急性经过。骆驼、黄牛、水牛次之，往往呈慢性经过，成为伊氏锥虫病的主要传染源（带虫动物）。本病通过吸血昆虫（虻）和厩蝇传播，主要流行于热带和亚热带地区，夏、秋季节多发。

**2. 临床症状** 病畜初期主要表现间歇热、消瘦、贫血、黄疸、四肢下端水肿，起卧困难，长卧不起，步态不稳。后期表现为皮肤弹性差，表层龟裂，角质片状脱落；眼结膜出血，眼睑肿胀；耳尖、尾尖坏死；四肢划水状，肌肉震颤，粪便带血，终衰竭死亡。

**3. 病理变化** 胸前、腹下、四肢下部及生殖器等部位皮下水肿和黄色胶样浸润。胸、腹内积大量液体。各器官黏膜有出血点。脾、肝、肾肿大，有出血点。心肌变性，心室扩张。全身淋巴结肿大、充血。

### （二）实验室检测

**1. 病原学检查** 发病初期从病畜耳尖部采血做全血压滴标本或者涂片染色标本检查，虫体少时可做集虫检查。必要时可采病畜血液 0.1～0.2mL，接种于小鼠的腹腔，隔 2～3d 后，逐日采尾尖血液检查，连续 1 个月，不见虫体出现则可判定为阴性。

**2. 血清学检测** 可用乳胶凝集试验、间接血凝试验和酶联免疫吸附试验等。

### （三）检疫后处理

发现病畜，应隔离治疗，同群健畜做好药物预防。尽可能地消灭虻、厩蝇等传播媒介。屠宰检疫中发现本病，销毁病变脏器，其余部分高温处理后利用。

## 牛梨形虫病

牛梨形虫病旧称牛焦虫病，是由巴贝斯科和泰勒科的各种梨形虫在牛血液内引起的一种需经硬蜱传播的寄生虫病总称。

### （一）临诊检疫要点

**1. 流行特点** 牛巴贝斯虫病对 1 岁左右的犊牛感染率高，但症状轻；而成年牛发病率低，但症状重，良种牛和引进牛易感性及病死率均高；多发于我国南方。牛泰勒虫病以 1～3 岁牛发病较多；主要发生于西北、华北、东北各省。牛梨形虫病多发于夏、秋季节，以 5～7 月为发病高峰。

**2. 临床症状**

（1）牛巴贝斯虫病主要症状为高温 41℃以上，呈稽留热；食欲、反刍均下降，便秘或腹泻，部分病例排出黑色带黏液恶臭粪便，消瘦，贫血，黄疸；典型症状为排出血红蛋白尿，颜色渐深。

（2）牛泰勒虫病主要症状为高热 39.5℃以上，体表淋巴结肿大，触摸有痛感，尤以右侧肩前淋巴结肿大显著，一般在 5～10cm。随病情恶化，病牛出现异食，粪便先干后稀，尿黄，但无血尿及血红蛋白尿，后期高度贫血、消瘦，死前体温下降。

**3. 病理变化**

（1）牛巴贝斯虫病剖检后多见黏膜和皮下黄染，血液稀薄、凝固不全；肝肿大、易碎、呈棕黄色；脾肿大，脾髓色深变暗，表面凸凹不平；皱胃和小肠黏膜水肿并有少量出血斑点；肾盂与膀胱内充满红褐色尿液，黏膜有出血点；皱胃与小肠黏膜水肿、炎症、出血和糜烂。

（2）牛泰勒虫病剖检后多见全身性出血；淋巴结肿大、暗红色，切面多汁；脾、肝肿大，质脆；真胃黏膜水肿并有大量黄白色结节和大小不一溃疡，此为本病特征性病变。

**（二）实验室检测**

**1. 病原学检查**　牛巴贝斯虫病采集牛耳尖血液涂片，用吉姆萨染色镜检。见红细胞中有大于红细胞半径的单个或成双的双芽巴贝斯虫，两虫体间尖端连成锐角；或红细胞内有小于其半径的牛巴贝斯虫，两虫体间尖端连成钝角，即可确诊。牛泰勒虫病可进行血液涂片和淋巴结穿刺液涂片镜检。红细胞内发现小型多形态（环形、梨形、杆状、椭圆形等）虫体即可确诊。淋巴细胞内发现石榴体（多核体），即可确诊。

**2. 生物技术检测**　核酸探针技术和 PCR 技术可用于本病的诊断。

**3. 血清学检测**　可选择间接荧光抗体检查、酶联免疫吸附试验、间接血凝试验和乳胶凝集试验等进行特异性检查。

**（三）检疫后处理**

发现病畜，应隔离治疗，同群健畜做好药物预防。尽可能地消灭虻、厩蝇等传播媒介。屠宰检疫中发现本病，销毁病变脏器，其余部分高温处理后利用。

## 兔病毒性出血病

兔病毒性出血病又称兔出血症，俗称兔瘟，是由兔病毒性出血病病毒引起的兔的一种急性、高度接触性、致死性传染病。

**（一）临诊检疫要点**

**1. 流行特点**　家兔均有易感性，其中以长毛兔最易感。本病多发于 2 月龄以上的青年兔，病死率可达 90％以上。哺乳仔兔较少发病。本病多发于冬、春季节，潜伏期为 1～3d，流行期多为 7～13d。肉兔感染本病的途径为呼吸道、消化道、黏膜和伤口。

**2. 临床症状**　根据病程可分为最急性型、急性型和慢性型。

（1）最急性型。多见于流行初期或非疫区。病兔无任何先兆或仅表现短暂的兴奋即突然倒地、抽搐、鸣叫而亡。有的鼻孔流出带泡沫样血液，肛门附近黏有胶冻样分泌物，皮肤及可视黏膜发绀。

（2）急性型。在新疫区占多数。病兔精神沉郁，体温升高到 41℃ 以上，渴欲增加，呼吸迫促，可视黏膜发绀，便秘或腹泻，临死前体温下降，软瘫，四肢不断划动，抽搐，尖叫，部分病兔鼻孔流出带泡沫的液体，死后呈角弓反张。病程 1～2d。

（3）慢性型。多见于老疫区或疾病流行后期。轻微发热，轻度神经症状，逐渐衰弱死亡。耐过家兔生长缓慢，发育较差。

**3. 病理变化**　以全身实质器官淤血、出血为主要特征，但呼吸道病变最为典型。

喉头、气管及其黏膜淤血、出血，特别是气管环间更为明显，呈深紫红色；气管、支气管内有许多淡红或血红色泡沫液体。肺严重淤血、水肿，并有散在的针尖至绿豆样大小的暗红斑点。肝、脾、肾淤血、肿大，多暗紫色。心脏极度扩张、淤血，心内外膜有出血点。十二指肠、回肠、结肠和直肠黏膜弥漫性出血，肠系膜淋巴结肿大、出血。

### （二）实验室检测

**1. 病毒的分离与鉴定**　基本操作方法是将无菌采集的病死兔肝等组织病料碾磨、反复冻融、离心、取上清液过滤除菌后，接种无兔病毒性出血病疫苗免疫史和感染史的成年健康易感家兔，并设立对照组。通过观察兔发病情况、临床特征以及病理变化，判定是否为兔病毒性出血病病毒感染，是该病毒经典、准确、可靠的诊断方法。

**2. 免疫学检测**　血凝和血凝抑制试验、琼脂扩散试验、酶联免疫吸附试验、荧光抗体试验及胶体金免疫层析技术等均可采用。取肝病料 10%乳剂高速离心后的上清液与已知兔出血病阳性血清进行血凝抑制（HI）试验，如血凝作用被抑制（血凝抑制滴度大于 1∶80 为阳性），则证实病料中含有本病毒。

**3. 生物技术检测**　RT-PCR 技术是目前兔病毒性出血病病毒准确、简单、快速诊断的主要方法。其中，套式 RT-PCR 方法具有更高的特异性和敏感性。

### （三）检疫后处理

未免疫接种的兔群发生疫情时，立即封锁疫点，暂时停止种兔调剂，关闭兔及兔产品交易市场。对病兔要及时隔离、扑杀，轻症者注射高兔血清，未病者紧急接种疫苗。在疫区内禁止出售家兔，病死兔要深埋或焚烧，对污染的笼舍、场地、用具等可用 3%过氧乙酸彻底消毒。

在非疫区发现疫点时，可考虑采取全群扑杀、销毁病兔和可疑病兔尸体，无害化处理病兔胴体及其内脏，彻底消毒兔舍内外环境等综合性防控措施消灭本病。

屠宰前发现本病，病兔采取非出血性方式致死，尸体化制或销毁，同群兔经急宰后，内脏销毁，胴体高温处理后利用。宰后发现本病，胴体、内脏和皮毛等全部化制或销毁。

## 兔黏液瘤病

兔黏液瘤病是由兔黏液瘤病毒引起的兔的一种高度接触性和致死性传染病。

### （一）临诊检疫要点

**1. 流行特点**　本病易感动物是家兔和野兔，主要通过直接与病兔及其排泄物、被污染的饲料、饮水和用具等接触而传染，自然界中主要通过蚊和蚤等节肢动物传播。本病一年四季均可发生，但在夏、秋季节多发，呈地方流行性或流行性，发病率和病死率均高。

**2. 临床症状**　由于黏液瘤病毒不同毒株之间的毒力差异较大，不同品种兔对其易感性也不同，因此临床症状复杂。

本病潜伏期 2～8d。典型病例的病兔眼睑水肿，黏脓性结膜炎和鼻漏。体温高达 41℃，被毛粗乱，母兔阴唇水肿，公兔阴囊肿胀。头部及两耳郭肿胀，耳下垂。鼻孔有多量分泌物，呼吸困难，进而昏迷死亡。病程一般 8～15d，病死率 100%。由弱毒株引起的黏液瘤，多局限于身体少数部位且不明显，病死率低。

**3. 病理变化**　剖检无特异性病理变化，主要是皮肤肿瘤，皮肤和皮下组织显著水肿，尤其颜面和天然孔周围的皮下组织水肿。切开病变皮肤，见有黄色胶冻液体聚集。胃肠浆膜和黏膜下有淤血斑点。心内外膜下出血。有时脾肿大，淋巴结水肿、出血。

### （二）实验室检测

**1. 血清学检测**　常用的方法有补体结合试验、中和试验、酶联免疫吸附试验以及间接免疫荧光试验等。

**2. 其他检测**　可采取病变组织做切片检查黏液瘤细胞，或涂片检查包含体。也可将病料悬液接种适宜的细胞培养物进行该病毒的分离培养，出现细胞病变后通过免疫荧光试验证实。

### （三）检疫后处理

发现疑似本病发生时，应向动物卫生监督机构报告疫情，并迅速做出确诊，及时采取扑杀病兔、销毁尸体、用消毒液消毒污染场所、紧急接种疫苗、严防野兔进入饲养场以及杀灭吸血昆虫等措施。新引进的兔需在防昆虫动物房内隔离饲养14d，检疫合格者方可混群饲养。

## 野　兔　热

野兔热是由土拉杆菌引起的人畜共患的一种急性传染病。以体温升高、淋巴结肿大、脾和其他内脏出现点状坏死变化为特征。

### （一）临诊检疫要点

**1. 流行特点**　啮齿动物是本菌的携带者，是主要传染源。本病呈地方性流行。可通过消化道、呼吸道、伤口和皮肤黏膜感染，也可经吸血的节肢动物传播。春末夏初多发。

**2. 临床症状**　潜伏期为1～9d。少数为急性经过，常不表现明显症状，迅速因败血症死亡。多数为慢性经过，病程长。体温40℃以上，淋巴结肿大，鼻腔发炎。

**3. 病理变化**　急性者无明显病变，慢性者可见淋巴结肿大，脾、肝、肾肿大，表面及切面均有灰白色出血点及坏死病灶。

### （二）实验室检测

**1. 病原学检查**　用肝、脾在载玻片上进行压片或涂片，革兰氏染色，观察到革兰氏阴性多形态小球菌，无芽孢，无鞭毛。细菌培养以痰、脓液、血、支气管洗出液等标本接种于含有半胱氨酸、卵黄等特殊培养基上，可分离出致病菌。但血培养的阳性率一般较低，在一般培养基中不易生长。

**2. 动物试验**　取待检样品少量，腹腔接种豚鼠，14d内若豚鼠死亡，进行病理解剖、细菌培养，同时涂片染色。病变有局部水肿、出血，淋巴结肿大，肝、脾有坏死灶。

**3. 血清学检测**　可进行荧光抗体试验和微量凝集试验。

**4. 变态反应检测**　于尾根皱褶处皮内注射土拉杆菌素0.2～0.3mL，24h后检查，局部红、肿、痛者为阳性。

### （三）检疫后处理

发现病畜应采取隔离、扑杀、销毁、消毒、无害化处理等控制、扑灭措施。病死畜应按无害化处理技术规范要求进行无害化处理。及时隔离、治疗病畜，并对受威胁动物采取紧急预防措施。

## 模块二  牛、羊、兔常见疫病的鉴别检疫要点

### （一）牛、羊口腔黏膜有病变的急性疫病

牛、羊以口腔黏膜病变为主的疫病主要有口蹄疫、牛病毒性腹泻/黏膜病、水疱性口炎、牛瘟、恶性卡他热、蓝舌病，主要鉴别检疫要点见表 8-1。

表 8-1  牛、羊以口腔黏膜病变为主的疫病

| 病名 | 病原 | 流行病学 | 临床症状 | 病理变化 | 实验室检测 |
|---|---|---|---|---|---|
| 口蹄疫 | 口蹄疫病毒 | 主要侵袭偶蹄动物，本病寒冷季节发病严重，一般每隔1、2年或3、5年流行一次。本病通过接触传播，良性经过 | 初体温升高，水疱破溃后降至常温；齿龈、舌面和颊部水疱破裂后形成边缘整齐而无伪膜覆盖的烂斑；蹄部和乳房也有水疱和烂斑。犊牛感染后，主要表现为出血性胃肠炎和心肌炎，致死率很高 | 口腔、蹄、乳房等处有水疱和烂斑外，瘤胃肉柱黏膜上有溃疡和圆形烂斑，并覆盖有黑棕色痂块。最重要的剖检变化是"虎斑心" | 分离病毒，中和试验、荧光抗体试验、补体结合试验、琼脂扩散试验、酶联免疫吸附试验、RT-PCR诊断、口蹄疫原位杂交检测法、口蹄疫病毒蛋白原位检测法 |
| 牛病毒性腹泻/黏膜病 | 牛病毒性腹泻病毒 | 本病仅牛发病，以6~12月龄幼牛多发。冬末春初易流行。本病通过接触传播 | 口腔黏膜有散在不规则糜烂，看不到明显的水疱过程，糜烂灶小而浅表。无蹄部变化。急性者，有持续性或间歇性腹泻 | 病牛整个消化道黏膜和呼吸道黏膜发生充血、水肿、糜烂、溃疡，尤以食道黏膜上纵行排列的小烂斑具有明显特征性；整个消化道淋巴结水肿 | 分离病毒，中和试验、荧光抗体试验、琼脂扩散试验、免疫过氧化物酶技术、酶联免疫吸附试验、RT-PCR诊断 |
| 水疱性口炎 | 水疱性口炎病毒 | 牛、羊、猪都发生，成年牛的感染性高于1岁以内的犊牛。本病呈季节流行性，多在夏、秋季节（7~8月）发生，秋末趋于平息。本病通过接触传播，良性经过 | 体温仅短时上升，在牛口腔、舌面发生的小水疱，迅速破溃，形成鲜红色边缘不整的烂斑，易愈合 | 病理组织学变化可见淋巴管增生，感染4d后，大脑神经胶质细胞及大脑和心肌的单核细胞浸润 | 分离病毒，补体结合试验（CF），荧光抗体试验、琼脂免疫扩散试验、酶联免疫吸附试验、RT-PCR诊断 |

（续）

| 病名 | 病原 | 流行病学 | 临床症状 | 病理变化 | 实验室检测 |
|---|---|---|---|---|---|
| 牛瘟 | 牛瘟病毒 | 本病主要侵害牛。发病率和死亡率都很高。本病通过接触传播，恶性经过 | 发热症状明显，口腔中呈坏死性病变，病程中不出现水疱但有结节和溃疡发展成边缘不整齐的烂斑，并有剧烈的腹泻。乳房及蹄部无病变 | 全身黏膜（特别是消化道黏膜）都有充血、条状出血、坏死糜烂及伪膜，淋巴结出血、肿大，胆囊肿大 | 分离病毒，琼脂扩散试验、免疫过氧化物酶试验、中和试验、酶联免疫吸附试验、PCR诊断 |
| 恶性卡他热 | 牛恶性卡他热病毒 | 本病只发生于牛，以1～4岁的青壮牛较为易感。秋末到早春较为多见，常散发。非接触性传播 | 高热稽留，角膜混浊，口腔黏膜也有糜烂，但在鼻腔黏膜和鼻镜上有坏死过程，全身症状严重，但口腔、蹄部无水疱 | 剖检可见胃肠道呈卡他性纤维素性炎症；全身淋巴结充血、肿大，尤以头颈、咽部及肺淋巴结最为明显，呈棕红色 | 分离病毒，间接荧光抗体试验、免疫过氧化物酶试验、酶联免疫吸附试验、PCR诊断 |
| 蓝舌病 | 蓝舌病病毒 | 本病主要发生于绵羊，1岁左右的羊最易感，牛和山羊易感性差。库蠓和绵羊虱蝇是本病的传播媒介，因此，在低洼潮湿地带的夏秋季节多见本病流行 | 高热稽留，口腔连同唇、颊、舌黏膜上皮溃疡、坏死，但无水疱，且双唇水肿明显，有时蹄部发炎 | 消化道、呼吸道黏膜尤其口腔、瘤胃和瓣胃黏膜出血、肿胀、溃疡、坏死；皮肤出血、蹄冠出血或充血 | 分离病毒，荧光抗体试验、酶联免疫吸附试验、琼脂扩散试验、PCR诊断 |

### （二）牛伴有水肿的急性疫病

牛伴有水肿的急性疫病主要有恶性水肿、牛气肿疽、牛炭疽、牛巴氏杆菌病，主要鉴别检疫要点见表8-2。

表8-2　牛伴有水肿的急性疫病

| 病名 | 病原 | 流行病学 | 临床症状 | 病理变化 | 实验室检测 |
|---|---|---|---|---|---|
| 牛恶性水肿 | 腐败梭菌 | 本病多为散发，主要经创伤感染，尤其是较深的创伤，造成缺氧更易发病 | 体温升高，伤口周围皮下发生气性水肿，位置不确定，并迅速蔓延；肿胀部初期表现坚实、灼热、疼痛，后变为无热、无痛、触之柔软，有轻度捻发音 | 切开时皮下和肌间结缔组织有多量淡黄或红褐色液体浸润并流出，有气泡和腐败气味；脾和局部淋巴结肿大，偶有气泡；肝、肾肿大，有灰黄色病灶；腹腔和心包腔积液 | 牛恶性水肿采取尸体肝、水肿液或坏死组织制成涂片或触片，染色后检查见革兰氏阳性无荚膜大杆菌，确诊 |

（续）

| 病名 | 病原 | 流行病学 | 临床症状 | 病理变化 | 实验室检测 |
|------|------|---------|---------|---------|-----------|
| 牛气肿疽 | 气肿疽梭菌 | 多发于黄牛、水牛、奶牛、牦牛，尤以1~2岁多发，死亡居多。夏季放牧（尤其在炎热干旱时）容易发生。肿胀的发生与创伤无关 | 潜伏期3~5d，体温升高，早期即出现跛行，相继出现特征性肿胀，在臀、股、腰、背和颈部肌肉丰满部位发生炎性气性肿胀。初热而痛，后变冷，触诊肿胀部分呈捻发音，叩诊有鼓音。肌肉坏死时体温降低，迅速死亡 | 尸体迅速腐败，瘤胃臌气，鼻孔、口腔及肛门内常有带泡沫血样的液体流出。患部肌肉黑红色，肌间充满气体，呈疏松多孔海绵状，有酸败气味。局部淋巴结充血、水肿或出血。肝、肾呈暗黑色，常充血，稍肿大，有豆粒大至核桃大的坏死灶，切开有大量血液和气泡流出，切面呈多孔海绵状 | 细菌检查取肿胀部肌肉、水肿液、坏死组织或肝表面涂片、染色、镜检，见到单个散在或两两相连的无荚膜有芽孢的大杆菌即可诊断 |
| 牛炭疽 | 炭疽杆菌 | 各种家畜及人对本病均有易感性，牛、羊等草食动物易感性高。本病多发生于夏、秋季节，呈散发性或地方性流行 | 腹痛、高热。常在颈部、胸前、腹下、肩胛等部位皮肤松软处和直肠或口腔黏膜等处发生局限性炎性水肿，无捻发音。中央部可发生坏死。病情发展急剧，死后天然孔流血，尸僵不全，血液凝固不良 | 可疑炭疽病死畜，禁止剖检。患炭疽而死亡的病牛尸僵不全，血液不能完全凝固，天然孔有黑色血液，血液不凝呈煤焦油样；瘤胃膨胀，常伴有直肠脱出肛门外；脾肿大2~5倍，变软 | 牛炭疽在严密消毒监控下于死后2h内取耳尖血、渗出液等美蓝染色镜检，见较大如竹节状的大杆菌，周围有完全或部分红色荚膜者即可确诊。也可用环状沉淀试验检疫 |
| 牛巴氏杆菌病 | 多杀性巴氏杆菌 | 多杀性巴氏杆菌对多种动物（家畜、野兽、禽类）和人均有易感性。以冷热交替、气候剧变、湿热多雨的时期发生较多 | 病牛主要见于颈下喉头及胸前皮下出现炎性水肿，无捻发音；手指按压，初热、硬、痛，后变凉，疼痛减轻。常波及舌及其周围组织而发生肿胀，以致呼吸、吞咽困难，大量流涎，口舌黏膜发绀，常因窒息和腹泻而死，病程多为36h左右 | 除有败血性病变外，颈及咽喉部水肿，淋巴结水肿或有出血；上呼吸道黏膜潮红，咽周围组织和会咽软骨部有黄色胶样浸润；血液凝固；脾变化不明显 | 肝涂片瑞氏染色镜检，细菌分离培养鉴定，动物实验（病料接种小鼠） |

**（三）牛以高热、贫血、黄疸为主的疫病**

牛以高热、贫血、黄疸为主的疫病主要有牛钩端螺旋体病、牛泰勒虫病，主要鉴别检疫要点见表8-3。

表 8-3　牛以高热、贫血、黄疸为主的疫病

| 病名 | 病原 | 流行病学 | 临床症状 | 病理变化 | 实验室检测 |
|---|---|---|---|---|---|
| 牛钩端螺旋体病 | 钩端螺旋体 | 各年龄的牛均可感染发病，但以幼龄牛发病率居高；每年的7~10月多发 | 皮肤有坏死，伴有发热、黄疸、血红蛋白尿、出血性素质、水肿、孕牛流产等症状 | 急性病例，眼观病变主要是黄疸、出血、血红蛋白尿以及肝和肾不同程度的损害。慢性或轻型病例，则以间质性肾炎变化为主 | 吉姆萨染色或镀银染色检查病料、分离培养，动物接种，凝集溶解试验、补体结合试验、酶联免疫吸附试验 |
| 牛泰勒虫病 | 环形泰勒虫 | 在流行地区，以1~3岁牛多发；该病5~7月为高峰期，以后逐渐平息。病死率16%~60% | 皮肤无坏死，体表淋巴结肿大；高热稽留；眼结膜有出血点；肩前淋巴结及腹股沟浅淋巴结显著肿大，皮薄处有粟粒乃至扁豆大的深红色结节状（略高于皮肤）的溢血斑点。无血红蛋白尿 | 主要是全身出血；淋巴结肿大；皱胃黏膜肿胀、充血，有针头至黄豆大、黄白色或暗红色的结节，结节上出现溃烂或溃疡 | 镜检，淋巴液中有石榴体 |

### （四）牛、羊以肺部症状为主的疫病

牛检疫中，肺部症状为主的疫病主要有牛结核病、牛巴氏杆菌病（肺炎型）、牛传染性胸膜肺炎；羊检疫中，肺部症状为主的疫病主要有羊巴氏杆菌病（亚急性型）、羊传染性胸膜肺炎、羊网尾线虫病（羊肺丝虫病）、羊原圆线虫病（羊小型肺虫病），主要鉴别检疫要点见表 8-4。

表 8-4　牛、羊以肺部症状为主的疫病

| 病名 | 病原 | 流行病学 | 临床症状 | 病理变化 | 实验室检测 |
|---|---|---|---|---|---|
| 牛结核病 | 分枝杆菌 | 潜伏期一般为3~6周，有的可长达数月或数年 | 牛结核病的病程较长；咳嗽时常有气管分泌物咳出；体温正常或弛张热；体表淋巴结丘状隆起肿大 | 肺、淋巴结、浆膜、乳房或其他组织器官有特征性肉芽肿、干酪样坏死和钙化的结节性病灶；肺缺乏大理石样变 | 牛分枝杆菌提纯菌素变态反应检测为阳性。抗酸性染色镜检，可见牛分枝杆菌。PCR检测 |
| 牛巴氏杆菌病（肺炎型） | 多杀性巴氏杆菌 | 一年四季均可发生 | 多急性经过，较牛传染性胸膜肺炎、牛结核病的病程都短且发展快；高温；咽淋巴结和颈浅淋巴结高度急性水肿；上呼吸道黏膜潮红 | 肺组织的肝变色彩比较一致，全身出血性败血症变化明显 | 病料涂片瑞氏染色镜检，细菌分离培养鉴定，动物实验（病料接种小鼠） |

（续）

| 病名 | 病原 | 流行病学 | 临床症状 | 病理变化 | 实验室检测 |
|------|------|----------|----------|----------|------------|
| 牛传染性胸膜肺炎 | 丝状支原体 | 主要侵害黄牛、奶牛；本病主要通过呼吸道、消化道传播 | 多慢性经过。高热达40～42℃，稽留不降；鼻孔扩大，前肢开张、腹部扇动，呼吸困难发出"吭"声；体表淋巴结无显著变化。听诊胸部有啰音、胸膜摩擦音，叩诊呈现浊音或水平浊音，按压肋间有疼痛表现 | 肺组织呈现色彩不同的各期肝变和较鲜艳的大理石样变，间质呈现显著的淋巴管舒张并含多量淋巴液 | 染色镜检，见革兰氏阴性微小多形的支原体。间接红细胞凝集试验、微量凝集试验、免疫荧光试验、酶联免疫吸附试验 |
| 羊巴氏杆菌病（亚急性型） | 多杀性巴氏杆菌 | 多发于羊羔、幼龄羊 | 高热，有明显的肺炎胸膜炎症状，咳嗽 | 颌下、颈、胸部皮下水肿，全身出血性败血症变化明显 | 病料涂片瑞氏染色镜检，细菌分离培养鉴定，动物实验（病料接种小鼠） |
| 羊传染性胸膜肺炎 | 丝状支原体 | 3岁以下的山羊最易感染；呈地方性流行，主要通过空气飞沫经呼吸道传染；常见于冬季和早春枯草季节 | 高热，有明显的肺炎胸膜炎，咳嗽，呼吸困难 | 胸腔常有淡黄色液体，间或两侧有纤维素性肺炎，肺有肝变。胸膜变厚而粗糙，上有黄白色纤维素层附着，直至胸膜与肋膜。心包发生粘连，心包积液，心肌松弛、变软 | 染色镜检，见革兰氏阴性微小多形的支原体。间接红细胞凝集、微量凝集试验、免疫荧光、酶联免疫吸附试验 |
| 羊网尾线虫病（羊肺丝虫病） | 网尾线虫 | 一年四季均可发生 | 无热，呈慢性支气管肺炎、卡他性支气管炎 | 在支气管有线样寄生虫 | 粪检见大于0.5mm幼虫 |
| 羊原圆线虫病（羊小型肺虫病） | 原圆线虫 | 一年四季均可发生 | 无热，呈慢性支气管肺炎、卡他性支气管炎或胸膜炎 | 肺中有很细的毛茸样线虫 | 粪检见小于0.5mm幼虫 |

**（五）羊以猝狙症状为主的疫病**

羊以猝狙症状为主的疫病主要有羊炭疽、羊快疫、羊肠毒血症、羊猝狙、羊链球菌病、羊黑疫，主要鉴别检疫要点见表8-5。

表 8 - 5 羊以猝狙症状为主的疫病

| 病名 | 病原 | 流行病学 | 临床症状 | 病理变化 | 实验室检测 |
|---|---|---|---|---|---|
| 羊炭疽 | 炭疽杆菌 | 多发于夏季 | 最急性或急性经过，表现为突然倒地，全身抽搐、颤抖，磨牙，呼吸困难，体温升高到40～42℃；黏膜蓝紫色；从眼、鼻、口腔及肛门等天然孔流出带气泡的暗红色或黑色血液，血凝不全；尸僵不全 | 皮下和浆膜下组织出血和胶样浸润，淋巴结肿大出血，脾肿胀 | 将血液或脾做涂片，革兰氏或瑞氏染色，可见菌体为革兰氏阳性、两端平直、呈竹节状、粗大带有荚膜的炭疽杆菌。也可用环状沉淀试验检疫 |
| 羊快疫 | 腐败梭菌 | 本病为急性传染病，多发于秋、冬和初春季节 | 病羊离群独居，卧地，不愿意走动，强迫其行走时，则运步无力，运动失调。腹部膨胀，有疝痛表现。体温有的升高到41.5℃，有的体温正常。发病羊极度衰竭，昏迷至发病后数分钟或几天内死亡 | 主要见皱胃出血性炎症，胃底部及幽门部黏膜可见大小不等的出血斑点及坏死区 | 用病羊肝被膜触片，美蓝染色，镜检可发现无关节长丝状的腐败梭菌。细菌分离培养鉴定，动物实验 |
| 羊肠毒血症 | D型产气荚膜梭菌 | 发生于1岁以内的羊，多在春夏之交抢青时和秋季草籽成熟时发生 | 发病急，死亡快；病羊中等以上膘情，鼻腔流出黄色浓稠胶冻状鼻液，口腔流出带青草的唾液，僵尸一般不膨气 | 肾软化如泥，小肠出血严重 | 病羊的血液及脏器可检出D型产气荚膜梭菌。细菌分离培养鉴定，动物实验 |
| 羊猝狙 | C型产气荚膜梭菌 | 发生于1岁以上的羊，多发生于冬、春季节 | 发病快，精神沉郁，食欲废绝，腹泻，肌肉痉挛，倒地，四肢痉挛，角弓反张，体温不高，天然孔不流血性泡沫 | 十二指肠和空肠黏膜严重充血糜烂，有腹膜炎，死后8h骨骼肌肌间积聚血样液体，肌肉出血，有气性裂孔 | 细菌分离培养鉴定，动物实验 |
| 羊链球菌病 | 溶血性链球菌 | 多发于冬春寒冷季节（每年11月～次年4月） | 天然孔不流出血性泡沫，体温多升高；皮肤不黑，下颌淋巴结与咽喉肿大 | 各脏器普遍出血，颌下淋巴结肿大、出血，胆囊肿大 | 镜检本菌多呈双球形，呈链状或单个存在，周围有荚膜，革兰氏染色呈阳性。细菌分离培养鉴定，动物实验 |

(续)

| 病名 | 病原 | 流行病学 | 临床症状 | 病理变化 | 实验室检测 |
|---|---|---|---|---|---|
| 羊黑疫 | B型诺维氏梭菌 | 本病常发于2~4岁肥胖羊；主要在春、夏肝片吸虫流行的低洼潮湿地带发生 | 天然孔不流出血性泡沫；体温多升高；皮肤灰黑，咽喉不肿 | 皱胃幽门部和小肠充血、出血；肝表面和深层有数目不等的灰黑色坏死灶，不整圆形，周围有一鲜红色充血带围绕，切面呈半月形 | 采集肝坏死灶边缘的组织涂片染色镜检，可见粗大而两端钝圆的诺维氏梭菌，单个或成双存在，少数3~4个菌体连成短链。细菌分离培养鉴定，动物实验 |

### (六) 兔以败血、出血为主的疫病

兔以败血、出血为主的疫病如主要有兔瘟、兔巴氏杆菌病、野兔热、兔球虫病等，主要鉴别检疫要点见表8-6。

表8-6  兔以败血、出血为主的疫病

| 病名 | 病原 | 流行病学 | 临床症状 | 病理变化 | 实验室检测 |
|---|---|---|---|---|---|
| 兔瘟 | 兔病毒性出血病病毒 | 2月龄以上青年兔易发病，病死率高 | 最急性型无任何先兆或仅表现短暂的兴奋即突然倒地、抽搐、鸣叫而亡。有的鼻孔流出带泡沫样血液，肛门附近黏有胶冻样分泌物，皮肤及可视黏膜发绀 | 以全身实质器官淤血、出血为主要特征，但呼吸道病变最为典型。鼻腔和气管黏膜淤血和出血严重，尤其以气管环明显；实质脏器肿大、淤血；脑和脑膜血管淤血 | 血凝和血凝抑制试验、琼脂扩散试验、酶联免疫吸附试验及荧光抗体试验等均可确检本病 |
| 兔巴氏杆菌病 | 多杀性巴氏杆菌 | 以2~6月龄的兔最易感；春、秋两季发病率高 | 鼻炎型较常见，以浆液性、黏液性、脓性鼻液为特征；结膜炎型，病兔眼睑中度肿胀，结膜发红，有多量分泌物，常将眼睑粘连；中耳炎型常表现为斜颈。地方流行性肺炎型和败血性多为急性经过少有典型症状 | 鼻炎型见鼻黏膜潮红、肿胀或增厚，有时发生糜烂，鼻腔和鼻旁窦内有多量分泌物；中耳炎型见初期鼓膜和鼓室内膜成红色；败血症型，各系统都有败血表现；地方流行性肺炎型通常呈急性纤维素性肺炎和胸膜炎变化 | 采取病兔体液及组织涂片瑞氏染色镜检，细菌分离培养鉴定，动物实验（病料接种小鼠） |

(续)

| 病名 | 病原 | 流行病学 | 临床症状 | 病理变化 | 实验室检测 |
|------|------|----------|----------|----------|------------|
| 野兔热 | 土拉杆菌 | 多发于春夏交接的季节 | 潜伏期为1～9d。少数为急性经过，常不表现明显症状，迅速败血症死亡。多数为慢性经过，病程长。体温40℃以上，淋巴结肿大、鼻腔发炎 | 急性败血症死亡者无明显症状，剖检见淋巴结显著肿大、切面紫红，伴有针尖状灰白色坏死；肝、脾、肾肿大，表面及切面见灰白色出血点 | 病原分离、动物实验、血清学试验及变态反应检查等。取病料染色镜检，观察到革兰氏阴性多形态小球菌 |
| 兔球虫病 | 兔艾美耳球虫、 | 多发于潮湿季节；断乳后至3月龄的兔最易感，病死率可达50%以上 | 肝球虫病症状为精神委顿，食欲减退，发育停滞，贫血，消瘦，肝区有压痛，可视黏膜苍白，部分出现黄疸。肠球虫病大多呈急性经过，幼兔常突然歪倒，四肢痉挛划动，头向后仰，发出惨叫，迅速死亡 | 肝球虫病剖检见肝明显肿大，上有黄白色小结节，内有大量卵囊；胆囊胀大，胆汁浓稠。肠球虫病的病理变化主要在肠道，肠壁血管充血，肠腔臌气，肠黏膜充血或出血，十二指肠扩张、肥厚，黏膜有充血或出血性炎症，小肠内充满气体和大量黏液 | 胆囊或肠黏膜镜检可见大量球虫虫卵 |

## 实训十四　绵羊疥癣的检疫

【目的要求】掌握绵羊疥癣的实验室检测方法。

【实训材料】显微镜、玻片、刮勺、50%甘油水溶液、培养皿、烧杯等。

【方法步骤】

（一）临诊检疫

绵羊患疥癣病时，病变部位主要局限于头部，头部皮肤犹如石灰，所以俗称"石灰头"。剧痒是该病的主要临床症状，病势越重，痒觉越剧烈。感染初期，局部皮肤上出现小结节，继而发生小水疱，有痒感，尤以在夜间温暖厩舍中更明显，以致患羊摩擦和啃咬患部，局部脱毛，皮肤损伤破裂流出淋巴液，形成痂皮，皮肤变厚，皱褶、皲裂，病区逐渐扩大。

（二）实验室检测

**1. 直接检查法**　在载玻片上滴1～2滴石蜡油，用小钝刀子在火焰上通过后，刀片涂以石蜡油或50%甘油水溶液，在病羊的新鲜病灶与健康皮肤接界处稍用力刮取一些带血皮屑，然后将皮屑放在载玻片上，在显微镜下直接检查。镜检可见虫体较大，椭圆形，长0.5～0.8mm，虫卵呈灰白色、透明、椭圆形，卵内含有不均匀的卵胚或已成形的幼虫。

**2. 热源检查法**　将刮取的新鲜材料放在培养皿中，用盖子盖上，然后把盖子颠倒在下面，将培养皿放在盛满温水的烧杯上，经过 25～30min，取下培养皿，并把盖子翻在上面，取下培养皿盖，换以新鲜材料，然后再把培养皿盖子颠倒在下面，重新放在有温水的烧杯上，一定要保持水的温度，拿下培养皿盖子，给底下衬一块黑纸（布）用放大镜检查。因疥螨足有吸盘，可吸着在培养皿盖子上，一般虫体较少，检查 1～2 个盖子，即可以发现。

【实训报告】绵羊疥癣检疫的操作方法与检测结果报告。

## 职业测试

1. 某肉羊场场主向所在县动物卫生监督所报告，该场刚引进 3d 的断乳羔羊有 5 只出现突然发热，咳嗽，分泌黏脓性卡他性鼻液，口腔内膜充血、糜烂，齿龈出血，严重腹泻等症状。假如你是在现场检疫的官方兽医，你将做何判断并将采取哪些处理措施？

2. 某执业兽医在一个体奶牛场出诊时发现，一头奶牛出现高热稽留，呼吸困难，鼻翼扩张，咳嗽，可视黏膜发绀，胸前和肉垂水肿，腹泻和便秘交替发生，厌食，消瘦，流涕或口流白沫等症状。怀疑感染传染性胸膜肺炎。假如你是在现场检疫的官方兽医，你将做何判断并将采取哪些处理措施？

3. 某绵羊养殖场兽医人员向所在镇畜牧兽医站反映，该羊场一头 5 月龄膘情中上的绵羊吃了大量新鲜结籽牧草一段时间后突然发病，起初病羊步态不稳，以后卧地，鼻腔流出黄色浓稠胶冻状鼻液，口腔流出带青草的唾液，上下颌"咯咯"作响，继而昏迷，逐渐死亡，剖检可见肾软化。假如你是在现场检疫的官方兽医，你将做何判断并将采取哪些处理措施？如何进行确检？

4. 某官方兽医在某肉羊场实施产地检疫时听羊场兽医技术人员反映，该场几只 4 月龄羔羊，初期表现沉郁、跛行，进而共济失调，后肢麻痹，卧地不起，四肢划动，严重病羊出现眼球震颤、惊恐、角弓反张、头颈歪斜等症状。假如你是在现场检疫的官方兽医，你将做何判断并将采取哪些处理措施？如何进行确检？

5. 某官方兽医在某黄牛养殖场实施产地检疫时发现该场几头病牛表现间歇热，消瘦，贫血，黄疸，四肢下端水肿，起卧困难，长卧不起，步态不稳症状。假如你是在现场检疫的官方兽医，你将做何判断并将采取哪些处理措施？如何进行确检？

★ 参考答案见附录三。

# 项目九

## 禽疫病的检疫

| 项目描述 | 我国是养禽大国，禽流行性感冒、新城疫、鸡马立克氏病、传染性法氏囊病、鸡传染性支气管炎、鸡传染性喉气管炎、鸡败血支原体感染、鸭瘟、鸭病毒性肝炎、鸭浆膜炎、小鹅瘟等疫病严重影响我国养禽业的健康发展，实施这些禽病的检疫对于保障禽业健康发展，促进养禽业国际贸易有着重要作用。禽疫病的检疫内容是动物疫病防治员国家职业资格、执业兽医师及助理兽医师资格考试的必考内容，也是官方兽医、执业兽医开展动物防疫检疫工作必备的知识和技能。 | | |
|---|---|---|---|
| 建议学校学时 | 8 学时 | 建议企业学时 | 8 学时 |
| 本项目教学目标 | | | |
| 应知知识 | 掌握禽流行性感冒、新城疫、鸡马立克氏病、传染性法氏囊病、鸡传染性支气管炎、鸡传染性喉气管炎、鸡败血支原体感染、鸭瘟、鸭病毒性肝炎、鸭浆膜炎、小鹅瘟等疫病的定义、流行特点、临床症状及病理变化；熟悉以上各种疫病的实验室检测方法；掌握以上各种疫病的检疫后处理方法；熟悉禽常见疫病的鉴别检疫要点。 | | |
| 应会能力 | 能在临床上、检疫中根据流行特点、临床症状及病理变化对禽流行性感冒、新城疫、鸡马立克氏病、传染性法氏囊病、鸡传染性支气管炎、鸡传染性喉气管炎、鸡败血支原体感染、鸭瘟、鸭病毒性肝炎、鸭浆膜炎、小鹅瘟等病例初步识别（初步检疫）；会独立或在指导下对以上疫病病例进行病原学、血清学等的实验室检测；能对临床具有相同或相似症状的病例做出鉴别检疫。 | | |
| 应备素质 | 养成运用应知知识和应会能力指导动物检疫实践的习惯；养成在检疫工作中加强个人防护的职业习惯；懂得在动物检疫工作中如何与畜主沟通交流；秉持依法检疫、规范检疫的职业操守；树立检疫中一丝不苟、精益求精的职业精神。 | | |

# 模块一 禽疫病的检疫

## 禽流行性感冒

禽流行性感冒又称为禽流感，曾被称为欧洲鸡瘟或鸡瘟，是由 A 型流感病毒引起的一种禽类烈性传染病。禽流感病毒亚型很多，高致病性禽流感病毒主要是 H5 和 H7 亚型中的毒株，低致病性禽流感主要流行毒株为 H9 亚型，H5、H7 和 H9 亚型毒株均能感染人，其中，H5、H7 甚至致人死亡。因此，禽流感具有非常重要的公共卫生意义。

禽流感临
诊检疫要点

### （一）临诊检疫要点

**1. 流行特点** 多种家禽和野鸟易感，临床症状从无症状的隐性感染到100%的病死率，差别较大，主要与病毒的致病性和感染强度、传播途径、感染禽的种类、日龄等有关。

**2. 临床症状**

（1）高致病性禽流感。常急性暴发，发病率和死亡率可高达90%以上。病鸡体温升高，精神沉郁，采食量明显下降，甚至食欲废绝；头部及下颌部肿胀，冠髯发黑，皮肤及脚鳞片呈紫红色或紫黑色；粪便黄绿色并带多量的黏液；呼吸困难，张口呼吸；产蛋鸡产蛋下降或几乎停止。鹅和鸭等水禽主要表现为头颈部水肿，角膜炎，呼吸困难，腹泻，头颈扭曲等。

（2）低致病性禽流感。呼吸道症状表现明显，流泪，排黄绿色稀便。产蛋鸡产蛋下降明显，甚至绝产，一般下降幅度为20%～50%。发病率高，死亡率较低。

**3. 病理变化**

（1）高致病性禽流感。主要是全身多个组织器官的广泛性出血与坏死。主要包括：心外膜或冠状脂肪有出血点，心肌纤维坏死呈红白相间；胰腺有出血点或黄白色坏死点；腺胃乳头、腺胃与肌胃交界处及肌胃角质层下出血；输卵管中部可见乳白色分泌物或凝块；卵泡充血、出血、萎缩、破裂，有的可见"卵黄性腹膜炎"；喉气管充血、出血；头颈部皮下胶冻样浸润。

（2）低致病性禽流感。主要病变有：喉气管充血、出血，有浆液性或干酪性渗出物，气管分叉处有黄色干酪样物阻塞；肠黏膜充血或出血；产蛋鸡常见卵巢出血、卵泡畸形、萎缩和破裂；输卵管黏膜充血水肿，内有白色黏稠渗出物。

### （二）实验室检测

**1. 病原的分离与鉴定** 无菌采取病死鸡的脑、气管、肺、肝、脾，活禽可采其喉头和泄殖腔拭子，用含抗生素的 PBS（抗生素的浓度是青霉素 2 000IU/mL、链霉素 2mg/mL、庆大霉素 0.05mg/mL、制菌霉素 1 000U/mL；粪便样品要求抗生素浓度提高 5 倍）制成 1∶5（质量分数）悬液，并在室温下静置 1～2h，然后移入小离心管中，在不超过 25℃的室温下，以 1 000r/min 离心 10min，上清液用于接种鸡胚，接种时以 0.2mL/胚的量经尿囊腔途径接种于 9～11d 鸡胚，37℃孵化箱内孵育 4～5d。收取 18h 后的死胚及 96h 仍存活鸡胚的尿囊液，检测尿囊液的血凝（HA）活性。阳性反应说明可能有流感病毒，再用血凝抑制试验（HI）可确定流感病毒，测定静脉内接种致病指数（IVPI）可判定病毒是否为高致病性毒株。阴性反应的尿囊液至少应再传2代。

**2. 血清学检测** 目前用于禽流感检测的方法有血凝抑制试验、琼脂免疫扩散试验（AGID）、中和试验、酶联免疫吸附试验等。

**3. 生物技术检测** 主要方法反转录-聚合酶链反应（RT-PCR）、荧光定量RT-PCR检测法、依赖核酸序列的扩增技术（NASBA）、免疫荧光试验和基因芯片技术等。其中RT-PCR、NASBA和荧光定量RT-PCR检测法具有敏感、特异、快速的特点，便于更快速准确地确定疫情和采取防控措施。

### （三）检疫后处理

**1. 高致病性禽流感** 立即向有关部门报告疫情，迅速划定疫区（由疫点边缘向外延伸3km的区域），封锁疫区，扑杀疫区内所有家禽，所有死亡禽尸及产品做销毁处理，对疫区内可能受到污染的物品及场所进行彻底消毒，受威胁区（疫区边缘向外延伸5km的区域）内禽只按规定强制免疫，建立免疫隔离带，关闭疫点周围13km范围内的所有禽类及其产品交易市场。经过21d以上，疫区内未发现新的病例，经有关部门验收合格由政府发布解除封锁令。

**2. 低致病性禽流感** 病禽急宰销毁，病死禽做无害化处理，受到污染的物品及场所进行彻底消毒，疫区内易感家禽紧急免疫接种。

## 新 城 疫

新城疫是由新城疫病毒引起的一种急性、高度接触性传染病，常呈败血症经过。主要特征是呼吸困难、腹泻、神经机能紊乱和腺胃乳头出血等。

### （一）临诊检疫要点

新城疫临诊
检疫要点

**1. 流行特点** 主要感染鸡和火鸡，珍珠鸡、野鸡、鸽及鹌鹑等也可感染，以鸡的易感性最高，其次是野鸡，鸽、鸵鸟及观赏鸟也可感染流行并造成大批死亡。水禽也可感染，但很少表现或不表现症状。本病传播途径主要是呼吸道，其次是消化道感染。一年四季均可发生，但春、秋两季较多，传播迅速，呈毁灭性流行，发病率和死亡率可达90%。

**2. 临床症状** 根据临诊表现和病程的长短分为多个型：

（1）最急性型。多见于流行初期和雏鸡。突然发病，无特征症状而突然死亡。

（2）急性型。病初体温升高，精神萎靡，食欲减退或废绝，冠髯暗紫色。随着病程的发展，出现咳嗽，呼吸困难，张口伸颈呼吸，并发出"咯咯"的喘鸣声；排黄绿色或黄白色稀粪；产蛋鸡产蛋下降甚至停止，病死率高。

（3）亚急性或慢性型。多发生于流行后期的成年鸡，病死率较低。初期症状与急性相似，不久后逐渐减轻，同时出现神经症状，表现翅腿麻痹、头颈扭曲，康复后遗留有神经症状。

**3. 病理变化** 主要病变是全身黏膜和浆膜出血；腺胃黏膜水肿，乳头有出血点；肌胃角质层下有出血点；小肠、盲肠和直肠黏膜有出血；肠壁淋巴组织枣核状肿胀、出血、坏死，有的形成伪膜；盲肠扁桃体常见肿大、出血和坏死；气管出血；心冠脂肪有针尖大的出血点；产蛋母鸡的卵泡和输卵管充血，卵泡膜极易破裂发生"卵黄性腹膜炎"。

**（二）实验室检测**

**1. 病原的分离与鉴定**　病料的采集与处理及鸡胚接种同禽流感，收取24h后的死胚及96h仍存活鸡胚的尿囊液，检测尿囊液的血凝（HA）活性。阳性反应说明可能有新城疫病毒，再用血凝抑制（HI）试验可确定新城疫病毒，阴性反应的尿囊液至少应再传2代。

**2. 血清学检测**　用于新城疫检测的方法有血凝抑制试验、琼脂扩散试验、中和试验、酶联免疫吸附试验、免疫荧光抗体技术等。

**（三）检疫后处理**

发生新城疫时，应将疫情及时报告当地动物卫生监督机构，划定疫区、受威胁区，实施封锁；扑杀销毁所有发病鸡群，对污染的物品及场所进行彻底消毒；对假定健康鸡群进行紧急接种。经过21d以上的监测，未出现新发病例，经审验合格后，解除封锁。

## 鸡马立克氏病

鸡马立克氏病是由马立克氏病病毒引起鸡的一种淋巴组织增生性传染病，以外周神经、性腺、虹膜、各种脏器的单核细胞浸润及形成肿瘤为特征。

**（一）临诊检疫要点**

**1. 流行特点**　主要感染鸡，火鸡、鹌鹑、鸽等也可感染并发病。2周龄以内的雏鸡最易感。6周龄以上的鸡可出现临床症状，12～24周龄最为严重。

**2. 临床症状**　临诊表现分为多个型：

（1）内脏型。冠髯苍白，机体消瘦，长期腹泻。

（2）神经型。侵害坐骨神经，表现劈叉姿势；臂神经丛受损，表现一侧或两侧翅下垂；迷走神经受侵害，可引起嗉囊扩张或喘息。

（3）眼型。虹膜呈同心圆状或点状褪色，瞳孔边缘不整齐，俗称"灰眼病"或"白眼病"。

（4）皮肤型。皮肤毛囊形成结节或瘤状物。

**3. 病理变化**　神经型的常见坐骨神经横纹消失，水肿，局部或整体性增粗2～3倍，且病变常为单侧性；内脏型的多见在卵巢、肾、脾、肝、心、肺、胰、肠系膜、腺胃等器官和组织中形成大小不等的肿瘤结节，而法氏囊通常萎缩。

鸡马立克病
临诊检疫
要点

**（二）实验室检测**

**1. 血清学检测**　主要方法有琼脂扩散试验（AGID）、酶联免疫吸附试验、间接免疫荧光抗体试验等。其中AGID较为简单易行，广泛用于检测抗马立克氏病病毒、抗体的存在。

**2. 生物技术检测**　方法有荧光定量PCR、液相芯片技术、核酸探针技术等。

**（三）检疫后处理**

发病鸡没有治疗价值，应尽早淘汰，进行无害化处理；发病场区全面消毒。

## 传染性法氏囊病

传染性法氏囊病是由传染性法氏囊病病毒引起的一种急性、高度接触性传染病。其特征为白色稀粪，极度虚弱，法氏囊肿大、出血，肾肿大，腿肌、胸肌、腺胃肌胃交界处出血。

## （一）临诊检疫要点

传染性法
氏囊病临诊
检疫要点

**1. 流行特点**　自然发病仅见于鸡，主要发生于 2～15 周龄的鸡，3～6 周龄的鸡最易感，成年鸡一般呈隐性经过。该病往往突然发病，传播迅速，发病率高，病程短。

**2. 临床症状**　病鸡采食减少，畏寒聚堆，闭眼呈昏睡状态。排出白色黏稠和水样稀粪，泄殖腔周围的羽毛被粪便污染。在后期体温低于正常，严重脱水，极度虚弱，通常 5～7d 达到死亡高峰，死亡率一般为 15%～30%。

**3. 病理变化**　腿部和胸部肌肉有不同程度的条状或斑点状出血；法氏囊肿大、出血，覆有淡黄色胶冻样渗出液，出血严重者呈"紫葡萄"样，囊内黏液增多，后期法氏囊萎缩，囊内有干酪样渗出物；肾肿胀，有尿酸盐沉积（俗称"花斑肾"）；腺胃与肌胃、腺胃与食道交界处有出血带。

## （二）实验室检测

**1. 血清学检测**　主要方法有琼脂扩散试验（AGID）、酶联免疫吸附试验（ELISA）、中和试验等。其中 AGID 和 ELISA 较为简单、快速、易行，常用于检测抗传染性法氏囊病病毒抗原或抗体的存在。

**2. 生物技术检测**　方法有反转录-聚合酶链反应（RT - PCR）等。

## （三）检疫后处理

发病鸡群在严格隔离的基础上，肌内注射高免血清或卵黄抗体，饮水中添加电解质和多维素，并进行全面消毒；病死鸡深埋或销毁；停止调运疫区的苗鸡等。

## 鸡传染性支气管炎

传染性支气管炎是由传染性支气管炎病毒引起的主要危害鸡的一种急性、高度接触性传染病。其特征是病鸡咳嗽、喷嚏、气管啰音及肾病变，产蛋鸡产蛋减少和蛋质变差。

## （一）临诊检疫要点

鸡传染性
支气管炎临
诊检疫要点

**1. 流行特点**　本病仅发生于鸡，冬、春寒冷季节最为严重，以雏鸡和产蛋鸡多发，尤以雏鸡发病、死亡严重。

**2. 临床症状**　据症状不同可分为呼吸道型与肾型两种类型。

（1）呼吸道型。4 周龄以下鸡常表现张口伸颈呼吸、咳嗽、喷嚏、呼吸道啰音，食欲减少，怕冷挤堆，昏睡。5～6 周龄以上鸡，因气管内滞留大量分泌物，表现为明显的气管啰音，同时伴有气喘等症状。成年鸡感染后呼吸道症状轻微，主要表现产蛋量下降，蛋壳颜色变浅，并产软壳蛋、畸形蛋或粗壳蛋，蛋的质量变差。

（2）肾型。多发生于 2～4 周龄的鸡。初期有轻微呼吸道症状，包括咳嗽、气喘、喷嚏等，易被忽视，呼吸症状消失后不久，鸡群突然大量发病，排白色稀粪，粪便中含有大量尿酸盐，迅速消瘦、脱水。

**3. 病理变化**　幼雏早期感染本病毒，可导致输卵管永久性损伤，不能正常发育。

（1）呼吸道型。鼻腔、鼻窦、气管和支气管内有浆液性、黏液性或干酪样渗出物，多数死亡鸡在气管分叉处或支气管中有干酪样的栓子；产蛋母鸡的腹腔内可以发现液状的卵黄物质，卵泡充血、出血、变形。

（2）肾型。肾肿大苍白，称为"花斑肾"，肾小管和输尿管因尿酸盐沉积而扩张。

**（二）实验室检测**

**1. 对鸡胚致畸性检验**　传染性支气管炎病毒能在 10～11d 的鸡胚中生长，随着继代次数的增加，可导致感染鸡胚出现发育受阻、胚体矮小并蜷缩等特征性变化。

**2. 血清学检测**　主要方法有中和试验、血凝抑制试验、琼脂扩散试验、酶联免疫吸附试验、间接 Dot-ELISA、对流免疫电泳技术等。

**3. 生物技术检测**　方法有反转录-聚合酶链反应等。

**（三）检疫后处理**

发病鸡群在严格隔离的基础上，注意保暖、通风和鸡舍带鸡消毒，同时对症治疗并控制继发感染，补充维生素和矿物质饲料；病死鸡深埋或销毁；假定健康鸡群进行紧急接种。

## 鸡传染性喉气管炎

传染性喉气管炎是由传染性喉气管炎病毒引起鸡的一种急性呼吸道传染病。其特征为呼吸困难，咳嗽，咳出血块或带血的黏液，喉头和气管黏膜肿胀、出血。

**（一）临诊检疫要点**

**1. 流行特点**　本病主要侵害鸡，不同日龄的鸡均易感，以成年鸡的症状最具特征。传播快，感染率较高，病死率为 5%～70%，高产的成年鸡病死率较低，育成鸡和雏鸡病死率较高。

**2. 临床症状**　表现呼吸困难，鼻孔有分泌物，湿性啰音，咳嗽和气喘，咳出带血的黏液，若分泌物不能咳出而堵住气管时，可引起窒息死亡。

鸡传染性喉气管炎临诊检疫要点

**3. 病理变化**　病初喉头及气管上段黏膜充血、肿胀、出血，管腔中有带血的渗出物；病程稍长者，渗出物形成黄白色干酪样伪膜，可能会将喉头甚至气管完全堵塞。

**（二）实验室检测**

**1. 血清学检测**　主要方法有中和试验、琼脂扩散试验、酶联免疫吸附试验、间接 Dot- ELISA、对流免疫电泳技术等。

**2. 其他检测**　如包含体检查、反转录-聚合酶链反应等。

**（三）检疫后处理**

严格隔离发病鸡群，鸡舍带鸡消毒，使用药物对症治疗缓解呼吸道症状，采用抗生素预防继发细菌感染；病死鸡做无害化处理；假定健康鸡群进行紧急接种。

## 鸡毒支原体感染

鸡毒支原体感染是由鸡毒支原体引起鸡和火鸡的一种慢性呼吸道传染病。鸡表现为气管炎和气囊炎，以气喘、呼吸啰音、咳嗽、鼻漏为特征。火鸡表现为气囊炎及鼻窦炎。

**（一）临诊检疫要点**

**1. 流行特点**　本病主要侵害鸡、火鸡，其他家禽也感染，雏禽最易感。可垂直传播和水平传播，冬季多发。本病病情发展缓慢，病程可达数月。

**2. 临床症状**　雏鸡症状典型，表现为流鼻液、甩头、打喷嚏、咳嗽、眼流泪、结膜炎；炎症蔓延到下呼吸道时，喘气和咳嗽更为显著；后期鼻腔和眶下窦中蓄积渗出物，引起眼睑肿胀。产蛋鸡感染后，呼吸道症状轻，只表现产蛋量下降和孵化率低。

**3. 病理变化**　病变主要在鼻腔、喉头、气管内，表现黏膜水肿、充血、出血，窦内充满黏液或干酪样物质。严重的可波及气囊和肺部，气囊混浊、囊壁增厚，腔内含有大量干酪样渗出物。有的可见纤维素性或脓性心包炎、肝周炎与气囊炎一道发生。

### （二）实验室检测

**1. 病原分离与鉴定**　采取病鸡的呼吸道分泌物，去除杂菌后，接种于血清或鸡肉浸液营养培养基。培养 3～5d 可形成微小、光滑而透明的露珠状菌落（50～500μm），低倍镜下观察可见菌落中心稍微突起颜色较深呈"油煎荷包蛋"状或乳头状。油镜下观察可见鸡败血支原体呈小球杆状，大小为 0.25～0.5μm，革兰氏染色呈弱阴性，吉姆萨染色着色良好。

**2. 血清学检测**

（1）平板凝集试验。在玻璃板或白瓷板上滴结晶紫染色抗原 2 滴，加 1 滴鸡血或血清，充分混合后涂成直径 1.5～2cm 的液面，轻轻摇动凝集板，1～2min 后判定结果。本试验具有快速、廉价、敏感性高、重复性好的特点，但是对幼雏敏感性差，多用于 2 月龄以上的鸡。

（2）血凝抑制试验。本试验比平板凝集试验更具特异性，但血凝抑制抗体比凝集抗体产生晚。

用于鸡败血支原体感染血清学检测的方法还有酶联免疫吸附试验、试管凝集试验、补体结合试验、荧光抗体技术等。

### （三）检疫后处理

隔离发病鸡群，鸡舍带鸡消毒，注意保暖、通风，使用对鸡败血支原体敏感的药物进行治疗；病死鸡做无害化处理；假定健康鸡群进行药物预防；发病鸡群所产种蛋不能入孵。

## 鸭　瘟

鸭瘟是由鸭瘟病毒引起的鸭和鹅的一种急性、热性、败血性传染病。其特征是体温升高，腹泻，流泪和部分病鸭头颈肿大；食道和泄殖腔黏膜有小出血点，并有灰黄色伪膜覆盖或溃疡；肝有不规则、大小不等的出血点和坏死灶。

### （一）临诊检疫要点

**1. 流行特点**　本病侵害鸭、鹅和天鹅，1 月龄以下雏鸭很少发病，成鸭发病和死亡较为严重。

**2. 临床症状**　本病传播迅速，发病率和病死率都很高。病鸭体温升高，精神委顿，食欲减少或废绝，两脚麻痹无力，严重的静卧地上不愿走动；部分病鸭表现头颈部肿胀，俗称"大头瘟"；多数病鸭有流泪和眼睑水肿等症状；排出绿色或灰白色稀粪，泄殖腔黏膜水肿，严重者黏膜外翻。

**3. 病理变化**　食道黏膜表面有出血小斑点或灰黄色伪膜覆盖；泄殖腔黏膜表面出血或覆盖一层灰褐色或绿色的坏死结痂；肠黏膜充血、出血，在空肠、回肠等部位有环状出血；肝不肿大，表面有大小不等的灰黄色或灰白色的坏死点，少数坏死点中间有小

鸭瘟临诊检疫要点

出血点；产蛋母鸭卵泡充血、出血、变形，有时卵泡破裂，形成卵黄性腹膜炎。

**（二）实验室检测**

**1. 病原的分离与鉴定**　取病鸭的肝、脾，经过处理后，接种于 10～14d 鸭胚，鸭胚多在 4～6d 死亡，胚体表现出血、水肿，绒毛尿囊膜上有灰白色坏死灶，收取尿囊液进行鉴定。

**2. 血清学检测**　方法有中和试验（SN）、酶联免疫吸附试验（ELISA）、反向被动血凝试验、荧光抗体技术等。最常用的是 SN 和 ELISA。

**（三）检疫后处理**

隔离发病鸭群，禁止出售和外出放牧，病鸭急宰后高温处理或化制，鸭场全面彻底消毒；病死鸭深埋或销毁；假定健康鸭群进行紧急接种。

## 鸭病毒性肝炎

鸭病毒性肝炎是由鸭肝炎病毒引起雏鸭的一种急性、高度致死性传染病。其特征是病鸭角弓反张，肝肿大和出血。

**（一）临诊检疫要点**

**1. 流行特点**　本病主要感染鸭，雏鸭的发病率与病死率均高，1 周龄内的病死率可达 95%，1～3 周龄的病死率为 50% 或更低，4～5 周龄的发病率与病死率更低。

**2. 临床症状**　本病发病急，传播迅速，病程短。初期表现精神萎靡、厌食，发病半日到一日即发生全身性抽搐，两脚痉挛性地反复踢蹬，头向后仰，称"背脖病"。出现抽搐后，约十几分钟死亡。

**3. 病理变化**　表现肝肿大、质脆、色暗或发黄，表面有大小不等的出血斑点；胆囊充满胆汁；脾有时肿大呈斑驳状。

鸭病毒性
肝炎临诊
检疫要点

**（二）实验室检测**

**1. 病原的分离与鉴定**　取病鸭的肝，经过处理后，接种于 11～13d 鸭胚，鸭胚多在 2～4d 死亡，胚体出血、水肿，肝肿大、有坏死灶，收取尿囊液进行鉴定。

**2. 血清学检测**　血清保护试验。用 1～5d 易感雏鸭，每只皮下注射 1～2mL 阳性血清，1～3d 后用 0.2～0.5mL 病毒分离物或处理好的病料肌内注射。接种阳性血清的雏鸭保护率达 80%～100%，而对照鸭死亡率 80%～100% 以上诊断成立。

其他方法还有酶联免疫吸附试验、中和试验、荧光抗体技术等。

**（三）检疫后处理**

发病鸭场严格消毒；发病和受威胁雏鸭群在隔离基础上，可经皮下注射高免血清或高免卵黄抗体 0.5～1.0mL，起到降低病死率、制止流行和预防发病的作用；病死鸭深埋或销毁。

## 鸭浆膜炎

鸭浆膜炎又称鸭疫里氏杆菌病，是由鸭疫里氏杆菌引起的鸭、火鸡、鹅等多种禽类感染的一种急性或慢性传染病。其特征为绿色腹泻、共济失调和抽搐，纤维素性心包炎、肝周炎、气囊炎、干酪性输卵管炎和脑膜炎。

## （一）临诊检疫要点

**1. 流行特点**  本病主要感染鸭，1～8周龄的鸭易感，其中2～4周龄的雏鸭最易感。

**2. 临床症状**  急性病例多见于2～4周龄雏鸭，临诊表现为倦怠，厌食，眼鼻有分泌物，淡绿色腹泻，运动失调，濒死前出现神经症状，表现头颈震颤，角弓反张。

日龄较大的鸭（4～7周龄）多呈亚急性或慢性经过，除上述症状外，少数病例神经症状明显，表现头颈歪斜；遇有惊扰时不断鸣叫，转圈或倒退运动。

**3. 病理变化**  主要是纤维素性渗出物波及全身浆膜面，即纤维素性心包炎、肝周炎和气囊炎。中枢神经系统感染可出现纤维素性脑膜炎。慢性局灶性感染常见于背部或肛门周围的皮肤发生坏死性皮炎，皮肤或脂肪呈黄色，切面呈海绵状。

## （二）实验室检测

**1. 病原分离培养与鉴定**  无菌操作采取病鸭的心血、脑等病料，接种于TSA培养基或巧克力培养基上，于5%～10%的二氧化碳条件下，37℃培养24～48h，观察菌落形态，并进一步纯培养，对其若干特性进行鉴定。如果有标准定型血清，可采用玻片凝集或琼扩反应进行血清型的鉴定。

**2. 免疫学检测**  取肝或脑组织做涂片，火焰固定，用特异的荧光抗体染色，在荧光显微镜下检查，鸭疫里氏杆菌呈黄绿色环状结构，多为单个散在。

## （三）检疫后处理

隔离发病鸭群，鸭舍带鸭消毒，选用对鸭疫里氏杆菌敏感的药物，对发病鸭群进行治疗，对受威胁鸭群进行药物预防；病死鸭深埋或销毁。

# 小 鹅 瘟

小鹅瘟是由鹅细小病毒引起的主要侵害雏鹅和雏番鸭的一种急性或亚急性败血症。以发生渗出性肠炎、腹泻为主要特征。

## （一）临诊检疫要点

**1. 流行特点**  鹅细小病毒主要侵害4～20日龄雏鹅。1周龄以内的病死率可达100%，10日龄以上者病死率一般不超过60%，20日龄以上的发病率更低，而1月龄以上的则极少发病，成年鹅多隐性感染。

**2. 临床症状**  根据病程长短可分为最急性型、急性型和亚急性型。

（1）最急性型。多发生于1周龄内，突然发病，无前兆症状，一发现即极度衰弱，或倒地乱划，死亡快，传播快，发病率可达100%，死亡率高达95%以上。

（2）急性型。多发生于1～2周龄，表现精神委顿，食欲减退或废绝；严重腹泻，排灰白色或青绿色稀便；呼吸用力，鼻流浆性分泌物；死前出现抽搐等症状。

（3）亚急性型。多发生于15日龄以上，以精神委顿、腹泻和消瘦为主要症状。

**3. 病理变化**

（1）最急性型。除肠道有急性卡他性炎症外，无其他明显病变。

（2）急性型和亚急性型。空肠、回肠黏膜坏死脱落，与凝固的纤维素性渗出物形成栓子或包裹在肠内容物表面形成伪膜，堵塞肠腔。肝肿胀，紫红或暗红色，少数有坏死灶。

**（二）实验室检测**

**1. 病原分离培养与鉴定**　采取病鹅的肝、脾等病料，经过处理后，接种于 12～14 日龄鹅胚，37℃培养，观察 9d，取接种 48h 后死亡的鹅胚，收取尿囊液进行鉴定。

**2. 血清学检测**　常用方法有琼脂扩散试验、酶联免疫吸附试验和中和试验等。

**（三）检疫后处理**

若孵化场分发出去的雏鹅在 3～5d 后发病，即表示孵坊已被污染，应立即停止孵化，全面彻底消毒；对孵出后受到污染的雏鹅，立即注射高免血清 0.3～0.4mL。发病鹅场需要严格消毒；发病和受威胁雏鹅群在隔离基础上，注射高免血清 0.3～1.0mL，起到治疗和预防作用；病死鹅深埋或销毁。

# 模块二　禽常见疫病的鉴别检疫要点

**（一）鸡以败血症为主的疫病**

鸡以败血症为主的疫病主要有高致病性禽流感、新城疫、禽霍乱等，主要鉴别检疫要点见表 9-1。

表 9-1　鸡以败血症为主的疫病

| 病名 | 病原 | 流行病学 | 临床症状 | 病理变化 | 实验室检测 |
|---|---|---|---|---|---|
| 高致病性禽流感 | A 型流感病毒 | 不同品种、日龄的禽类均可感染，发病急，传播快，病死率可达 90%以上 | 精神高度沉郁；头部及下颌部肿胀，冠髯发黑，脚鳞片呈紫红色或紫黑色；粪便黄绿色；呼吸困难；产蛋鸡产蛋下降或几乎停止，出现头颈扭曲等神经症状 | 心外膜或冠状脂肪有出血点，心肌纤维坏死；胰腺有出血点或黄白色坏死斑点；腺胃乳头出血；输卵管中部可见乳白色分泌物或凝块；卵泡充血、出血、萎缩、破裂，可见"卵黄性腹膜炎"；喉气管出血；头颈部皮下胶冻样浸润 | 分离病毒，血凝抑制试验、琼脂免疫扩散试验、中和试验、反转录-聚合酶链反应、荧光定量 RT - PCR 检测法 |
| 新城疫 | 新城疫病毒 | 各种鸡均易感，发病急，传播快，病死率高，雏鸡最严重 | 精神沉郁，呼吸困难；嗉囊积液；腹泻，粪便呈黄绿色或黄白色；出现头颈扭曲或反复震颤等神经症状；产蛋鸡产蛋下降 | 腺胃黏膜水肿，乳头出血；肠壁淋巴组织枣核状肿胀、出血、坏死，有的形成伪膜；盲肠扁桃体肿大、出血和坏死；气管出血；产蛋鸡的卵泡和输卵管充血，卵泡破裂易发"卵黄性腹膜炎" | 分离病毒，血凝抑制试验、中和试验、酶联免疫吸附试验 |
| 禽霍乱 | 多杀性巴氏杆菌 | 侵害多种家禽，成年家禽严重，幼龄有抵抗力。多数发病急、死亡快 | 体温 43℃以上，闭目打盹；张口呼吸；口腔中黏液增多，不断吞咽、甩头；鸡冠发紫肿胀；排黄白、绿色稀粪；病程短，病死率高 | 肝肿大，呈黄棕色，质地脆，表面有大小不一的灰白色或灰黄色坏死斑点；心包液增多、橙黄色，心冠脂肪和心外膜上有针尖大出血点；十二指肠黏膜充血、出血严重 | 肝涂片瑞氏染色镜检，细菌分离培养鉴定，动物实验（病料接种小鼠） |

动物防疫与检疫技术

### （二）鸡呼吸道症状明显的疫病

鸡呼吸道症状明显的疫病主要有禽流感、新城疫、禽霍乱、传染性支气管炎（呼吸道型）、传染性喉气管炎、鸡败血支原体感染、禽曲霉菌病、传染性鼻炎、禽大肠杆菌病等，主要鉴别检疫要点见表9-2。

表9-2 鸡呼吸道症状明显的疫病

| 病名 | 病原 | 流行病学 | 临床症状 | 病理变化 | 实验室检测 |
|------|------|---------|---------|---------|-----------|
| 禽流感、新城疫、禽霍乱见表9-1 | | | | | |
| 传染性支气管炎（呼吸道型） | 传染性支气管炎病毒 | 只感染鸡，各年龄均易感，4周龄内严重 | 张口伸颈呼吸、咳嗽、喷嚏、呼吸道啰音，怕冷挤堆，昏睡。成年鸡呼吸道症状轻微，主要表现产蛋量下降，蛋的质量变差 | 鼻腔、鼻窦、气管和支气管内有浆液性、黏液性或干酪样渗出物；多数死亡鸡在气管分叉处或支气管中有干酪样的栓子 | 使鸡胚发育受阻，分离鉴定病毒，中和试验、酶联免疫吸附试验 |
| 传染性喉气管炎 | 传染性喉气管炎病毒 | 主要感染鸡，成鸡易感，传播快，感染率高，病死率较高 | 呼吸困难，鼻孔有分泌物，流泪、结膜炎，湿性啰音，咳嗽，咳出带血的黏液，窒息死亡 | 病初喉头及气管上段黏膜出血，管腔中有带血的渗出物；病程稍长者，渗出物形成干酪样物，可能将喉头、气管堵塞 | 分离病毒，检查包含体，血清学试验 |
| 鸡败血支原体感染 | 鸡败血支原体 | 雏鸡易感，可垂直传播，冬季多发，病情发展缓慢 | 流鼻液，甩头，打喷嚏，咳嗽，眼流泪、肿胀；后期鼻腔和眶下窦中蓄积渗出物，睑肿胀。成年鸡呼吸道症状轻 | 鼻腔、眶下窦、气管内有大量黄白色炎性渗出物；气囊表面初期有圆点状黄色渗出物，后期整个表面布满黄色渗出物 | 平板凝集试验，血凝抑制试验，酶联免疫吸附试验 |
| 禽曲霉菌病 | 曲霉菌 | 20日龄内的禽最易感，急性群发，潮湿多雨季节多发 | 头颈直伸、张口喘，无明显的"咯咯"音，冠和肉髯暗红或发紫；个别的出现麻痹、惊厥，最后昏睡死亡 | 肺和气囊表面有黄白色或灰黄色结节，中心为干酪样坏死组织，含大量菌丝。严重的，气囊表面有大片霉菌生长 | 取霉菌结节，压片镜检，可见到分隔菌丝和孢子 |
| 传染性鼻炎 | 副鸡嗜血杆菌 | 中、成鸡易感，发病急，传播快，感染率高，病死率较低 | 眼流泪，颜面部肿胀，公鸡肉垂肿胀明显；流鼻液，甩头，打喷嚏，在鼻孔周围形成黄色结痂，堵塞鼻孔；产蛋鸡产蛋下降 | 鼻腔、眶下窦黏膜卡他性、化脓性炎症，内有大量渗出物 | 病原分离鉴定，血清学诊断 |
| 禽大肠杆菌病 | 大肠杆菌 | 感染多种家禽，雏禽最易感，冬、夏季多发 | 精神沉郁，食欲下降，消瘦，张口呼吸，甩头，打喷嚏 | 纤维素性气囊炎、心包炎、肝周炎 | 病料涂片染色镜检，病原分离培养鉴定 |

### （三）鸡有神经症状的疫病

鸡有神经症状的疫病主要有禽流感、新城疫、鸡马立克氏病、禽传染性脑脊髓炎等，主要鉴别检疫要点见表9-3。

表9-3 鸡有神经症状的疫病

| 病名 | 病原 | 流行病学 | 临床症状 | 病理变化 | 实验室检测 |
|---|---|---|---|---|---|
| 禽流感、新城疫见表9-1 | | | | | |
| 鸡马立克氏病 | 马立克氏病病毒 | 主要感染鸡，雏鸡最易感，3~4周龄后出现临床症状和大体病变 | 消瘦贫血，体重极轻，劈叉姿势，亦有跛行、瘫痪、垂翅等 | 外周神经如坐骨神经横纹消失，水肿，局部或整体性增粗2~3倍，且病变常为单侧性；内脏器官可见肿瘤 | 琼脂扩散试验、酶联免疫吸附试验、聚合酶链式反应 |
| 禽传染性脑脊髓炎 | 禽传染性脑脊髓炎病毒 | 主要侵害3周龄以内的雏鸡，主要垂直传播 | 共济失调，伏地或侧卧，头颈震颤；发病急，发病率低 | 大脑水肿，小脑非化脓性脑炎 | 病料接种于1日龄敏感鸡，病原分离鉴定，鸡胚接种试验 |

### （四）鸡腹泻症状显著的疫病

鸡腹泻症状显著的疫病主要有禽流感、新城疫、禽霍乱、鸡白痢、传染性法氏囊病、传染性支气管炎（肾型）、鸡球虫病等，主要鉴别检疫要点见表9-4。

表9-4 鸡腹泻症状显著的疫病

| 病名 | 病原 | 流行病学 | 临床症状 | 病理变化 | 实验室检测 |
|---|---|---|---|---|---|
| 禽流感、新城疫、禽霍乱见表9-1 | | | | | |
| 传染性支气管炎（肾型） | 传染性支气管炎病毒 | 只感染鸡，各年龄均易感，多发于2~4周龄 | 初期有轻微呼吸道症状，症状消失后不久，突然又发病；排白色稀粪，其中含有大量尿酸盐；迅速消瘦、脱水 | 肾肿大苍白，称为"花斑肾"，肾小管和输尿管因尿酸盐沉积而扩张 | 对鸡胚致畸性检验，分离鉴定病毒，酶联免疫吸附试验 |
| 传染性法氏囊病 | 传染性法氏囊病病毒 | 仅发生于鸡，3~6周龄的最易感，传播迅速，发病率高 | 发病突然，采食减少，极度虚弱。排出白色黏稠和水样稀粪，严重脱水。成年鸡多呈隐性经过 | 法氏囊肿大、出血、水肿，后期萎缩；腿部和胸部肌肉出血；花斑肾；肌胃和腺胃交界处有出血点或出血斑 | 琼脂扩散试验、酶联免疫吸附试验、聚合酶链式反应 |

（续）

| 病名 | 病原 | 流行病学 | 临床症状 | 病理变化 | 实验室检测 |
|---|---|---|---|---|---|
| 鸡白痢 | 鸡白痢沙门氏菌 | 3周龄内鸡多见，成鸡多为慢性经过或隐性感染，主要垂直传播 | 怕冷挤堆，呼吸困难，用力喘，排白色黏稠粪便，将肛门糊住，排粪困难。成鸡为慢性，贫血，腹泻，产蛋下降 | 肝、脾肿大，青铜色或紫红色，有坏死灶；盲肠充满灰白色干酪样栓子；卵黄吸收不良；心、肌胃、肺有黄白色结节。成鸡生殖器官萎缩 | 平板凝集试验，病原分离培养鉴定 |
| 鸡球虫病 | 艾美耳球虫 | 鸡都能感染，15～50d 的雏鸡最易感，温暖潮湿季节多发 | 食欲不振，腹泻，粪便中有血液和坏死脱落的上皮组织，甚至排出鲜血 | 盲肠球虫出现盲肠肿胀，肠腔充满血凝块和脱落的黏膜碎片，后期形成红色或红白相间的肠芯。小肠球虫出现小肠黏膜出血、肿胀，肠内容物含有血液和坏死脱落的上皮组织 | 取肠壁刮取物涂片，查裂殖子；取粪便，查卵囊 |

### （五）鸡有肿瘤的疫病

鸡有肿瘤的疫病主要有鸡马立克氏病、淋巴白血病、网状内皮组织增殖病等，主要鉴别检疫要点见表 9-5。

表 9-5　鸡有肿瘤的疫病

| 病名 | 病原 | 流行病学 | 临床症状 | 病理变化 | 肿瘤组织细胞 |
|---|---|---|---|---|---|
| 马立克氏病 | 马立克氏病病毒 | 主要感染鸡，2 周龄以内的雏鸡最易感，6 周龄后可出现临床症状，12～24 周龄最为严重 | 消瘦贫血，劈叉姿势，亦有跛行、瘫痪、垂翅；瞳孔边缘不整齐；皮肤毛囊形成结节或瘤症物 | 坐骨神经横纹消失、水肿，且病变常为单侧性；腺胃壁增厚和溃疡；常见法氏囊萎缩；肝、脾、心脏肿瘤常见 | 大中小淋巴细胞、成淋巴细胞、浆细胞、网状细胞 |
| 淋巴白血病 | 淋巴白血病病毒 | 侵害多种家禽，主要垂直传播。3 月龄后出现症状和大体病变，发病高峰 4～10 月龄。发病率很少大于 5% | 鸡冠发白、皱缩，机体消瘦，腹部增大，有时触摸到肿大的肝和法氏囊 | 肝、脾、法氏囊、肠道肿瘤常见；少见心脏肿瘤和腺胃病变；无神经肿瘤 | 成淋巴细胞 |

（续）

| 病名 | 病原 | 流行病学 | 临床症状 | 病理变化 | 肿瘤组织细胞 |
|---|---|---|---|---|---|
| 非法氏囊型网状内皮组织增殖病 | 网状内皮组织增殖病毒 | 侵害多种家禽，可水平传播和垂直传播，1月龄后出现症状和大体病变，发病高峰2～6月龄。发病率很低 | 明显的发育迟缓，消瘦，苍白，羽毛粗乱、稀少，羽支黏附在毛干上 | 肝、脾、肠道、心脏肿瘤和腺胃病变常见；常见法氏囊萎缩 | 淋巴网状细胞 |

注：法氏囊型网状内皮组织增殖病基本同淋巴白血病。

### （六）鸭急性死亡的疫病

造成鸭急性死亡的疫病主要有禽流感、禽霍乱、鸭瘟、鸭病毒性肝炎、鸭副伤寒等，主要鉴别检疫要点见表9-6。

**表9-6　鸭急性死亡的疫病**

| 病名 | 病原 | 流行病学 | 临床症状 | 病理变化 | 实验室检测 |
|---|---|---|---|---|---|
| 禽流感、禽霍乱见表9-1 | | | | | |
| 鸭瘟 | 鸭瘟病毒 | 侵害鸭、鹅和天鹅，1月龄以下雏鸭很少发病，成年鸭严重传播迅速，发病率和病死率都很高 | 体温升高，两腿麻痹，腹泻，流泪和部分病鸭头颈肿大 | 食道、泄殖腔黏膜表面有出血点或伪膜覆盖；空肠、回肠等部环状出血；肝有不规则、大小不等的出血点和坏死灶；产蛋母鸭可形成"卵黄性腹膜炎" | 病原的分离与鉴定、中和试验、酶联免疫吸附试验 |
| 鸭病毒性肝炎 | 鸭肝炎病毒 | 主要感染鸭，特别是3周龄内的雏鸭。发病急，传播迅速，病程短，病死率高 | 发病突然，精神萎靡、厌食，全身性抽搐，两脚痉挛性地反复踢蹬，头向后仰，俗称"背脖病" | 肝肿大，质脆，色暗或发黄，表面有大小不等的出血斑点 | 病原的分离与鉴定、血清保护试验、酶联免疫吸附试验 |
| 鸭副伤寒 | 沙门氏菌 | 雏鸭多发，可水平传播和垂直传播 | 怕冷挤堆，喘息，流泪，腹泻，猝然死亡。成鸭多为慢性经过或隐性感染 | 肝、脾肿大，青铜色或紫红色，有坏死灶；盲肠充满灰白色干酪样栓子；卵黄吸收不良 | 凝集试验，病原分离培养鉴定 |

### （七）鹅急性死亡的疫病

造成鹅急性死亡的疫病主要有禽流感、禽霍乱、小鹅瘟、鹅副伤寒等，主要鉴别检疫要点见表9-7。

表9-7 鹅急性死亡的疫病

| 病名 | 病原 | 流行病学 | 临床症状 | 病理变化 | 实验室检测 |
|---|---|---|---|---|---|
| 禽流感、禽霍乱见表9-1 | | | | | |
| 小鹅瘟 | 鹅细小病毒 | 主要侵害20日龄以内雏鹅和雏番鸭，病死率高，成年鹅不发病 | 精神委顿，食欲减退；严重腹泻，排灰白色或青绿色稀便；死前出现抽搐 | 肠黏膜坏死脱落，与凝固的纤维素性渗出物形成栓子，堵塞肠腔 | 病原分离与鉴定，琼脂扩散试验、中和试验、酶联免疫吸附试验 |
| 鹅副伤寒 | 沙门氏菌 | 雏鹅多发，可水平传播和垂直传播 | 怕冷挤堆，厌食，消瘦，腹泻。成鹅多为慢性经过或隐性感染 | 肝脾肿大、出血和坏死，呈青铜色或紫红色；盲肠充满灰白色干酪样栓子；心包炎和肝周炎 | 平板凝集试验，病原分离培养鉴定 |

## 实训十五　鸡新城疫的检疫

【目的要求】　掌握新城疫的临诊检疫要点和常用的实验室检测方法。

【实训材料】　待检病鸡、剪刀、镊子、工作服、橡胶手套、来苏儿、9～11d鸡胚、恒温箱、照蛋器、蛋盘、接种箱、注射器（1～5mL）、针头、眼科镊子、灭菌平皿、试管、吸管、酒精灯、试管架、蜡、锥子、煮沸消毒器、3%碘酊棉球、75%酒精棉球、离心机、离心管、生理盐水、96孔V型微量血凝反应板、微量移液器、吸头、微量振荡器、1%鸡红细胞悬液、新城疫标准阳性血清等。

【方法步骤】

### （一）临诊检疫

**1. 流行病学调查**　通过询问、观察和统计分析，了解鸡群发病的时间、地点、数量、发病率和病死率，发病鸡群的免疫接种和用药情况。

**2. 临诊观察**　仔细观察病鸡的神经症状、呼吸道症状和消化道症状，做好记录。

**3. 病理剖检**　剖检病鸡，做好病理剖检记录。

根据以上临诊检疫要点，归纳分析做出初诊。

### （二）实验室检测

**1. 病毒的分离培养**

（1）病料采集与处理。病鸡扑杀后，无菌操作采取脾、脑、肺、肝、肾等器官组织混合，将病料制成1:（5～10）的乳剂，每毫升加入青霉素、链霉素各1 000 U，置冰箱中作用2～4h，然后离心沉淀，取上清液，用细菌滤器过滤后，作为接种材料。

（2）鸡胚接种。用9～11d的鸡胚，将上述处理过的材料，取0.1～0.2mL接种于尿囊腔内。接种后以熔化的石蜡将卵壳上的接种孔封闭，继续置温箱内。每日照蛋 4 次，连续观察 5d，接种 24h 内死亡的鸡胚，废弃不用，于 24h 后死亡的鸡胚，立即取出置 4℃冰箱内（气室向上）。然后无菌吸取尿囊液，置冰箱冷冻保存，供进一步鉴定。在这同时可将鸡胚倾入一平皿内，仔细观察病变。由新城疫病毒致死的鸡胚，胚体全身充血，在胚头、胸、背、翅部有小出血点。

**2. 病毒的鉴定** 采用微量血凝（HA）试验和血凝抑制（HI）试验。

（1）微量血凝（HA）试验（表实 15-1）。

①用微量移液器向反应板同一行每个孔分别加生理盐水 $50\mu L$，共加 12 孔。

②换一吸头吸取 $50\mu L$ 待检病毒液，加于第 1 孔的生理盐水中，并用移液器挤压 3～5 次使病毒混合均匀，然后取 $50\mu L$ 移入第二孔，混匀后取 $50\mu L$ 移入第 3 孔，依次倍比稀释到第 11 孔，第 11 孔中液体混匀后从中吸出 $50\mu L$ 弃去。第 12 孔不加病毒抗原，做对照。

③换一吸头吸取 1‰红细胞悬液依次加入 1～12 个孔中，每孔加 $50\mu L$。

④加样完毕，将反应板置于微型振荡器上振荡 1min，置 37℃恒温培养箱中作用 15～30min 取出，观察并判定结果。

⑤结果判定及记录。

"＋"：表示红细胞完全凝集。红细胞凝集后完全沉于反应孔底层，呈颗粒状，边缘不整或锯齿状，而上层液体中无悬浮的红细胞。

"－"：表示红细胞未凝集。反应孔底部的红细胞没有凝集成一层，而是全部沉淀成小圆点，位于小孔最底端，边缘水平。

"±"：表示部分凝集。红细胞下沉情况介于"＋"与"－"之间。

新城疫病毒液能凝集鸡的红细胞，但随着病毒液被稀释，其凝集红细胞的作用逐渐变弱。稀释到一定倍数时，就不能使红细胞出现明显的凝集，从而出现可疑或阴性结果。

能使红细胞完全凝集的病毒最大稀释倍数为该病毒的血凝滴度，或称血凝价。

如果待检病毒具有血凝性，再进行 HI 试验，看能否被阳性抗体所中和。

**表实 15-1 HA 试验操作术式**

单位：$\mu L$

| 孔号<br>试剂 | 1 | 2 | 3 | 4 | 5 | 6 | 7 | 8 | 9 | 10 | 11 | 12 |
|---|---|---|---|---|---|---|---|---|---|---|---|---|
| 生理盐水 | 50 | 50 | 50 | 50 | 50 | 50 | 50 | 50 | 50 | 50 | 50 | 50 |
| 病毒液 | 50 | 50 | 50 | 50 | 50 | 50 | 50 | 50 | 50 | 50 | 50 | / |
| 病毒稀释倍数 | $2^1$ | $2^2$ | $2^3$ | $2^4$ | $2^5$ | $2^6$ | $2^7$ | $2^8$ | $2^9$ | $2^{10}$ | $2^{11}$ | 对照 |
| 1‰红细胞悬液 | 50 | 50 | 50 | 50 | 50 | 50 | 50 | 50 | 50 | 50 | 50 | 50 |
| 振荡 1min，37℃恒温培养箱中作用 15～30min，判定结果 | | | | | | | | | | | | 弃 50 |

（2）微量血凝抑制试验。用上述分离病毒制备 4 单位病毒，再用标准的阳性血清进行 HI 试验（表实 15-2）。

①用微量移液器向 1～12 号孔中分别加入 $50\mu L$ 生理盐水。

②换一吸头取标准阳性血清50μL置于第1孔中，挤压3～5次混匀，吸出50μL放入第二孔中，然后依次倍比稀释至第10孔，并将第10孔的液体混匀后取50μL弃去。第11孔为病毒对照，第12孔为生理盐水对照。

③用微量移液器吸取稀释好的4个血凝单位的病毒抗原，向1～11孔中分别加50μL。然后，振荡1min，将反应板置37℃恒温培养箱中作用5～10min。

④取出血凝板，用微量移液器向每一孔中各加入1%红细胞悬液50μL，再将反应板置于微型振荡器上振荡15～30s，混合均匀。

⑤将反应板置37℃温箱中作用15～30min后取出，观察并记录结果。

⑥结果判断和记录。

"—"：表示红细胞凝集抑制；高浓度的新城疫抗体能抑制新城疫病毒对鸡红细胞的凝集作用，使反应孔中的红细胞呈圆点状沉淀于反应孔底端中央，而不出现血凝现象。

"+"：表示红细胞完全凝集；随着血清被稀释，它对病毒血凝作用的抑制减弱，反应孔中的病毒逐渐表现出血凝作用，而最终使红细胞完全凝集，沉于反应孔底层，边缘不整或呈锯齿状。

"±"：表示不完全抑制；红细胞下沉情况介于"—"与"+"之间。

如果待检抗体被标准阳性血清所中和，则确诊为鸡新城疫病毒（NDV）。

**表实 15－2　HI 试验操作术式**

单位：μL

| 孔号　试剂 | 1 | 2 | 3 | 4 | 5 | 6 | 7 | 8 | 9 | 10 | 11 | 12 |
|---|---|---|---|---|---|---|---|---|---|---|---|---|
| 生理盐水 | 50 | 50 | 50 | 50 | 50 | 50 | 50 | 50 | 50 | 50 | 50 | 50 |
| 标准阳性血清 | 50 | 50 | 50 | 50 | 50 | 50 | 50 | 50 | 50 | 50 | / | / |
| 标准阳性血清稀释倍数 | $2^1$ | $2^2$ | $2^3$ | $2^4$ | $2^5$ | $2^6$ | $2^7$ | $2^8$ | $2^9$ | $2^{10}$ | 病毒对照 | 盐水对照 |
| 4 单位病毒 | 50 | 50 | 50 | 50 | 50 | 50 | 50 | 50 | 50 | 50 | 50 | / |
| 振荡 1min，置 37℃ 恒温培养箱中作用 5～10min | | | | | | | | | | 弃 50 | | |
| 1%红细胞悬液 | 50 | 50 | 50 | 50 | 50 | 50 | 50 | 50 | 50 | 50 | 50 | 50 |
| 振荡 15～30s，置 37℃ 恒温箱中作用 15～30min，观察结果 | | | | | | | | | | | | |

【实训报告】根据实训结果，写一份鸡新城疫检疫报告。

# 实训十六　鸡白痢的检疫

【目的要求】了解鸡白痢的临诊检疫方法，掌握其实验室检测技术，掌握鸡白痢全血平板凝集试验的操作方法、判定标准及注意事项。

【实训材料】待检鸡，清洁玻璃板，玻璃铅笔，不锈金属丝环，针头，乳头滴管，酒精灯，吸管，小试管，试管架，接种环，酒精棉球，火柴，鸡白痢全血平板凝集抗原和血清凝集抗原，鸡白痢阳性血清和阴性血清，灭菌生理盐水，培养基，载玻片，革兰氏染色液，显微镜，恒温箱等。

【方法步骤】

(一) 临诊检疫

**1. 流行病学调查**　询问鸡群的免疫、饲养管理和发病情况。

**2. 临诊观察**　根据已学的鸡白痢的症状进行仔细观察，特别注意其消化道症状。

**3. 病理剖检**　对死亡鸡或病鸡进行剖检，结合学过的知识注意观察特征性的病理变化。

(二) 实验室检测

**1. 全血平板凝集试验**

(1) 抗原。为每毫升含100亿菌的悬浮液，其中有枸橼酸钠和色素。

(2) 操作方法。

①将玻璃板擦拭干净，用玻璃铅笔划成1.5～2cm的小方格，并编号。

②将抗原充分振荡后，用滴管吸取1滴 (0.05mL)，于玻板的小方格里，随即以针头刺破被检鸡冠或翼下静脉，用不锈钢丝环取血一满环 (0.02～0.04mL)，立即与小方格内抗原混匀，并扩散至2cm，置20℃下或在酒精灯上微加温，2min内判定结果。

(3) 判定标准。

阳性反应 (＋)：2min内出现明显颗粒或块状凝集。

阴性反应 (－)：2min内不出现凝集或呈均匀一致的微细颗粒或边缘由于干涸形成的细絮状物。

疑似反应 (±)：不易判定为阳性或阴性反应的。

【注意事项】

(1) 本试验只适用于2月龄以上鸡的检疫，对2月龄以下的鸡敏感性差，不适用。

(2) 反应在20℃左右进行，检疫开始时，必须用阳性和阴性血清对照。

(3) 操作用过的用具 (如采血针、不锈钢丝环等)，经消毒后方可再用。

(4) 操作前应认真阅读生物制品厂本抗原使用说明书，按规定进行。

**2. 血清平板凝集试验**

(1) 抗原。同上抗原，不加稀释。

(2) 操作方法。在玻板上滴1滴血清和1滴抗原，混匀，30～60s出现凝集者为阳性。试验应在10℃以上室温中进行。

【实训报告】根据实训结果，写一份鸡白痢的检疫报告。

### ❖❖ 职业测试

1. 某肉鸡养殖户向镇畜牧兽医站反映，其所养2 000只肉鸡，部分出现突然死亡，死亡率高；病鸡极度沉郁，头部和眼睑部水肿，出现鸡冠发绀、脚鳞出血和神经紊乱等症状，请求给予诊治。假如你是在现场检疫的官方兽医，你将做何判断并将采取哪些处理措施？

2. 某官方兽医在检疫中发现某养鸡场待售肉鸡出现体温升高、食欲减退、神经症状；缩颈闭眼，冠髯暗紫，呼吸困难，口腔和鼻腔分泌物增多，嗉囊肿胀，腹泻，少数鸡突然发病，无任何症状而死亡等症状，怀疑感染新城疫。你认为他的怀疑有道理吗？应该如何处理？

3. 某官方兽医在检疫中发现一批 25 日龄雏鸡表现食欲减退、消瘦、腹泻、体重迅速减轻，死亡率较高，运动失调、劈叉姿势，虹膜褪色、单侧或双眼灰白色混浊所致的白眼病或瞎眼，颈、背、翅、腿和尾部形成大小不一的结节及瘤状物等症状，怀疑感染马立克氏病。你认为他的怀疑有道理吗？应该如何确检？

4. 某鸡场 4 周龄雏鸡出现腹泻，排浅白色或淡绿色稀粪，肛门周围的羽毛被粪污染或沾污泥土；饮水减少，食欲减退；消瘦、畏寒；步态不稳，精神委顿，头下垂，眼睑闭合；羽毛无光泽等症状。假如你是在现场检疫的官方兽医，你将做何判断并将采取哪些处理措施？

5. 某官方兽医在检疫时发现某个体养鸡户拟售蛋鸡群出现呼吸困难、咳嗽，停止产蛋，或产薄壳蛋、畸形蛋、褪色蛋等症状，怀疑感染鸡传染性支气管炎。假如你是在现场检疫的官方兽医，你将做何判断并将采取哪些处理措施？

6. 某官方兽医在检疫时发现某个体养鸡户拟售蛋鸡群出现呼吸困难、伸颈呼吸，发出咯咯声或咳嗽声，咳出血凝块等症状，怀疑感染鸡传染性喉气管炎。假如你是在现场检疫的官方兽医，你将做何判断并将采取哪些处理措施？

7. 某种鸭场饲养的 1 000 只 5 月龄番鸭，出现体温升高，食欲减退，翅下垂、脚无力、共济失调、不能站立，眼流浆性分泌物，眼睑肿胀，绿色腹泻，衰竭虚脱等症状，假如你是在现场检疫的官方兽医，你将做何判断并将采取哪些处理措施？

8. 某个体养鹅户饲养的 2 000 只 7 日龄雏鹅，出现突然死亡，精神萎靡，倒地两脚划动，迅速死亡，厌食、嗉囊松软，内有大量液体和气体，排灰白或淡黄绿色混有气泡的稀粪，呼吸困难，鼻端流出浆液性分泌物，喙端色泽变暗等症状，假如你是在现场检疫的官方兽医，你将做何判断并将采取哪些处理措施？

★ 参考答案见附录三。

# 项目十

## 动物生产与流通环节的检疫

| | |
|---|---|
| 项目描述 | 　　动物及动物产品流通环节是动物疫病传播的主要途径，这个环节出问题会给养殖业生产、公共卫生安全带来很大威胁。做好产地检疫，限制传染源动物的移动，做好屠宰检疫及动物和动物产品流通环节监管是动物卫生监督机构的紧迫任务，是阻止动物疫病扩散蔓延及保证动物源性食品安全的重要举措。进出境检疫则是阻止外来疫病侵入和防止国内疫病传出的根本举措。动物生产与流通环节的检疫知识是动物疫病防治员国家职业资格、执业兽医师及助理兽医师资格考试的必考内容，也是官方兽医、执业兽医开展动物防疫检疫工作必备的基础知识和技能。 |

| 建议学校学时 | 8 学时 | 建议企业学时 | 8 学时 |
|---|---|---|---|

| 本项目教学目标 | | | |
|---|---|---|---|

| | |
|---|---|
| 应知知识 | 　　熟悉产地检疫的概念、意义和要求；掌握动物产地检疫的实施程序；了解合法捕获的野生动物的检疫合格条件；熟悉动物产品检疫合格出证条件；熟悉种畜禽调运检疫的意义及程序；了解水产苗种的产地检疫规定；掌握宰前检疫的程序、内容及检疫后处理方法；熟悉宰后检疫的基本方法和要求；掌握畜禽宰后检疫程序和操作要点；熟悉运输检疫监督、市场检疫监督程序和要求；掌握依法应检疫而未经检疫的动物、动物产品的处理方法；了解进出境检疫工作程序。 |
| 应会能力 | 　　能独立开展畜禽产地检疫及种畜禽调运检疫；会规范使用检疫工具；能独立开展畜禽宰前检疫和宰后检疫；会规范填写检疫申报、处理、受理、合格证明等单据；会正确加施动物检疫验讫印章标志；能独立开展运输检疫监督及市场检疫监督；会实施进出境报检；能配合实施进出境检疫。 |

（续）

| 应备素质 | 养成运用应知知识和应会能力指导动物检疫实践的习惯；养成在检疫工作中加强个人防护的职业习惯；懂得在动物检疫工作中如何与畜主沟通交流；秉持依法检疫、规范检疫的职业操守；树立检疫中一丝不苟、精益求精的职业精神。 |
|---|---|

# 模块一  产地检疫

## 一、产地检疫的概念、意义和要求

产地检疫是指动物、动物产品在离开饲养地或生产地之前进行的检疫，即到饲养场、饲养户或指定的地点检疫。产地检疫的目的是及时发现染疫动物、染疫动物产品及病死动物，将其控制在原产地，并在原产地安全处理，防止进入流通环节，保障动物及动物产品安全，保护人体健康，维护公共卫生安全。

**1. 产地检疫的意义**

（1）开展动物产地检疫是落实《动物防疫法》关于动物疫病"预防为主"的方针，防止患病动物、染疫动物产品进入流通环节的关键。通过产地检疫，在动物进入流通环节之前，能及时发现病原，并及时采取防疫措施，消灭传染源，切断传播途径，从而有效地防止病原扩散传播。

（2）加强动物产地检疫，防止疫病进入交易市场，可以减轻流通领域检疫时间紧、工作量大的压力，减少误检、漏检率，提高检疫的正确性，也可减轻对外贸易、运输和市场检疫监督的压力。

（3）通过查验免疫档案和动物标识，可以充分调动畜主依法防疫的积极性，促进基层动物免疫接种工作，提高动物生产、加工、经营人员的防疫检疫意识，实现防检结合，以检促防。

由此可见，动物产地检疫是预防、控制和扑灭动物疫病的治本措施，是整个动物检疫工作的基础。应把动物产地检疫工作作为动物防疫工作的重点，常抓不懈，抓紧抓实。

**2. 产地检疫的分类**

（1）产地常规检疫。大型动物养殖场（户）饲养的动物按计划在饲养场内进行的定期检疫，目的在于及时发现传染源，淘汰阳性感染动物，达到逐步净化的目的。

（2）产地售前检疫。动物、动物产品出售前在饲养场、加工单位内进行的就地检疫。

（3）产地隔离检疫。有出口任务的饲养场在动物进入口岸（海关）前在原产地进行的隔离检疫。国内异地调运种畜禽，运前在原种畜禽场进行的隔离检疫和调回动物后进行的隔离观察亦属产地隔离检疫。

**3. 产地检疫的要求**

（1）官方兽医应到场入户或到指定地点实施现场检疫。结合当地动物疫情、疫病监测情况和临诊检查，合格者方可出具检疫合格证明，不得坐等出证。

（2）当地动物卫生监督机构应按检疫要求，定期对本地区动物特别是种用、乳用动物进行疫病检查。凡新引进的动物，要严格隔离一定时间（一般大中动物 45d，其他动物 30d），经确认无疫病后方可投入生产。

（3）当发生动物疫情时，应及早确诊并上报，及时采取有效措施。不得隐瞒或随意处置。对不合格的动物产品，应按规定做出处理。

## 二、动物产地检疫

### （一）动物产地检疫对象

根据我国《生猪产地检疫规程》《反刍动物产地检疫规程》《家禽产地检疫规程》《马属动物产地检疫规程》《犬产地检疫规程》《猫产地检疫规程》和《兔产地检疫规程》规定，我国有关动物的产地检疫对象如下：

**1. 猪产地检疫对象**　包括口蹄疫、猪瘟、高致病性猪蓝耳病、炭疽、猪丹毒、猪肺疫。

**2. 反刍动物检疫对象**

（1）牛。包括口蹄疫、布鲁氏菌病、牛结核病、炭疽、牛传染性胸膜肺炎。

（2）羊。包括口蹄疫、布鲁氏菌病、绵羊痘和山羊痘、小反刍兽疫、炭疽。

（3）鹿。包括口蹄疫、布鲁氏菌病、结核病。

（4）骆驼。包括口蹄疫、布鲁氏菌病、结核病。

**3. 家禽产地检疫对象**　包括高致病性禽流感、新城疫、鸡传染性喉气管炎、鸡传染性支气管炎、鸡传染性法氏囊病、马立克氏病、禽痘、鸭瘟、小鹅瘟、鸡白痢、鸡球虫病。

**4. 马属动物产地检疫对象**　包括马传染性贫血病、马流行性感冒、马鼻疽、马鼻腔肺炎。

**5. 兔产地检疫对象**　包括兔病毒性出血病（兔瘟）、兔黏液瘤病、野兔热、兔球虫病。

**6. 犬产地检疫对象**　包括狂犬病、布鲁氏菌病、钩端螺旋体病、犬瘟热、犬细小病毒病、犬传染性肝炎、利什曼病。

**7. 猫产地检疫对象**　包括狂犬病、猫泛白细胞减少症（猫瘟）。

### （二）动物产地检疫的实施程序

**1. 报检**　指经营动物、动物产品的单位和个人在其动物、动物产品发生移动之前，依照有关规定向所在地动物卫生监督机构提出检疫申报的过程。实行报检制度有利于动物卫生监督机构预知动物、动物产品移动的时间、流向、种类和数量等情况，以便提前准备，合理布置和安排检疫具体事宜，及时完成检疫任务，有利于提高人们对动物检疫的意识，提高动物、动物产品质量，促进商品流通和确保动物检疫工作的科学实施。

（1）报检方式。申报检疫采取申报点填报、传真、电话等方式申报。采用电话报检的，需在现场补填检疫申报单。

动物卫生监督机构本着有利生产、促进流通、方便群众、便于检疫的原则，在辖区内设立动物、动物产品的产地检疫报检点，负责检疫申报的受理工作，并将报检电话、联系人和业务管辖范围，公告管理相对人。

（2）报检内容与时限要求。报检内容包含动物种类、数量、起运地点、到达地点、运输方式和约定检疫时间等。

动物、动物产品在离开产地前，货主应当按规定时限向所在地动物卫生监督机构申报检疫：出售、运输动物产品和供屠宰、继续饲养的动物，应当提前 3d 申报检疫；出售、运输乳用动物、种用动物及其精液、卵、胚胎、种蛋以及参加展览、演出和比赛的动物，应当提前 15d 申报检疫；合法捕获野生动物的，应当在捕获后 3d 内向捕获地县级动物卫生监督机构申报检疫；屠宰动物的，应当提前 6h 向所在地动物卫生监督机构申报检疫；急宰动物的，可以随时申报；向无规定动物疫病区输入相关易感动物、易感动物产品的，货主除按规定向输出地动物卫生监督机构申报检疫外，还应当在起运 3d 前向输入地省级动物卫生监督机构申报检疫。

跨省、自治区、直辖市引进用于饲养的非乳用、非种用动物到达目的地后，货主或者承运人应当在 24h 内向所在地县级动物卫生监督机构报告，并接受监督检查。

（3）申报受理。动物卫生监督机构受理检疫申报后，根据当地相关动物疫情情况，决定是否予以受理。受理的，动物卫生监督机构必须填写检疫受理单，按约定时间指派官方兽医，携带相关检疫用品到现场或指定地点实施检疫。在运输、出售前做出检疫结论，合格的出具相关检疫合格证明等；不予受理的，应说明理由。

报检与受理单据样式范例如图 10-1 所示。

申报单编号：苏 MJ _____

**动物产地检疫申报单**  单位：头、只、羽、匹、箱

| 基本情况（申报人填写） | 报检时间 | 年　月　日　时 | |
|---|---|---|---|
| | 申报人名称 | | 联系电话 |
| | 养殖场（户）地址 | | |
| | 动物种类 | 数量 | |
| | 动物来源 | □家畜家禽　□人工饲养　□合法捕获 | |
| | 用途 | □饲养 □屠宰 □种用、乳用 □展览 □演出 □比赛 □其他 | |
| | 牲畜耳标号 | | |
| | 野生动物驯养繁殖许可证号 | 野生动物捕捉（猎捕）许可证号 | |
| | 有效《跨省引进乳用种用动物检疫审批表》 | □有　□无 | |
| | 到达地点 | | |

（续）

| 基本情况<br>（申报人填写） | 启运时间 | 　年　月　日 |
|---|---|---|
| | 申报人依照《中华人民共和国动物防疫法》《动物检疫管理办法》有关规定，特申报检疫。对所填信息的真实性、完整性负责，如与事实不符，官方兽医有权终止检疫，由此导致的后果由申报人自行负责。<br>申报人签字（盖章）： | |
| 申报处理结果<br>（动物卫生监督<br>机构填写） | □受理 | 拟派员于　年　月　日到　　　　实施检疫。 |
| | □不受理 | 理由： |
| | 经办人：　　年　月　日 | （动物卫生监督机构留存） |

**检疫申报受理单**

处理意见：
□受理：本所拟于　年　月　日派员到　　　　实施检疫。请准备好相关防疫资料，以方便检疫人员核查。
□不受理。理由：

经办人：　　　联系电话：　　　　检疫专用章
　　　　　　　　　　　　　　　　年　月　日

图 10-1 动物产地检疫申报单（范例）

**2. 疫情调查**　向畜主、防疫员询问饲养管理情况、近期当地疫病发生情况和邻近地区的疫情动态等情况，了解当地疫情；结合对饲养场、饲养户的实际观察，确定动物是否来自疫区。无疫情的进行下一步工作；有疫情的终止检疫工作，视不同情况按照规定的疫情报告程序逐级报告。

**3. 查验资料及畜禽标识**

（1）官方兽医应查验饲养场（养殖小区）《动物防疫条件合格证》和养殖档案，了解生产、免疫、监测、诊疗、消毒、无害化处理等情况，确认饲养场（养殖小区）6个月内未发生相关动物疫病，确认动物已按国家规定进行强制免疫，并在有效保护期内。省内调运种用、乳用反刍动物、种猪以及种禽或种蛋的，还应查验《种畜禽生产经营许可证》。

（2）官方兽医应查验散养户防疫档案，了解免疫、诊疗情况，确认动物已按国家规定进行强制免疫，并在有效保护期内。

（3）官方兽医应查验动物畜禽标识加施情况，确认所佩戴畜禽标识与相关档案记录相符。

（4）应当查验人工饲养、合法捕获的野生犬科、野生猫科动物的相关证明。

**4. 临床健康检查**　主要检查被检动物是否健康。以临床感观检查为主，主要看动物静态、动态和饮食状态（动物群体精神状况、外貌、呼吸状态、运动状态、饮水饮食情况及排泄物状态等）是否正常；对个别疑似患病动物需进行详细的个体检查，通过视诊、触诊、听诊等方法进行检查。主要检查动物个体精神状况、体温、呼吸、皮肤、被毛、可视黏膜、胸廓、腹部及体表淋巴结，排泄动作及排泄物性状等。

**5. 产地检疫的结果判定**　凡出售或者运输的动物符合下列条件的，其检疫结果判定为合格。否则，其结果判定为不合格。判定条件如下：

（1）来自非封锁区或未发生相关动物疫情的饲养场（养殖小区）、养殖户。

（2）按照国家规定进行了强制免疫，并在有效保护期内。

（3）临床检查健康。

（4）养殖档案相关记录和畜禽标识符合农业农村部规定。

（5）动物产地检疫规程规定需要进行实验室疫病检测的，检测结果合格。

（6）省内调运的种用、乳用动物和宠物需符合农业农村部规定的相应动物健康标准；省内调运精液、胚胎、种蛋的，其供体动物需符合相应动物健康标准。

### （三）产地检疫结果处理

**1. 经检疫合格的动物、动物产品**　由动物卫生监督机构出具《动物检疫合格证明》。

**2. 经检疫不合格的动物、动物产品**　由动物卫生监督机构出具《检疫处理通知单》（范例如图 10-2 所示），并按照有关规定处理。

**检疫处理通知单**（样式）

编号：_____

_____：

按照《动物防疫法》和《动物检疫管理办法》有关规定，你（单位）的_____经检疫不合格，根据_____

_____

之规定，决定进行如下处理：

一、

_____

二、

_____

三、

_____

四、

_____

动物卫生监督所（公章）

年　月　日

官方兽医（签名）：

当事人签收：

∙∙∙∙∙∙∙∙∙∙∙∙∙∙∙∙∙∙∙∙∙∙∙∙∙∙∙∙∙∙∙∙∙∙∙∙∙∙∙∙∙∙∙∙∙∙∙∙∙∙∙∙∙∙∙∙∙∙∙∙∙∙∙∙∙∙∙∙

备注：1. 本通知单一式二份，一份交当事人，一份动物卫生监督所留存。2. 动物卫生监督所联系电话：_____。3. 当事人联系电话：_____。

图 10-2　检疫处理通知单（范例）

（1）临床检查发现患有相关动物产地检疫规程规定动物疫病的，扩大抽检数量并进行实验室检测。

（2）发现患有相关动物产地检疫规程规定检疫对象以外动物疫病，影响动物健康的，应按规定采取相应防疫措施。

（3）发现不明原因死亡或怀疑为重大动物疫情的，应按照《动物防疫法》《重大动物疫情应急条例》的有关规定处理，并按规定进行动物疫情报告。

（4）病死动物应在动物卫生监督机构监督下，由畜主按《病死及病害动物无害化处理技术规范》的规定进行无害化处理。

**3. 运载工具、笼具消毒**　动物启运前，动物卫生监督机构需监督畜主或承运人对运载工具、笼具进行有效消毒。

**（四）检疫记录**

（1）检疫申报单。动物卫生监督机构需指导畜主填写检疫申报单。

（2）检疫工作记录。官方兽医需填写检疫工作记录，详细登记畜主姓名、地址、检疫申报时间、检疫时间、检疫地点、检疫动物种类、数量及用途、检疫处理、检疫证明编号等，并由畜主签名。

（3）检疫申报单和检疫工作记录应保存 12 个月以上。

**（五）防护要求**

（1）从事犬、猫产地检疫的人员要定期进行狂犬病疫苗免疫。

（2）从事犬、猫产地检疫的人员要配备红外测温仪、麻醉吹管、捕捉杆、捕捉网、专用手套等防护设备。

### 三、合法捕获的野生动物的检疫

合法捕获的野生动物，经检疫符合下列条件，由官方兽医出具《动物检疫合格证明》后，方可饲养、经营和运输：

（1）来自非封锁区。

（2）临床检查健康。

（3）农业农村部规定需要进行实验室疫病检测的，检测结果合格。

### 四、动物产品的检疫

（1）出售、运输的种用动物精液、卵、胚胎、种蛋，经检疫符合下列条件，由官方兽医出具《动物检疫合格证明》：

①来自非封锁区，或者未发生相关动物疫情的种用动物饲养场。

②供体动物按照国家规定进行了强制免疫，并在有效保护期内。

③供体动物符合动物健康标准。

④农业农村部规定需要进行实验室疫病检测的，检测结果合格。

⑤供体动物的养殖档案相关记录和畜禽标识符合农业农村部规定。

（2）出售、运输动物的骨、角、生皮、原毛、绒等产品，经检疫符合下列条件，由官方兽医出具《动物检疫合格证明》：

①来自非封锁区，或者未发生相关动物疫情的饲养场（户）。

②按有关规定消毒合格。

③农业农村部规定需要进行实验室疫病检测的，检测结果合格。

经检疫不合格的动物、动物产品，由官方兽医出具检疫处理通知单，并监督货主按照农业农村部规定的技术规范处理。

### 五、种畜禽调运检疫

#### （一）种畜禽调运检疫的意义

加强种用动物的检疫管理是动物疫病防控中不可缺少的环节。一旦种用动物患病或成为病原携带者，会成为长期的传染源，并通过其精液、胚胎、种蛋等方式垂直传播给后代，造成疫病的传播和扩散。因此必须高度重视种畜禽调运检疫工作，防止动物疫病因调运造成远距离跨地区传播，同时也能减少调运动物的途病途亡。

#### （二）种畜禽调运检疫程序

**1. 引种审批手续**　跨省、自治区、直辖市引进乳用动物、种用动物及其精液、胚胎、种蛋的，货主应当填写《跨省引进乳用种用动物检疫审批表》，向输入地省、自治区、直辖市动物卫生监督机构申请办理审批手续。跨省引进乳用种用动物应当在《跨省引进乳用种用动物检疫审批表》有效期内运输；逾期引进的，货主应当重新办理审批手续。输入地省、自治区、直辖市动物卫生监督机构应当自受理申请之日起10个工作日内，做出是否同意引进的决定。符合下列条件的，签发《跨省引进乳用种用动物检疫审批表》；不符合下列条件的，书面告知申请人，并说明理由。

（1）输出和输入饲养场、养殖小区取得《动物防疫条件合格证》。

（2）输入饲养场、养殖小区存栏的动物符合动物健康标准。

（3）输出的乳用、种用动物养殖档案相关记录符合农业农村部规定。

（4）输出的精液、胚胎、种蛋的供体符合动物健康标准。

货主凭输入地省、自治区、直辖市动物卫生监督机构签发的《跨省引进乳用种用动物检疫审批表》，向输出地县级动物卫生监督机构申报检疫。输出地县级动物卫生监督机构接到检疫申报后，确认《跨省引进乳用种用动物检疫审批表》有效，并根据当地相关动物疫情情况，决定是否予以受理。受理的，应当及时派出官方兽医到场实施检疫；不予受理的，应当说明理由。

**2. 查验资料及畜禽标识**

（1）查验饲养场的《种畜禽生产经营许可证》和《动物防疫条件合格证》。

（2）按有关动物产地检疫规程要求，查验受检动物的养殖档案、畜禽标识及相关信息。

（3）调运精液和胚胎的，还应查验其采集、存贮、销售等记录，确认对应供体及其健康状况。

（4）调运种蛋的，还应查验其采集、消毒等记录，确认对应供体及其健康状况。

**3. 临床检查**　按照动物产地检疫要求主要开展下列疫病的临床检查：

种猪：口蹄疫、猪瘟、高致病性猪蓝耳病、炭疽、猪丹毒、猪肺疫、猪细小病毒病、猪伪狂犬病毒病、猪支原体肺炎、猪传染性萎缩性鼻炎。

种牛：口蹄疫、布鲁氏菌病、牛结核病、炭疽、牛传染性胸膜肺炎、牛白血病。

奶牛：口蹄疫、布鲁氏菌病、牛结核病、炭疽、牛传染性胸膜肺炎、牛白血病、奶牛乳房炎。

种羊：口蹄疫、布鲁氏菌病、绵羊痘和山羊痘、小反刍兽疫、炭疽。

奶山羊：口蹄疫、布鲁氏菌病、绵羊痘和山羊痘、小反刍兽疫、炭疽。

种鸡：高致病性禽流感、新城疫、鸡传染性喉气管炎、鸡传染性支气管炎、鸡传染性法氏囊病、马立克氏病、禽痘、鸡白痢、鸡球虫病、鸡病毒性关节炎、禽白血病、禽脑脊髓炎、禽网状内皮组织增殖症。

种鸭：高致病性禽流感、鸭瘟。

种鹅：高致病性禽流感、小鹅瘟。

**4. 实验室检测**

（1）实验室检测需由省级动物卫生监督机构指定的具有资质的实验室承担，并出具检测报告。

（2）实验室检测疫病种类包括：

种猪：口蹄疫、猪瘟、高致病性猪蓝耳病、猪圆环病毒病、布鲁氏菌病。

种牛：口蹄疫、布鲁氏菌病、牛结核病、副结核病、牛传染性鼻气管炎、牛病毒性腹泻/黏膜病。

种羊：口蹄疫、布鲁氏菌病、蓝舌病、山羊关节炎脑炎。

奶牛：口蹄疫、布鲁氏菌病、牛结核病、牛传染性鼻气管炎、牛病毒性腹泻/黏膜病。

奶山羊：口蹄疫、布鲁氏菌病。

精液和胚胎：检测其供体动物相关动物疫病。

种鸡：高致病性禽流感、新城疫、禽白血病、禽网状内皮组织增殖症。

种鸭：高致病性禽流感、鸭瘟。

种鹅：高致病性禽流感、小鹅瘟。

**5. 检疫结果处理**

（1）经检疫合格的，出具《动物检疫合格证明》。

（2）经检疫不合格的，出具《检疫处理通知单》，并按照有关规定处理。

①临床检查发现患有动物产地检疫规程规定动物疫病的，扩大抽检数量并进行实验室检测。

②发现患有动物产地检疫规程规定检疫对象以外动物疫病，影响动物健康的，应按规定采取相应防疫措施。

③发现不明原因死亡或怀疑为重大动物疫情的，应按照《动物防疫法》《重大动物疫情应急条例》和我国动物疫情报告管理的有关规定处理。

④病死动物应在动物卫生监督机构监督下，由畜主按《病死及病害动物无害化处理技术规范》的规定进行无害化处理。

（3）无有效的《种畜禽生产经营许可证》和《动物防疫条件合格证》的，检疫程序终止。

（4）无有效的实验室检测报告的，检疫程序终止。

（5）动物启运前，动物卫生监督机构需监督畜主或承运人对运载工具进行有效消毒。

**6. 种畜禽到达目的地的检疫**    跨省、自治区、直辖市引进的乳用、种用动物到达输入地后，在所在地动物卫生监督机构的监督下，应当在隔离场或饲养场（养殖小区）内的隔离舍进行隔离观察，大中型动物隔离期为45d，小型动物隔离期为30d。经隔离观察合格的方可混群饲养；不合格的，按照有关规定进行处理。隔离观察合格后需继续在省内运输的，货主应当申请更换《动物检疫合格证明》。动物卫生监督机构办理更换《动物检疫合格证明》不得收费。

### 六、水产苗种产地检疫

（1）出售或者运输水生动物的亲本、稚体、幼体、受精卵、发眼卵及其他遗传育种材料等水产苗种的，货主应当提前20d向所在地县级动物卫生监督机构申报检疫。经检疫符合下列条件的，由官方兽医出具《动物检疫合格证明》，方可离开产地：

①该苗种生产场近期未发生相关水生动物疫情。

②临床健康检查合格。

③农业农村部规定需要经水生动物疫病诊断实验室检验的，检验结果合格。

检疫不合格的，动物卫生监督机构应当监督货主按照农业农村部规定的技术规范处理。

跨省、自治区、直辖市引进水产苗种到达目的地后，货主或承运人应当在24h内按照有关规定报告，并接受当地动物卫生监督机构的监督检查。

（2）养殖、出售或者运输合法捕获的野生水产苗种的，货主应当在捕获野生水产苗种后2d内向所在地县级动物卫生监督机构申报检疫；合法捕获的野生水产苗种实施检疫前，货主应当将其隔离在符合下列条件的临时检疫场地：

①与其他养殖场所有物理隔离设施。

②具有独立的进排水和废水无害化处理设施以及专用渔具。

③农业农村部规定的其他防疫条件。

经检疫合格，并取得《动物检疫合格证明》后，方可投放养殖场所、出售或者运输。

## 模块二    屠宰检疫

### 一、屠宰检疫的概念及对象

生猪屠宰
检疫检验

**1. 屠宰检疫的概念**    指官方兽医对送入屠宰场（厂、点）的猪、牛、羊、禽、兔等食品动物所进行的宰前检疫和在屠宰过程中所进行的同步检疫（亦称宰后检疫）。其中，宰前检疫是对动物活体进行宰前检查；同步检疫是在屠宰过程中，对其头、蹄、内脏、胴体等按动物屠宰检疫规程规定的程序和标准实施的检疫。

**2. 屠宰检疫对象**    目前生猪、牛、羊、禽、兔等食品动物屠宰检疫对象包括以下动物疫病：

生猪：口蹄疫、猪瘟、高致病性猪蓝耳病、炭疽、猪丹毒、猪肺疫、猪副伤寒、猪

Ⅱ型链球菌病、猪支原体肺炎、副猪嗜血杆菌病、丝虫病、猪囊尾蚴病、旋毛虫病。

牛：口蹄疫、牛传染性胸膜肺炎、牛海绵状脑病、布鲁氏菌病、牛结核病、炭疽、牛传染性鼻气管炎、日本血吸虫病。

羊：口蹄疫、痒病、小反刍兽疫、绵羊痘和山羊痘、炭疽、布鲁氏菌病、肝片吸虫病、棘球蚴病。

禽：高致病性禽流感、新城疫、禽白血病、鸭瘟、禽痘、小鹅瘟、马立克氏病、鸡球虫病、禽结核病。

兔：兔病毒性出血病、兔黏液瘤病、野兔热、兔球虫病。

## 二、宰前检疫

对待宰动物活体所进行的检疫称为动物屠宰前检疫。宰前检疫是屠宰检疫的重要组成部分。

### （一）宰前检疫的作用

（1）实行宰前检疫，及时发现和剔出患病动物和伤残动物，做到早发现，早处理，防止疫病扩散，同时有利于做到病、健分宰，减轻肉品污染，提高肉品卫生质量，减少经济损失。

（2）通过宰前检疫及时查出某些临诊症状明显而宰后却难以发现的疫病，如狂犬病、破伤风、李氏杆菌病、猪流行性乙型脑炎、口蹄疫、传染性水疱病、羊痘和中毒病等有重要意义。弥补了宰后检疫的不足，减轻了宰后检疫的压力，对保障肉品安全有重要的把关作用。

（3）宰前检疫通过查证验物，发现和纠正违反动物防疫法律法规的行为，促进动物免疫接种和动物产地检疫工作的实施。

### （二）宰前检疫的程序和内容

**1. 入屠宰场（厂、点）监督查验**

（1）查证验物。在动物到达屠宰场而没有卸载之前，向畜主或货主收缴《动物检疫合格证明》，了解动物的来源和产地疫情，审验《动物检疫合格证明》是否合法，是否有效，是否伪造、涂改和转让，印章的加盖和证明的填写是否规范等。核对拟进屠宰场（厂、点）屠宰动物的种类、数量、畜禽标识，确认证物是否相符，畜禽标识是否符合农业农村部的规定等。

（2）询问。了解动物运输途中有关情况。询问货主在运输过程中是否有动物发病、死亡等异常情况。发现动物疫情时，要根据畜禽标识，通知产地动物卫生监督机构调查疫情，及时追查疫源，采取对策。

（3）临床检查。经上述查验认可的动物，准予卸载，并按照我国动物产地检疫规程中有关临床检查的规定，对动物进行临床健康状况检查（三观一查），抽检"瘦肉精"等违禁药物饲喂情况。

临床健康检查一般在卸载台到圈舍之间设置狭长的走廊，官方兽医在走廊旁的适当位置视检行进中动物的精神外貌和行走姿态，对发现有异常的动物，分别涂上一定的标记，并进行详细的个体临床检查，必要时进行实验室检测。

（4）结果处理。《动物检疫合格证明》有效、证物相符、畜禽标识符合要求、临床检查健康，视为合格，生猪、牛、羊允许入场，并回收《动物检疫合格证明》。场（厂、点）方需按产地分类将动物送入待宰圈，不同货主、不同批次的动物不得混群。禽类合格的准予屠宰。

不符合条件的视为不合格，按国家有关规定处理。对证物不符的，按照动物防疫法的有关规定进行处罚。具备条件的，实施补检；不具备条件或补检不合格的，在官方兽医监督下进行无害化处理。实验室检测确认属于动物屠宰检疫规程规定疫病的，在官方兽医监督下进行无害化处理；非规定疫病的，进行隔离观察，确认无异常的，准予屠宰，隔离期间出现异常的，进行无害化处理。

待宰期间随时观察待宰动物的健康状况，对疑似染疫的动物进行隔离观察。

**2. 宰前检查**

（1）检疫申报受理。申报方式为现场申报。屠宰场（厂、点）方应在屠宰前 6h 申报检疫，填写检疫申报单。官方兽医接到检疫申报后，根据相关情况决定是否予以受理。受理的，应当及时实施宰前检查；不予受理的，应说明理由。

（2）宰前检查。屠宰前 2h 内，官方兽医应按照动物产地检疫规程中"临床检查"部分实施检查。

（3）宰前检查后的处理。

①合格的，准予屠宰。官方兽医填写《动物准予屠宰通知书》（图 10-3）给屠宰场业主，并监督其对核定的、经宰前检疫合格的动物进行屠宰。

**动物准予屠宰通知书**（第一联）

NO.

＿＿＿＿＿＿＿＿＿＿＿＿＿＿：

你（单位）申报屠宰的动物＿＿＿＿＿＿（猪、牛、羊、禽），共计＿＿＿＿＿＿头（只、羽、匹），经宰前临床检查合格，准予屠宰。

本通知在＿＿＿＿＿＿小时内有效。

官方兽医：

年 月 日 时

动物卫生监督所（盖章）

图 10-3 动物准予屠宰通知书（范例）

②不合格的，按以下规定处理：

发现有口蹄疫、猪瘟、高致病性猪蓝耳病、牛传染性胸膜肺炎、牛海绵状脑病、痒病、小反刍兽疫、绵羊痘和山羊痘、炭疽、高致病性禽流感、新城疫、野兔热等疫病症状的，限制移动，并按照《动物防疫法》《重大动物疫情应急条例》的规定，进行疫情报告、动物扑杀及无害化处理等。

发现有猪丹毒、猪肺疫、猪Ⅱ型链球菌病、猪支原体肺炎、副猪嗜血杆菌病、猪副伤寒、布鲁氏菌病、牛结核病、牛传染性鼻气管炎、鸭瘟、小鹅瘟、禽白血病、禽痘、马立克氏病、禽结核病等疫病症状的，患病动物按国家有关规定处理，同群动物隔离观察，确认无异常的，准予屠宰；隔离期间出现异常的，按《病死及病害动物无害化处理技术规范》的规定无害化处理。

怀疑患有动物屠宰检疫规程规定疫病及临床检查发现其他异常情况的，按相应疫病防治技术规范进行实验室检测，并出具检测报告。实验室检测需由省级动物卫生监督机构指定的具有资质的实验室承担。

发现患有动物屠宰检疫规程规定以外疫病的，隔离观察，确认无异常的，准予屠宰；隔离期间出现异常的，按《病死及病害动物无害化处理技术规范》的规定无害化处理。

确认为无碍于肉食安全且濒临死亡的畜禽，视情况进行急宰。

监督屠宰场（厂、点）方对处理患病畜禽的待宰圈、急宰间以及隔离圈等进行消毒。

## 二、宰后检疫

宰后检疫是指动物在放血解体的情况下，直接检查肉尸、内脏，根据其病理变化和异常现象进行综合判断，得出检疫结论。与屠宰操作相对应，对同一头动物的头、蹄、内脏、胴体等统一编号进行检疫。

### （一）动物宰后检疫的意义

因动物宰后肉尸、内脏充分暴露，能直观、快捷、准确地发现肉尸和内脏的病理变化，对临诊症状不明显或处于潜伏期、在宰前难发现的疫病如猪慢性咽炭疽、猪旋毛虫、猪囊尾蚴等较容易检出，弥补了宰前检疫的不足，从而防止疫病的传播和人畜共患病的发生。

宰后检疫还可以及时发现非传染性畜禽胴体和内脏的某些病变，如黄疸肉及黄脂肉、脓毒症、尿毒症、腐败、肿瘤、变质、水肿、局部化脓、异色、异味等有碍肉品卫生的情况，以便及时剔除，保证肉品卫生安全，使人们吃上放心肉。

### （二）宰后检疫工具的使用和消毒

**1. 检疫用工具**  猪、牛、羊检疫用工具有检疫刀、检疫钩和锉棒等（图 10-4）。检疫刀用于切割检疫肌肉、内脏、淋巴结等；检疫钩用于钩住胴体、肉类和内脏一定部位便于切割；锉棒为磨刀专用。禽、兔检疫用剪刀、镊子。官方兽医上岗时，要随身携带两套检疫工具。

**2. 检疫工具的使用方法**  检疫时对切开的部位和限度有一定要求，用刀时要用刀刃平稳滑动切开组织，不能用拉锯式的动作，以免造成切面模糊，影响观察。为保持检疫刀的平衡用力，拿刀时应把大拇指压在刀背上。使用时要注意安全，不要伤及自己及周围人员，万一碰伤手指等，要立即消毒包扎。图 10-5、图 10-6 为检疫刀、锉、钩用法示意。

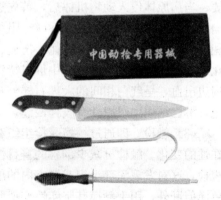

图 10-4  屠宰检疫用刀、锉、钩

图 10-5  检疫刀、锉用法          图 10-6  检疫刀、钩用法

**3. 检疫工具的消毒**  接触过患病动物的胴体和内脏的检疫工具，应立即放入消毒药液中浸泡消毒 30～40min，换用另一套工具进行下一头肉尸的检疫。经过消毒的检疫工具，消毒后用清水冲去消毒药液，擦干后备用。检疫后的工具要消毒、洗净、擦干，以免生锈。检疫工具只供检疫用，不能另做他用。检疫工具不可采用煮沸、火焰、蒸汽、高温干燥消毒，以免造成刀、钩柄松动、脱落和影响刀刃的锋利。

### （三）宰后检疫的基本方法和要求

**1. 宰后检疫的基本方法**  宰后检疫主要是通过感官检验对胴体和脏器的病变进行综合的判断和处理，必要时辅以细菌学、血清学、病理组织学等实验室检测。感官检验方法主要有视检、剖检、触检和嗅检，以视检和剖检为主。

（1）视检。通过视觉器官直接观察胴体皮肤、肌肉、脂肪、胸腹膜、骨骼、关节、天然孔及各种脏器浅表暴露部位的色泽、形状、大小、组织状态等，判断有无病理变化或异常，为进一步剖检提供方向。如牛、羊的上下颌骨膨大时，注意检查放线菌病；若猪咽喉和颈部肿胀，应注意检查咽炭疽和猪肺疫；若见皮肤、黏膜、脂肪发黄则表明有黄疸的可疑。

（2）剖检。用检疫刀切开肉尸或脏器的深部组织或隐蔽部分，观察其有无病理变化，这对淋巴结、肌肉、脂肪、脏器的检查非常必要，尤其是对淋巴结的剖检尤为重要。当病原体侵入动物机体后，首先进入管壁薄、通透性大的淋巴管，进而随淋巴液流向附近淋巴结内，在此被其吞噬、阻留或消灭。由于阻留病原体的刺激，淋巴结会呈现相应的病理变化如肿大、充血、出血、化脓、坏死等，病因不同，淋巴结的病理形态变化也不同，且往往在淋巴结中形成特殊的病变。如患猪瘟的病猪全身淋巴结肿大、切面周边出血，呈红白相间的大理石样外观；炭疽病变淋巴结急剧肿大、变硬，切面呈砖红色，淋巴结周围组织常有胶样浸润。

（3）触检。即通过触摸受检组织和器官，感觉其弹性、硬度以及深部有无隐蔽或潜在性的变化。触检可减少剖检的盲目性，提高剖检效率，必要时将触检可疑的部位剖开视检，这对发现深部组织或器官内的硬块很有实际意义。例如猪肺疫时红色肝变的肺除色泽似肝外，用手触摸其坚实性亦似肝；奶牛乳房结核时可摸到乳房内的硬肿块等，均具有一定的诊断价值。

（4）嗅检。用鼻嗅闻被检胴体及组织器官有无异常气味，借以判定肉品质量和食用价值，为实验室检测提供指导，确定实验室的必检项目。如动物生前患有尿毒症，宰后肉中有尿臊味；生前用药时间较长，宰后肉品有残留的药味；病猪、死猪冷宰后肉有一定的尸腐味等，都可通过嗅检查出。当感官检验不能判定疾病性质时，需进行实验室检验。

**2. 宰后检疫的要求**　为了迅速准确地做好在高速运转的屠宰加工流水线上的检验工作，必须遵守一定的程序和方法，掌握操作规程和法定动物疫病的典型病理变化，做到检疫刀数到位、检疫术式到位、综合判定到位、生物安全处理到位。

（1）为了保证肉品的卫生质量和商品外观，剖检只能在一定部位切开，且切口大小深浅适度，不允许随意乱划和拉锯式切割。如肌肉应顺肌纤维方向切开，一般不得横断，以免形成大的裂口导致细菌感染；淋巴结应沿长轴切开。在屠宰量大时，胴体、内脏或离体的头、蹄等要进行统一编号，对照检查，以免调乱，难以查对。

（2）上岗时应随身携带两套检疫工具，以便替换；遇到污染时，立刻更换另一套。被污染的检疫工具要彻底消毒后方可使用。

（3）内脏器官暴露后一般应先视检外形，不要急于剖检。当切开组织或脏器的病变部位时，要估计可能造成对外界的污染，采取一切措施，防止病原扩散。检出疑似重大疫病时，要立即上报疫情，封锁现场，按规定处理。

### （四）猪宰后检疫程序和操作要点

猪宰后检疫实行同步检疫，即与屠宰操作相对应，对同一头猪的头、蹄、内脏、胴体等统一编号进行检疫。

猪宰后检疫程序包括头蹄及体表检查、内脏检查、胴体检查、旋毛虫检查、复检等5个环节。

**1. 头蹄及体表检查**

（1）视检体表的完整性、颜色，检查有无生猪屠宰检疫规程规定疫病引起的皮肤病变、关节肿大等。带皮猪在烫毛后开膛之前详细视检皮肤变化，特别是皮肤较薄的地方，必要时触检。检查皮肤完整性和颜色，注意有无充血、出血、淤血、疹块、水疱、溃疡等病变。如猪患败血型猪丹毒时，腰背部大面积弥漫性充血；猪瘟病猪在耳、腹下部、四肢内侧等处皮肤针尖状点状出血；猪患口蹄疫时，鼻盘、唇、蹄冠、腹下部有水疱或溃疡等。

（2）观察吻突、齿龈和蹄部有无水疱、溃疡、烂斑等。

（3）放血后煺毛前，沿放血孔纵向切开下颌区，直到颌骨高峰区，剖开两侧下颌淋巴结（图10-7），视检有无肿大、坏死灶（紫、黑、灰、黄），切面是否呈砖红色，周围有无水肿、胶样浸润等。

（4）剖检两侧咬肌，充分暴露剖面，检查有无猪囊尾蚴。方法为平行紧贴下颌骨角切开左右咬肌2/3以上（图10-8），观察咬肌有无灰白色、米粒大、半透明的囊尾蚴包囊和其他病变。

**2. 内脏检查**　有离体和非离体两种情况。非离体检疫，按脏器在畜体内的自然位置，由后向前顺序检查；离体检疫，按脏器摘出的顺序摘出后放在检验台上进行检查。若某内脏外表异常，则将其分割出来后重点检查。取出内脏前，观察胸腔、腹腔有无积液、粘连、纤维素性渗出物；检查脾、肠系膜淋巴结有无肠炭疽。取出内脏后，检查心脏、肺、肝、脾、胃肠、支气管淋巴结、肝门淋巴结等。

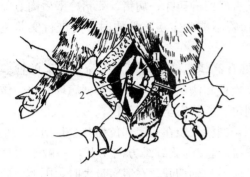

图 10-7　猪下颌淋巴结剖检术式
1. 咽喉头隆起　2. 下颌骨切迹　3. 颌下腺
4. 下颌淋巴结

图 10-8　猪的咬肌检疫术式（离体猪头）
1. 检疫钩住的部位　2. 被切开的咬肌

（1）胃、肠、脾检查（白下水检查）。

①脾。视检形状、大小、色泽，触检弹性，检查有无肿胀、淤血、坏死灶、边缘出血性梗死、被膜隆起及粘连等。必要时剖检脾实质。

②胃和肠。视检胃肠浆膜，观察大小、色泽、质地，检查有无淤血、出血、坏死、胶冻样渗出物和粘连。对肠系膜淋巴结做长度不少于 20cm 的弧形切口，检查有无淤血、出血、坏死、溃疡等病变。必要时剖检胃肠，检查黏膜有无淤血、出血、水肿、坏死、溃疡（图 10-9）。

（2）心脏、肺、肝检验（红下水检查）。（图 10-10）。

①心脏。视检心包，切开心包膜，检查有无变性、心包积液、渗出、淤血、出血、坏死等症状。在与左纵沟平行的心脏后缘房室分界处纵剖心脏，检查心内膜、心肌、血液凝固状态、二尖瓣及有无虎斑心、菜花样赘生物、寄生虫等。

②肺。视检肺形状、大小、色泽，触检弹性，检查肺实质有无坏死、萎陷、气肿、水肿、淤血、脓肿、实变、结节、纤维素性渗出物等。剖开一侧支气管淋巴结，检查有无出血、淤血、肿胀、坏死等。必要时剖检气管、支气管。

③肝。视检肝形状、大小、色泽，触检弹性，观察有无淤血、肿胀、变性、黄染、坏死、硬化、肿物、结节、纤维素性渗出物、寄生虫等病变。剖开肝门淋巴结，检查有无出血、淤血、肿胀、坏死等。必要时剖检胆管。

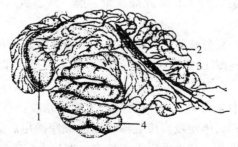

图 10-9　猪胃肠检疫术式
1. 胃　2. 小肠　3. 肠系膜淋巴结　4. 大肠

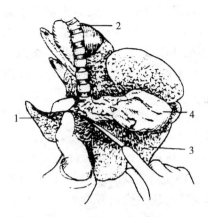

图 10-10　猪心脏、肝、肺检疫术式
1. 右肺尖叶　2. 气管　3. 右肺膈叶　4. 心脏

**3. 胴体检查**

（1）整体检查。检查皮肤、皮下组织、脂肪、肌肉、淋巴结、骨骼以及胸腔、腹腔浆膜有无淤血、出血、疹块、黄染、脓肿和其他异常等。

（2）淋巴结检查。剖开腹部底壁皮下、后肢内侧、腹股沟管外环附近的两侧腹股沟浅淋巴结，检查有无淤血、水肿、出血、坏死、增生等病变。必要时剖检腹股沟深淋巴结、髂下淋巴结及髂内淋巴结。

腹股沟浅淋巴结位于最后一个乳头上方（肉尸倒挂时）3～6cm 的皮下脂肪内，剖检时，检验者用钩钩住最后乳头稍上方的皮下组织向外侧牵拉，右手持刀从脂肪组织层正中切开，即可发现被切开的腹股沟浅淋巴结（图 10-11）。腹股沟深淋巴结位于髂深动脉起始部的后方，与髂内、髂外淋巴结相邻（图 10-12）。检查淋巴结有无淤血、水肿、出血、坏死、增生等病变，通过观察淋巴结的病理变化，判定动物疫病的性质。

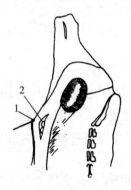

图 10-11　猪腹股沟浅淋巴结检疫术式
1. 检疫钩钩住的部位　2. 剖检切口及切口中的淋巴结

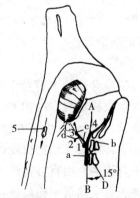

图 10-12　猪腹股沟深淋巴结检疫术式
1. 髂内淋巴结　2. 髂外淋巴结　3. 腹股沟深淋巴结
4. 腹下淋巴结　5. 腹股沟浅淋巴结
a. 腹主动脉　b. 髂内动脉
c. 髂外动脉　d. 旋髂深动脉

（3）腰肌的检查。两侧腰肌是囊尾蚴、旋毛虫常寄生的部位。沿荐椎与腰椎结合部两侧肌纤维方向做 10cm 左右切口，检查有无猪囊尾蚴。然后再在腰肌剖开面内，向深部纵切 2～3 刀，用钩向外拉开腰肌使之呈扇面状，注意是否有囊尾蚴的包囊等。有时也可切开胸肌（因损伤胴体过多，故不切肩胛外肌）、股内侧肌等肌肉进行猪囊尾蚴的检疫。

（4）肾的检查。猪肾位于前 3 个腰椎横突的下方。检查时，应先剥离肾包膜，用钩钩住肾盂部，再用检疫刀沿肾中间纵向轻轻划一刀，然后以刀背将肾包膜向外挑开，观察肾的色泽、形状、大小，触检质地，观察有无贫血、出血、淤血、肿胀等病变。必要时切开肾，检查皮质、髓质、肾盂等有无颜色变化、出血及隆起等。肾对猪瘟、猪丹毒、猪副伤寒、钩端螺旋体病等疫病的检出有重要价值。

**4. 旋毛虫检查** 取左、右膈脚各 30g 左右，与胴体编号一致，撕去肌膜，感官检查后镜检。有条件的屠宰场（厂、点），可采用集样消化法检查。如发现旋毛虫虫体或包囊（图 10 - 13、图 10 - 14），应根据编号进一步检查同一头猪的胴体、头部及心脏。

猪宰后旋毛虫
病实验室检疫

图 10 - 13　旋毛虫

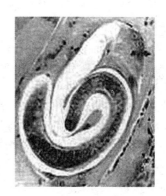

图 10 - 14　旋毛虫包囊肌肉切片

**5. 复检** 官方兽医对上述检疫情况进行复查，综合判定检疫结果。主要强调对"三腺"的摘除情况进行检查和畜禽标识的回收。

**6. 结果处理**

（1）经检疫合格的（符合下列条件的判定为检疫合格：无规定的传染病和寄生虫病；符合农业农村部规定的相关屠宰检疫规程规定的程序要求；需要进行实验室疫病检测的，检测结果合格），由官方兽医在胴体上加盖检疫验讫印章，对分割、包装的肉品加施检疫标志，出具《动物检疫合格证明》。

（2）不合格的，由官方兽医出具《动物检疫处理通知单》，并按以下规定处理：

①发现患有生猪屠宰检疫规程规定疫病的，按规程和有关规定处理。

②发现患有生猪屠宰检疫规程规定以外疫病的，监督场（厂、点）方对病猪胴体及副产品按《病死及病害动物无害化处理技术规范》的规定进行无害化处理，对污染的场所、器具等按规定实施消毒，并做好处理记录。

③监督屠宰场（厂、点）方做好检疫病害动物及废弃物无害化处理。

官方兽医在同步检疫过程中应做好卫生安全防护。

#### （五）牛宰后检疫程序和操作要点

与屠宰操作相对应，对同一头牛的头、蹄、内脏、胴体等统一编号进行检疫。

**1. 头蹄部检查**

（1）头部检查。检查鼻唇镜、齿龈及舌面有无水疱、溃疡、烂斑等；剖检一侧咽后内侧淋巴结和两侧下颌淋巴结，同时检查咽喉黏膜和扁桃体有无病变。

（2）蹄部检查。检查蹄冠、蹄叉皮肤有无水疱、溃疡、烂斑、结痂等。

**2. 内脏检查**　取出内脏前，观察胸腔、腹腔有无积液、粘连、纤维素性渗出物。检查心脏、肺、肝、胃肠、脾、肾，剖检肠系膜淋巴结、支气管淋巴结、肝门淋巴结，检查有无病变和其他异常。

（1）心脏。检查心脏的形状、大小、色泽及有无淤血、出血等。必要时剖开心包，检查心包膜、心包液和心肌有无异常。

（2）肺。检查两侧肺叶实质、色泽、形状、大小及有无淤血、出血、水肿、化脓、实变、结节、粘连、寄生虫等。剖检一侧支气管淋巴结，检查切面有无淤血、出血、水肿等。必要时剖开气管、结节部位。

（3）肝。检查肝大小、色泽，触检其弹性和硬度，剖开肝门淋巴结，检查有无出血、淤血、肿大、坏死灶等。必要时剖开肝实质、胆囊和胆管，检查有无硬化、萎缩、日本血吸虫等。

（4）肾。检查其弹性和硬度及有无出血、淤血等。必要时剖开肾实质，检查皮质、髓质和肾盂有无出血、肿大等。

（5）脾。检查弹性、颜色、大小等。必要时剖检脾实质。

（6）胃和肠。检查肠袢、肠浆膜，剖开肠系膜淋巴结，检查形状、色泽及有无肿胀、淤血、出血、粘连、结节等。必要时剖开胃肠，检查内容物、黏膜及有无出血、结节、寄生虫等。

（7）子宫和睾丸。检查母牛子宫浆膜有无出血、黏膜有无黄白色或干酪样结节。检查公牛睾丸有无肿大，睾丸、附睾有无化脓、坏死灶等。

**3. 胴体检查**

（1）整体检查　检查皮下组织、脂肪、肌肉、淋巴结以及胸腔、腹腔浆膜有无淤血、出血、疹块、脓肿和其他异常等。

（2）淋巴结检查。

①颈浅淋巴结（肩前淋巴结）。在肩关节前稍上方剖开臂头肌、肩胛横突肌下的一侧颈浅淋巴结，检查切面形状、色泽及有无肿胀、淤血、出血、坏死灶等。

②髂下淋巴结（股前淋巴结、膝上淋巴结）。剖开一侧淋巴结，检查切面形状、色泽、大小及有无肿胀、淤血、出血、坏死灶等。

③必要时剖检腹股沟深淋巴结。

**4. 复检**　官方兽医对上述检疫情况进行复查，综合判定检疫结果。

**5. 结果处理**

（1）合格的，由官方兽医出具《动物检疫合格证明》，加盖检疫验讫印章，对分割包装的肉品加施检疫标志。

（2）不合格的，由官方兽医出具《动物检疫处理通知单》，并按以下规定处理：

①发现有口蹄疫、牛传染性胸膜肺炎、牛海绵状脑病及炭疽等疫病症状的，限制移动，并按照《动物防疫法》《重大动物疫情应急条例》有关规定，进行疫情报告、扑杀动物及无害化处理；发现有布鲁氏菌病、牛结核病、牛传染性鼻气管炎等疫病症状的，病牛按相应疫病的防治技术规范处理，同群牛隔离观察，确认无异常的，准予屠宰。

②发现患有牛屠宰检疫规程规定以外疫病的，监督屠宰场（厂、点）方对病牛胴体及副产品按《病死及病害动物无害化处理技术规范》的规定进行无害化处理，对污染的场所、器具等按规定实施消毒，并做好处理记录。

③监督屠宰场（厂、点）方做好检疫病害动物及废弃物无害化处理。

官方兽医在同步检疫过程中应做好卫生安全防护。

### （六）羊宰后检疫程序和操作要点

与屠宰操作相对应，对同一头羊的头、蹄、内脏、胴体等统一编号进行检疫。

**1. 头蹄部检查**

（1）头部检查。检查鼻镜、齿龈、口腔黏膜、舌及舌面有无水疱、溃疡、烂斑等。必要时剖开下颌淋巴结，检查形状、色泽及有无肿胀、淤血、出血、坏死灶等。

（2）蹄部检查。检查蹄冠、蹄叉皮肤有无水疱、溃疡、烂斑、结痂等。

**2. 内脏检查**　取出内脏前，观察胸腔、腹腔有无积液、粘连、纤维素性渗出物。检查心脏、肺、肝、胃肠、脾、肾，剖检支气管淋巴结、肝门淋巴结、肠系膜淋巴结等，检查有无病变和其他异常。

（1）心脏。检查心脏的形状、大小、色泽及有无淤血、出血等。必要时剖开心包，检查心包膜、心包液和心肌有无异常。

（2）肺。检查两侧肺叶实质、色泽、形状、大小及有无淤血、出血、水肿、化脓、实变、粘连、包囊砂、寄生虫等。剖开一侧支气管淋巴结，检查切面有无淤血、出血、水肿等。

（3）肝。检查肝大小、色泽、弹性、硬度及有无大小不一的突起。剖开肝门淋巴结，切开胆管，检查有无寄生虫（肝片吸虫病）等。必要时剖开肝实质，检查有无肿大、出血、淤血、坏死灶、硬化、萎缩等。

（4）肾。剥离两侧肾被膜（两刀），检查弹性、硬度及有无贫血、出血、淤血等。必要时剖检肾。

（5）脾。检查弹性、颜色、大小等。必要时剖检脾实质。

（6）胃和肠。检查浆膜面及肠系膜有无淤血、出血、粘连等。剖开肠系膜淋巴结，检查有无肿胀、淤血、出血、坏死等。必要时剖开胃肠，检查有无淤血、出血、胶样浸润、糜烂、溃疡、化脓、结节、寄生虫等，检查瘤胃肉柱表面有无水疱、糜烂或溃疡等。

**3. 胴体检查**

（1）整体检查。检查皮下组织、脂肪、肌肉、淋巴结以及胸腔、腹腔浆膜有无淤血、出血以及疹块、脓肿和其他异常等。

（2）淋巴结检查。

①颈浅淋巴结（肩前淋巴结）。在肩关节前稍上方剖开臂头肌、肩胛横突肌下的一侧颈浅淋巴结，检查切面形状、色泽及有无肿胀、淤血、出血、坏死灶等。

②髂下淋巴结（股前淋巴结、膝上淋巴结）。剖开一侧淋巴结，检查切面形状、色泽、大小及有无肿胀、淤血、出血、坏死灶等。

③必要时检查腹股沟深淋巴结。

**4. 复检**　官方兽医对上述检疫情况进行复查，综合判定检疫结果。

**5. 结果处理**

（1）合格的，由官方兽医出具《动物检疫合格证明》，加盖检疫验讫印章，对分割包装肉品加施检疫标志。

（2）不合格的，由官方兽医出具《动物检疫处理通知单》，并按以下规定处理：

①发现有口蹄疫、痒病、小反刍兽疫、绵羊痘和山羊痘、炭疽等疫病症状的，限制移动，并按照《动物防疫法》《重大动物疫情应急条例》有关规定，进行疫情报告、扑杀动物及无害化处理；发现有布鲁氏菌病症状的，病羊按布鲁氏菌病防治技术规范处理，同群羊隔离观察，确认无异常的，准予屠宰。

②发现患有本规程规定以外疫病的，监督场（厂、点）方对病羊胴体及副产品按规定进行无害化处理，对污染的场所、器具等按规定实施消毒，并做好处理记录。

③监督屠宰场（厂、点）方做好检疫病害动物及废弃物无害化处理。

官方兽医在同步检疫过程中应做好卫生安全防护。

### （七）禽宰后检疫程序和操作要点

**1. 屠体检查**

（1）体表。检查色泽、气味、光洁度、完整性及有无水肿、痘疮、化脓、外伤、溃疡、坏死灶、肿物等。

（2）冠和髯。检查有无出血、水肿、结痂、溃疡及形态有无异常等。

（3）眼。检查眼睑有无出血、水肿、结痂，眼球是否下陷等。

（4）爪。检查有无出血、淤血、增生、肿物、溃疡及结痂等。

（5）肛门。检查有无紧缩、淤血、出血等。

**2. 抽检**　日屠宰量在1万只以上（含1万只）的，按照1%的比例抽样检查，日屠宰量在1万只以下的抽检60只。抽检发现异常情况的，应适当扩大抽检比例和数量。

（1）皮下。检查有无出血点、炎性渗出物等。

（2）肌肉。检查颜色是否正常，有无出血、淤血、结节等。

（3）鼻腔。检查有无淤血、肿胀和异常分泌物等。

（4）口腔。检查有无淤血、出血、溃疡及炎性渗出物等。

（5）喉头和气管。检查有无水肿、淤血、出血、糜烂、溃疡和异常分泌物等。

（6）气囊。检查囊壁有无增厚、混浊、纤维素性渗出物、结节等。

（7）肺。检查有无颜色异常、结节等。

（8）肾。检查有无肿大、出血、苍白、尿酸盐沉积、结节等。

（9）腺胃和肌胃。检查浆膜面有无异常。剖开腺胃，检查腺胃黏膜和乳头有无肿大、淤血、出血、坏死灶和溃疡等；切开肌胃，剥离角质膜，检查肌层内表面有无出血、溃疡等。

（10）肠道。检查浆膜有无异常。剖开肠道，检查小肠黏膜有无淤血、出血等，检查盲肠黏膜有无枣核状坏死灶、溃疡等。

（11）肝和胆囊。检查肝形状、大小、色泽及有无出血、坏死灶、结节、肿物等。检查胆囊有无肿大等。

（12）脾。检查形状、大小、色泽及有无出血和坏死灶、灰白色或灰黄色结节等。

（13）心脏。检查心包和心外膜有无炎症变化等，心冠状沟脂肪、心外膜有无出血点、坏死灶、结节等。

（14）法氏囊（腔上囊）。检查有无出血、肿大等。剖检有无出血、干酪样坏死等。

（15）体腔。检查内部清洁程度和完整度，有无赘生物、寄生虫等。检查体腔内壁有无凝血块、粪便和胆汁污染及其他异常等。

**3. 复检**　官方兽医对上述检疫情况进行复查，综合判定检疫结果。

**4. 结果处理**

（1）合格的，由官方兽医出具《动物检疫合格证明》，加施检疫标志。

（2）不合格的，由官方兽医出具《动物检疫处理通知单》，并按以下规定处理：

①发现有高致病性禽流感、新城疫等疫病症状的，限制移动，并按照《动物防疫法》《重大动物疫情应急条例》有关规定，进行疫情报告及有关处理；发现有鸭瘟、小鹅瘟、禽白血病、禽痘、马立克氏病、禽结核病等疫病症状的，患病家禽按国家有关规定处理。

②发现患有家禽屠宰检疫规程规定以外其他疫病的，患病家禽屠体及副产品按规定处理，污染的场所、器具等按规定实施消毒，并做好处理记录。

③监督屠宰场（厂、点）方做好检疫病害动物及废弃物无害化处理。

官方兽医在同步检疫过程中应做好卫生安全防护。

**（八）兔宰后检疫程序和操作要点**

**1. 抽检**　日屠宰量在1万只以上（含1万只）的，按照1%的比例抽样检查，日屠宰量在1万只以下的抽检60只。抽检发现异常情况的，应适当扩大抽检比例和数量。

（1）肾。检查肾有无肿大，皮质有无出血点或花斑肾等情况。

（2）肝。检查肝有无肿大，小叶间间质有无增宽；肝表面与实质内有无白色或淡黄色的结节性病灶；胆管周围和肝小叶间结缔组织是否增生等情况。

（3）心肺及支气管。检查心脏和肺有无淤血、水肿或出血斑点；气管黏膜处有无可见淤血或弥漫性出血，并有泡沫状血色分泌物等情况。

（4）肠道。检查十二指肠肠壁有无增厚、内腔扩张和黏膜炎症；小肠内有无充满气体和大量微红色黏液；肠黏膜有无充血、出血、结节等情况。

**2. 复检**　必要时，应当对上述情况进行复查，综合判定检疫结果。

**3. 结果处理**

（1）未发现异常的判定为检疫合格，由官方兽医出具《动物检疫合格证明》。

（2）发现异常的，由官方兽医出具《动物检疫处理通知单》，在官方兽医监督下进行无害化处理。

**（九）检疫记录**

（1）官方兽医应监督指导屠宰场（厂、点）方做好待宰、急宰、生物安全处理等环节各项记录。

（2）官方兽医应做好入场监督查验、检疫申报、宰前检查、同步检疫等环节记录。

（3）生猪、羊、家禽检疫记录应保存 12 个月以上。牛检疫记录应保存 10 年以上。兔检疫记录应当保存 2 年以上，检疫相关电子记录应当保存 10 年。

# 模块三　检疫监督

## 一、运输检疫监督

为了防止因动物运输导致动物疫病远距离跨地区传播和减少运输中的途病途亡，对动物、动物产品在公路、水路、铁路、航空等运输环节进行的监督检查称为运输检疫监督。

**1. 运输检疫监督的意义**　运输过程中，由于动物集中，相互接触，感染疫病的机会增多；同时由于生活环境突然改变，运输时又受到许多不良因素的刺激如挤压、驱赶等，抗病能力下降，极易暴发疫病；此外，随着交通运输业的发展，虽然缩短了在途时间，减少了途中损耗，但动物疫病的传播速度也加快了。因此，搞好运输动物检疫监督，及时查出不合格的动物、动物产品，对防止动物疫病远距离传播，可以起到重要的把关作用，并能促进产地检疫工作的开展，也为市场检疫监督奠定了良好的基础。

**2. 运输检疫监督的要求**

（1）动物、动物产品的产地检疫。需要出县境运输动物、动物产品的单位或个人，应向当地动物卫生监督机构提出申请检疫（报检），说明运输目的地和运输动物、动物产品的种类、数量、用途等情况。动物卫生监督机构要根据国内疫情或目的地疫情，由当地县级以上动物卫生监督机构进行检疫，合格者出具《动物检疫合格证明》。

（2）凭《动物检疫合格证明》运输。经公路、铁路、航空等运输途径运输动物、动物产品时，托运人必须提供合法有效的《动物检疫合格证明》，承运人必须凭检疫合格证明方可承运，没有《动物检疫合格证明》的，承运人不得承运。

动物卫生监督机构对动物、动物产品的运输，依法进行监督检查。对中转出境的动物、动物产品，承运人凭始发地动物卫生监督机构出具的检疫合格证明承运。

（3）运载工具的消毒。货主或者承运人应当在装载前和卸载后，对动物、动物产品的运载工具以及饲养用具、装载用具等，按照农业农村部规定的技术规范进行消毒，并对清除的垫料、粪便、污物等进行无害化处理。

（4）运输途中的管理。运输途中不准宰杀、销售、抛弃染疫动物和病死动物以及死因不明的动物。染疫和病死以及死因不明的动物及产品、粪便、垫料、污物等必须在当地动物卫生监督机构监督下在指定地点进行无害化处理。

运输途中，对动物进行冲洗、放牧、喂料，应当在当地动物卫生监督机构指定的场所进行。

**3. 运输检疫监督的程序**

（1）查证验物。要求畜（货）主或承运人出示《动物检疫合格证明》；仔细查验检疫证明是否合法有效，印章的加盖和证明的填写是否规范，证物是否相符等。

（2）查验猪、牛、羊是否佩戴有农业农村部规定的畜禽标识；动物产品查验验讫印章或检疫标志。

（3）按有关要求进行动物的临床健康检查，对动物产品进行感官检查。必要时，对疑似染疫的动物、动物产品应采样送实验室进行实验室检测。

**4. 运输检疫监督的处理**　对持有合法有效检疫证明；动物佩戴有农业农村部规定的畜禽标识或动物产品附有检疫标志；证物相符；动物或动物产品无异常的，予以放行。

经检疫合格的动物、动物产品应当在规定时间内到达目的地。经检疫合格的动物在运输途中发生疫情，应按有关规定报告并处置。

发现动物、动物产品异常的，隔离（封存）留验；检查发现免疫标识、检疫标志、检疫证明等不全或不符合要求的，要依法补检或重检；对涂改、伪造、转让检疫合格证明的，依照《动物防疫法》等有关规定予以处理处罚。

## 二、市场检疫监督

市场检疫监督是指对进入市场交易的动物、动物产品所进行的监督检查。其目的是及时发现并防止检疫不合格或依法应当检疫而未经检疫的动物、动物产品进入市场流通，保护人体健康，促进贸易，防止疫病扩散。

**1. 市场检疫监督的意义**　市场是动物、动物产品的集散地，集中时接触机会多，容易相互传播疫病，散离时又容易扩散疫病。同时市场又是一个多渠道经营的场所，货源复杂。搞好市场检疫监督，能有效地防止未经检疫检验的动物、动物产品和染疫动物、病害肉尸的上市交易，形成良好的交易环境，使市场管理更加规范化、法制化。同时进一步促进产地检疫、屠宰检疫工作的开展和运输检疫监督工作的实施，使产地检疫、屠宰检疫、运输检疫监督和市场检疫监督环环相扣，保证消费者的肉食品卫生安全，促进畜牧业经济健康发展。

**2. 市场检疫监督的程序和要求**

（1）验证查物。进入市场的动物及其产品，畜主或货主必须持有相关的《动物检疫合格证明》，官方兽医应仔细查验检疫证明是否合法有效。

然后检查动物、动物产品的种类、数量（重量）与检疫证明是否一致，核实证物是否相符。查验活动物是否佩戴有合格的免疫标识；检查肉尸、内脏上有无检验讫印章或检疫标志以及检疫刀痕，加盖的印章是否规范有效；核实交易的动物、动物产品是否经过检疫合格。

（2）对动物、动物产品物实施检疫，以感官检查为主，力求快速准确。活动物结合疫情调查，读取畜禽标识所载免疫信息，观察动物全身状态如体格、营养、精神、姿势和测体温，确定动物是否健康；鲜肉产品以视检为主结合剖检，重点检查病死动物肉，尤其注意一类检疫对象的查出，检查肉的新鲜度，必要时进行实验室检验。其他动物产品多数带有包装，注意观察外包装是否完整、有无霉变等现象。

（3）禁止来自封锁疫区内与所发生动物疫病有关的和疫区内易感染的；病死或死因不明的；依法应当检疫而未经检疫或者检疫不合格的；腐败变质、霉变或污秽不洁、混有异物和其他感官性状不良等不符合国务院兽医主管部门有关动物防疫规定的动物、动物产品进入市场。

（4）动物、动物产品应在指定的地点进行交易，同时建立消毒制度以及病死动物无害化处理制度，防止疫情传入传出。在交易前、交易后要对交易场所进行清扫、消毒；保持清洁卫生。粪便、垫草、污物采取堆积发酵等方法处理，病死动物按国家有关规定进行无害化处理。

（5）市场检疫监督人员要坚守岗位，不漏检，秉公执法，依法处理。

（6）建立市场检疫监督报告制度，定期向当地动物卫生监督机构报告检疫情况。

**3. 市场检疫监督后的处理**

（1）对持有合法有效检疫证明；动物佩戴有农业农村部规定的畜禽标识或动物产品附有检疫标志；证物相符；符合检疫要求的动物或动物产品，准许交易。

（2）发现动物、动物产品异常的，隔离（封存）留验；检查发现畜禽标识、检疫标志、检疫证明等不全或不符合要求的，要依法补检或重检；对涂改、伪造、转让检疫合格证明的，依照《动物防疫法》等有关规定予以处理处罚。

### 三、依法应当检疫而未经检疫的动物、动物产品的处理

（1）依法应当检疫而未经检疫的动物，由动物卫生监督机构按有关规定补检，并依照《动物防疫法》处理处罚。

符合下列条件的：①畜禽标识符合农业农村部规定；②临床检查健康；③农业农村部规定需要进行实验室疫病检测的，检测结果合格。由动物卫生监督机构出具《动物检疫合格证明》；不符合的，按照农业农村部有关规定进行处理。

（2）依法应当检疫而未经检疫的骨、角、生皮、原毛、绒等产品，符合下列条件的：①货主在 5d 内提供输出地动物卫生监督机构出具的来自非封锁区的证明；②经外观检查无腐烂变质；③按有关规定重新消毒；④农业农村部规定需要进行实验室疫病检测的，检测结果合格。由动物卫生监督机构出具《动物检疫合格证明》；不符合的，予以没收销毁。同时，依照《动物防疫法》处理处罚。

（3）依法应当检疫而未经检疫的精液、胚胎、种蛋等，符合下列条件的：①货主在 5d 内提供输出地动物卫生监督机构出具的来自非封锁区的证明和供体动物符合健康标准的证明；②在规定的保质期内，并经外观检查无腐败变质；③农业农村部规定需要进行实验室疫病检测的，检测结果合格。由动物卫生监督机构出具《动物检疫合格证明》；不符合的，予以没收销毁。同时，依照《动物防疫法》处理处罚。

（4）依法应当检疫而未经检疫的肉、脏器、脂、头、蹄、血液、筋等，符合下列条件的：①货主在 5d 内提供输出地动物卫生监督机构出具的来自非封锁区的证明；②经外观检查无病变、无腐败变质；③农业农村部规定需要进行实验室疫病检测的，检测结果合格。由动物卫生监督机构出具《动物检疫合格证明》，并依照《动物防疫法》的有关规定进行处罚；不符合的，予以没收销毁，并依照《动物防疫法》的有关规定进行处罚。

## 模块四　进出境检疫

为防止动物传染病、寄生虫病及其他有害生物传入、传出国境，保护畜牧业生产和人体健康，促进对外经济贸易的发展，对进出境的动物、动物产品和其他检疫物以及运

输工具、装载容器、包装物等，按规定实施检疫，称为进出境检疫或国境检疫，又称口岸检疫。

## 一、进境动物和动物产品检疫

出入境检验检疫机构对进出口商品实施检验检疫的工作程序，主要有 4 个环节，即报检、抽样、检验检疫、签证放行。

### （一）进境活动物及遗传物质的检疫

**1. 检疫审批**　输入动物、动物遗传物质应在贸易合同或协议签订之前，货主或其代理人向国家动植物检疫机关提出申请，办理检疫审批手续。国家动植物检疫机关根据对申请材料的审核及输出国家的动物疫情、我国的有关检疫规定等情况，发给相关的《中华人民共和国动物进境检疫许可证》（以下简称《检疫许可证》）。

**2. 报检**　货主或其代理人应在大、中动物进境前 30d，其他动物 15d，向入境口岸和指运地检疫机关报检。报检时需出具有效的《检疫许可证》等文件，并如实填写报检单。

无有效的进境动物检疫许可证，不得接受报检。如动物已抵达口岸的，视情况做退回或销毁处理，并根据《中华人民共和国进出境动植物检疫法》的有关规定，进行处罚。

**3. 现场检验检疫**　输入动物、动物遗传物质抵达入境口岸时，官方兽医需登机（船、车）进行现场检疫。

（1）核查输出国官方检疫部门出具的有效动物检疫证书（正本），并查验证书所附有关检测结果报告是否与相关检疫条款一致，动物数量、品种是否与《检疫许可证》相符。

（2）查阅运行日志、货运单、贸易合同、发票、装箱单等，了解动物的启运时间、口岸、途经国家和地区，并与《检疫许可证》的有关要求进行核对。

（3）登机（船、车）清点动物数量、品种，并逐头进行临诊检查。

（4）对入境运输工具停泊的场地，所有装卸工具、中转运输工具进行消毒处理，上下运输工具或者接近动物的人员接受检疫机关实施的防疫消毒。

（5）经现场检疫合格后的，签发《入境货物通关单》，同意卸离运输工具。派专人随车押运动物到指定的隔离检疫场。现场检疫发现动物发生死亡或有一般可疑传染病临床症状时，应做好现场检疫记录，隔离有传染病临床症状的动物，对铺垫材料、剩余饲料、排泄物等做无害化处理，对死亡动物进行剖检。根据需要采样送实验室进行诊断。

现场检疫时，发现进境动物有一类疫病临床症状的，必须立即封锁现场，采取紧急防疫措施，通知货主或其代理人停止卸运，并以最快的速度报告中华人民共和国海关总署和地方人民政府。

动物到港前或到港时，产地国家或地区突发动物疫情的，根据海关总署颁布的相关公告、禁令执行。

**4. 隔离检疫**　进境动物必须在入境口岸指定的地点进行隔离检疫。隔离检疫期为大、中动物 45d，小动物 30d，如需延长的，需报海关总署批准。

所有装载动物的器具、铺垫材料、废弃物均需经消毒或无害化处理后，方可进出隔离场。

动物在隔离期间，应进行详细的临床检查，做好记录，并按相关要求进行实验室检测。

**5. 检疫后处理**　隔离期满，且实验室检验工作完成后，对动物做最后一次临床检查，合格者由隔离场所在地检疫机关出具《入境货物检验检疫证明》，准予入境。

对检疫不合格的动物，出具《检验检疫处理通知书》，货主或其代理人应在检疫机关监督和指导下，按要求采取销毁措施或做其他无害化处理。发现重大疫情的及时上报海关总署。

### （二）进境动物产品的检疫

凡进入我国国境的未经加工或虽经加工但仍可能传播疫病的动物产品（如生皮张、毛类、肉类、脏器、油脂、动物水产品、乳制品、蛋类、血液、骨、蹄、角等）均应接受检疫，经检疫合格后方准进境。

**1. 注册登记与检疫审批**　生产、加工、存放进境动物产品的进口企业，需经所在地直属检疫机关对其企业的生产、加工、存放能力、防疫措施等进行考核，考核合格后，方可申请办理注册登记。然后根据有关程序和要求，办理《检疫许可证》的申请手续。

**2. 报检**　进口单位或其代理人必须向入境口岸局提供《入境货物报检单》《检疫许可证》、输出国或地区官方检疫机关出具的检疫证书、贸易合同、产地证书、信用证、发票等申请报检，所提供的材料必须完整、真实、一致、有效。无输出国家或者地区官方检疫机关出具的有效检疫证书，或者未依法办理检疫审批手续的，口岸检疫机关可以做退回或者销毁处理；发现有变造、伪造单证的，应予以没收，并按有关规定处理。

**3. 入境口岸现场查验**

（1）查询该批货物的启运时间、港口，途经国家或地区，查看运行日志。核对集装箱号与封识及所附单证是否一致；核对单证与货物的名称、数（重）量、产地、包装、唛头、标记等是否相符；查验有无腐败变质，容器、包装是否完好。

（2）查验后符合要求的，允许卸离运输工具。发现散包、容器破裂的，由货主或者代理人负责整理完好，方可卸离运输工具。货物卸离运输工具后，需实施防疫消毒的应及时对运输工具的相关部位及装载货物的容器、包装外表、铺垫材料、污染场地等进行消毒处理。

（3）现场查验合格的，出具《入境货物通关单》，调离到指运地检疫机关进行检疫并监督贮存、加工、使用，同时根据有关规定采取样品，送实验室检验检疫。现场查验不合格的，出具《检验检疫处理通知书》，做除害、退回或者销毁处理；经除害处理合格的，准予进境；凡属于禁止进口的、货证不符的一律做销毁或退回处理。

**4. 指运地口岸检查**　按《检疫许可证》和《入境货物通关单》等单证的内容，核对进境动物产品的名称、数量、重量、产地等，并按规定采样送实验室检验检疫；及时对运输工具的有关部位及装载货物的容器、包装外表、铺垫材料、污染场地等进行消毒处理。

**5. 检疫后的处理**　实验室检验检疫合格的，由检疫机关签发《入境货物检验检疫证明》；不合格的，出具《检验检疫处理通知书》，相关货物做除害、退回或者销毁处理。

## 二、出境动物和动物产品检疫

### （一）出境活动物检疫

出境活动物检疫是指对输出到境外的种用、肉用或演艺用等饲养或野生的活动物出境前的检疫。

**1. 注册登记**　出境动物饲养场或其代理人应向饲养场所在地直属检疫机关提出注册登记申请，提交申请表。申请注册的饲养场必须符合海关总署发布的出境动物注册饲养场条件和动物卫生基本要求。

**2. 检疫监督**

（1）对注册饲养场实行监督管理制度，定期或不定期检查注册饲养场的动物卫生防疫制度的落实情况、动物卫生状况、饲料及药物的使用等，并填《入出境动物注册饲养场管理手册》。

（2）对注册饲养场实施疫情监测，建立疫情报告制度。发现重大疫情时，需立即采取紧急预防措施，并于 12d 内向海关总署报告。

（3）对注册饲养场按《出境食用动物残留监控计划》开展药物残留监测。注册饲养场不得饲喂或存放国家和输入国家或者地区禁止使用的药物和动物促生长剂。对允许使用的药物和动物促生长剂，要遵守国家有关药物使用规定，特别是停药期的规定，并需将使用药物和动物促生长剂的名称、种类、使用时间、剂量、给药方式等填入管理手册。

（4）注册饲养场免疫程序必须报检疫机关备案，严格按规定的程序进行免疫，严禁使用国家禁止使用的疫苗。

（5）注册饲养场需保持良好的环境卫生，切实做好日常防疫消毒工作，定期消毒饲养场地和饲养用具，定期灭鼠、灭蚊蝇。进出饲养场的人员和车辆必须严格消毒。

**3. 报检**　货主或其代理人应提前向启运地检疫机关报检：对要求来自注册饲养场的，需出示注册登记证、发票；对不要求来自注册饲养场的，需出示县级以上动物卫生监督机构签发的《动物检疫合格证明》；输入国家或地区以及贸易合同有特殊检疫要求的，应提供书面材料。经审核符合报检规定的，接受报检。否则，不予受理。

**4. 隔离检疫**　有隔离检疫要求的，按规定隔离期进行群体临床健康检查，必要时，进行个体临床检查。采样送实验室进行规定项目的实验室检验。检验检疫合格的，出具《动物卫生证书》和《出境货物通关单》或《出境货物换证凭单》；不合格的，不准出境。

**5. 监装和运输监管**

（1）根据需要，对出境动物实行装运前检疫和监装制度。确认出境动物来自检疫机关注册饲养场并经隔离检疫合格的，临床检查无任何传染病、寄生虫病症状和伤残；运输工具及装载器具经消毒处理，符合动物卫生要求；核定出境动物数量，必要时检查或加施检验检疫标识或封识。

（2）出境大、中动物长途运输的押运必须由检疫机关培训考核合格的押运员负责。

押运员需做好运输途中的饲养管理和防疫消毒工作，不得串车，不准沿途抛弃、出售或随意卸下病、残、死动物及其饲料、粪便、垫料等，要做好押运记录。运输途中发现重大疫情时应立即向启运地动物卫生监督机构和所在地动物卫生监督机构报告，同时采取必要的防疫措施。

（3）出境动物抵达出境口岸时，押运员需向出境口岸检疫机关提交押运记录，途中所带物品和用具需在检疫机关监督下进行有效消毒处理。

**6. 离境查验**　离境口岸检疫机关需查验货主或其代理人提供的《动物卫生证书》和《出境货物换证凭单》或《出境货物通关单》，并实施临床检查；核定出境动物数量，核对货证是否相符；查验检疫标识或封识等。查验合格的，准予出境；不合格的，不准出境。

### （二）出境动物产品检验检疫

出境动物产品检疫是指对输出到国外、未经加工或虽经加工但仍有可能传播疫病的动物产品实施的检疫。生产、加工、存放动物产品的出口企业，应向所在地检疫机关申请办理注册登记。

**1. 报检**　货主或其代理人应在报关或装运前7d向产地检疫机关报检。对有特殊要求、检验检疫周期较长的，可视情况适当提前。所提供的报检单内容应完整、准确、真实．单证齐全、一致、有效。发现有变造、伪造单证的，应没收，并按有关规定处理；单证不全、无效的，不受理报检，待补齐有关单证后重新报检。

**2. 现场核查**　核查货物与报检资料是否相符，数量、重量、规格、批号、内外包装、标记、唛头与所提供资料是否一致；生产、加工、存放过程是否符合相关要求；厂检单、原料产地的县级以上动物卫生监督机构出具的动物产品检疫证明是否齐全；产品储藏情况是否符合规定，必要时对其生产、加工过程进行现场检查核实。

**3. 抽样检查**　根据标准或合同指定的要求抽样检查。抽样应具有代表性、典型性、随机性，抽样数量应符合相应的标准。对抽取的样品，检查其外观、色泽、弹性、组织状态、黏度、气味，并开展其他相关项目的检验检疫。根据适用的标准和要求进行品质、理化、微生物、寄生虫等实验室检验检疫。

**4. 出证**　根据现场检验检疫、感官检验检疫和实验室检验检疫结果，进行综合判定。填写《出境货物检验检疫原始记录》，判定为合格的，拟制《出境货物通关单》或《出境货物换证凭单》《兽医卫生证书》等相关证书；判定为不合格的，不准出境。对经过消毒、除害以及再加工、处理后合格的，准予出境；对无法进行消毒、除害处理或者再加工仍不合格的，不准出境，并出具不合格通知单。

**5. 离境口岸查验**　凭《出境货物换证凭单》换发《出境货物通关单》，分批出口的，需在《出境货物换证凭单》上核销。按照出境货物口岸查验的相关规定查验。如果包装不符合要求，需更换包装；货证不符的，不准放行。

## 实训十七　动物产地检疫

【**目的要求**】掌握产地检疫的项目和要求，会按产地检疫的程序开展动物和动物产品的产地检疫，能够规范出具各种检疫证明，并能准确判定有关证明是否有效。

**【实训材料】**

1. 有关检疫证明和检疫记录表格、复写纸等。

2. 体温计、听诊器、酒精棉球、消毒药、剪刀、镊子等。

3. 根据报检情况，选择1～2个合适的规模化养殖场和自然村屯的被检动物群（以猪场、鸡场、奶牛场为主）以及合适的被检动物产品（以种鸡场、屠宰场、兔场、羊场的动物产品为主）。

**【方法步骤】**

**1. 赴产地检疫现场** 动物卫生监督机构接到申报后，按约定时间派官方兽医带领老师及学生到现场或指定地点实施产地检疫。官方兽医介绍该场或当地实际情况如地理位置、周围环境、动物养殖情况、动物疫情动态、产地检疫工作开展情况、动物和动物产品的流通动向等。

**2. 分组实训** 学生分成2～4个小组在官方兽医或指导老师的带领下到场、到户开展动物、动物产品产地检疫工作。

（1）动物出售前的产地检疫。

①疫情调查。向畜主询问饲养管理情况、近期当地疫病发生情况和邻近地区的疫情动态等情况，结合对饲养场、饲养户的实际观察，确定动物是否来自非疫区。

②查验免疫档案、养殖档案和畜禽标识。向畜主索取动物的免疫档案和养殖档案，核实免疫档案的真伪，检查是否按国家或地方规定必须强制预防接种的项目进行动物免疫以及是否处在免疫有效期内。核查动物养殖档案用药用料记录，确认是否使用违禁药或休药期是否符合规定。同时认真查验畜禽标识，确定动物具备合格的畜禽标识。

③实施临床检查。根据现场条件分别进行群体和个体检查，了解被检动物是否健康。群体检查主要观察动物静态、动态表现和饮食状态是否正常，对正常群体按照5%～25%的比例进行个体抽检，对异常个体进行100%检查；重点检查动物体表、外貌、体温、呼吸、脉搏、叫声、行动、排泄等是否正常，主要以视检和测量体温为主。必要时进行实验室检测。对种用、乳用动物或者经临床检查怀疑为重大动物疫病的，要进行实验室检测。

④经检疫合格（为非疫区、免疫在有效期内、畜禽标识齐全、休药期符合规定、临床检查健康）的，收缴《动物免疫档案》，监督畜（货）主对运载工具消毒，根据动物的流向出具《动物检疫合格证明》，并按国家的规定收取检疫费。

经检疫检出病害动物的，根据定性情况，填写《检疫处理通知单》，按照国家规定监督畜（货）主进行无害化处理。

⑤填写《动物产地检疫登记表》，将有关文字材料归档。

（2）动物产品的产地检疫。

①疫情调查，确定生皮、原毛、绒等产品的生产地无规定疫情，并按照有关规定进行消毒（如环氧乙烷熏蒸消毒、过氧乙酸浸泡消毒）；种蛋、精液和胚胎的供体无国家规定动物疫病，供体有健康合格证明。

②外包装用广谱高效消毒剂实施消毒，消毒后加贴统一的消毒封签或消毒标志。

③根据动物产品的流向情况，出具《动物检疫合格证明》；运载工具实施消毒，并按国家有关规定收取检疫费和消毒费。

## 3. 动物检疫证明的填写

（1）动物检疫证明的填写和使用的基本要求。

①动物卫生监督证章标志的出具机构及人员必须是依法享有出证职权者，并经签字盖章方为有效。

②严格按适用范围出具动物卫生监督证章标志，混用无效。

③动物卫生监督证章标志涂改无效。

④动物卫生监督证章标志所列项目要逐一填写，内容简明准确，字迹清晰。

⑤不得将动物卫生监督证章标志填写不规范的责任转嫁给合法持证人。

⑥动物卫生监督证章标志用蓝色或黑色钢笔、签字笔或打印填写。

（2）动物检疫证明的格式和项目填写说明可参考图实17-1至图实17-4。

### 动物检疫合格证明（动物A）

No：

| 货　　主 | | 联系电话 | |
|---|---|---|---|
| 动物种类 | | 数量及单位 | |
| 启运地点 | 省　市（州）　县（市、区）　乡（镇）　村（养殖场、交易市场） | | |
| 到达地点 | 省　市（州）　县（市、区）　乡（镇）　村（养殖场、屠宰场、交易市场） | | |
| 用　　途 | | 承 运 人 | 联系电话 |
| 运载方式 | □公路　　□铁路　　□水路　　□航空 | 运载工具牌号 | |

运载工具消毒情况　　　　　　　装运前经＿＿＿＿＿＿消毒

本批动物经检疫合格，应于＿＿＿＿＿＿日内到达有效。

官方兽医签字：＿＿＿＿＿＿＿

签发日期：　　年　　月　　日

（动物卫生监督所检疫专用章）

（第一联）（共二联）

| 牲畜耳标号 动物卫生 监督检查 站签章 | |
|---|---|
| 备　　注 | |

注：1. 本证书一式两联，第一联由动物卫生监督所留存，第二联随货同行。

2. 跨省调运运输动物到达目的地后，货主或承运人应在24小时内向输入地动物卫生监督所报告。

3. 动物卫生监督所联系电话：

........................................................................................................................

　　备注：①货主：货主为个人的，填写个人姓名；货主为单位的，填写单位名称。联系电话：填写移动电话，无移动电话的，填写固定电话。②动物种类：填写动物的名称。③数量及单位：数量和单位连写，不留空格。数量及单位以汉字填写。④启运地点：饲养场（养殖小区）、交易市场的动物填写生产地的省、市、县名和饲养场（养殖小区）、交易市场名称；散养动物填写生产地的省、市、县、乡、村名。到达地点：填写到达地的省、市、县名，以及饲养场（养殖小区）、屠宰场、交易市场或乡镇、村名。⑤用途：视情况填写，如饲养、屠宰、种用、乳用、役用、宠用、试验、参展、演出、比赛等。⑥承运人：填写动物承运者的名称或姓名；公路运输的，填写车辆行驶证上法定车主名称或名字。联系电话：填写承运人的移动电话或固定电话。⑦运载工具消毒情况：写明消毒药名称。⑧到达时效：视运抵到达地点所需时间填写，最长不得超过 5 天，用汉字填写。⑨牲畜耳标号：由货主在申报检疫时提供，官方兽医实施现场检疫时进行核查。牲畜耳标号只需填写顺序号的后 3 位，可另附纸填写，并注明本检疫证明编号，同时加盖动物卫生监督所检疫专用章。⑩动物卫生监督检查站签章：由途经的每个动物卫生监督检查站签章，并签署日期；签发日期：用简写汉字填写。

图实 17-1　动物检疫合格证明（动物 A）样例

动物检疫合格证明（动物 B）

NO.：

| 货　主 | | 联系电话 | | |
|---|---|---|---|---|
| 动物种类 | | 数量及单位 | | 用　途 |
| 启运地点 | 市（州）　　县（市、区）　　乡（镇）　　村（养殖场、交易市场） | | | |
| 到达地点 | 市（州）　　县（市、区）　　乡（镇）　　村（养殖场、屠宰场、交易市场） | | | |
| 牲畜耳标号 | | | | |

本批动物经检疫合格，应于当日内到达有效。

　　　　　　　官方兽医签字：＿＿＿＿＿＿

　　　　　　　签发日期：　　年　　月　　日

　　　　　　　　　　　（动物卫生监督所检疫专用章）

（第一联）（共二联）

　　注：1. 本证书一式两联，第一联由动物卫生监督所留存，第二联随货同行。

　　　　2. 本证书限省境内使用。

........................................................................................................................

　　备注：证中项目内容的填写同动物检疫合格证明（动物 A）。

图实 17-2　动物检疫合格证明（动物 B）样例

动物检疫合格证明（产品 A）

N°：

| 货　　主 | | 联系电话 | |
|---|---|---|---|
| 产品名称 | | 数量及单位 | |
| 生产单位名称地址 | | | |
| 目 的 地 | 省　　市（州）　　县（市、区） | | |
| 承 运 人 | | 联系电话 | |
| 运载方式 | □公路　□铁路 □水路　□航空 | | |
| 运载工具牌号 | | 装运前经_____消毒 | |
| 本批动物产品经检疫合格，应于____日内到达有效。<br><br>　　　　　　　　　　　官方兽医签字：<br><br>　　　　　签发日期：　　　年　　月　　日<br>　　　　　　　　　（动物卫生监督所检疫专用章） | | | |
| 动物卫生监督<br>检查站签章 | | | |
| 备　　注 | | | |

（第一联）（共二联）

注：1. 本证书一式两联，第一联由动物卫生监督所留存，第二联随货同行。

　　2. 动物卫生监督所联系电话：

备注：①产品名称：填写动物产品的名称，如"猪肉""牛皮""羊毛"等，不得只填写为"肉""皮""毛"。②生产单位名称地址：填写生产单位全称及生产场所详细地址。③目的地：填写到达地的省、市、县名。④到达时效：视运抵到达地点所需时间填写，最长不得超过 7 天，用汉字填写。⑤备注：有需要说明的其他情况可在此栏填写，如作为分销换证用，应在此注明原检疫证明号码及必要的基本信息。

图实 17-3　动物检疫合格证明（产品 A）样例

动物检疫合格证明（产品 B）

Nº：

| 货　　　主 | | 产品名称 | |
|---|---|---|---|
| 数量及单位 | | 产　　地 | |
| 生产单位名称地址 | | | |
| 目　的　地 | | | |
| 检疫标志号 | | | |
| 备　　注 | | | |

（第一联）（共二联）

本批动物产品经检疫合格，应于当日到达有效。

　　官方兽医签字：_____

　　签发日期：　　　　年　　　月　　　日

　　　　　（动物卫生监督所检疫专用章）

注：1. 本证书一式两联，第一联由动物卫生监督所留存，第二联随货同行。
　　2. 本证书限省境内使用。

备注：①检疫标志号：对于"带皮猪肉产品"，填写检疫滚筒印章号码；其他动物产品按国家有关后续规定执行。②：有需要说明的其他情况可在此栏填写，如作为分销换证用，应在此注明原检疫证明号码及必要的基本信息。

图实 17-4　动物检疫合格证明（产品 B）样例

【实训报告】

　　1. 根据产地检疫的实际情况或模拟的填写条件，填写一份规范的动物检疫证明。

　　2. 根据实训的具体情况，写出一份产地检疫实训报告。

# 实训十八　猪宰前"瘦肉精"（盐酸克伦特罗）的检测

【目的要求】掌握应用尿液检测盐酸克伦特罗胶体金检测法的操作方法及检测结果认定。

【实训材料】

　　1. 盐酸克伦特罗快速检测卡、一次性洁净塑料尿杯或玻璃容器、一次性塑料滴管、塑料一次性手套、离心管、离心机、水浴锅、计时器、检测卡使用说明书。

2. 根据实际情况，选择在校内实训场、肉类联合加工厂或定点屠宰场进行。

**【方法步骤】**

**1. 检测前准备**　在进行测试前必须先完整阅读使用说明书，使用前将检测卡和尿样标本恢复至室温。用一次性洁净塑料尿杯或玻璃容器取待检猪尿液（尿液必须收集在洁净、干燥、不含有任何防腐剂的塑料尿杯或玻璃容器内）。直接进行测试，如有混浊请先离心取上清液。

**2. 检测**　从原包装铝箔袋中取出检测卡，开封后平放在干净平坦的台面上，用塑料吸管向检测卡孔垂直缓慢而准确地逐滴加入 3 滴检测液。等待紫红色条带的出现。

**3. 结果判定**　检测应在 5min 时读取判断结果，10min 后的结果无效。判定结果可参考图实 18-1。

（1）阳性：C 线显色，T 线不显色，判为阳性〔仅质控区（C）出现一条紫红色条带，在测试区（T）内无紫红色条带出现，表明盐酸克伦特罗含量在阈值（3ng/mL）以上〕。

（2）阴性：C 线显色，T 线肉眼可见，无论颜色深浅均判为阴性〔两条紫红色条带出现，一条位于测试区（T）内，另一条位于质控区（C）内，表明盐酸克伦特罗含量在阈值（3ng/mL）以下〕。

（3）无效：C 线不显色，无论 T 线是否显色，均判为无效〔质控区（C）未出现紫红色条带，表明操作过程不正确或检测卡已变质损坏〕。在此情况下，应再次仔细阅读说明书，并用新的检测卡重新测试。如果问题仍然存在，应立即停止使用此批号产品，并与当地供应商联系。

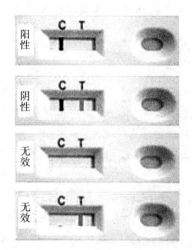

图实 18-1　盐酸克伦特罗快速检测卡的检测结果

**【注意事项】**

（1）操作失误，以及标本中存在干扰物质，有可能导致错误的结果。

（2）不洁净的尿，如含有漂白剂、明矾等，可能在正确的分析操作方法下也会产生错误的结果。

（3）一定注意未使用产品的防潮保护，确保封口的紧密度，否则会产生错误或者不确定的结果。从原包装铝箔袋中取出检测卡，应在1d内尽快使用。

（4）滴加样品的过程在一定程度上会影响产品的有效判断，因此，请务必严谨操作。

（5）当实验操作环境温度过低时，会影响线条浓淡，并可能出现假阳性结果，建议操作环境温度最好不低于10℃。

（6）较为混浊的尿液样本建议离心或过滤以后用于检测。

（7）盐酸克伦特罗胶体法检测卡仅是一种定性的筛选鉴定，不能确定盐酸克伦特罗在尿样中的精确浓度。判定阳性标本的精确浓度需要用其他方法（HPLC、GC/MS）复合确定。

【实训报告】检测待宰猪尿液盐酸克伦特罗胶体金检测法的操作方法与检测结果报告。

## 实训十九　猪的宰后检疫

【目的要求】初步掌握猪宰后检疫的程序、方法、操作技术以及常见病变的鉴别和检疫后的处理。

【实训材料】

1. 检疫用品：检疫刀、检疫钩和锉棒、剪刀、镊子、有关检疫证明和检疫记录表格等。

2. 工作帽、工作服、胶靴、手套等。

3. 根据实际情况，选择校内实训场、肉类联合加工厂或定点屠宰场进行。

【方法步骤】

可先由教师或企业现场指导教师操作示教，然后学生实训操作。

1. 头部检查　头部检查以检咽炭疽和囊尾蚴为主，同时观察头、鼻、眼、唇、牙龈、咽喉、扁桃体等部位有无病变。

（1）猪放血致死后，烫毛剥皮之前，检验者左手持钩，钩住切口左壁的中间部分，向左牵拉切口使其扩张。右手持刀将切口向深部纵切一刀，深达喉头软骨。再以喉头为中心，朝向下颌骨的内侧，左、右各做一弧形切口，便可在下颌骨的内沿、颌下腺的下方，找出呈卵圆形或扁椭圆形的左、右下颌淋巴结并进行剖检，观察有无病理变化及其周围组织有无胶样浸润。

（2）猪浸烫刮毛或剥皮后，平行紧贴下颌骨角切开左右咬肌2/3以上，观察咬肌有无灰白色、米粒大、半透明的囊虫包囊和其他病变。

2. 皮肤检查　在烫毛后开膛之前详细视检皮肤变化，主要检查皮肤完整性和颜色，注意有无充血、出血、瘀血、疹块、水疱、溃疡、黄疸、脓肿、肿瘤等病变。

3. 胴体检查

（1）一般检查。观察皮肤、皮下组织、肌肉、脂肪、胸膜、腹膜、关节等有无异常，判断放血程度，推断被检动物的生前健康状况。

（2）检查淋巴结。主要检查腹股沟浅淋巴结和腹股沟深淋巴结，检验者用钩钩住最后乳头稍上方的皮下组织向外侧牵拉，右手持刀从脂肪组织层正中切开，即可发现被切开的腹股沟浅淋巴结。腹股沟深淋巴结，位于髂深动脉起始部的后方，与髂内、髂外淋巴结相邻。必要时再剖检股前淋巴结、肩前淋巴结和腘淋巴结。注意有无病理变化，判定动物疫病的性质。

（3）检查肌肉。主要检查两侧腰肌，剖检时用刀沿脊椎的下缘顺肌纤维割开2/3的长度，然后再在腰肌剖开面内，向深部纵切2～3刀，用钩向外拉开腰肌使之呈扇面状，注意是否有囊尾蚴的包囊等。必要时也检查股内侧肌、胸肌、臂肌、肩胛肌等。

（4）检查肾。应先剥离肾包膜，用钩钩住肾盂部，再用检疫刀沿肾中间纵向轻轻划一刀，然后以刀背将肾包膜向外挑开，观察肾的色泽、形状、大小，注意有无出血、坏死、化脓等病变。必要时切开肾，检查皮质、髓质、肾盂等。

**4. 内脏检查**　在开膛后，把内脏器官分为两组进行检查。

（1）胃、肠、脾的检验（白下水的检查）。首先视检脾，观察其形态、大小、颜色，触检其弹性、硬度；然后剖检肠系膜淋巴结；最后视检胃肠浆膜、肠系膜。注意有无出血、脓肿、溃疡、干酪样坏死等病变。

（2）第二组为肺、心、肝的检验（红下水的检查）。

①肺。视检外表、色泽、大小，触检弹性，必要时剖开支气管淋巴结。

②心脏。视检心包和心外膜，剖开左室，视检心肌、心内膜及血液凝固状态，注意有无出血、变性、增生等病变。

③肝。视检外表、色泽、大小，注意有无出血、肿大、变性。触检被膜和实质弹性，必要时剖检肝门淋巴结、肝实质和胆囊。

**5. 寄生虫检验**

（1）旋毛虫检验。左右两侧膈肌脚各取样一份，每份肉样30～50g，编上与胴体同一号码。先对膈肌脚进行视检，后从每块膈肌脚中选剪出麦粒大小的12块，用厚玻片压片镜检。

（2）囊尾蚴检验。主要检查咬肌、腰肌、心肌、肩胛外侧肌等，观察咬肌有无灰白色、米粒大、半透明的囊虫包囊和其他病变。

（3）肉孢子虫检验。主要检查腹肌、股内侧肌、肋间肌、膈肌和咽喉部肌肉，看有无乳白色、毛根状小体，发现有钙化白点，应压片镜检。

**6. 复检**　对"三腺"的摘除情况进行检查，回收畜禽标识。

**7. 检疫处理**　检疫合格的，胴体加盖检疫验讫滚筒印章，动物产品包装加封检疫合格标志，出具《动物检疫合格证明》。检出病害的，填写《检疫处理通知单》给屠宰场业主，并监督其按照规定进行无害化处理。

**8. 档案填写**　填写检疫登记表并做好动物检疫档案材料归档工作（包括回收的动物检疫合格证明、现场检疫记录表、检疫处理通知单、出具检疫证明存根和其他应归档材料）。

**【实训报告】**

1. 写一份猪宰后检疫的实训报告。

2. 写一份猪囊尾蚴的宰后检疫实训报告。

## ✿✿ 职业测试

1. 假设你是某县动物卫生监督所的一名官方兽医，所里拟安排你为本县养殖企业（场、户）做一次产地检疫的宣传报告，请就此报告写一份讲稿。

2. 江苏省泰州市海陵区某姜曲海猪种猪场拟按合同向安徽省宿州市灵璧县某个体猪场供应 50 头姜曲海猪种母猪及 10 头种公猪，请你说明完成这次运输需要办理哪些手续，实施哪些检疫。

3. 某农户拟在春节期间宰杀自家饲养的几头肥猪家用兼销售，如果你是从事检疫工作的官方兽医，请你告诉他应该怎么做才不会因私宰生猪违法。

4. 某生猪经纪人拟从江苏省泰州市海陵区某猪场调运一批生猪到江苏省南京市浦口区某屠宰场，请你告诉他应该怎么做才能顺利完成此次调运。

5. 假设你是某县动物卫生监督所的一名官方兽医，请你告诉某苗猪交易市场的经营户，能够正常交易的苗猪应符合什么条件，不符合条件的苗猪应怎么处理。

6. 假设你是某县动物卫生监督所的一名官方兽医，请你告诉某农贸市场的猪肉经营户，能够正常交易的猪肉应符合什么条件，不符合条件的猪肉应怎么处理。

7. 假设你是某县动物卫生监督所的一名官方兽医，所里打算聘请几位兽医专业人员协助实施动物检疫，请你给他们做猪屠宰检疫的培训，请你就此任务做一份 PPT 课件。

8. 我国境内从未发生过的非洲猪瘟于 2018 年 8 月份突然传入，至当年 9 月底全国多个省份累计发生 20 余起疫情，如果你是一名从事口岸检疫的官方兽医，你认为应该怎么做才能切实防范外来动物疫病的侵入？

★　参考答案见附录三。

# 附录

## 附录一　2018年中国技能大赛——全国农业行业职业技能大赛（动物疫病防治员）评分细则

中国技能大赛—全国农业行业职业技能大赛（动物疫病防治员）是由农业农村部、人力资源和社会保障部、中华全国总工会主办的国家级一类大赛。2018年举办的首次大赛分为理论知识考试和现场技能操作考核两部分，总分为500分，其中，理论知识考试100分，现场技能考核400分，分为猪瘟疫苗免疫注射、猪前腔静脉采血、鸡翅静脉采血、鸡心脏采血、鸡体解剖与采样等5项，每项80分。选手成绩按照总分高低进行排序。总分相同者，现场技能考核分高者排序靠前；总分相同且现场技能考核与理论知识考试分相同者，现场技能考核总用时少者排序靠前。

### 一、理论知识考试（100分）

采用闭卷方式，题型均为客观题，考题由职业技能鉴定国家题库农业分库生成，与"动物疫病防治员"国家职业技能标准（三级）相关，考试时间为90min。

### 二、猪瘟疫苗免疫注射（80分）

本项目分为检查竞赛物品（疫苗除外），免疫注射、填写免疫档案及废弃物处置等两个环节，各环节需按主持人指令进行操作。

#### （一）评分细则

免疫注射操作根据操作规范度进行评分，共80分。

1. 按指令进行操作，得4分；在主持人下达指令之前进行任何操作的或主持人宣布停止操作后继续操作的，均不得分，包括宣布免疫注射"预备开始"前，参赛选手提前越过红线进入场地、提前打开瓶盖、装配注射器等准备工作。

2. 独立完成操作，得4分；除保定外，有队友语言提示、动作暗示或协助操作等违规行为的，均不得分，违规者该项也不得分。

3. 检查合格疫苗，阅读使用说明书，得2分；否则不得分。

4. 装配并调试金属注射器，注射器无泄漏，得4分；在稀释和注射过程中，注射器有泄漏者不得分。

5. 拔掉疫苗和专用稀释液的塑料瓶盖，得2分；若疫苗选择错误不得分，且后续操作均不得分。

6. 用镊子从棉球缸里夹取碘伏棉球分别消毒疫苗瓶、稀释液瓶和稀释液瓶瓶盖，得2分；否则不得分。

7. 用注射器吸取专用稀释液稀释疫苗，得2分；否则不得分。

8. 溶解后的疫苗未产生大量气泡，且未见疫苗液外泄，得4分；否则不得分。

9. 将疫苗瓶中的疫苗液转移到稀释瓶，得4分；否则不得分。

10. 再用注射器吸取专用稀释液冲洗疫苗瓶，得2分；否则不得分。

11. 冲洗疫苗瓶，瓶内未产生气泡，且未见疫苗液外泄，得4分；否则不得分。

12. 将疫苗瓶中的所有液体转移到稀释瓶，按规定补足稀释液，且未见疫苗液外泄，得4分；否则不得分。

13. 稀释过程无菌操作，得4分；疫苗瓶、稀释液瓶和稀释瓶未加盖无菌干棉球的或徒手装卸针头、徒手取棉球的不得分。

14. 混匀疫苗，用注射器吸取疫苗液5mL后排空气泡，得4分；否则不得分。

15. 排除气泡时用干棉球护住针头，得4分；否则不得分。

16. 调节金属注射器，注射剂量1mL，得4分；否则不得分。

17. 用镊子夹取碘伏棉球对注射部位由里向外做点状螺旋式消毒，得2分；否则不得分。

18. 选择猪耳后颈部注射，得4分；否则不得分。

19. 垂直进针，得4分；否则不得分。

20. 进针后，注射疫苗前回抽针芯，得4分；否则不得分。

21. 拔针后无液体渗出，得4分；否则不得分。

22. 拔针时用干棉球按压注射部位，得2分；拔针时未用干棉球按压注射部位或针头插入猪体后，再取干棉球的，不得分。

23. 操作结束后，规范处置废弃物，得2分；注射器内剩余疫苗未注入废弃液瓶，注射器未放入锐器盒，使用过的棉球、疫苗瓶等未放入废弃缸的不得分。

24. 规范填写免疫记录表，得4分；动物种类、免疫病种、疫苗类型、生产厂家、疫苗批号、免疫剂量、免疫方式、操作人等8项，漏填或错误选填1项，得2分，漏填或错误选填2项及以上者，不得分。

### (二) 提供的器械物品

10mL金属注射器、针头盒（含针头）、20头份猪瘟疫苗及说明书、40mL专用稀释液、100mL无菌稀释瓶、免疫记录表、考试专用笔、碘伏棉球、干棉球、镊子、托盘、毛巾、卷纸、洗手液、废弃液瓶、锐器盒、废弃缸、垃圾桶、猪、保定器（可以自带）等。

### (三) 其他事项

1. 每个参赛选手比赛用猪1头（20～40kg），由2位队友协助保定，保定器具各省可自备，完成1次猪瘟疫苗免疫注射。

2. 比赛时除选手、保定人员、裁判员和工作人员外，其他人员不得进入比赛场地，任何人不得帮参赛选手递拿疫苗、注射器等竞赛用品。

3. 将猪瘟活疫苗稀释到1头份/mL的浓度。

4. 免疫注射部位为猪耳后颈部（距离耳根3～5cm的颈侧），免疫注射过程应遵循无菌操作原则。

5. 本项目总限时8min。主持人宣布"时间到"，参赛选手应立即停止操作并退到红线外。

6. 每位参赛选手的竞赛用品由工作人员准备，每个操作项目完成后，选手要整理用过的器具；每个选手比赛产生的废弃物和用过的器具由专人清理。

## 三、猪前腔静脉采血（80分）

本项目分为检查竞赛物品，动物保定及消毒，采血操作、填写采样单及废弃物处置等三个环节，各环节需按主持人指令进行操作。

### （一）评分细则

操作得分由操作规范度和操作速度两部分组成，共80分。

**1. 操作规范度（40分）**

（1）按指令进行操作，得4分；在主持人下达指令之前进行任何操作的或主持人宣布停止操作后继续操作的，均不得分，包括在宣布采血环节"预备开始"前，参赛选手提前越过红线进入场地、提前拆开采血器包装袋、提前打开着器皿盖等准备工作。

（2）独立完成操作，得4分；除保定外，有队友语言提示、动作暗示或协助操作等违规行为的，均不得分，违规者该项也不得分。

（3）用镊子夹取碘伏棉球对采血部位由里向外做点状螺旋式消毒，得2分；否则不得分。

（4）采血，1次进针完成的，得15分；2次进针完成的，得10分；3次及以上进针完成的，得5分；血管外采血不得分。

（5）退针时用干棉球按压采血部位，得2分，否则不得分；针头插入猪体后，手离开采血器也不得分。

（6）采血后，将采血器活塞外拉预留血清析出空间，得2分；否则不得分。

（7）将护针帽平放在操作台，用采血器针尖挑起护针帽套上，去除推杆，得2分；否则不得分。

（8）在采血器上标明样品编号（编号自拟），得2分；否则不得分。

（9）将采血器插入试管架，得2分；否则不得分。

（10）规范填写采样单，得4分；动物种类一栏选"猪"、健康状况一栏任选一种、样品类型选"血"、样品数量填"1"、样品编号与采血器上编号一致、采样人签名、填写采样日期等7项，漏填或错误选填1项，得2分，漏填或错误选填2项及以上者，不得分。

（11）规范处置废弃物，得1分；使用过的棉球、采血器推杆、采血器包装等废弃物未放入垃圾桶，均不得分。

**2. 操作速度（40分）**

（1）操作计时。主持人宣布"预备开始"，裁判员同时按下计时器，比赛开始计时，选手通过红线开始操作，完成规定操作，并将采血器插入试管架，裁判员按下计时器。期间所用的时间为选手的实际操作用时。检查器械物品、消毒、填写采样单、处置废弃物等不计入实际操作用时。

本项目总限时3min。主持人宣布"时间到"，参赛选手应立即停止操作并退到红线外。

（2）速度分值。采血过程中猪死亡或采血量不足5mL，速度分值不得分。

操作时间≤15s，得40分；15s＜操作时间≤20s，得36分；20s＜操作时间≤25s，得 32 分；25s＜操作时间≤30s，得 28 分；30s＜操作时间≤35s，得 24 分；35s＜操作时间≤40s，得 20 分；40s＜操作时间≤45s，得 16 分；45s＜操作时间≤50s，得 12 分；50s＜操作时间≤55s，得 8 分；55s＜操作时间≤60s，得 4 分；操作时间＞1min，不得分。

### （二）提供的器械物品

10mL 一次性采血器、采样单、记号笔、考试专用笔、碘伏棉球、干棉球、镊子、托盘、试管架、毛巾、卷纸、洗手液、垃圾桶、猪、保定器（可以自带）等。

### （三）其他事项

1. 每个参赛选手比赛用猪 1 只（20～40kg），由 2 位队友协助保定，保定方式由参赛选手自行确定，保定器具各省可自备，选手完成 1 份 5mL 猪血样采集。

2. 比赛时除选手、保定人员、裁判员和工作人员外，其他人员不得进入比赛场地，任何人不得帮参赛选手递拿采血器、棉球等竞赛用品。

3. 采血部位建议为猪右前腔静脉，在猪的两侧均可实施前腔静脉采血，如在一侧未采出血样或样品量不足，换另一侧采血时，要重新消毒，得分按两侧累计进针次数计算。

4. 每位参赛选手的竞赛用品由工作人员准备，每个操作项目完成后，选手要整理用过的器具；每个选手比赛产生的废弃物和用过的器具由专人清理。

## 四、鸡翅静脉采血（80 分）

本项目分为检查竞赛物品，动物保定及消毒，采血操作、填写采样单及废弃物处置等三个环节，各环节需按主持人指令进行操作。

### （一）评分细则

操作得分由操作规范度和操作速度两部分组成，共 80 分。

#### 1. 操作规范度（40 分）

（1）按指令进行操作，得 4 分；在主持人下达指令之前进行任何操作的或主持人宣布停止操作后继续操作的，均不得分，包括在宣布采血环节"预备开始"前，参赛选手提前越过红线进入场地、提前拆开采血器包装袋、提前打开着器皿盖等准备工作。

（2）独立完成操作，得 4 分；除保定外，有队友语言提示、动作暗示或协助操作等违规行为的，均不得分，违规者该项也不得分。

（3）用镊子夹取碘伏棉球对采血部位由里向外做点状螺旋式消毒，得 2 分；否则不得分。

（4）采血，1 次进针完成的，得 15 分；2 次进针完成的，得 10 分；3 次及以上进针完成的，得 5 分；血管外采血不得分。

（5）退针时用干棉球按压采血部位，得 2 分，否则不得分；针头插入鸡体后，手离开采血器也不得分。

（6）采血后，将采血器活塞外拉预留血清析出空间，得 2 分；否则不得分。

（7）将护针帽平放在操作台，用采血器针尖挑起护针帽套上，去除推杆，得 2 分；否则不得分。

（8）在采血器上标明样品编号（编号自拟），得 2 分；否则不得分。

（9）将采血器插入试管架，得2分；否则不得分。

（10）规范填写采样单，得4分；动物种类一栏选"鸡"、健康状况一栏任选一种、样品类型选"血"、样品数量填"1"、样品编号与采血器上编号一致、采样人签名、填写采样日期等7项，漏填或错误选填1项，得2分，漏填或错误选填2项及以上者，不得分。

（11）规范处置废弃物，得1分；使用过的棉球、采血器推杆、采血器包装等废弃物未放入垃圾桶，均不得分。

**2. 操作速度（40分）**

（1）操作计时。主持人宣布"预备开始"，裁判员同时按下计时器，比赛开始计时，选手通过红线开始操作，完成规定操作，并将采血器插入试管架，裁判员按下计时器。期间所用的时间为选手的实际操作用时。检查器械物品、消毒、填写采样单、处置废弃物等不计入实际操作用时。

本项目总限时3min。主持人宣布"时间到"，参赛选手应立即停止操作并退到红线外。

（2）速度分值。采血过程中鸡死亡或采血量不足2mL，速度分值不得分。

操作时间≤20s，得40分；20s<操作时间≤25s，得35分；25s<操作时间≤30s，得30分；30s<操作时间≤35s，得25分；35s<操作时间≤40s，得20分；40s<操作时间≤45s，得15分；45s<操作时间≤50s，得10分；50s<操作时间≤60s，得5分；操作时间>1min，不得分。

**（二）提供的器械物品**

5mL一次性采血器、采样单、记号笔、考试专用笔、碘伏棉球、干棉球、镊子、托盘、试管架、毛巾、卷纸、洗手液、垃圾桶、鸡等。

**（三）其他事项**

1. 每个参赛选手比赛用鸡1只，由1位队友协助保定，完成1份血样采集。

2. 比赛时除选手、保定人员、裁判员和工作人员外，其他人员不得进入比赛场地，任何人不得帮参赛选手递拿采血器、棉球等竞赛用品。

3. 采血部位为鸡翅静脉，如果一侧翅膀进针后有血肿不能采血，可换另一侧翅膀采血，但要重新消毒，得分按两侧累计进针次数计算。

4. 每位参赛选手的竞赛用品由工作人员准备，每个操作项目完成后，选手要整理用过的器具；每个选手比赛产生的废弃物和用过的器具由专人清理。

## 五、鸡心脏采血（80分）

本项目分为检查竞赛物品，动物保定及消毒，采血操作、填写采样单及废弃物处置等三个环节，各环节需按主持人指令进行操作。

**（一）评分细则**

操作得分由操作规范度和操作速度两部分组成，共80分。

**1. 操作规范度（40分）**

（1）按指令进行操作，得4分；在主持人下达指令之前进行任何操作的或主持人宣布停止操作后继续操作的，均不得分，包括在宣布采血环节"预备开始"前，参赛选手提前越过红线进入场地、提前拆开采血器包装袋、提前打开着器皿盖等准备工作。

（2）独立完成操作，得4分；除保定外，有队友语言提示、动作暗示或协助操作等违规行为的，均不得分，违规者该项也不得分。

（3）用镊子夹取碘伏棉球对采血部位由里向外做点状螺旋式消毒，得2分；否则不得分。

（4）采血，1次进针完成的，得15分；2次进针完成的，得10分；3次及以上进针完成的，不得分。

（5）退针时用干棉球按压采血部位，得2分，否则不得分；针头插在鸡体时，手离开采血器也不得分。

（6）采血后，将采血器活塞外拉预留血清析出空间，得2分；否则不得分。

（7）将护针帽平放在操作台，用采血器针尖挑起护针帽套上，去除推杆，得2分；否则不得分。

（8）在采血器上标明样品编号（编号自拟），得2分；否则不得分。

（9）将采血器插入试管架，得2分；否则不得分。

（10）规范填写采样单，得4分；动物种类一栏选"鸡"、健康状况一栏任选一种、样品类型选"血"、样品数量填"1"、样品编号与采血器上编号一致、采样人签名、填写采样日期等7项，漏填或错误选填1项，得2分，漏填或错误选填2项及以上者，不得分。

（11）规范处置废弃物，得1分；使用过的棉球、采血器推杆、采血器包装等废弃物未放入垃圾桶，均不得分。

**2. 操作速度（40分）**

（1）操作计时。主持人宣布"预备开始"，裁判员同时按下计时器，比赛开始计时，选手通过红线开始操作，完成规定操作，并将采血器插入试管架，裁判员按下计时器。期间所用的时间为选手的实际操作用时。检查器械物品、消毒、填写采样单、处置废弃物等不计入实际操作用时。

本项目总限时3min。主持人宣布"时间到"，参赛选手应立即停止操作并退到红线外。

（2）速度分值。采血过程中鸡死亡或采血量不足2mL，速度分值不得分。

操作时间≤15s，得40分；15s<操作时间≤20s，得35分；20s<操作时间≤25s，得30分；25s<操作时间≤30s，得25分；30s<操作时间≤35s，得20分；35s<操作时间≤40 s，得15分；40 s<操作时间≤50 s，得10分；50s<操作时间≤60s，得5分；操作时间>1min，不得分。

**（二）提供的器械物品**

5mL一次性采血器、采样单、记号笔、考试专用笔、碘伏棉球、干棉球、镊子、托盘、试管架、毛巾、卷纸、洗手液、垃圾桶、鸡等。

**（三）其他事项**

1. 每个参赛选手比赛用鸡1只，由1位队友协助保定，完成1份血样采集。

2. 比赛时除选手、保定人员、裁判员和工作人员外，其他人员不得进入比赛场地，任何人不得帮参赛选手递拿采血器、棉球等竞赛用品。

3. 每位参赛选手的竞赛用品由工作人员准备，每个操作项目完成后，选手要整理用过的器具；每个选手比赛产生的废弃物和用过的器具由专人清理。

## 六、鸡体解剖与采样（80分）

本项目分为检查竞赛物品，鸡无放血致死及消毒浸湿，解剖采样操作、填写采样单及废弃物处置等三个环节，各环节需按主持人指令进行操作。

### （一）评分细则

操作得分由操作规范度和操作速度两部分组成，共80分。

**1. 操作规范度（60分）**

（1）按指令进行操作，得4分；在主持人下达指令之前进行任何操作的或主持人宣布停止操作后继续操作的，均不得分，包括宣布解剖采样"预备开始"前，参赛选手提前越过红线进入场地、提前打开着器皿盖、点燃酒精灯、拔毛、剥皮、脱臼等准备工作。

（2）独立完成操作，得4分；除保定外，有队友语言提示、动作暗示或协助操作等违规行为的，均不得分，违规者该项也不得分。

（3）将鸡采用心脏注射空气的方法致死，在消毒液中浸湿后放入托盘，同时点燃酒精灯，得1分；否则不得分。

（4）将腹壁和大腿内侧的皮肤剪开，得1分；否则不得分。

（5）髋关节脱臼，两大腿向外展开，仰卧固定鸡体，得1分；否则不得分。

（6）横切胸骨末端后方皮肤，与两侧大腿的竖切口连接，得1分；否则不得分。

（7）剥离皮肤，充分暴露整个胸腹的皮下组织和肌肉，得1分；否则不得分。

（8）用酒精棉球沿切口方向擦拭消毒鸡体，得1分；否则不得分。

（9）酒精棉球擦拭、火焰消毒剪刀（两面）和镊子，得1分；否则不得分。

（10）剪断肋骨和乌喙骨，把胸骨向前外翻，露出体腔，得2分；否则不得分。

（11）酒精棉球擦拭、火焰消毒剪刀（两面）和镊子，得1分；否则不得分。

（12）采集肝（不带胆囊的一叶），无杂质（毛或其他组织），得2分；带胆囊或有杂质，不得分。

（13）打开平皿盖，将采集的肝正确放入平皿（已标记脏器名称）中，盖上平皿盖，得2分；否则不得分。

（14）酒精棉球擦拭、火焰消毒剪刀（两面）和镊子，得1分；否则不得分。

（15）采集脾，无杂质（毛或其他组织）得2分；有杂质不得分。

（16）打开平皿盖，将采集的脾正确放入平皿（已标记脏器名称）中，盖上平皿盖，得2分；否则不得分。

（17）酒精棉球擦拭、火焰消毒剪刀（两面）和镊子，得1分；否则不得分。

（18）采集肾（单侧、2/3以上），无杂质（毛或其他组织），得2分；量不够或有杂质不得分。

（19）打开平皿盖，将采集的肾正确放入平皿（已标记脏器名称）中，盖上平皿盖，得2分；否则不得分。

（20）酒精棉球擦拭、火焰消毒剪刀（两面）和镊子，得1分；否则不得分。

（21）采集肺（单侧、2/3以上），无杂质（毛或其他组织），得2分；量不够或有杂质不得分。

（22）打开平皿盖，将采集的肺正确放入平皿（已标记脏器名称）中，盖上平皿盖，得2分；否则不得分。

（23）酒精棉球擦拭、火焰消毒剪刀（两面）和镊子，得1分；否则不得分。

（24）从口腔下剪，剪开颈部皮肤肌肉，使喉头暴露，得2分；否则不得分。

（25）酒精棉球擦拭、火焰消毒剪刀（两面）和镊子，得1分；否则不得分。

（26）采集喉头气管，无杂质（毛或其他组织），得2分；有杂质不得分。

（27）打开平皿盖，将采集的喉头气管正确放入平皿（已标记脏器名称）中，盖上平皿盖，得2分；否则不得分。

（28）剪开头部皮肤后，酒精棉球擦拭、火焰消毒剪刀（两面）和镊子，得1分；否则不得分。

（29）用酒精棉球擦拭消毒头骨，打开头骨，得2分；否则不得分。

（30）酒精棉球擦拭、火焰消毒剪刀（两面）和镊子，得1分；否则不得分。

（31）采集脑（1/3以上），无杂质（毛或其他组织），得2分；量不够或有杂质不得分。

（32）打开平皿盖，将采集的脑正确放入平皿（已标记名称）中，盖上平皿盖，得2分；否则不得分。

（33）依次按肝、脾、肾、肺、喉头气管、脑的顺序采集，得2分；采集顺序错误不得分。

（34）操作结束后，熄灭酒精灯，规范处置废弃物，鸡尸体装袋，得1分；否则不得分。

（35）规范填写采样单，得4分；动物种类一栏选"鸡"、健康状况一栏任选一种、样品类型选"肝、脾、肾、肺、喉头气管、脑"、样品数量各填"1"、采样人签名、填写采样日期等6项，漏填或错误选填1项，得2分，漏填或错误选填2项及以上者，不得分。

**2. 操作速度（20分）**

（1）操作计时。主持人宣布"预备开始"，裁判员同时按下计时器，比赛开始计时，选手通过红线开始操作，完成规定操作，分别将"肝、脾、肾、肺、喉头气管、脑"等6种样品全部放入指定平皿并盖好时，裁判员按下计时器。期间所用的时间为选手的实际操作用时。检查器械物品、致死及消毒浸湿（同时点燃酒精灯）、填写采样单、尸体装袋及处置废弃物（同时熄灭酒精灯）等不计入实际操作用时。

本项目总限时11min。主持人宣布"时间到"，参赛选手应立即停止操作并退到红线外。

（2）速度分值。解剖采样过程中，除髋关节脱白、胸骨外翻、颅部打开3项操作外，有徒手操作的不得分；在操作过程中，酒精棉球均需从酒精棉球缸中取出，否则不得分。

操作时间≤3min，得20分；180s＜操作时间≤210s，得18分；210s＜操作时间≤240s，得16分；240s＜操作时间≤270s，得14分；270s＜操作时间≤300s，得12分；300s＜操作时间≤330s，得10分；330s＜操作时间≤360s，得8分；360s＜操

作时间≤390s，得6分；390s＜操作时间≤420s，得4分；420s＜操作时间≤480s，得2分；操作时间＞8min，不得分。

### （二）提供的器械物品

一次性注射器、采样单、记号笔、考试专用笔、酒精棉球、酒精灯、火柴、普通剪刀、手术剪、镊子、托盘、平皿、毛巾、卷纸、洗手液、尸体袋、垃圾桶、消毒液桶、鸡等。

### （三）其他事项

1. 每个参赛选手比赛用鸡1只，在3min内由1位队友协助保定，选手采用心脏注射空气的方法致死鸡只。

2. 比赛时除选手、保定人员、裁判员和工作人员外，其他人员不得进入比赛场地，任何人不得帮参赛选手递拿剪刀、镊子等竞赛用品。

3. 在鸡无放血致死及消毒浸湿环节中，点燃酒精灯；在填写采样单及废弃物处置环节中，熄灭酒精灯。

4. 解剖与采样过程应遵循无菌操作原则，不得将酒精棉球倾倒在操作台上反复擦拭。

5. 每位参赛选手的竞赛用品由工作人员准备，每个操作项目完成后，选手要整理用过的器具；每个选手比赛产生的废弃物和用过的器具由专人清理。

## 附录二　2018年中国技能大赛——第一届全国农业行业职业技能竞赛（动物检疫检验员）评分细则

2018年中国技能大赛——第一届全国农业行业职业技能竞赛（动物检疫检验员）采取理论考试和现场技能操作相结合的方式，总成绩满分为100分，兽医专业理论考试满分100分，占总成绩的30%，动物检疫实际操作满分100分，占总成绩的70%，两者之和即为该选手的比赛成绩。

### （一）理论考试

本次竞赛理论考试部分为兽医专业理论考试，采取闭卷笔试方式，题目由专家组命题产生，满分100分，考试时间为90min。考试题型包括填空题、选择题、判断题和简答题，考试内容包括与动物卫生监督相关的法律法规、检疫规程、规范性文件以及动物疫病防控有关知识。

### （二）现场技能操作

本次竞赛现场技能考核部分为生猪屠宰检疫现场操作，由参赛人员在生猪屠宰流水线上进行同步检疫操作，操作重点突出时间快速、操作准确和结果判定明晰。现场技能操作标准用时390s，实际用时每超过30s，总成绩扣1分，报告检疫结果时间不计入比赛时间，其他细则如下。

**1. 头蹄岗**　满分15分，操作时限20s。

| 考核项目 | 基本操作技术要求 | 评分标准 | 分数（分） |
|---|---|---|---|
| 吻突、齿龈（3分） | 1. 用检疫钩固定头部；<br>2. 用检疫刀轻触吻突、齿龈，观察有无水疱、溃疡、烂斑等 | 未用检疫钩固定，扣1分 | 1 |
| | | 未用检疫刀轻触吻突，扣1分 | 1 |
| | | 未用检疫刀轻触齿龈，扣1分 | 1 |
| 蹄部（1分） | 1. 用检疫钩分别钩住两个前蹄；<br>2. 用检疫刀轻触蹄冠、蹄叉部，观察有无水疱、溃疡、烂斑等 | 未用检疫钩钩住前蹄，每少钩一个扣0.2分 | 0.4 |
| | | 未用检疫刀轻触前蹄，每少触一个扣0.3分 | 0.6 |
| 下颌淋巴结（8分） | 1. 用检疫钩钩住放血口；<br>2. 沿放血孔纵向切开下颌区；<br>3. 剖开两侧下颌淋巴结，观察有无肿大、坏死灶，切面是否呈砖红色，周围有无水肿、胶样浸润等病变 | 未用检疫钩钩住放血口，扣1分 | 1 |
| | | 未一刀纵向切开下颌区，扣1分 | 1 |
| | | 左侧：下颌淋巴结未剖开或暴露不充分，扣3分。未一刀剖开，多一刀扣1分，扣完为止 | 3 |
| | | 右侧：下颌淋巴结未剖开或暴露不充分，扣3分。未一刀剖开，多一刀扣1分，扣完为止 | 3 |

（续）

| 考核项目 | 基本操作技术要求 | 评分标准 | 分数（分） |
|---|---|---|---|
| 报告结果<br>（3分） | 报告每个部位的检疫情况：<br>1. 吻突、齿龈有无水疱、溃疡、烂斑；<br>2. 蹄部有无水疱、溃疡、烂斑；<br>3. 剖开两侧下颌淋巴结，观察有无肿大、坏死灶，切面是否呈砖红色，周围有无水肿、胶样浸润等病变 | 不报告检疫结果，扣3分 | 3 |
| | | 每少报告一个部位，扣1分 | |
| | | 报告结果与实际情况不符，每个部位扣1分 | |

**2. 咬肌岗** 满分5分，操作时限10s。

| 考核项目 | 基本操作技术要求 | 评分标准 | 分数（分） |
|---|---|---|---|
| 咬肌（4分） | 1. 用检疫钩固定头部；<br>2. 沿下颌骨外侧平行切开两侧咬肌，检查有无猪囊尾蚴 | 左侧：咬肌横切、剖面暴露不充分（深度不少于3cm），扣2分。未用检疫钩固定头部扣1分；咬肌未一刀剖开，多一刀扣1分，扣完为止 | 2 |
| | | 右侧：咬肌横切、剖面暴露不充分（深度不少于3cm），扣2分。未用检疫钩固定头部扣1分；咬肌未一刀剖开，多一刀扣1分，扣完为止 | 2 |
| 报告结果（1分） | 报告咬肌检疫情况：有无猪囊尾蚴 | 不报告检疫结果或报告结果与实际情况不符，扣1分 | 1 |

**3. 红脏岗** 满分17分，操作时限50s。

| 考核项目 | 基本操作技术要求 | 评分标准 | 分数（分） |
|---|---|---|---|
| 肺<br>（5分） | 1. 用检疫刀刮拭肺表面，视检肺大小、形状、色泽；<br>2. 用检疫钩（刀背）按压肺，触检弹性，检查肺实质有无坏死、萎陷、气肿、水肿、淤血、脓肿、实变、结节、纤维素性渗出物等；<br>3. 剖开一侧支气管淋巴结，检查有无出血、淤血、肿胀、坏死等 | 未用检疫刀刮拭肺表面，扣1分 | 1 |
| | | 未用检疫钩（刀背）按压肺，扣1分 | 1 |
| | | 支气管淋巴结剖面暴露不充分，扣3分。未一刀剖开，多一刀扣1分，扣完为止 | 3 |
| 心脏<br>（4分） | 1. 用检疫刀刮拭心脏表面，视检心脏，观察有无变性、淤血、出血、坏死等病变；<br>2. 用检疫钩固定左纵沟，在与左纵沟平行的心脏后缘房室分界处纵剖心脏，检查心内膜、心肌、二尖瓣、血液凝固状态，有无虎斑心、菜花样赘生物、寄生虫等 | 未用检疫刀刮拭心脏表面，扣1分 | 1 |
| | | 横剖心脏，扣3分。未钩住左纵沟，扣1分；二尖瓣不暴露，扣1分；未一刀剖开，多一刀扣1分，扣完为止 | 3 |

（续）

| 考核项目 | 基本操作技术要求 | 评分标准 | 分数（分） |
|---|---|---|---|
| 肝<br>（5分） | 1. 用检疫刀刮拭肝表面，检视肝，观察肝形状、大小、色泽；<br>2. 用检疫钩（刀背）按压肝，触检弹性，检查有无淤血、肿胀、变性、坏死、硬化、肿物、结节、纤维素性渗出物、寄生虫等病变；<br>3. 用检疫钩翻转肝，剖开肝门淋巴结，检查有无出血、淤血、肿胀、坏死等 | 未用检疫刀刮拭肝表面，扣1分 | 1 |
| | | 未用检疫钩（刀背）按压肝，扣1分 | 1 |
| | | 淋巴结剖面暴露不充分，扣3分。未用检疫钩翻转肝，扣1分；未一刀剖开淋巴结的，多一刀扣1分，扣完为止 | 3 |
| 报告结果<br>（3分） | 报告每个部位的检疫情况：<br>1. 肺大小、形状、色泽是否正常；有无坏死、萎陷、气肿、水肿、淤血、脓肿、实变、结节、纤维素性渗出物等；支气管淋巴结，检查有无出血、淤血、肿胀、坏死等；<br>2. 心脏有无变性、淤血、出血、坏死、虎斑心、菜花样赘生物、寄生虫等；<br>3. 肝形状、大小、色泽是否正常；有无淤血、肿胀、变性、坏死、硬化、肿物、结节、纤维素性渗出物、寄生虫等病变；肝门淋巴结，检查有无出血、淤血、肿胀、坏死等 | 不报告检疫结果，扣3分 | 3 |
| | | 每少报告一个部位，扣1分 | |
| | | 报告结果与实际情况不符的，每个部位扣1分 | |

**4. 白脏岗** 满分13分，操作时限20s。

| 考核项目 | 基本操作技术要求 | 评分标准 | 分数（分） |
|---|---|---|---|
| 脾<br>（2分） | 1. 用检疫刀背从上至下刮拭脾表面（脾长度2/3以上），视检形状、大小、色泽；<br>2. 用检疫刀背按压脾，触检弹性，检查有无肿胀、淤血、坏死灶、边缘出血性梗死、被膜隆起及粘连等 | 未用简易刀被刮拭脾，扣0.5分；为从上至下刮拭或刮拭长度小于脾2/3，扣0.5分 | 1 |
| | | 未用检疫刀背按压脾，扣1分 | 1 |
| 胃和肠<br>（8分） | 1. 扇形展开肠系膜，视检肠浆膜，观察大小、色泽、质地，检查有无淤血、出血、坏死、胶冻样渗出物和粘连；对肠系膜淋巴结做长度不少于20cm的弧形切口，检查有无淤血、出血、坏死、溃疡等病变；<br>2. 充分暴露胃部，视检胃浆膜，观察大小、色泽、质地，检查有无淤血、出血、坏死、胶冻样渗出物和粘连 | 未扇形展开肠系膜，扣1分 | 1 |
| | | 肠系膜淋巴结剖面暴露不充分，扣3分；淋巴结弧形切口长度少于20cm，扣1分；淋巴结未一刀剖开，多一刀扣1分，扣完为止 | 3 |
| | | 未充分暴露胃部，扣4分 | 4 |

（续）

| 考核项目 | 基本操作技术要求 | 评分标准 | 分数（分） |
|---|---|---|---|
| 报告结果<br>（3分） | 报告每个部位的检疫情况：<br>1. 脾大小、形状、色泽是否正常；有无肿胀、淤血、坏死灶、边缘出血性梗死、被膜隆起及粘连等病变；<br>2. 胃肠浆膜大小、色泽、质地是否正常，有无淤血、出血、坏死、胶冻样渗出物和粘连；<br>3. 肠系膜淋巴结有无淤血、出血、坏死、溃疡等病变 | 不报告检疫结果，扣3分 | 3 |
| | | 每少报告一个部位，扣1分 | |
| | | 报告结果与实际情况不符的，每个部位扣1分 | |

**5. 胴体岗** 满分36分，操作时限70s。

| 考核项目 | 基本操作技术要求 | 评分标准 | 分数（分） |
|---|---|---|---|
| 整体检查<br>（1分） | 用检疫刀在胴体表面刮拭，检查皮肤、皮下组织、脂肪、肌肉、淋巴结、骨骼以及胸腔、腹腔浆膜有无淤血、出血、疹块、黄染、脓肿和其他异常等 | 未用检疫刀在胴体表面刮拭，扣1分 | 1 |
| 腹股沟浅淋巴结<br>（6分） | 纵向剖检左、右两侧腹股沟浅淋巴结，检查有无淤血、水肿、出血、坏死、增生等病变 | 左侧：淋巴结横切、未暴露或暴露不充分，扣3分；未一刀剖开，多一刀扣1分，扣完为止 | 3 |
| | | 右侧：淋巴结横切、未暴露或暴露不充分，扣3分；未一刀剖开，多一刀扣1分，扣完为止 | 3 |
| 髂内淋巴结<br>（6分） | 纵向剖检左、右两侧髂内淋巴结，检查有无淤血、水肿、出血、坏死、增生等病变 | 左侧：淋巴结横切、未暴露或暴露不充分，扣3分；未一刀剖开，多一刀扣1分，扣完为止 | 3 |
| | | 右侧：淋巴结横切、未暴露或暴露不充分，扣3分；未一刀剖开，多一刀扣1分，扣完为止 | 3 |
| 腰肌<br>（6分） | 沿荐椎与腰椎结合部两侧顺肌纤维方向切开，不少于10cm切口，深度为腰肌2/3以上，检查有无猪囊尾蚴 | 左侧：腰肌剖面暴露不充分，扣3分；未一刀剖开，多一刀扣1分，扣完为止 | 3 |
| | | 右侧：腰肌剖面暴露不充分，扣3分；未一刀剖开，多一刀扣1分，扣完为止 | 3 |
| 肾<br>（12分） | 1. 剥离两侧肾被膜，视检肾形状、大小、色泽；<br>2. 触检肾观察有无贫血、出血、淤血、肿胀等病变；<br>3. 纵向剖检一侧肾，检查切面皮质部有无颜色变化、出血及隆起等 | 左侧：未剥离肾被膜或用手剥离的，扣4分；未用检疫刀背触碰肾的，扣1分 | 5 |

（续）

| 考核项目 | 基本操作技术要求 | 评分标准 | 分数（分） |
|---|---|---|---|
| 肾<br>（12分） | 1. 剥离两侧肾被膜，视检肾形状、大小、色泽；<br>2. 触检肾观察有无贫血、出血、淤血、肿胀等病变；<br>3. 纵向剖检一侧肾，检查切面皮质部有无颜色变化、出血及隆起等 | 右侧：未剥离肾被膜或用手剥离的，扣4分；未用检疫刀背触碰肾的，扣1分 | 5 |
| | | 未充分暴露肾皮质和髓质或横断、斜断肾，肾落地的，扣2分（因病理不能剥离的，不扣分） | 2 |
| 报告结果<br>（5分） | 报告每个部位的检疫情况：<br>1. 皮肤、皮下组织、脂肪、肌肉、淋巴结、骨骼以及胸腔、腹腔浆膜有无淤血、出血、疹块、黄染、脓肿和其他异常等；<br>2. 腹股沟浅淋巴结有无淤血、水肿、出血、坏死、增生等病变；<br>3. 髂内淋巴结有无淤血、水肿、出血、坏死、增生等病变；<br>4. 腰肌有无猪囊尾蚴；<br>5. 肾形状、大小、色泽是否正常；有无贫血、出血、淤血、肿胀等；肾切面皮质、髓质有无颜色变化、出血及隆起等 | 不报告检疫结果，扣5分 | 5 |
| | | 每少报告一个部位，扣1分 | |
| | | 报告结果与实际情况不符的，每个部位扣1分 | |

**6. 旋毛虫岗**　满分14分，操作时限220s。

| 考核项目 | 基本操作技术要求 | 评分标准 | 分数（分） |
|---|---|---|---|
| 视检<br>（2分） | 撕去左、右膈脚共4面肌膜，进行感官检查 | 未用检疫刀被刮拭脾，扣0.5分；未从上至下刮拭或刮拭长度小于脾2/3，扣0.5分 | 1 |
| | | 未用检疫刀背按压脾，扣1分 | 1 |
| 镜检<br>（11分） | 1. 在左、右两侧膈脚每一面顺肌纤维各剪取6个麦粒大小的肉粒，共24粒，均匀放在载玻片上，排成两排；<br>2. 另取一载玻片盖在肉粒上，用力适度压成厚度均匀薄片（压片前载玻片上肉粒之间不能粘连，压片后，肉粒、肉汁不能压出载玻片），按照要求放置显微镜上逐粒镜检 | 未顺肌纤维方向剪取肉样，扣0.5分 | 11 |
| | | 取样每少1粒，扣0.5分，扣完为止 | |
| | | 镜检每少看1粒，扣0.5分，扣完为止 | |
| | | 肉粒粘连，扣0.5分 | |
| | | 肉粒、肉汁压出载玻片，扣0.5分 | |
| | | 视野中肌纤维不清晰，扣5分 | |
| 报告结果<br>（1分） | 报告检疫情况：<br>1. 视检，有无异常；<br>2. 镜检，有无旋毛虫 | 不报告检疫结果或报告结果与实际情况不符的，扣1分 | 1 |

# 附录三 职业测试题目解析

本教材设置职业测试题目的目的，不仅是考察学习者对所学知识的掌握情况，更重要的是考察学习者对所学知识的职业应用能力。因此，大部分题目没有"标准答案"，本解析只提供答题思路，供学者参考。

## 项目一 动物防疫基本知识

试题1：本题主要考察学习者是否熟悉感染的概念、感染的条件、感染的预防等知识。拔牙、挤"青春痘"形成的创伤，为病原细菌的侵入提供了门户，如相应操作未采取消毒、灭菌、抗生素抗感染等措施或措施不严时，就可能导致感染。

试题2：本题主要考察学习者是否熟悉疫病流行的三个基本环节，以及针对每个环节应采取的防疫措施。因此，应围绕传染源、传播途径、易感动物群三个环节，从猪场消毒、猪只免疫、猪病监测等方面采取措施预防猪瘟。

试题3：本题主要考察学习者是否熟悉针对疫病流行的基本环节采取针对性防疫措施。对狂犬病而言，一是远离和及时扑杀作为传染源的病犬；二是做好犬的狂犬病疫苗接种；三是被犬抓咬伤立即按程序接种狂犬病疫苗。流浪犬和流浪猫卫生差、攻击性强，随意接触有可能被攻击而感染狂犬病。

试题4：本题主要考察学习者是否有对区域疫病预防的意识和对地方动物防疫的宏观把控能力。落实"预防为主"方针，主要考虑三点：一是对猪场宣传动物防疫法律法规，要求做好日常饲养管理；二是要求猪场执行消毒、免疫、诊疗、检疫申报制度；三是要求猪场做好无害化处理。

试题5：本题主要考察学习者是否熟悉国家突发重大动物疫情应急预案的基本架构和主要内容。可查阅资料，从某县角度制定动物疫病应急预案，要求预案结构要完整，内容可操作性强。

试题6：本题主要考察学习者是否了解无规定动物疫病区设立条件和建设标准，以及地理环境因素对疫病防控的影响。应从以上角度思考五片无规定动物疫病示范区建设成功的因素。

## 项目二 动物防疫技术

试题1：本题主要考察学习者是否了解虫、鼠对养殖业的危害以及养殖场杀虫、灭鼠方法。应从以上角度思考本题。

试题2：本题主要考察学习者是否知道按消毒时机和消毒目的可以将养殖场消毒分为预防消毒、临时消毒和终末消毒三类。预防消毒在疫情发生前实施。临时消毒在疫情发生时实施，终末消毒在疫情扑灭后实施。三种情况下对消毒剂的选用及消毒频次都有不同要求。

试题3：本题主要考察学习者是否熟悉养殖场常用消毒剂的种类及常用消毒方法。

可从物理性消毒、化学性消毒方面说明肉羊场大门口、场区、圈舍、羊体、车辆、用具的消毒方法。

试题4：本题主要考察学习者是否了解养殖场消毒工作及规模化猪场常用消毒剂、消毒方法和消毒对象范围。猪场消毒实施方案可从实施目的、人员组织、消毒方法、消毒剂使用、不同消毒对象的消毒措施、保障措施等方面来制定。

试题5：本题主要考察学习者对养殖场空圈舍消毒实施能力，知识点包括圈舍清扫、冲洗、消毒剂用量计算、喷洒消毒、熏蒸消毒及物体表面消毒效果检查、舍内空气消毒效果检查等内容。方案应围绕以上知识点来写，注意方案科学性和可操作性。

试题6：本题主要考察学习者是否熟悉动物疫病的危害及免疫基础知识。培训内容可根据养殖动物种类，围绕动物疫病的危害及免疫基础知识进行讲解，特别应注重强调对重大动物疫病如高致病性禽流感、口蹄疫、非洲猪瘟等进行强制免疫重要性。

试题7：本题主要考察学习者是否理解自繁自养制度及免疫程序制定应考虑的因素。实行自繁自养的猪场意味着场内有母猪、公猪、哺乳仔猪、保育猪、育肥猪等不同性别、日龄的动物，制定免疫程序时应综合考虑不同性别、日龄猪的疫苗使用。

试题8：本题主要考察学习者是否熟悉动物常用疫苗的种类、各类疫苗的存放温度要求及常用疫苗的稀释与接种途径。可查阅一些疫苗说明书进行比较分析。

试题9：本题主要考察学习者是否熟悉免疫程序的概念、免疫程序制定应考虑的问题及常用免疫接种方法和接种途径。培训讲稿可结合以上内容来写。

试题10：本题主要考察学习者是否熟悉免疫效果影响因素、动物采血方法及免疫效果评价方法。培训讲稿可结合以上内容及猪前腔静脉采血、鸡翅静脉采血、鸡心脏采血、牛尾静脉采血、牛羊颈静脉采血操作来写。

试题11：本题主要考察学习者是否熟悉养殖场药物预防知识，包括药物的选择和药物的使用。药物预防要注意药物配伍，禁止滥用抗生素、过度用药、随意用药，做到科学选药、合理用药。

试题12：本题主要考察学习者是否熟悉微生态制剂的概念、作用及养殖场常用微生态制剂类型。微生态制剂产品推销信函应写明产品名称和产品作用。

## 项目三　重大动物疫病的处理

试题1：本题主要考察学习者是否熟悉我国动物疫情报告的有关规定。发现疑似猪瘟病猪的屠宰场官方兽医是疫情报告责任人，报告对象是当地县级动物疫病预防控制机构，形式是电话或现场报告，内容包括病猪的数量、判断依据、病猪来源、产地检疫证明情况等。

试题2：本题主要考察学习者是否熟悉动物疫情书面报告的内容。报告内容一般应包括养殖场名称、所在地址、负责人姓名及其联系方式，疫情报告人姓名、联系方式、病猪数量、发病圈舍数、病猪症状、病猪来源、疫情发生发展情况、高致病性猪蓝耳病免疫情况、已采取的措施等。

试题3：本题主要考察学习者是否熟悉隔离的概念、意义及养殖场隔离措施的具体应用。隔离的对象是患病鸡，隔离舍应不易散播病原体、便于消毒。如病鸡多于未患病鸡，可将病鸡原舍隔离，转移未患病鸡。隔离期间采取治疗、消毒、淘汰等措施，未患病鸡可紧急免疫接种。

试题4：本题主要考察学习者是否熟悉隔离的概念、意义及养殖场隔离措施的具体应用。"越治发病越多"主要是传染源即患病动物持续向动物群散播病原所致。及时隔离患病动物，控制或扑杀传染源，配合消毒、治疗、紧急免疫接种等措施才能有效控制疫情。

试题5：本题主要考察学习者是否熟悉一类动物疫病疫情的应急处置措施。封锁应掌握"早、快、严、小"的原则，封锁区划分由当地县级兽医主管部门负责，封锁令由当地县级人民政府发布，处置措施参照《口蹄疫防治技术规范》。

试题6：本题主要考察学习者是否熟悉实施染疫动物扑杀及无害化处理的技术性及安全性要求。合理化建议应包括扑杀方法、尸体包装、尸体运送、无害化处理、场地消毒及扑杀人员培训、防护措施保障等内容。

## 项目四　动物检疫基本知识

试题1：本题主要考察学习者是否熟悉我国的执业兽医考试制度，是否了解我国动物检疫工作的特点。只有取得执业兽医资格证书并受聘为动物卫生监督机构的官方兽医才有资格实施动物检疫。在检疫工作中只有坚守职业道德、依法检疫、规范检疫才能避免违法。

试题2：本题主要考察学习者是否熟悉动物运输检疫的报检内容。跨区域运输动物检疫申报单应包含申报人姓名、联系电话、动物种类、数量及单位、来源、用途、启运地点、启运时间、到达地点、申报人签盖、申报时间等。

试题3：本题主要考察学习者是否熟悉动物产地检疫的程序和方法。现场检疫首先应开展疫情调查；然后查验猪场养殖档案和猪耳标佩戴情况；三是进行临床健康检查，检疫合格的出具合格证明，检疫不合格的，出具检疫处理通知单。

试题4：本题主要考察学习者是否熟悉一类动物疫病疫情的应急处置措施。高致病性禽流感属于国家规定的一类动物疫病，发生疑似疫情应立即报告，并按《高致病性禽流感防治技术规范》处置。

试题5：本题主要考察学习者是否熟悉《中华人民共和国动物防疫法》对动物和动物产品的检疫规定。本案例中的牛肉经营者违反了该法第四十三条规定，处罚依据是该法第七十八条。

试题6：本题主要考察学习者是否熟悉《中华人民共和国动物防疫法》对动物和动物产品的检疫规定。官方兽医杨某某对未经检疫的动物出具检疫合格证明违反了动物防疫法第七十条规定，不法商贩违反了动物防疫法第四十二条（未按规定报检）、第四十三条规定（未附有真实检疫证明）。以上违法行为的直接危害是人为导致非洲猪瘟疫情的快速扩散蔓延。

## 项目五　动物检疫技术

试题1：本题主要考察学习者是否熟悉动物临诊检疫的内容和方法。临诊检疫的内容包括查证验物和三观一查。对该场奶牛的临诊检疫可对照实施。

试题2：本题主要考察学习者是否熟悉畜禽采血知识与采血操作方法。血液样品包括全血样品和血清样品，应根据需要添加抗凝剂。培训内容可围绕猪前腔静脉采血、马牛羊颈静脉采血、鸡心脏与翅静脉采血、牛尾静脉采血、犬猫前肢内侧头静脉采血的保定、操作及注意事项来拟定。

试题3：本题主要考察学习者是否熟悉动物寄生虫病原检测方法。依据羊只症状疑似节肢动物蜱、螨寄生感染，可采集病料，螨虫采用煤油浸泡法、蜱采用肉眼检查法检测。

试题4：本题主要考察学习者是否熟悉细菌性病原检测方法。采集病料进行病原分离培养、染色镜检、生化试验鉴定。

试题5：本题主要考察学习者是否熟悉鸡剖检术式及是否具备动物疫病的实验室检疫思维。本题除进行尸体剖检外，根据鸡的急性死亡，应从细菌性感染、病毒性感染两个角度，采集病料进行实验室检测分析。

## 项目六　共患疫病的检疫

试题1：本题主要考察学习者是否熟悉口蹄疫的临床症状、实验室检测方法及检疫后处理措施。口蹄疫为国家规定的一类动物疫病，其检测与处理按照《生猪产地检疫规程》及《口蹄疫防治技术规范》处理。

试题2：本题主要考察学习者是否熟悉奶牛结核病的临床症状、检疫方法及处理措施。结核病是国家重点净化的奶牛疫病，确检应通过变态反应诊断，发现疫情应按照《反刍动物产地检疫规程》及《牛结核病防治技术规范》处理。

试题3：本题主要考察学习者是否熟悉牛布鲁氏菌病的临床症状、检疫方法及处理措施。布鲁氏菌病是国家重点净化的奶牛疫病，确检可通过平板凝集试验和试管凝集试验，发现疫情应按照《反刍动物产地检疫规程》及《布鲁氏菌病防治技术规范》处理。

试题4：本题主要考察学习者是否熟悉反刍动物炭疽病的临床症状、检疫方法及处理措施。发现疫情应按照《反刍动物产地检疫规程》及《炭疽防治技术规范》处理。

试题5：本题主要考察学习者是否熟悉猪炭疽病的临床症状、检疫方法及处理措施。发现疫情应按照《生猪产地检疫规程》及《炭疽防治技术规范》处理。对炭疽病死及无放血扑杀动物均应焚烧处理并全面消毒。

试题6：本题主要考察学习者是否熟悉鸡白痢的临床症状、检疫方法及处理措施。对鸡白痢的检疫可采用鸡白痢全血平板凝集试验进行快速检测，也可采集病料进行病原分离培养、染色镜检、生化试验鉴定。鸡白痢为三类动物疫病，可予以治疗或淘汰。

试题7：本题主要考察学习者是否熟悉猪肺疫的临床症状、检疫方法及处理措施。猪肺疫为国家规定的二类动物疫病，病原为多杀性巴氏杆菌，实验室检测采用细菌学检测方法，发现疫情应将病猪隔离治疗，不得调运。圈舍全面消毒，未病猪紧急接种猪肺疫活苗。

## 项目七　猪疫病的检疫

试题1：本题主要考察学习者是否熟悉猪瘟的临床症状、检疫方法及处理措施。猪瘟为国家规定的一类动物疫病，其检测与处理按照《生猪产地检疫规程》及《猪瘟防治技术规范》处理。

试题 2：本题主要考察学习者是否熟悉高致病性猪蓝耳病的临床症状、检疫方法及处理措施。高致病性猪蓝耳病为国家规定的一类动物疫病，其检测与处理按照《生猪产地检疫规程》及《高致病性猪蓝耳病防治技术规范》处理。

试题 3：本题主要考察学习者是否熟悉猪丹毒的临床症状、检疫方法及处理措施。猪丹毒为国家规定的二类动物疫病，实验室检测采用细菌学检测方法，疫情按照《生猪产地检疫规程》处理，将病猪隔离治疗，不得调运。圈舍全面消毒，未病猪紧急接种猪丹毒活苗。

试题 4：本题主要考察学习者是否熟悉副猪嗜血杆菌病的临床症状、检疫方法及处理措施。副猪嗜血杆菌病为国家规定的二类动物疫病，实验室检测采用细菌学检测或分子生物学检测方法，对病猪应隔离治疗，并全面消毒。

试题 5：本题主要考察学习者是否熟悉导致母猪繁殖障碍的几种动物疫病的鉴别诊断。根据症状分析，发病原因可能是感染猪繁殖与呼吸综合征、猪细小病毒病、猪流行性乙型脑炎，也可能是布鲁氏菌病，可能是单一感染也可能是混合感染，建议采集病料送检，及时淘汰感染猪，同时采取消毒、无害化处理死胎措施，重视对猪群进行以上病种免疫。

## 项目八　牛、羊、兔主要疫病的检疫

试题 1：本题主要考察学习者是否熟悉小反刍兽疫的临床症状、检疫方法及处理措施。小反刍兽疫为国家规定的一类动物疫病，其检测与处理按照《反刍动物产地检疫规程》及《小反刍兽疫防治技术规范》处理。

试题 2：本题主要考察学习者是否熟悉牛传染性胸膜肺炎临床症状、检疫方法及处理措施。牛传染性胸膜肺炎为国家规定的一类动物疫病，发现疫情按照《反刍动物产地检疫规程》处理。上报疫情，实施封锁，采取消毒、扑杀、无害化处理等控制、扑灭措施。

试题 3：本题主要考察学习者是否熟悉羊以猝狙症状为主的疫病鉴别检疫。根据症状该病可能是羊肠毒血症，病原为 D 型产气荚膜梭菌，确检要采集病料进行细菌分离培养、染色镜检、生物试验鉴定、毒素检测等。对病羊应立即隔离、扑杀，尸体无害化处理，彻底消毒，随时观察同群其他羊只情况。

试题 4：本题主要考察学习者是否熟悉山羊关节炎脑炎的临床症状、检疫方法及处理措施。山羊关节炎脑炎为国家规定的二类动物疫病，病原为山羊关节炎脑炎病毒。确检可采集病羊发热期或濒死期和新鲜羊尸的肝制备乳悬液进行病毒的分离、鉴定，也可选用小鼠或仓鼠进行动物试验。采取隔离、消毒、扑杀病羊及阳性羊、无害化处理等措施。

试题 5：本题主要考察学习者是否熟悉伊氏锥虫病的临床症状、检疫方法及处理措施。伊氏锥虫病为国家规定的二类动物疫病，确检应做病原学检查或血清学检测。病畜应隔离治疗，同群假定健康牛做好药物预防，尽可能地消灭虻、厩蝇等传播媒介。

## 项目九　禽疫病的检疫

试题 1：本题主要考察学习者是否熟悉高致病性禽流感的临床症状、检疫方法及处理措施。根据症状可初步判断为高致病性禽流感，该病为国家规定的一类动物疫病，发现疫情应按照《家禽产地检疫规程》和《高致病性禽流感防治技术规范》执行。

试题 2：本题主要考察学习者是否熟悉新城疫的临床症状、检疫方法及处理措施。根据症状可初步判断为新城疫，该病为国家规定的一类动物疫病，发现疫情应按照《家禽产地检疫规程》和《新城疫防治技术规范》执行。

试题 3：本题主要考察学习者是否熟悉鸡马立克氏病的临床症状、检疫方法及处理措施。根据症状可初步判断为马立克氏病，该病为国家规定的二类动物疫病，发现疫情应按照《家禽产地检疫规程》和《马立克氏病防治技术规范》执行。

试题 4：本题主要考察学习者是否熟悉鸡白痢的临床症状、检疫方法及处理措施。根据症状可初步判断为鸡白痢，该病为国家规定的二类动物疫病，发现疫情应按照《家禽产地检疫规程》执行。鸡场应采取隔离、消毒、药物防治等措施。

试题 5：本题主要考察学习者是否熟悉鸡传染性支气管炎的临床症状、检疫方法及处理措施。根据症状可初步判断为鸡传染性支气管炎，该病为国家规定的二类动物疫病，发现疫情应按照《家禽产地检疫规程》执行。鸡场应采取隔离、消毒、对症治疗、无害化处理等措施。

试题 6：本题主要考察学习者是否熟悉鸡传染性喉气管炎的临床症状、检疫方法及处理措施。根据症状可初步判断为鸡传染性喉气管炎，该病为国家规定的二类动物疫病，发现疫情应按照《家禽产地检疫规程》执行。鸡场应采取隔离、消毒、对症治疗、无害化处理等措施。

试题 7：本题主要考察学习者是否熟悉鸭瘟的临床症状、检疫方法及处理措施。根据症状可初步判断为鸭瘟，该病为国家规定的二类动物疫病，发现疫情应按照《家禽产地检疫规程》执行。鸭场应采取隔离、消毒、紧急免疫接种、无害化处理等措施。

试题 8：本题主要考察学习者是否熟悉小鹅瘟的临床症状、检疫方法及处理措施。根据症状可初步判断为小鹅瘟，该病为国家规定的二类动物疫病，发现疫情应按照《家禽产地检疫规程》执行。鹅场应采取隔离、消毒、紧急免疫接种、无害化处理等措施。

## 项目十 动物生产与流通环节的检疫

试题 1：本题主要考察学习者是否熟悉动物产地检疫的重要性及申报检疫规定。宣传报告的目的是让养殖企业（场、户）认识到产地检疫的重要性，熟悉申报检疫规定和途径，了解产地检疫程序和方法，故讲稿可结合以上内容来写。

试题 2：本题主要考察学习者是否熟悉种用动物调运检疫审批管理规定。该个体猪场应填写《跨省引进乳用种用动物检疫审批表》，办理引种审批手续；某种猪场应申报产地检疫，取得《动物检疫合格证明》（动物 A），该批种猪到达目的地后应申报进行隔离检疫。

试题 3：本题主要考察学习者是否熟悉动物屠宰检疫的相关规定。动物性食品安全事关老百姓的身体健康甚至生命安全，为防止人畜共患病的发生，生猪屠宰必须进行宰前检疫和宰后检疫。该农户杀猪前应申报检疫，宰后自家食用不违法但不安全，如要销售应经官方兽医检疫合格后才允许上市。

试题 4：本题主要考察学习者是否熟悉省域内跨县境调运动物检疫规定及动物宰前

检疫规定。顺利完成此次运输应满足以下条件：所调运动物应标识齐全，标识符合农业农村部的规定，取得《动物检疫合格证明》（动物 B），且证物相符，运输工具按规定消毒，动物运输途中及运至屠宰场经检查均健康。

试题 5：本题主要考察学习者是否熟悉市场检疫监督的有关规定。交易市场的苗猪经营户应有待交易苗猪的有效《动物检疫合格证明》（动物 B），且证物相符，苗猪来自非疫区且临床检查健康。检疫中发现苗猪异常的，隔离留检；发现标识、检疫标志、检疫证明等不全或不符合要求的，要依法补检或重检；对涂改、伪造、转让检疫合格证明的，依照动物防疫法等有关规定予以处理处罚。

试题 6：本题主要考察学习者是否熟悉动物产品市场检疫监督的规定。能够正常交易的猪肉应有有效的《动物检疫合格证明》（产品 B），胴体上加盖检疫验讫印章，分割、包装的肉品加施了检疫标志。异常的猪肉，应封存留验，根据检疫结果做销毁或无害化处理。

试题 7：本题主要考察学习者是否熟悉生猪宰前检疫和宰后检疫的程序和方法。培训课件围绕以上内容组织材料，力求做到文字精练、图文并茂。

试题 8：本题主要考察学习者是否熟悉进境检疫的规定和重要性。防止国外动物疫病从口岸入境，必须严格执行进境检疫的程序，做好入境口岸现场查验及指运地口岸检查，严格检疫后的处理。

# 参 考 文 献

M. D. Salman（美），2017. 动物疫病调查与监测方法和应用 ［M］. 王树双，李晓成，邵卫星，译.
    北京：中国农业出版社.

单虎，2017. 兽医传染病学 ［M］. 北京：中国农业大学出版社.

刁新育，杨林，2013. 基层动物疫病监测指导手册 ［M］. 北京：中国农业出版社.

胡新岗，2012. 动物防疫技术 ［M］. 北京：中国农业出版社.

李国清，2015. 兽医寄生虫学（中英双语）［M］. 北京：中国农业大学出版社.

李志，杜淑清，2014. 新编动物疫病免疫技术手册 ［M］. 北京：中国农业出版社.

李滋睿，王学智，2013. 重大动物疫病区划研究 ［M］. 北京：中国农业科学技术出版社.

苗志国，李凌，刘小芳，2018. 养殖场实用消毒技术 ［M］. 北京：化学工业出版社.

权亚伟，2016. 实用动物防疫技术规程 ［M］. 西安：陕西科学技术出版社.

人力资源和社会保障部教材办公室，2015. 动物疫病防治员 ［M］. 北京：中国劳动社会保障出版社.

孙劲，2016. 养殖场动物病原微生物检验及免疫监测实训指导 ［M］. 武汉：武汉大学出版社.

陶岳，2011. 动物卫生行政执法实用手册 ［M］. 北京：中国农业出版社.

闫若潜，李桂喜，孙清莲，2014. 动物疫病防控工作指南 ［M］.3 版. 北京：中国农业出版社.

杨廷桂，2011. 动物防疫与检疫技术 ［M］. 北京：中国农业出版社.

赵森林，王海玉，2014. 动物疫病防控指南 ［M］. 北京：中国农业科学技术出版社.

郑瑞峰，王玉田，2016. 猪场消毒防疫实用技术 ［M］. 北京：机械工业出版社.

郑增忍，黄伟忠，马洪超，等，2010. 动物疫病区域化管理理论与实践 ［M］. 北京：中国农业科学
    技术出版社.

中国动物疫病预防控制中心，2016. 动物卫生监督行政执法典型案卷汇编 ［M］. 北京：中国农业出
    版社.

# 读者意见反馈

亲爱的读者：

感谢您选用中国农业出版社出版的职业教育规划教材。为了提升我们的服务质量，为职业教育提供更加优质的教材，敬请您在百忙之中抽出时间对我们的教材提出宝贵意见。我们将根据您的反馈信息改进工作，以优质的服务和高质量的教材回报您的支持和爱护。

地　　址：北京市朝阳区麦子店街 18 号楼（100125）

中国农业出版社职业教育出版分社

联系方式：QQ（1492997993）

---

教材名称：_____ ISBN：_____

个人资料

姓名：_____所在院校及所学专业：_____

通信地址：_____

联系电话：_____电子信箱：_____

您使用本教材是作为：□指定教材□选用教材□辅导教材□自学教材

您对本教材的总体满意度：

　从内容质量角度看□很满意□满意□一般□不满意

　　改进意见：_____

　从印装质量角度看□很满意□满意□一般□不满意

　　改进意见：_____

本教材最令您满意的是：

　□指导明确□内容充实□讲解详尽□实例丰富□技术先进实用□其他_____

　您认为本教材在哪些方面需要改进？（可另附页）

　□封面设计□版式设计□印装质量□内容□其他_____

您认为本教材在内容上哪些地方应进行修改？（可另附页）

_____

_____

本教材存在的错误：（可另附页）

第_____页，第_____行：_____应改为：_____

第_____页，第_____行：_____应改为：_____

第_____页，第_____行：_____应改为：_____

您提供的勘误信息可通过 QQ 发给我们，我们会安排编辑尽快核实改正，所提问题一经采纳，会有精美小礼品赠送。非常感谢您对我社工作的大力支持！

---

欢迎访问"全国农业教育教材网"http：//www.qgnyjc.com（此表可在网上下载）

欢迎登录"中国农业教育在线"http：//www.ccapedu.com 查看更多网络学习资源

欢迎登录"智农书苑"read.ccapedu.com 阅读更多纸数融合教材

图书在版编目（CIP）数据

动物防疫与检疫技术 / 胡新岗主编 . —2 版 . —北京：中国农业出版社，2020.5
"十二五"职业教育国家规划教材　经全国职业教育教材审定委员会审定　高等职业教育农业农村部"十三五"规划教材
ISBN 978-7-109-26821-0

Ⅰ.①动…　Ⅱ.①胡…　Ⅲ.①兽疫－防疫－高等职业教育－教材②兽疫－检疫－高等职业教育－教材　Ⅳ.①S851.3

中国版本图书馆 CIP 数据核字（2020）第 076193 号

中国农业出版社出版

地址：北京市朝阳区麦子店街 18 号楼
邮编：100125
责任编辑：徐　芳
版式设计：杨　婧　责任校对：赵　硕
印刷：北京通州皇家印刷厂
版次：2011 年 8 月第 1 版　2020 年 5 月第 2 版
印次：2020 年 5 月北京第 1 次印刷
发行：新华书店北京发行所
开本：787mm×1092mm　1/16
印张：18.25
字数：415 千字
定价：45.00 元